高等学校智能建筑技术系列教材

智能建筑信息设施系统

王　娜　主编
寿大云　主审

人民交通出版社

内 容 提 要

本书作为高等学校智能建筑技术系列教材之一，全面系统地介绍了智能建筑中的信息设施系统。全书共分为九章，第一章介绍智能建筑及信息设施系统的概念和信息设施系统的构成，第二章至第九章分别介绍智能建筑中各类信息设施系统的组成、工作原理、实现的功能、设计方法及技术发展趋势，内容包括电话交换系统、综合布线系统、信息网络系统、有线电视及卫星电视接收系统、会议系统、公共广播系统、室内移动通信覆盖系统、卫星通信系统、信息导引及发布系统、时钟系统及通信接入系统。

本书供高等学校智能建筑相关专业的本科生使用，也可作为高职高专相关专业的教材，另外还可供从事建筑智能化系统工程设计、施工、管理的工程技术人员使用。

图书在版编目(CIP)数据

智能建筑信息设施系统 / 王娜主编 .—北京：人民交通出版社，2008.5

ISBN 978-7-114-07045-7

Ⅰ.智… Ⅱ.王… Ⅲ.智能建筑－信息技术－基础设施 Ⅳ.TU855

中国版本图书馆 CIP 数据核字（2008）第 037145 号

高等学校智能建筑技术系列教材

书　　名：智能建筑信息设施系统
著 作 者：王　娜
责任编辑：高　培
出版发行：人民交通出版社股份有限公司
地　　址：(100011) 北京市朝阳区安定门外外馆斜街 3 号
网　　址：http://www.ccpress.com.cn
销售电话：(010) 59757973
总 经 销：人民交通出版社股份有限公司发行部
经　　销：各地新华书店
印　　刷：北京市密东印刷有限公司
开　　本：787×1092　1/16
印　　张：17.5
字　　数：417 千
版　　次：2008 年 5 月　第 1 版
印　　次：2017 年 7 月　第 4 次印刷
书　　号：ISBN 978-7-114- 07045- 7
定　　价：32.00 元

高等学校智能建筑技术系列教材
编审委员会成员

前言

随着全球化知识经济时代的到来，传统的建筑产业结构也正在向高增值型与知识集约型转变。智能建筑将建筑技术与信息技术相结合，实现了由信息技术带动建筑产业优化升级与产业结构调整，具有适应信息时代发展需要的固有优势以及明显的经济效益和社会效益，是21世纪建筑发展的方向。

信息设施系统是智能建筑的重要内容之一，在我国2007年7月正式实施的《智能建筑设计标准》(GB/T 50314—2006)中明确智能建筑是以建筑物为平台，兼备信息设施、信息化应用、建筑设备管理、公共安全的智能化系统，集结构、系统、服务、管理及其优化整合为一体，向人们提供一个具有安全、高效、便捷、节能、环保、健康等综合功能的建筑环境。其中的信息设施系统在智能建筑中支持建筑物中语音、数据、图像信息的传输，为建筑物与外部信息通信网的互联及信息畅通提供保证。

本书作为高等学校智能建筑技术系列教材之一，系统地介绍了在建筑物中对语音、数据、图像和多媒体等各类信息进行接收、交换、传输、存储、检索和显示等综合处理的各类信息设备系统，介绍了各种类信息设施系统的构成、工作原理、实现的功能以及系统设计与实施的方法。

本书是在我校已使用三届的"通信网络工程"教材的基础上，根据我国2007年最新实施的《智能建筑设计标准》(GB/T 50314—2006)和《综合布线系统工程设计规范》(GB 50311—2007)重新编写，并将书名更改为《智能建筑信息设施系统》。本次编写加强了综合性和实践性，一方面根据新版的《智能建筑设计规范》综合了智能建筑信息设施系统的全部内容，另一方面在各类信息设施系统的介绍中贴近工程实践和技术前沿，针对各类系统均有工程设计实例和技术发展趋势的内容。本次重编广泛听取了编审委员会成员和全国高等学校智能建筑教学指导小组成员的意见，在此对各位专家表示诚挚感谢，并对本书编写过程中参考和引用的文献资料的作者表示衷心的感谢。

本书由王娜主编，全书共九章，汪海霞参与第二章编写，王超参与第三章编写，丁贞魁参与第四章、第九章编写，王家生参与第五章、第八章编写，杨硕、党丽霞参与第六章编写，陈鹏、吕阳伟、杨硕参与第七章编写。特聘请全国高等学校智能建筑教学指导小组组长、北京林业大学教授寿大云为本书主审。

因时间仓促及水平有限，本书编写中的错误或不当之处，敬请指正。

编者

2007 年 12 月于长安大学

目录

第一章 信息设施系统与智能建筑

信息通信是人类社会传递信息、交流文化、传播知识的有效手段，随着社会的进步和科学技术的发展，人们对信息通信的需求日益增长，特别是进入以信息为资源的信息化社会，信息资源已成为与材料和能源同等重要的战略资源。随着信息量的增加和信息形式的多样化，人们对信息通信的需求更大、要求更高，信息通信已成为社会组成的主要部分，信息通信业务已深入到社会的各个方面，渗透到人们的工作和生活之中。

信息设施系统(Information Technology System Infrastructure，ITSI)由对语音、数据、图像和多媒体等各类信息进行接收、交换、传输、存储、检索和显示等综合处理的多种类信息设备系统组成，其主要作用是支持建筑物内语音、数据、图像信息的传输，确保建筑物与外部信息通信网的互联及信息畅通，满足公众对各种信息日益增长的需求。信息设施系统是智能建筑中重要的组成部分。

1.1 智能建筑概述

智能建筑(Intelligent Building，IB)的概念最早出现在美国，1984 年 1 月美国康涅狄格(CONNETICUT)州哈特福德(HARTFORD)市建成了世界上第一座智能化大厦——City Place Building。该大楼采用计算机技术对楼内的空调、供水、防火、防盗及供配电系统等进行自动化综合管理，并为大楼的用户提供语音、数据等各类信息服务，使用户真正感到舒适、方便和安全。随后日本、欧洲、新加坡等国家的智能建筑相继发展。我国智能建筑的建设起始于 20 世纪 90 年代初，随着国民经济的发展和科学技术的进步，人们对建筑物的功能要求越来越高，尤其是随着国民经济信息化的发展和互联网技术的应用，社会经济的各个环节都受益于信息网络。智能建筑作为信息高速公路上的一个节点，日益受到人们的关注，并在我国快速发展。

我国 2007 年 7 月正式实施的《智能建筑设计标准》(GB/T 50314—2006)，对智能建筑的定义是"以建筑物为平台，兼备信息设施系统、信息化应用系统、建筑设备管理系统、公共安全系统等，集结构、系统、服务、管理及其优化组合为一体，向人们提供安全、高效、便捷、节能、环保、健康的建筑环境。"

为了实现智能建筑安全、高效、便捷、节能、环保、健康的建筑环境，智能建筑需要具有一定的建筑环境，并设置相应的智能化系统。其建筑环境一方面要适应21世纪绿色和环保的时代主题，以绿色、环保、健康和节能为目标，实现人与自然和谐的可持续发展；另一方面还要满足智能建筑特殊功能的要求，适应智能建筑动态发展的特点。而智能化系统是相对于需求设置的，为满足安全性需求，在智能建筑中设置公共安全系统，其内容主要包括火灾自动报警系统、安全技术防范系统和应急联动系统，通过综合运用现代科学技术，以应对危害社会安全的各类突发事件，从而确保大楼内人员生命与财产的安全；为满足舒适、健康、高效地需求，在智能建筑中设置建筑设备管理系统，一方面实现对温度、湿度、照度及空气质量等环境指标的控制，使入住者获得生理与心理两方面的舒适，提高工作效率与创造力，另一方面通过对建筑物内大量机电设备的全面监控管理，实现多种能量监管，达到节能、高效和延长设备使用寿命的目的；为满足工作上的高效性和便捷性，在智能建筑中设置方便快捷和多样化的信息设施系统和信息化应用系统，以创造一个迅速获取信息、处理信息、应用信息的良好办公环境，达到高效率工作的目的。

实现安全、高效、便捷、节能、环保、健康等功能的智能化系统在智能建筑中并非独立堆砌，而是利用计算机网络技术，在各系统间建立起有机的联系，把原来相对独立的资源、功能等集合到一个相互关联、协调和统一的智能化集成系统之中，通过建筑物内所设的综合计算机网络管理系统对各子系统进行科学高效地综合管理，以实现信息综合、资源共享。

由此可见，智能建筑中的智能化系统主要由智能化集成系统、信息设施系统、信息化应用系统、建筑设备管理系统、公共安全系统等组成。

1.2 建筑智能化系统

1.2.1 建筑设备管理系统

建筑设备管理系统(Building Management System，BMS)是对建筑设备监控系统和公共安全系统等实施综合管理的系统，建筑设备监控系统主要实现对建筑内的供配电、照明、给排水及空调系统的测量、监视和控制，而建筑设备管理系统的主要功能是对建筑机电设备进行集中监视和统筹科学管理，对相关的公共安全系统进行监视及联动控制，实现以最优控制为中心的设备控制自动化；以可靠、经济为中心的能源管理自动化；以安全状态监视和灾害控制为中心的防灾自动化和以运行状态监视和计算为中心的设备管理自动化。

设备控制自动化实现了自动监视并控制各种机电设备的启/停，自动检测、显示、打印各种设备的运行参数及其变化趋势或历史数据，当参数超过正常范围时，自动报警。对建筑物内的温度、湿度、照度自动调节，使空调、照明及其他环境条件达到较佳或最佳的条件，使工作在智能建筑环境中的人无论是心理上还是生理上均感到舒适，从而提高工作效率。

能源管理自动化在保证建筑物内环境舒适的前提下，提供可靠、经济的最佳能源供应方案。尽可能利用自然光和自然风来调节室内环境，以最大限度减少能源消耗。根据大楼实际负荷开启设备，避免设备长时间不间断地运行，从而达到节能的目的。

防灾自动化对相关的公共安全系统进行监视及联动控制，提高建筑物及内部人员与设备的整体安全水平和灾害防御能力。

设备管理自动化及时提供设备运行情况的有关资料、报表，便于集中分析，及时进行故障处理。按照设备运行累计时间制定维护保养计划，延长设备使用寿命。

1.2.2 信息设施系统

智能建筑中的信息设施系统（Information Technology System Infrastructure，ITSI）是楼内的语音、数据、图像传输的基础，其主要作用是对来自建筑物或建筑群内外的各种信息予以接收、交换、传输、存储、检索和显示，同时与外部通信网络（如公用电话网、综合业务数字网、计算机互联网、数据通信网及卫星通信网等）相联，为建筑物或建筑群的拥有者（管理者）及建筑物内的使用者提供有效的信息服务，支持建筑物内用户所需的各类信息通信业务。

智能建筑中信息设施系统主要包括实现语音信息传输的电话交换系统、室内移动通信覆盖系统、广播系统，实现数据通信的信息网络系统、综合布线系统、卫星通信系统，实现图像通信的有线电视及卫星电视接收系统，实现多媒体通信的信息导引及发布系统、会议系统等，以及通信接入系统和其他相关的信息通信系统。

1.2.3 信息化应用系统

信息化应用系统（Information Technology Application System，ITAS）是以建筑物信息设施系统和建筑设备管理系统等为基础，为满足建筑物各类业务和管理功能需要的多种类信息设备与应用软件而组合的系统，功能要求一是应提供快捷、有效的业务运行功能；二是应具有完善的业务支持辅助功能。

信息化应用系统包括工作业务应用系统、物业运营管理系统、公共服务管理系统、公众信息服务系统、智能卡应用系统和信息网络安全管理系统等其他业务功能所需要的应用系统。其中物业运营管理系统对建筑物内各类设施的资料、数据、运行和维护进行管理；公共服务管理系统对各类公共服务进行计费及人员管理；公众信息服务系统具有集合各类共用及业务信息的接入、采集、分类和汇总的功能，建立数据资源库，向建筑物内公众提供信息检索、查询、发布和导引等功能；智能卡应用系统具有作为识别身份、门钥、信息系统密钥，并具有各类其他服务、消费等计费和票务管理、资料借阅、物品寄存、会议签到以及访客管理等功能；信息网络安全管理系统确保信息网络的运行保障和信息安全。以上信息化应用系统对建筑物的物业管理运营信息及建筑物内的各类公众事务服务和管理，属于通用型的信息化应用系统。而工作业务应用系统是根据建筑物类型的不同，按其特定的业务需求，建立的专用业务领域的信息化应用系统。例如，适用于工厂企业生产及销售管理的工厂企业信息化应用系统、适用于商品信息管理的商业型信息化应用系统等。通用型信息化应用系统是建筑智能化系统设计内容的一部分，而工作业务应用系统的建设不在智能建筑基本建设范围里，但在智能建筑信息环境设计中应为其创造良好的基础条件。

1.2.4 公共安全系统

公共安全系统（Public Security System，PSS）是为维护公共安全，综合运用现代科学技术，以应对危害社会安全的各类突发事件而构建的技术防范系统或保障体系。

公共安全系统针对火灾、非法侵入、自然灾害、重大安全事故和公共卫生事故等危害人们生命财产安全的各种突发事件，建立应急及长效的技术防范保障体系，其主要内容包括火灾自动报警系统、安全技术防范系统和应急联动系统。

火灾自动报警系统由火灾探测器、报警控制器以及联动模块等组成。探测器对火灾进行有效探测，控制器进行火灾信息处理和报警控制，联动模块联动消防装置。

安全技术防范系统综合运用安全防范技术、电子信息技术和信息网络技术等，构建先进、可靠、经济、适用和配套的安全技术防范体系，主要内容包括安全防范综合管理系统、入侵报警系统、视频安防监控系统、出入口控制系统、电子巡查管理系统、访客对讲系统、停车库（场）管理系统及各类建筑物业务功能所需的其他相关安全技术防范系统。

应急联动系统是大型建筑物或其群体以火灾自动报警系统、安全技术防范系统为基础，构建的具有应急联动功能的系统。应急联动系统应配置有线/无线通信、指挥、调度系统、多路报警系统（110、119、122、120、水、电等城市基础设施抢险部门）、消防—建筑设备联动系统、消防—安防联动系统、应急广播—信息发布—疏散导引联动系统，实现对火灾、非法入侵等事件进行准确探测和本地实时报警、采取多种通信手段，对自然灾害、重大安全事故、公共卫生事件和社会安全事件实现本地报警和异地报警、指挥调度、紧急疏散与逃生导引、事故现场紧急处置等功能。

1.2.5 智能化集成系统

智能化集成系统（Intelligent Integration System，IIS）以满足建筑物的使用功能为目标，将不同功能的建筑智能化系统，通过统一的信息平台实现集成，具有对各智能化系统进行数据通信、信息采集和综合处理的能力，确保对各类系统监控信息资源的共享和优化管理。智能化集成系统建设主要包括智能化系统信息共享平台建设和信息化应用功能实施。

建筑智能化系统总体结构如图1-1所示。智能建筑是信息技术与建筑技术相结合的产物，随着计算机技术、通信技术和控制技术等信息技术的发展和相互渗透，智能建筑的内涵将会越来越丰富。

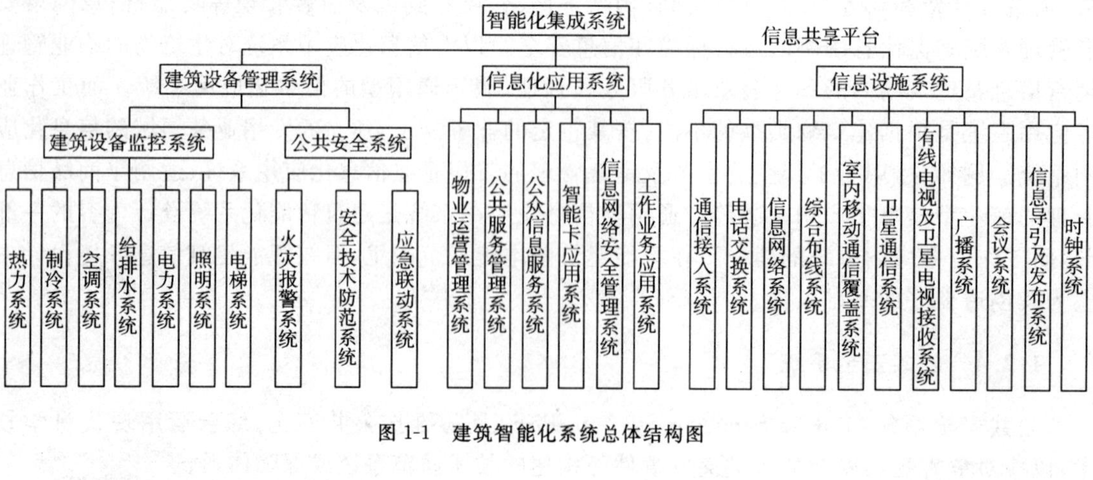

图1-1 建筑智能化系统总体结构图

1.3　信息设施系统的构成

信息设施系统支持建筑物中语音信息、数据信息、图像信息和多媒体信息的传输，主要包括电话交换系统、信息网络系统、综合布线系统、室内移动通信覆盖系统、卫星通信系统、有线电视及卫星电视接收系统、广播系统、会议系统、信息导引及发布系统、时钟系统、通信接入系统和其他相关的信息通信系统。

1.3.1　电话交换系统

为建筑物内的电话通信提供支持的电话交换系统有多种可选的模式，可设置独立的综合业务数字程控用户交换机系统、采用本地电信业务经营者提供的虚拟交换方式、采用配置远端模块方式或采用软交换机通过 Internet 提供 IP 电话服务。

程控数字用户交换机 PABX(Private Automatic Branch Exchange)是机关工矿企业等单位内部进行电话交换的一种专用交换机，它采用计算机程序控制方式完成电话交换任务，主要用于用户交换机内部用户与用户之间，以及用户通过用户交换机中继线与外部电话交换网上的各用户之间的通信。程控数字用户交换机是市话网的组成部分，是市话交换机的一种补充设备，它为市话网承担了大量的单位内部用户间的话务量，减轻了市话网的话务负荷。由于用户交换机在各单位分散设置，靠近用户，缩短了用户线距离，因而节省了用户电缆，同时用少量的出入中继线接入市话网，起到了话务集中的作用。随着大规模集成电路、计算机技术和通信技术的迅速发展，程控用户交换机由单一的话音业务发展到综合业务，从单局交换发展到综合业务交换，而且体积缩小，功能增强，采用的全分散控制方式和模块化设计，使控制的灵活性和可靠性大大提高，通过增加不同的功能模块即可实现话音、数据、图像、窄带、宽带多媒体业务以及其他通信业务的综合通信。

虚拟用户交换机(Centrex)是一种利用局域程控交换机的资源为公用网用户提供用户交换机功能的新业务，是将用户交换机的功能集中到局用交换机中，用局用交换机来替代用户小交换机，它不仅具备所有用户小交换机的基本功能，还可享用公网提供的电话服务功能。

远端用户模块是程控数字交换机提供的一种远端连接用户设备，远端模块方式是指把程控交换机的用户模块通过光缆放在远端(远离电话局的电话用户集中点)，这样可以使许多电话用户能就近接入“远端用户模块”，就好像在远端设了一个“电话分局”一样，因此远端用户模块又称模块局。模块局把用户话务量集中后，通过中继线与母局连接，节省线路的投资，扩大了程控交换机的覆盖范围。

随着 IP 技术的发展与成熟，以软交换为核心，能够提供包括语音、数据、视频和多媒体业务，基于分组技术的下一代通信网络(Next Generation Network ，NGN)已经成为一种发展的趋势，各种业务和应用的传输技术向分组、宽带 IP 发展与融合。IP 电话采用数字压缩和包交换技术通过 Internet 网提供实时的语音传输服务，也称为网络电话或互联网电话。软交换机(Soft Switch)是 NGN 中 IP 电话技术的一种重要实现手段，是基于分组网利用程控软件提供呼叫控制功能的设备和系统，软交换机通过媒体控制协议技术实现呼叫控制与媒体传输相分离，因而也称其为呼叫代理器(CA)或媒体网关控制器(MGC)。

1.3.2 综合布线系统

建筑与建筑群综合布线系统 GCS(Generic Cabling Systems for Building and Campus)是建筑物或建筑群内的传输网络,由支持信息电子设备相连的各种缆线、跳线、接插软线和连接器件组成,支持语音、数据、图像、多媒体等多种业务信息的传输。

建筑与建筑群综合布线系统采用开放式的体系、灵活的模块化结构、符合国际工业标准的设计原则,支持众多系统及网络,不仅可获得传输速度及带宽的灵活性,满足信息网络布线在灵活性、开放性等诸多方面的要求,而且可将话音、数据、图像及多媒体设备的布线组合在一套标准的布线系统上,用相同的电缆与配线架、相同的插头与模块化插座传输话音、数据、视频信号,以一套标准配件,综合了建筑及建筑群中多个通信网络,故称之为综合布线系统。

综合布线系统不仅较好地解决了传统布线方法所存在的诸多问题,而且实现了一些传统布线所没有的功能,其适用场合和服务对象日益增多,从综合办公建筑到公共建筑直至居住小区,目前已成为各类建筑的基础设施。随着数字化技术的应用,综合布线的应用范围也在不断地扩展,已延伸到诸如安全防范系统和楼宇自控系统等领域。

1.3.3 信息网络系统

信息网络系统通过传输介质和网络连接设备将分散在建筑物中具有独立功能、自治的计算机系统连接起来,通过功能完善的网络软件,实现网络信息和资源共享,为用户提供高速、稳定、实用和安全的网络环境,实现系统内部的信息交换及系统内部与外部的信息交换,使智能建筑成为信息高速公路的信息节点。另外,信息网络系统还是实现建筑智能化系统集成的支撑平台,各个智能化系统通过信息网络有机地结合在一起,形成一个相互关联、协调统一的集成系统。

通常,信息网络的传输媒介主要依赖铜缆或光缆,构成有线局域网。近年来随着移动办公、企业既有网络改造和 SOHO 等诸多需求,无线局域网络在某些场合逐渐取代有线网络,成为网络新的解决方案。无线局域网(Wireless Local Area Network,WLAN)是指以无线信道作为传输媒介的计算机局域网,具有可移动性、安装简单、易于扩展等特点,是有线网络的一种补充和扩展,具有广阔的应用前景。

1.3.4 有线电视及卫星电视接收系统

建筑物或建筑群中的有线电视系统(Cable Television,CATV)由卫星电视接收系统、城市有线电视光节点和有线电视分配系统组成。有线电视系统也可以有自己独立的前端系统,通过卫星天线接收卫星电视信号,同时接收来自城市有线电视光接点的光信号,并分别通过卫星电视接收机和光接收机将接收到的信号转换成射频信号送至分配系统,通过分配系统将电视信号传送给用户。卫星电视广播与有线电视传输网相结合形成的星网结合模式,是实现广播电视覆盖的最佳方式。

随着社会需求的不断增长和科学技术的飞速发展,有线电视系统已不再是只能传输多套模拟电视节目的单向系统,有线电视网络正在逐步演变成具有综合信息传输能力、能够提供多功能服务的宽带交互式多媒体网络。

1.3.5　会议系统

会议系统采用计算机技术、通信技术、自动控制技术及多媒体技术实现对会议的控制和管理，提高会议效率。目前已广泛用于会议中心、政府机关、企事业单位和宾馆酒店等。会议系统主要包括数字会议系统和视频会议电视系统。

数字会议系统采用数字音频传输技术和数字控制技术，一方面改进了音质，简化了安装和操作，提高了系统的可靠性，从根本上解决了模拟音频传输存在的噪声、干扰、串音及长距离传输造成的信号衰减等问题；另一方面采用模块化结构，将会议签到、发言、表决、扩声、同声传译、照明、跟踪摄像、显示、网络接入等子系统有机地连接成一体，由会议设备总控系统根据会议议程协调各子系统工作，从而实现对各种大型的国际会议、学术报告会及远程会议的服务和管理。

会议电视是一种交互式的多媒体信息业务，用于异地间的音像会议，其特点是在同一传输媒介上传输图像、语音、数据等多种媒体信息，并在多个地点之间实现交互式的通信。会议电视系统（Video Conferencing System）利用摄像机和话筒将一个地点会场的发言人的声音、图像通过传输网络传送到另一地点会场，并通过图文摄像机出示实物、图纸、文件和实拍电视图像，实现与对方会场的与会人员面对面地进行研讨与磋商，拓展了会议的广泛性、真实性和便捷性，不仅节省时间，节省费用，减少交通压力及污染，而且对于紧急事件，可更快地决策与处理。

1.3.6　广播系统

广播系统分为公共广播系统、厅堂扩声系统和面向会议室、报告厅等的广播音响系统。公共广播系统用于公众区的语音广播，其中也包括面向宾馆客房的广播音响系统，平时播放业务性广播或背景音乐，在出现灾害或紧急情况时，自动切换为紧急广播；面向会议室、报告厅等的广播音响系统，因其特殊性，通常在会议室和报告厅单独设置；厅堂扩声系统用于礼堂、剧场、体育馆等，是专业性较强的扩声系统，它不仅要考虑电声技术问题，还涉及建筑声学问题。

公共广播系统（Public Address System，PA）作为传播信息的一种工具，早期主要用于转播中央及各级政府的新闻、发布通知及作息信号，随着现代信息发布渠道越来越多，目前公共广播网逐渐发展为个性化、多样化和多功能化的独立系统，并向智能化和网络化方向发展，即采用计算机对公共广播系统进行管理，改变传统人工广播方式，实现曲目编程、自动播放控制和任意插入/删除/修改等功能，监控整个系统的正常运行；并将传统的公共广播网变成一个数据网，把播发终端、点播终端、音源采集/寻呼终端、远程控制终端等各种终端联网，实现资源共享，并可根据用户需要实现分控及远程控制播放功能。

1.3.7　卫星通信系统

卫星通信是微波中继技术与空间技术相结合而产生的一种通信手段。它利用地球同步通信卫星上所设的微波转发器（中继站）将设在地球上的若干个终端站（地球站）构成通信网，实现长距离（几千千米甚至几万千米）、大容量的区域通信乃至全球通信。卫星通信系统由地球同步卫星和各种卫星地球站组成，卫星起中继作用，转发或发射无线电信号，在两个或多个地球站之间进行通信。地球站是卫星系统与地面公众网的接口，地面用户通过地球站出入卫星系统，形成连接电路。地球站的主要作用一方面是把来自遥远卫星的极其微弱的微波信号放大成地面用户可用的合格信号；另一方面将地面用户要传送的信号加以放大，使其具有足够的功率发射到卫星，保证卫星能收到地面的合格信号。

卫星通信系统作为智能化大楼信息设施系统之一，通过在建筑物上配置的卫星通信系统天线接收来自卫星的信号，为智能建筑提供与外部通信的一条链路，使大楼内的通信系统更完善、更全面，满足建筑的使用业务对语音、数据、图像和多媒体等信息通信的需求。

随着 Internet 的飞速发展，向 IP 靠拢已成为通信网络发展的趋势，卫星 Internet 就是以卫星线路为物理传输介质的 IP 网络系统，即“IP over Satellite”。卫星 Internet 与普通的 Internet 相比，具有传输不受陆地电路的影响、经济高效、可作为多信道广播业务平台等一系列优点。

1.3.8 室内移动通信覆盖系统

现代建筑采用钢筋混凝土为骨架和全封闭式的外装修方式，对移动电话信号有很强的屏蔽作用，致使手机在大楼里无法正常使用。另外在建筑物的高层，由于受基站天线的高度限制，信号无法正常覆盖，也是移动通信的盲区。室内移动通信覆盖系统将基站的信号通过有线方式直接引入到室内的每一个区域，再通过小型天线将基站信号发送出去，同时也将接收到的室内信号放大后送到基站，从而消除室内覆盖盲区，保证室内区域拥有理想的信号覆盖，为楼内的移动通信用户提供稳定、可靠的室内信号，改善建筑物内的通话质量和移动通信环境，从整体上提高移动网络的服务水平。

1.3.9 信息导引及发布系统

智能建筑中的信息导引及发布系统为公众或来访者提供告知、信息发布和查询等功能，满足人们对信息传播直观、迅速、生动、醒目的要求。信息导引及发布系统主要包括大屏幕信息发布系统与触摸屏信息导览系统。大屏幕信息发布系统和触摸屏信息导览系统通过管理网络连接到信息导引及发布系统服务器和控制器，对信息采集系统收集的信息进行编辑以及播放控制。

随着计算机、Internet 及平板显示的飞速发展，催生了多媒体信息发布系统的兴起与发展。多媒体信息并不局限于简单的视频媒体播放，而是支持多种形式的媒体，支持目前各种文件格式以及电视直播或录播。

1.3.10 时钟系统

时钟系统由母钟、时间服务器、时钟网管系统、子钟等构成，其作用是为有时基要求的系统提供同步校时信号。智能建筑信息设施系统中的时钟系统一般采用母钟、子钟组网方式，母钟向其他有时基要求的系统提供同步校时信号，应用于媒体建筑、医院建筑、学校建筑、交通建筑等对时间有严格要求的建筑物中。

1.3.11　通信接入系统

通信接入系统是智能建筑信息设施系统中的重要内容，其作用是利用接入网，将建筑物外部的公用通信网或专用通信网的接入系统引入建筑物内，提供电话（一般电话、会议电话、可视电话）、数据、图形图像等业务，满足建筑物内用户对各类信息通信业务的需求。

通信接入系统根据接入传输媒介的不同，分为有线接入和无线接入两种方式。有线接入方式根据采用的传输介质可以分为铜线接入、光纤接入和混合接入。无线接入则利用卫星、微波等传输手段，在端局与用户之间建立连接，为用户提供固定或移动接入服务的技术。无线接入初投资少、系统规划简单、扩容方便、建设周期短、提供服务快，在发展业务上具备很大的灵活性，是当前发展最快的接入网之一。

思考题与习题

1. 智能建筑的建设目标是什么？如何实现？
2. 建筑智能化系统包括哪些内容？各实现什么功能？
3. 信息设施系统的作用是什么？它包括哪些内容？

第二章　电话交换系统

2.1 概　　述

人类社会的一切活动都离不开信息的传递，信息设施系统的任务就是克服人们距离上的障碍，迅速准确地传递信息。在当今信息时代，信息传递的方式日新月异，但在所有的通信方式中，电话通信应用最为广泛。

电话通信的目的是达成人们在任意两地之间的通话，一个完整的电话通信系统包括使用者的终端设备(用于语音信号发送和接收的话机)、传输线路及设备(支持语音信号的传输)和电话交换设备(实现各地电话机之间灵活地交换连接)。电话交换设备(电话交换机)是整个电话通信网路中的枢纽。

电话交换机采用电路交换技术，完成电话网用户的接入、通信链路的建立与拆除等。电话交换机经历了人工制交换、机电式自动交换和电子式自动交换三个发展阶段。人工交换机由接线生(Operator)完成使用者电话间的接线和拆线，设备简单，容量小，需占用大量人力，速度慢。机电式自动交换机采用具有机械动作的电磁元件构成，先后经历了步进式交换机和纵横式交换机两代产品，实现了通过使用者发送被叫使用者的号码自动选线，但电磁元件速度慢、体积大。随着近代电子技术的飞速发展，人们开始把电子元件应用到交换机中，使交换机进入了电子式自动交换的时代。随着大规模集成电路的发展和计算机技术的应用，人们尝试着用存储程序控制交换机，1965 年 5 月世界第一部程控电话交换机投入使用。

2.2　程控交换原理

交换机的基本功能是交换，其任务是根据用户要求建立接续路由，在通话期间保持和监视接续，通话结束时，将接续拆除。因此在用户与交换机之间或交换机与交换机之间，除了传输话音信号之外，还必须传送为建立、监视和拆除接续所需要的各种信号，需要有控制设备完成建立和拆除接续的任务(即接受、处理外来信号，输出对外部设备进行控制的信号等)。这就要求电话交换机的控制设备具备输入(接受外来的信号)、输出(送出控制信号)、记忆(记住外来的信号以及工作进展到什么阶段)、判别(判别条件是否具备，并根据条件具备与否确定应干什么)及信息处理(对信息或数据进行逻辑/算术运算)等功能。由于计算机具有控制设备所要求的全部功能，并且记忆量大，判断准确，信息处理速度快，故程控交换机采用计算机作为交换机的控制设备，把各种控制功能、步骤和方法编成程序，存放在计算机的内存储器中，由计算机的中央处理器 CPU 执行程序来控制交换机的动作。采用存储程序控制使得交换机的灵活性和服务能力极大提高，任务变动或增加新功能只需要修改程序就可以实现，为不断增加新的业务创造了条件。电话交换机的很多业务，例如缩位拨号、遇忙等待回叫、转移呼叫、自动叫醒和热线服务、会议电话、免打扰服务等，在程控交换机中依靠软件很容易实现。

由程控交换原理可以看出，一个完整的程控交换机系统由硬件和软件两部分组成，其中，硬件主要分为话路系统和控制系统，软件包括程序和数据。另外，程控交换机还包括一些外围设备，例如磁带机、键盘和显示设备等，用以存储程序、输入程序和进行人一机对话。

早期的程控交换机采用集中控制方式，即由一台处理机来集中实现整个交换机的所有控制功能(包括呼叫处理和维护管理功能)，集中控制方式见图 2-1。由于这种集中控制方式控制功能过于集中，使得处理机软件复杂，系统管理维护困难。随着微处理机和大规模集成电路技术的发展，程控计算机的控制方式已由集中式控制逐步发展为分散式控制。

分散式控制采用多处理机结构，多个处理机采用分工方式来承担整个交换机的控制功能。多处理机之间的分工有功能分担和容量分担两种方式，在实际使用中，也可以是两者的结合。

功能分担是按照处理要求与管理范围，把处理机按功能分成中央处理机和外围处理机两个级别(两级结构见图 2-2)。中央处理机处理全局性高级别的任务，是交换机的核心设备。外围处理机处理局部性低级别的任务，主要负责处理与话路设备关系密切、操作简单、但又比较频繁且实时性要求严格的一些作业。它和中央处理机配合，对用户级进行控制，检测用户发出的呼叫请求，并将主叫用户拨号信息通知中央处理机。外围处理机可针对各种话路设备构成各种专用的处理机，比如专门控制用户电路或用户级的用户处理机、专门控制中继器的中继处理机，以及专门控制信号设备的信号处理机等。功能分担后使中央处理机摆脱大量繁琐任务，工作量大大减少，从而使中央处理机的容量扩大。在容量完全相同的情况下，采用分散控制方式的交换机要比采用集中控制方式的交换机成本低，其原因一方面是由于在分散控制方式中对处理机的功能要求相对要低一些，另一方面是由于外围处理机采用的通用微处理机价格比较低廉，因而其性能价格比的优越性就较为突出。

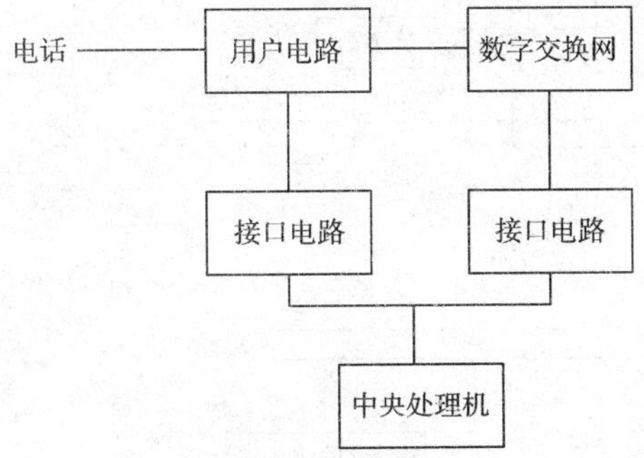

图 2-1　集中控制方式

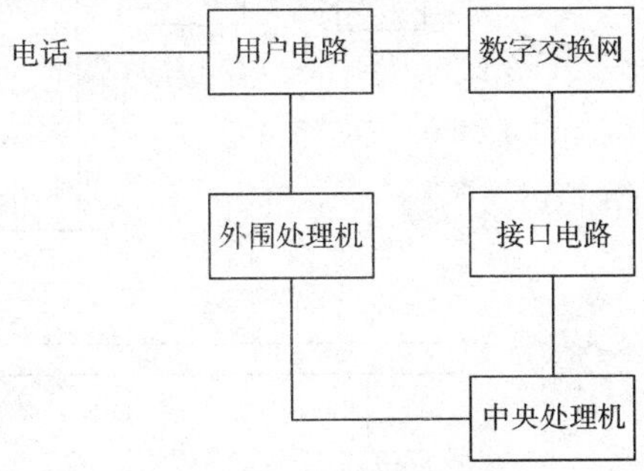

图 2-2　功能分担的两级结构

容量分担是指把交换机的所有用户分为若干群，每群设一个处理机，专门负责该群用户的呼叫处理工作，多个处理机并行工作，完成功能相同的任务。

2.3 程控数字用户交换机及其组成

2.3.1 程控数字用户交换机

程控数字用户交换机 PABX(Private Automatic Branch Exchange)是机关工矿企业等单位内部进行电话交换的一种专用交换机，它采用计算机软件控制，完成单位内部用户的相互通话，通过出入中继线可接入公用电话网的市内网部分与网中用户通话（包括市内通话、国内长途通话和国际长话）。用户交换机不同于市话交换机，市话交换机用于用户交换机之间中继线的交换，而用户交换机用于用户交换机内部用户与用户之间，以及用户通过用户交换机中继线与外部电话交换网上各用户之间的通信。用户交换机是市话网的重要组成部分，是市话交换机的一种补充设备，因为它为市话网承担了大量的单位内部用户间的话务量，从而减轻了市话网的话务负荷。另外用户交换机在各单位分散设置，更靠近用户，因而缩短了用户线距离，节省了用户电缆。同时用少量的出入中继线接入市话网，起到话务集中的作用。与数字市话交换机相比，数字程控用户交换机结构简单、容量小、处理能力强、应用范围广、使用灵活、支持智能建筑中办公自动化及多媒体通信。

2.3.2 程控数字用户交换机的组成

程控数字用户交换机的主要任务是实现用户间通话的接续，其组成分为话路设备和控制设备两部分。话路设备主要包括各种接口电路（如用户线接口和中继线接口电路等）和交换（或接续）网络，控制设备在程控数字用户交换机中主要包括中央处理器（CPU）、存储器和输入/输出设备，其硬件组成框图如图 2-3 所示。

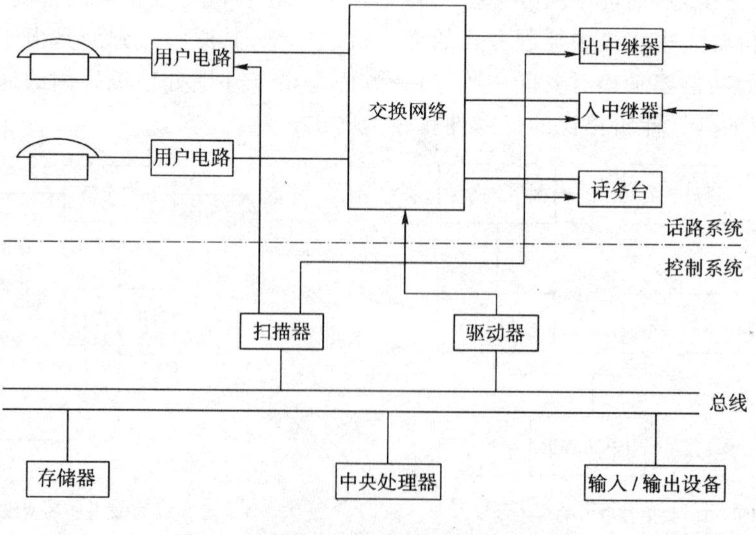

图 2-3 程控数字用户交换机硬件组成框图

(1)交换网络

交换网络是话路设备中的核心设备，其功能是根据用户的呼叫要求，通过控制部分的接续命令，建立主叫与被叫用户间的连接通路。在程控交换机中目前主要采用由电子开关阵列构成的空分交换网络（图 2-4）和由存储器等电路构成的时分接续网络（图 2-5）。空分是指话路接续中每个用户均占据一定的空间位置，由图 2-4 可见，电子开关阵列构成的空分交换网络主要包括交叉电子开关、控制存储器（或锁存器）和译码器，在控制信号的作用下，由译码器输出 S_{nm} 的状态来选择和确定相应交叉开关导通，以实现与该接点相连接的输入/输出线路的接续。时分是指许多用户都接在一条公共通话线上，时分接续网络完成同一个母线上的时隙交换。由图 2-5 可见，由存储器等电路构成的时分接续网络主要包括语音存储器和控制存储器，语音存储器（SM）用于暂时存储话音脉码信息或用户的数据信息，又称“缓冲存储器”。控制存储器（CM）用于存储处理器的控制命令字，控制命令字的主要内容是用来指示写入或读出的话音存储器地址。比如，要将入线的 TS_3（时隙为 3）经过 T 交换到出线的 TS_{19} 上，在控制存储器的第 19 号单元写入 3，然后按照控制存储器内单元的数值去语音存储器的相应时隙位置读语音信息，写到出线上。

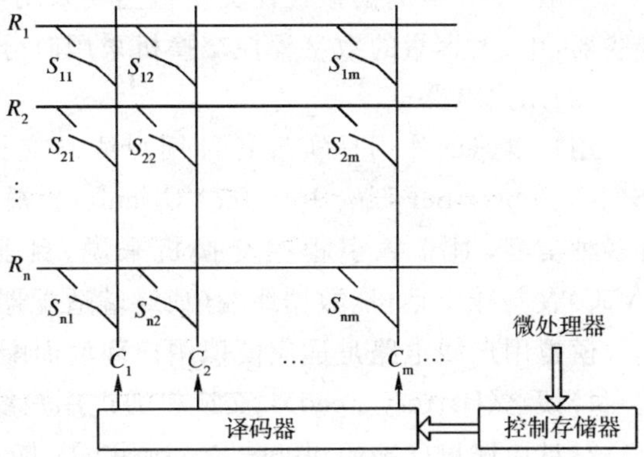

图 2-4　电子开关阵列构成的空分交换网络

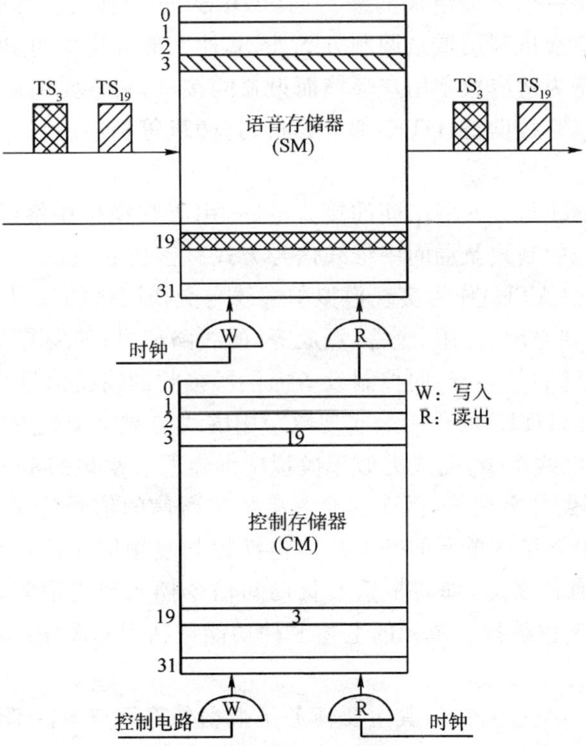

图 2-5　存储器等电路构成的时分接续网络

一般，小容量的模拟程控交换机主要采用空分接线器，小容量的数字程控交换机采用时分接线器，中、大容量的数字程控交换机采用时分或时分与空分组合的交换网络。

(2)用户电路

用户电路的作用是实现各种用户线与交换机之间的连接，通常又称为用户线接口电路(SLIC，Subscriber Line Interface Circuit)。根据交换机制式和应用环境的不同，用户电路也有多种类型，对于数字程控交换机来说，目前主要有与模拟话机连接的模拟用户线电路(ALC)及与数字话机、数据终端(或终端适配器)连接的数字用户线电路(DLC)。

模拟用户线电路是适应模拟用户环境而配置的接口，其基本功能有：

1)馈电(Battery Feed)：交换机通过用户线向共电式话机直流馈电。

2)过压保护(Overvoltage Protection)：防止用户线上的电压冲击或过压而损坏交换机。

3)振铃(Ringing)：向被叫用户话机馈送铃流信号。

4)监视(Supervision)：借助扫描点监视用户线通断状态，以检测话机的摘机、挂机、拨号脉冲等用户线信号，转送给控制设备，以表示用户的忙闲状态和接续要求。

5)编解码(CODEC)：利用编解码器(CODEC)、滤波器，完成话音信号的模/数与数/模交换，以便和数字交换机的数字交换网络接口。

6)混合(Hybrid)：进行用户线的 2/4 线转换，以满足编解码与数字交换对四线传输的要求。

7)测试(Test)：提供测试端口，进行用户电路的测试。

这 7 种功能常用第一个字母组成的缩写词(BORSCHT)代表。在数字程控交换机中，除某些特定应用的小型交换机利用增量调制方式外，其他大部分均采用 PCM 编解码方式。

数字用户线电路是为适应数字用户环境而设置的接口，它主要用来通过线路适配器(LA)或数字话机与各种数据终端设备(DTE)如计算机、打印机等相连。

(3)出入中继器

出入中继器是中继线与交换网络间的接口电路，用于交换机中继线的连接。它的功能和电路与所用的交换系统的制式及局间中继线信号方式有密切的关系。

模拟中继接口单元(ATU)作为实现模拟中继线与交换网络的接口，基本功能包括发送与接收表示中继线状态(如空闲、占用、应答、释放等)的线路信号；转发与接收代表被叫号码的记发器信号；供给通话电源和信号音；向控制设备提供所接收的线路信号。

数字中继接口单元(DTU)的作用是实现数字中继线与数字交换网络之间的接口，它通过 PCM 有关时隙传送中继线信令，完成类似于模拟中继器所应承担的基本功能。但由于数字中继线传送的是 PCM 群路数字信号，因而它要解决数字通信的信号传送、同步与信令配合三方面的连接问题。数字中继接口单元的基本功能包括帧与复帧同步码产生，帧调整，连零抑制，码型变换，告警处理，时钟恢复，帧同步搜索及局间信令插入与提取等，如同模拟用户电路的 BORSCHT，也可将数字中继接口单元的上述 8 种功能概括为 GAZPACHO。

(4)控制设备

控制部分是程控交换机的核心，其主要任务是根据外部用户与内部维护管理的要求，执行存储程序和各种命令，以控制相应硬件实现交换及管理功能。

程控交换机控制设备的主体是微处理器，通常按其配置与控制工作方式的不同，可分为集中控制和分散控制两类。为了更好地适应软硬件模块化的要求，提高处理能力及增强系统的灵活性与可靠性，目前程控交换系统的分散控制程度日趋提高，已广泛采用部分或完全分散式控制方式。

(5)信令系统(Signalling System)

在交换机内各部分之间或者交换机与用户、交换机与交换机间，除传送话音、数据等业务信息外，还必须传送各种专用的附加控制信号(信令)，以保证交换机协调动作，完成用户呼叫的处理、接续、控制与维护管理功能。

按信令的作用区域划分，可分为用户线信令与局间信令，前者在用户线上传送，后者在局间中继线上传送。如果按信令的功能划分，则可分为监视信令、地址信令与维护管理信令。

1)用户线信令

用户线信令是在用户与交换机之间用户线上传送的信令。对于模拟电话用户线，这种信令主要包括监视信令和地址信令。

监视信令反映直流用户环路通断的各种用户状态信号，如主叫用户摘机(off-hook)(呼出占用)，主叫用户挂机(on-hook)(正在清除或拆线)及被叫用户摘机(应答)，被叫用户挂机(反向清除或拆线)。交换机检测到这些信号时便会执行相应的软件，产生有关的动作，如交换机向主叫用户发拨号音或忙音、回铃音等，或向被叫用户馈送振铃信号等。

地址信令为主叫用户发送的被叫号码，交换机识别后控制交换网络进行接续。目前广泛应用的模拟话机分为脉冲式话机与双音频式话机两类，拨号盘话机或脉冲式按键式话机发出的地址信号是直流脉冲信号，通过话机拨号控制用户环路电路断续而产生直流脉冲串。双音频式话机发出的地址信号是一种双音多频信号，它不是脉冲，而是在按下话机键时发送两个不同音频的组合“双音”表示一个数字。

2)局间信令

此信令是在交换机或交换局之间中继线上传送的信号，用以控制呼叫的接续。根据信令通道与话音通路的关系，局间信令分为随路信令(CAS，Channel Associated Signalling)与共路信令(CCS，Common Channel Signalling)。

随路信令是将话路所需要的控制信号由该话路本身或与之有固定联系的一条信令通道来传送，即用同一通路传送话音信息和与其相应的信令。

共路信令是将一组话路所需的各种控制信号集中到一条与话音通路分开的公共信号数据链路上进行传送。CCITT No.7(International Telephone and Telegraph Consultative Committee)号信令是一种目前最先进、应用最广泛的国际标准化共路信令系统，由于它将信令和话音通路分开，可采用高速数据链路传送信令，因而具有传送速度快、呼叫建立时间短、信号容量大、更改与扩容灵活及设备利用率高等特点，最适用于程控数字交换与数字传输相结合的综合数字网和未来综合业务数字网。

各种机电式交换机都采用随路信令，虽然目前程控数字交换机仍多采用随路信令，但它一般具有采用共路信令的功能与潜力。为了充分发挥程控数字交换系统的优点，采用先进的共路信令是当前程控交换技术的一个重要发展方向。

(6)网络连接设备及其他附属设备

网络连接设备包括用于与局域网(LAN)互连、与分组数据网(PDN)互连以及用于连接无线移动通信系统、ISDN 与接入网等有关的单元或设备。其他附属设备包括话务台、维护终端、计费与话务统计装置、专用设备及配线架、电源设备等。

2.4 程控数字用户交换机的发展

随着大规模集成电路、计算机技术和通信技术的迅速发展,程控用户交换机由模拟交换发展为数字交换、由单一的话音业务发展到综合业务,从单局交换发展到综合业务交换,而且体积缩小,功能增强。新一代程控交换机采用的全分散控制方式和模块化设计,使得控制的灵活性和可靠性大大提高,通过增加不同的功能模块即可实现话音、数据、图像、窄带、宽带多媒体业务以及其他通信业务的综合通信。

程控交换机正在向全数字化方向发展,全数字综合业务交换机使交换机建立呼叫的接续时间大为缩短,另外其信令系统容量大,可为各种新业务提供网络集中服务信令,灵活性和可靠性大大提高。全数字综合业务交换机的硬件采用全模块化结构,具有高可靠性、高功能、低成本的特点。软件系统功能强且齐全。并且还采用国际标准的数字网络通信接口,提供与其他通信网(如分组交换网、数字数据网、计算机局域网、卫星通信网、ISDN 网等)之间的连接及组网的能力,提供宽带综合业务数据在交换系统中自动分配至各用户的端口。

2.4.1 综合业务数字程控用户交换机

(1)综合业务数字网(ISDN)

为了适应信息化时代信息流量大、信息形式多样化的特点,信息通信系统的发展方向是数字化、综合化、宽带化、智能化、标准化和个人化。其中的数字化是利用数字传输与数字交换综合而成的电话网(IDN)传送话务及非话业务,综合化是指把各种通信业务包括电话业务和非话业务都以数字的方式统一到一个综合的数字网中传输、交换和处理,这就是综合业务数字网(ISDN)。

ISDN 是由 CCITT 和各国标准化组织开发的一组标准,按 CCITT ISDN 标准中给出的定义,“ISDN 是由综合数字电话网发展起来的一个网络,它提供端到端的数字连接以支持广泛的服务,包括语音的和非语音的。用户的访问是通过少量、多用途的用户网络接口标准实现的。”ISDN 可以提供或承担包括话音和非话音业务在内的多种多样的电信服务,用户只需提出一次申请,用一条用户线即可将多种业务终端通过一组标准多功能的用户/网络接口接入到 ISDN 网内,并按统一的规程进行通信。ISDN 不仅能够把多种电信业务综合在一起,而且具有经济、灵活、使用方便和可扩展等优点,可以适应未来用户增长和新型业务的发展。

(2)ISDN 交换机及其功能

ISDN 是在数字电话网(IDN)的基础上发展起来的,IDN 中的数字电话交换机提供的 64kbit/s 电路交换业务也是 ISDN 的基本承载业务,因此 ISDN 交换机是在已有的程控交换机基础上经硬件、软件改造,以适合于 ISDN 业务交换、控制以及计费的交换设备。所谓改造主要是增加提供数字用户接口和处理分组信息的硬件和满足 ISDN 的数据管理、呼叫处理及操作维护要求的软件。

与程控数字电话交换机相比，ISDN 交换机应具备提供数字用户接口、扩展信令、提供不同类型的连接、分组处理功能、扩展的呼叫处理等功能。ISDN 交换机还需处理一些附加的业务，这些业务或者是提供通信时的附加性能，或者是向用户提供附加信息，由于 ISDN 的附加业务比公用电话交换网丰富，因而 ISDN 交换机的功能要求也相对复杂。例如 ISDN 交换机不仅要按距离和通信时长给电路型业务计费，而且要按数据量和通信时长给分组型业务收费，还要根据使用的特种业务酌情收费。因此从电话交换机向 ISDN 交换机的过渡，需要补充和改造大量软件。

(3)ISDN 交换机的应用

具有 ISDN 功能的数字用户交换机系统能提供一系列 CCITT 建议标准的数据通信接口，以实现在一个数字化的通信网路上同时支持话音、数据和图像传输的综合数字业务的功能。

数字用户交换机系统具有多种为数据交换和连接而设计的系统软件和连接硬件模块。用户数据终端接口主要是 RS232C、RS422、RS499、X. 21、X. 25 等，而数字用户交换机系统的接口设备是提供不同信息信道的各种数字用户电路板，这些数字用户电路板可提供的接口为：2 线 B+D 接口、2 线 2B+D 接口、4 线 2B+D 接口、30B+D 接口、X. 21 接口、X. 25 接口等，通信方式可以是异步或同步传输，全双工方式。

(4)ISDN 交换机举例

加拿大北方电讯的 Meridianl ISDN 交换机采用开放式的总线设计，便于各种新业务发展及整机处理能力的提高，通过软件升级和更换少量硬件设备，即可实现新产品的功能，保持原有产品的先进性。Meridianl 具有丰富的接口种类，有普通的模拟用户板、留言灯用户板、数字用户板、数据用户板、通用中继板、2/4E&M 中继板、基本速率接口板(BRI)。每个电路板中都采用专用的处理芯片，完成卡板的自动定位、自动识别、故障诊断，从而减轻了主 CPU 的负荷。

Meridian1 ISDN 交换机除了具有程控交换机的一般功能外，还具有以下功能：

· 电视会议功能

提供符合 ITU-T 建议的基本速率接口(BRI 2B+D)和基群速率接口(PRI 30B+D)，能与标准的可视终端设备和多点控制器相连，实现 128kb/s 或更高速的可视电话、会议电视。

· 数据通信

Meridianl 系统在向用户提供语音交换平台的同时，还提供 RS232、V24、RS422 及 ISDN-BRI、PRI 等数据通信接口，使用户的个人计算机连接到各种主机、局域网及 Internet 网，进行数据通信。

· 语音信箱系统

可向用户提供原始语音留言，具有语音提示、语音菜单、留言提取、留言发送、留言前转等功能，通过用户话机上的留言灯，及时提醒用户提取留言。

· 会议桥系统

具有拨出式、拨入式、群呼等会议召开方式，提供一体化的会议桥系统，召开会议方便，会议通话质量高。

· 与 Internet 网连接

可提供 ISDN PRI 或 ISDN BRI 与 Internet 网连接，可以提供方便、快捷、经济的 Internet

网接入服务。

• 个人移动通信系统(DECT)

Meridian1 个人移动通信手机与办公桌上固定电话的功能一样，具有相同的号码，是完全与 Meridianl 交换机一体化的产品。

• 广播系统

Meridian1 的模拟中继线可以连接广播设备，交换机下的任何一部分机都可以接入广播系统。

• 酒店资产管理系统

将电话计费、客房小酒吧消费、客房状态、话机权限、叫醒语种等信息传至酒店资产管理系统中与客人的其他信息统一处理，客人离开酒店结账时统一给出客人在酒店的全部消费清单。

• 多客户

一台交换机可分为若干个子系统(每个子系统为一个客户)，实现集中管理，独立使用(每个子系统具有独立的话务台、菜单、服务等级限制、中继线群、对外号码特殊等)。可方便地将办公区和酒店系统分成两个独立的客户，这样可保证各自系统的安全可靠工作及管理。

• 组呼

通过一部数字电话，按下一个功能键可同时呼出一组用户，多达 20 个分机，这样可在一组预定的分机用户之间举办自动电话会议，也能采用连接会议桥的方法来举办高标准的电话会议系统。

• 授权码

系统内每个需要的人都拥有一个密码，可在任意一部电话机上使用此密码打电话，计费系统按密码计费，密码规定不同的等级，如市话、长途、国际长途等。

• 分机等级设定

Meridian1 系统根据需要将系统内的分机设定成各种不同的服务等级，如某些分机只在系统内部通话不能拨打市话，某些分机可打国内长途电话，某些分机可打国际长途电话等。

• 灵活编码功能

交换机可以通过监视特写号码格式及分机拨号的位数有选择地拒绝出局呼叫，实现正限制与反限制。

图 2-6 为 M1OPT11C 交换机系统方案图。

2.4.2 ATM 宽带交换机

(1)宽带综合业务数字网(B-ISDN)

宽带综合业务数字网(B-ISDN)是为了满足日益增长的高速数据传输、高速文件传输、可视电话、会议电视、宽带可视图文、高清晰度电视以及多媒体多功能终端等新的宽带业务的需要，在窄带 ISDN 的基础上发展起来的。宽带综合业务数字网(B-ISDN)支持连续型宽带业务、突发型宽带业务、速率不大于 64kbit/s 的窄带业务(话音、传真)、宽带交互型通信业务(可视电话、会议电视)、宽带分配业务(广播电视、高清晰度电视)等。

(2)B-ISDN 的信息传输方式——ATM

宽带 ISDN 与窄带 ISDN 的区别不仅在于信息传输速率的不同，而且信息传输的方式也

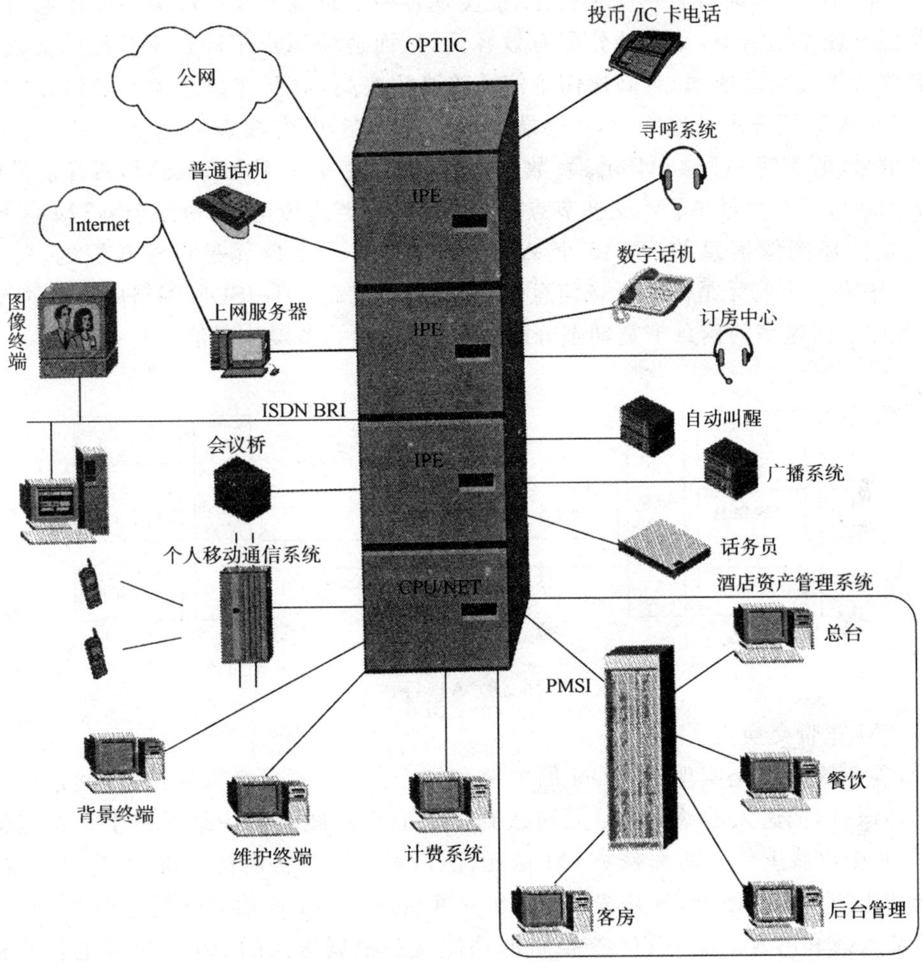

图 2-6 M1OPT11C 交换机系统方案图

不相同。在窄带 ISDN 用户线路上，通过同步时分复用的方式向用户提供两个 64kbit/s 的 B 信道和一个 16kbit/s 的 D 信道，用户只能利用划分好的子信道进行通信，不能采用其他不同速率的分配方法，比如用户想用一个 32kbit/s 的子信道加上一个 112kbit/s 的子信道来进行通信，窄带 ISDN 无法实现。而宽带 ISDN 要支持各种速率的电信业务，在宽带 ISDN 中任何一种速率分配都有可能，因而在宽带 ISDN 中不可能采用窄带 ISDN 中的同步时分复用的方法，而是采用异步时间分割，即异步转移方式，简称 ATM(Asynchronous Transfer Mode)。

ATM 采用异步时分复用交换技术，将待运送的用户信息流(比如数字化的话音、数据和图像等信息)分割成固定长度的信元(长度为 53 个字节)，信元由信头和信息字段两部分组成。前面 5 个字节的信头是标识符，用来识别信道，后面 48 个字节的信息字段是要在线路上传送的信息。其结构示意图如图 2-7 所示。

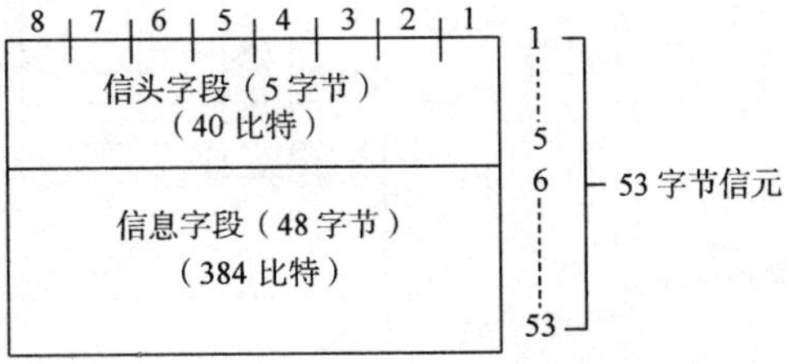

图 2-7 ATM 信元结构示意图

ATM采用的异步时分复用交换技术，能实现各种信息混合在一起的多媒体通信，并能根据业务类型及速率的需要，动态地分配有效容量，从而适应用户不同速率分配的要求。ATM根据需要改变传送信息速率，对高速信息信元转移频次高，对低速信息信元转移频次低，比如在图2-8中，A终端表示高速终端，B终端表示中速终端，C终端表示低速终端，A、B、C分别表示图像信号（假设速率为45Mbit/s）、数据信号（假设速率为10Mbit/s）和话音信号（假设速率为64kbit/s），三者经过ATM交换节点和ATM传输链路传送，则每三个ATM信元中就有一个信元是传输图像信息的，每15个ATM信元中有一个信元是传输数据的，每2000个ATM信元中有一个信元是传输话音信息的，通过相关信元在B-ISDN网络中出现的频次不一样，实现各种不同速率的信息带宽动态分配地传输、交换的多媒体通信。

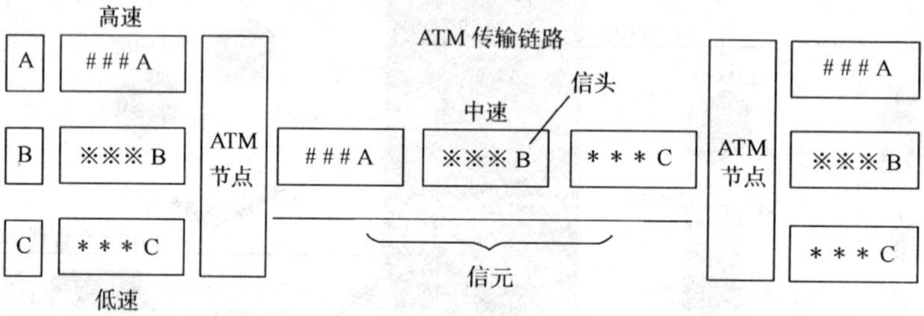

图2-8 ATM网

(3)ATM宽带交换机

ATM宽带交换机是实现B-ISDN的关键和核心。ATM交换机的任务，就是根据ATM信头上的标识符，把送入的ATM信元转送到相应的用户线路和中继线路上。在宽带ISDN中，用户线和中继线上传送的都是ATM信元，所以对ATM交换机来讲，在许多情况下可以对中继线和用户线不予区分，只是按线路是给交换机送入ATM信元还是送出ATM信元，分为交换机的入线和出线。而ATM交换机的功能就是根据送入的ATM信元的信头标识符，把它们送到相应的出线上去。

ATM交换机的组成包括三个部分，即入线处理和出线处理部件、ATM交换单元和ATM控制单元，其结构图如图2-9所示。其中，ATM交换单元完成交换动作，ATM控制单元对ATM交换单元的动作进行控制，入线处理部件对各入线上的ATM信元进行处理，使它们成为适合送入ATM交换单元的形式，出线处理部件对ATM交换单元送出的ATM信元进行处理，使它们成为适合在线路上传输的形式。

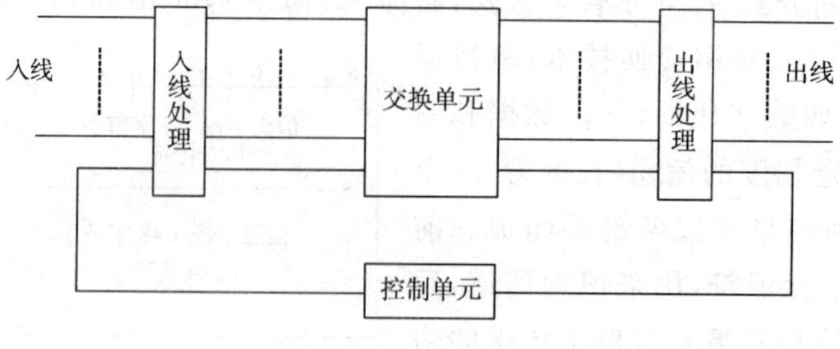

图2-9 ATM交换机的结构框图

2.4.3　光纤用户网及光交换机

由于宽带通信业务需求的日益增长和光电器件技术、光纤传输技术、同步复用技术、波分复用技术的日益成熟和完善，为用户光缆实用化开辟了前景，“光纤到户”和“光纤到桌面”可使用户享受到高速数据传输、电缆电视、高清晰度电视等宽带业务。

目前，B-ISDN 网大多都以光纤传输与电子技术相结合来实现，信号在进行交换前需要用光电转换器件把从光缆传输的光信号转化为电信号，为了提高信号交换速度和减少变换损豁，现在人们正研究实现光信号的直接交换，即光交换技术。

实现光交换的主要设备是应用光波技术交换的光交换机，光交换机由传输回路和控制回路两大部分组成，实现光交换的主要课题是实现传输回路和控制回路的光化。从交换功能角度来看，需要研究开发一系列诸如光接线器、光开关和光内存等光器件。

2.5　虚拟交换方式

虚拟用户交换机(Centrex)是一种利用局用程控交换机的资源为公用网用户提供用户交换机功能的新业务，是将用户交换机的功能集中到局用交换机中，用局用交换机来替代用户小交换机，它不仅具备所有用户小交换机的基本功能，还可享用公网提供的电话服务功能。

2.5.1　虚拟用户交换机的功能及特点

虚拟交换机除具有交换机公网提供的呼叫转移、热线电话、呼叫等待、三方通话等所有程控新业务功能外，还有话务转接、呼叫代答以及呼叫转接等特色业务功能。话务转接功能是指虚拟网的话务系统功能十分完善。话务台可以根据用户的需求不设立或设立在用户端。话务台设置只需利用一部电话，并对外公布这一号码，用于转接各种来话和去话，操作简单。呼叫代答功能是指群外或群内用户呼叫群内 A 用户时，A 用户不在，群内的 B 用户可以就近使用电话通过拨号操作帮助其代为应答。呼叫转接功能是群内任一用户在接到一个群外或群内用户呼入的电话后，可根据情况(如拨错号或找错人)，通过在话机上拨号操作把该电话转接到群内其他电话上。另外，虚拟交换机还具有查号、话间插入(如有紧急外线或内线要求转入，可在一定时间后强行插入通话)、列队显示(显示目前尚有多少来话等待呼入，便于及时处理)、话单采集(可实时取得分机用户通话的话单)、立即计费(能提供多种类型的计费提示，方便计费)、权限管理(设定分机的国际、国内、本地网、市话以及虚拟网内部五个级别的拨打权限)、话费限制(限定某一分机通话费用，如超支将自动取消其长途拨叫权限，直到再次要求开通)、本地话费管理(可设定本单位虚拟用户群增收的附加费用如宾馆、饭店的服务等，这些费用不在电信部门话费结算之内)等功能。

虚拟交换机的最大特点是节省投资，用户不需要增加附加设备和维护人员，可以节省设备投资、机房占地面积及维护人员的费用；其次由于虚拟用户交换机由局用交换机代其执行维护和管理，简化了网络管理的层次，维护管理方便，可靠性高，而且技术与公网同步发展，不存在制式及更新的问题，用户不仅可以使用 PBX 的特有功能，而且与公网用户一样可以使用局用交换机增加的新业务；另外虚拟交换机还具有接通率高，用户分布范围广的特点：传统的交换机(PBX)用户是通过用户线或中继线两种中继方式与局用交换机相连,集线比一般为 10∶1,当用户线或中继线全忙时,用户拨打不出去,也打不进来。而虚拟交换机的用户是直接接入公用网,其接通率高于 PBX 的用户,而且用户不受地域限制,扩容、移机和改号等都很方便。

2.5.2 虚拟用户交换机应用实例

某泵站主要建筑物包括泵房、管理区、拦污栅闸、公路桥、进出水渠、变电站等。

原设计采用 PBX 方案,泵站设置 1 台 30 门普通电话程控交换机,供泵站和管理区日常使用。交换机和总配线架设置于管理区总机房内;在变电站继保室内设置分配线架,用于连接主泵房和变电站内的电话接线盒。电话机布置按管理区 10 门、主泵房及变电站 20 门分配。为将来扩展及电话位置调整提供方便,在主泵房及变电站各操作面共配置 100 门电话接线盒,管理区各办公室及宿舍均配置电话接线盒,并敷线到位。从管理区总机房总配线架拉一路 60 对电话电缆至变电站分配线架。

在实施时,将原设计的 PBX 方案与采用 CENTREX 方案进行了比较。从经济性上比较,CENTREX 方案用户端不需设交换机设备,原设计的总机房也可取消,因而相对 PBX 方案系统的经济性高;从可靠性上比较,由于 CENTREX 方案使用电信局的大数字交换机,电信局的交换机一般都有热冗余备份,设备的维护也由电信部门负责,相对 PBX 方案系统的可靠性高;从扩展性与先进性上比较,CENTREX 方案用户可以灵活地进行扩容,电话接通率也较高,还能与公用电话网同步升级,无需像使用用户交换机那样另行投入资金进行设备的更新换代,因而相对 PBX 方案,系统的扩展性与先进性得到保证。

其经济性比较是从初期投资和日常使用两个方面进行。

从初期投资上比较,如采用 PBX 方案,需配置一台 30 门的小交换机,按设计技术要求其价格一般在 4 000～5 000 元左右;根据该地区电信部门的要求,30 门的小交换机中继线数量按交换机容量 3∶1 配置,则需设置 10 条中继线,每条中继线开户费 500 元,计 5 000 元;加上安装、调试等其他费用,其初期投资一般在 20 000 元左右,另外还有单独设置总机房的费用。如采用 CENTREX 方案,按开通 30 门电话计,开户费每门电话 208 元,其初期投资仅为 6 240 元。比较 PBX 方案,可节省 1 万余元。

从日常使用费用上比较,采用 PBX 方案,在日常使用时需按中继线数量交纳月租费,按分机数量交纳座机费,计 1 000 元/月。通话费按每条中继线实际发生情况结算,其资费标准同普通电话用户。另外交换机等设备还需设置专人进行维护操作,增加了用户的行政性支出,加上设备折旧费用,估算共需 2 000 元/月,即每月开支为 3 000 元加通话费。采用 CENTREX 方案,月租费分两种情况,如开通市话,月租费按 15 元/门计算;如不开通市话,只进行 CENTREX 网内通话,月租费按 30 元/门计算。其他资费标准与普通电话用户一样,在 CENTREX 网内用户之间通话时不需交纳通话费。由于用户端没有安装交换机设备,因此不需设专人进行维护操作,节省了设备折旧费和运行维护费用。按月租费 30 元计算,每月开支仅为 900 元。不考虑通话费的因素,每月节省费用 2 100 元。

从以上比较可以看出,无论从技术性还是经济性上,CENTREX 方案均优于 PBX 方案。因而最终采用 CENTREX 方案。根据泵站目前运行需要,暂时只开通了 18 门电话,管理区布置 11 门,变电站布置 7 门。同时考虑以后扩容和电话位置调整方便,保留原设计总配线架、分配线架、电话接线盒及电话电缆位置、数量不变，并从管理区西侧公用电话网拉一路50对电话电缆至总配线架备用。

2.6　远端模块方式

2.6.1　远端模块的概念

数字程控电话交换机的构成通常分为用户级(用户线路)和选组级(交换网络)两大部分，选组级是交换机中完成交换功能的核心部分，被称是“母局”，用户级是与用户直接连接的部分，它的基本任务是把从用户电话机发出的呼叫集中，并将模拟话音信号变为数字话音信号，然后送到选组级(即母局)去，用户级又称为“户单元”或“用户模块”，用户模块一般由普通用户板、ISDN用户板、铃流板、电源板、控制板等组成，用户电缆接在用户模块上，用户模块的功能可归纳为“BORSCHT”(详见本章2.3节)。

远端用户模块是程控数字交换机提供的一种远端连接用户设备，远端模块方式是指把程控交换机的用户模块通过光缆放在远端(远离电话局的电话用户集中点)，这样可以使许多电话用户能就近地接入“远端用户模块”，就好像在远端设了一个“电话分局”一样，因此远端用户模块又称模块局。模块局把用户话务量集中后，通过中继线与母局连接，节省线路的投资，扩大了程控交换机的覆盖范围。通常模块局没有交换的功能，模块局本身所接的用户之间的相互通话，也需要通过中继线到母局一往一返才能实现。有些远端用户模块增设了交换的功能，使本模块的用户之间的相互通话可以不通过母局，而直接在模块局进行。远端模块局的数据制作、计费信息及用户信息等均在母局侧。

远端模块是一种解决铜线费用高、传输效果差的方案。它采用光纤传输方式，使用户设备尽可能地靠近用户，与光纤用户接入网的作用相同，与接入网的区别在于远端模块与交换机之间采用厂家的内部协议，不同厂家的产品不能混用。因而在解决远端用户接入时，只能采用与母局同一厂家的产品，而不能在较大的范围内择优选用。而用户接入网设备通过标准V5接口与交换机相连，接入网设备与交换机可以采用不同厂家的产品。

随着交换设备的发展，远端模块综合考虑了远端接入的实际情况，集成了一个模块局通常所需的各种设备，由于这种小模块对环境的要求低，对机房条件没有特殊的要求，因而特别适合于农村地区用户的接入。

2.6.2　远端模块应用实例

某公交公司位于市中心，下设的两个分支机构离总公司比较远，总公司有128部电话，两个分支机构各有64部与16部电话。为了节约成本，提出交换机加远端模块的解决方案，要求在总公司能集中管理两个分支机构的交换机，能支持电话转接功能，内部通话产生零费用，并可扩展。

设计采用JSY2100数字程控交换机，此款交换机稳定性强，容量大，单台最大可扩至1 728线；可外接话务台，具备电话会议功能，还具备简单的汇接功能；可自动加发IP接入码及各种特殊字头，免除繁琐的IP拨号方式，节约成本；配置灵活，端口可以根据需求任意配置，同时，用户可按需配置每个系统，并按总量的要求，任意叠加组合子系统，不但提高了系统的可扩容性，也极大限度地共享了系统资源，满足了不同规模用户的需求。考虑到以后要扩容到300门左右，所以配置576机箱，以后客户想增加用户时，只需在原有交换机内叠加内框即可。

采用远端模块可解决用户远程管理的要求，在总公司端设置两个分支机构的分机参数，虽然两个分支机构地处总公司以外，但是它们的使用方式等均与总公司的电话一样，内线直拨，外线通过总公司的外线出局。交换机的具体配置、分支A的远端节点配置(64线)、分支B的远端节点配置(16线)分别见表2-1、表2-2、表2-3。

交换机具体配置 表2-1

序号	单板名称	单位	数量	备注
1	用户板	块	16	一块用户板8路
2	音令板	块	2	
3	分机控制板	块	1	
4	144内框	套	2	
5	144母板	块	1	
6	RM母板	块	1	一块RM母板最多可插两块远端模块
7	576电源箱	套	1	
8	576机箱	套	1	
9	2M信令60路	套	1	有1号/7号/PRI 3种信令可选择
10	远端模块	块	3	一块远端模块可配置30路远端用户

分支A的远端节点配置(64线) 表2-2

序号	单板名称	单位	数量	备注
1	用户板	块	8	一块用户板8路
2	2M母板	块	1	
3	2M主机控制板	块	1	
4	2M分机控制板	块	1	60路
5	144内框	套	1	
6	144电源框	套	1	
7	144机箱	套	1	

分支B的远端节点配置(16线) 表2-3

序号	单板名称	单位	数量	备注
1	用户板	块	2	一块用户板8路
2	2M母板	块	1	
3	2M主机控制板	块	1	
4	2M分机控制板	块	1	30路
5	144内框	套	1	
6	144电源框	套	1	
7	144机箱	套	1	

2.7 IP 电 话

IP 电话是一种新型的通信业务，IP(Internet Protocol)是国际互联网协议的缩写，IP 电话是按国际互联网协议规定的网络技术内容开通的电话业务。它采用数字压缩和包交换技术通过 Internet 网提供实时的语音传输服务，也称为网络电话或互联网电话。由于采用数字压缩和包交换技术传输语音，使得带宽得以充分利用，提高了线路利用率，降低了通话成本，应用广泛。

2.7.1 IP 电话的标准及体系结构

在传统电话系统中，一次通话从建立系统连接到拆除连接都需要一定的信令来配合完成。同样，在 IP 电话中，如何寻找被叫方、如何建立应答、如何按照彼此的数据处理能力发送数据，也需要相应的信令系统，一般称为协议。目前在国际上，比较有影响的 IP 电话方面的协议包括 ITU-T 提出的 H.323 协议和 IETF 提出的 SIP 协议，这两个协议在呼叫建立与控制方面有着不同的方案。

(1)H.323 协议

H.323 是国际电信联盟 ITU 多媒体通信系列标准 H.32x 的一部分，该系列标准使得在现有通信网络上进行视频会议成为可能(详见第六章)，其中 H.323 为现有的分组网络 PBN(如 IP 网络)提供多媒体通信标准，即 H.323 标准并不是为 VoIP 专门提出的，它涉及的范围比 IP 电话宽。但由于目前 IP 电话发展很快，为了适应 IP 电话的应用，H.323 也专为 IP 电话增加了一些新内容(如呼叫的快速建立过程等)。

基于 H.323 协议的 IP 电话网络由网关、网守(Gatekeeper)和多点控制单元(MCU)组成，其组网结构如图 2-10 所示。

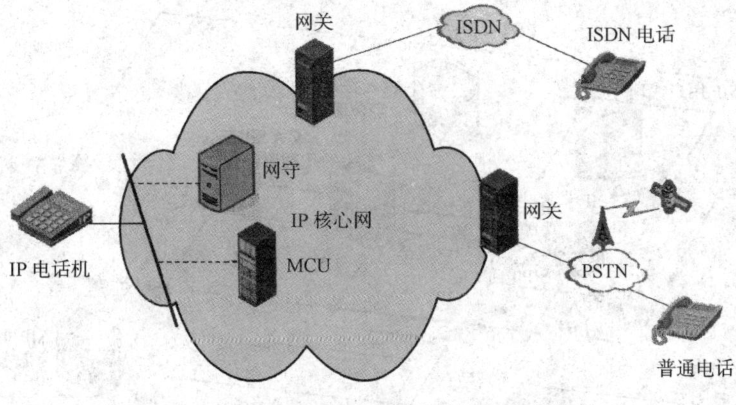

图 2-10　基于 H.323 协议的 IP 电话组网结构图

其中网关用于连接 H.323 网络与非 H.323 网络(如 ISDN、POTS)，网关通过转换呼叫建立和释放协议，来转换两个网络的不同媒体格式。网守实现电话号码到 IP 地址的翻译、带宽管理、签权、网关定位等服务。多点控制单元(MCU，Multipoint Control Unit)提供对三方终端以上的电话会议的支持。

H.323 提供的集中管理和处理的工作模式与电信网的管理方式是匹配的，因而电信网中使用的 IP 电话几乎都采用了基于 H.323 的 IP 电话工作模式。

(2)SIP 协议

SIP(Session Initiation Protocol，会话发起协议)是由 IETF(Internet Engineering Task

Force,互联网工程任务组)提出的IP电话信令协议。

SIP会话使用SIP用户代理、SIP注册服务器、SIP代理服务器和SIP重定向服务器四个组件。SIP用户代理(UA)是终端用户设备,比如用于创建和管理SIP会话的移动电话、多媒体手持设备、PC、PDA等,用户代理客户机发出消息,用户代理服务器对消息进行响应。SIP注册服务器是包含域中所有用户代理的位置数据库,在SIP通信中,这些服务器会检索参与方的IP地址和其他相关信息,并将其发送到SIP代理服务器。SIP代理服务器接受SIP UA的会话请求并查询SIP注册服务器,获取收件方UA的地址信息,并将会话邀请信息直接转发给收件方UA(如果它位于同一域中)或代理服务器(如果UA位于另一域中)。SIP重定向服务器若判定自身不是目的地址,则向用户响应下一个应访问服务器的地址。在同一域中建立SIP会话过程如图2-11所示,在不同域中建立SIP会话过程如图2-12所示。

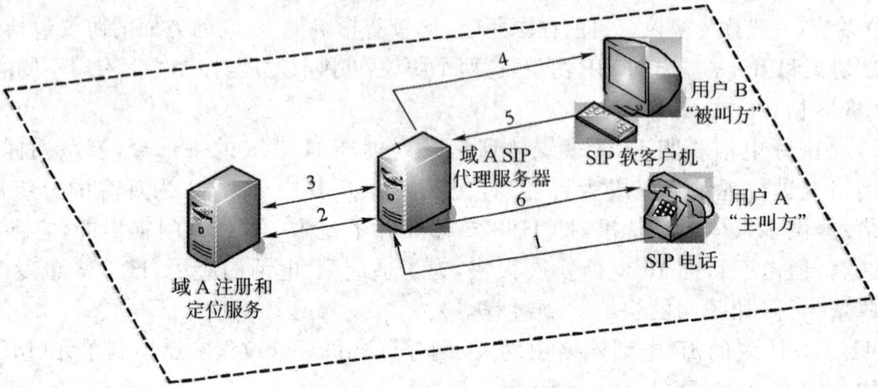

图2-11 在同一域中建立SIP会话过程

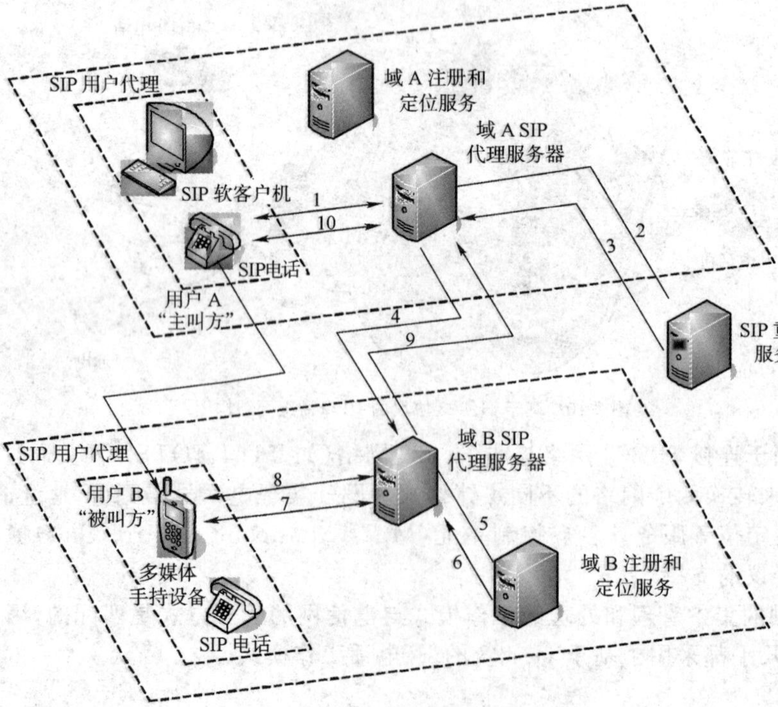

图2-12 在不同域中建立SIP会话过程

2.7.2　软交换机

最初的 IP 电话设备与传统电话一样，其交换都是由硬件来实现的，称为“硬交换”。而后国际标准化组织先后提出 MGCP、HGCP、H.248 等一系列协议标准，其核心思路就是将原有的 H.323 网关进行功能上的分解，使之成为负责呼叫建立控制的媒体网关控制器（Media Gateway Controller，MGC）和仅负责媒体流处理的媒体网关（Media GateWay，MGW）两个部分，见图 2-13。MGC 的基础功能是呼叫控制，其地位相当于电话网中的交换机，但是和普通交换机不同的是，MGC 并不具体负责话音信号的传送，只是向 MGW 发出指令，由后者完成话音信号的传送和格式转换，相当于 MGC 中只包含交换机的控制软件，而交换网络则位于 MGW 之中，因此，人们把 MGC 也称为“软交换机”。

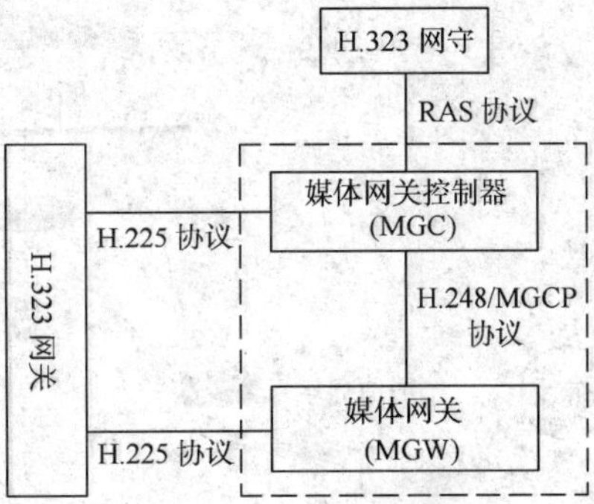

图 2-13　网关分解示意图

2.7.3　IP 电话应用实例

(1)“E-office”IP 电话通信系统解决方案

随着信息技术的迅猛发展，行业、政府机构大大加快了信息化建设的进程，并且大都建立了覆盖全系统的 IP 数据网络。通过内部数据网络，建设覆盖各级办公机构的 IP 电话系统，可以大幅度降低内部通信费用，提升管理、办公效率，提高数据网利用率，IP 电话专网也是提高内部通信信息安全的有效手段。

图 2-14 的 VoIP 系统结构图是深圳世纪网通公司针对政府、行业专网的需求，推出的“E-office”IP 电话通信系统解决方案，其中 IP 电话实现方案是在各级办公机构的数据网节点上安装 IP 电话综合接入设备，并通过模拟接口/数字 E1 中继接口连接当地原有的办公电话环境（程控电话交换机、直线市话、电信虚拟网等），实现机构内部办公电话通过 IP 数据网通信。机构以外的长途电话也可以利用 IP 电话网传输，不产生任何长途通信费用。在网络中心机构建立一套 IP 电话网络管理、呼叫统计系统，对 IP 电话网中的 IP 语音网关进行呼叫身份认证，统一进行全网号码分配、设备网管、呼叫统计、提供清单报表。

(2)某集团公司 VoIP 联网方案

1)项目背景

某集团公司有一个总部、两个分部，相互之间距离达到几十千米，本身租用有数据传输通道，用于各地之间的数据传输。现利用已有的数据传输线路进行电话通信，可以方便三地的联络，同时降低通话费用。

2)系统配置

总部配置一台语音网关，型号为 FHX310，与原有集团电话相连，给出 38 路模拟中继接口；分部 1 采用一台语音网关，型号为 FHX310，有 60 路分机，分为 30 路直线分机和 30 路内部分机，另外外接 8 部市话；分部 2 采用一台语音网关，型号为 FHX330，有 8 路分机全部为直

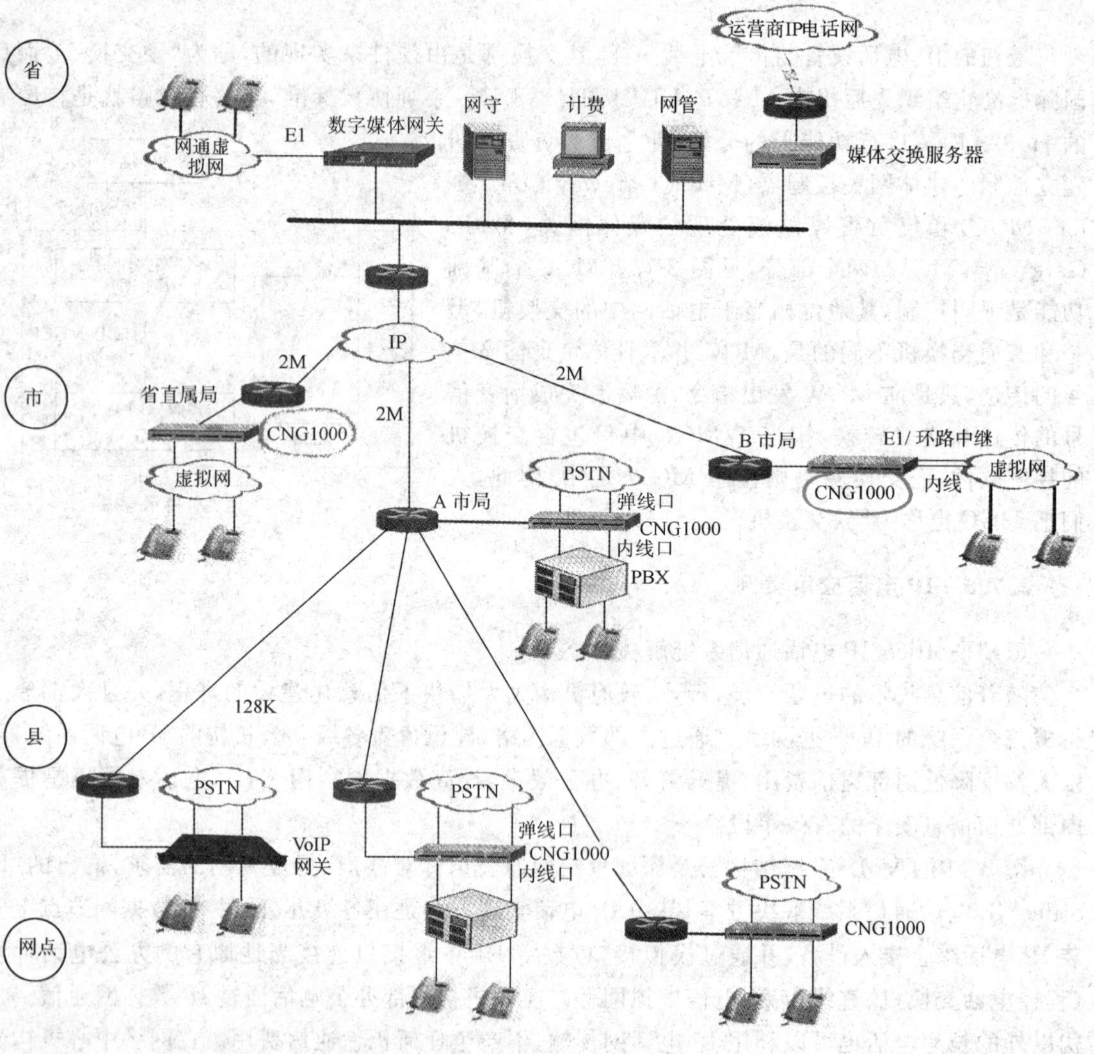

图 2-14　政府、行业 VoIP 系统结构

线分机。相互之间均通过 IP 网络相连。

3)简要的使用说明

①直线分机的号码按总部集团电话的号码进行设置,总部的各分机拨打两个分部的直线分机等同于集团内部电话之间的通话。

②两个分部的直线分机可以直接拨打总部端的市话,等同于总部的内部分机拨打市话。

③总部端市话可以直接转接到两地的直线分机。

④内部分机只能在 IP 网内拨打电话。

⑤当网络发生故障时,各地均可以通过本地的市话出口与外界进行联络。

VoIP 联网方案系统如图 2-15 所示。

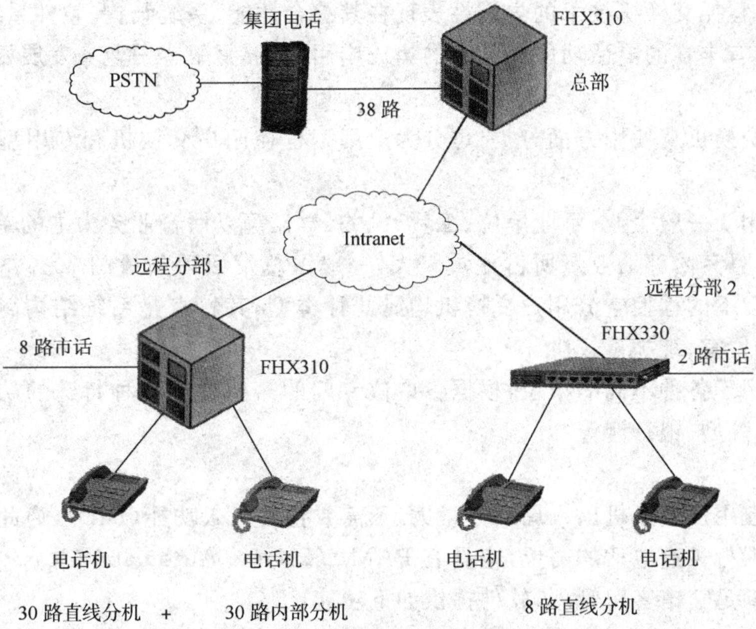

图 2-15　VoIP 联网方案系统

2.8　电话交换系统的设计

2.8.1　总体设计

电话交换系统的设计首先应根据工程实际需求，确定电话交换的方式。选择采用本地电信业务经营者提供的虚拟交换方式，或配置远端模块方式，或设置独立的综合业务数字程控用户交换机系统的方式，为建筑物内的电话通信提供支持。本节主要介绍综合业务数字程控用户交换机系统的设计。

综合业务数字程控用户交换机系统设计的关键是正确选择程控数字用户交换机，其次是确定其入网方式和进行机房设计。而电话用户数量的确定以及电话通信线路的设计均包括在综合布线系统设计之中(详见本书第三章的综合布线系统)。

2.8.2　程控用户交换机的选择

(1)选型原则

1)可扩展性：程控用户交换机应采用全数字化方案，采用分散控制方式和模块化结构，以利于系统的进一步扩展和功能的进一步加强，保证先进性。

2)高可靠性：程控交换机具备完备的自检和远端维护功能，主要模块做冗余备份，采取热备份运行方式，以保证系统的高可靠性。

3)适应性：程控交换机必须同时支持模拟网、数字网和 ISDN 等多种网络形式。

4)开放性：程控交换机应设有 2B+D，30B+D，X.25 等接口，便于与局域网连接，采用标准化通信协议，遵循 No.7 信令。

5)先进性:程控交换机技术的先进性表现在其综合性能、系统结构、软件系统、硬件系统等各个方面,应具有丰富的电话功能和紧密的集成应用,能够紧跟客户业务发展要求。

(2)确定类型

程控用户交换机从使用方面分类,可分为通用型程控用户交换机和专用型程控用户交换机两大类。

通用型适用于一般企业、事业单位、工厂、机关、学校等以话音业务为主的单位。容量一般在几百门以下,且其内部话务量所占比重较大,一般占总发话话务量的70%左右。目前国内生产的200门以下的程控空分用户交换机均属此种类型,其特点是系统结构简单,体积较小,使用方便,价格便宜,维护量较少。

专用型适用于各种不同的单位,根据各单位专门的需要提供各种特殊的功能。常见的类型有宾馆型、医院型、银行型等。

1)宾馆型

宾馆型程控用户交换机出入局话务量大,不需要直接拨入功能(DID),为此话务台功能要强。为满足客人打长途电话的需要,应具有PAMA(Private Automatic Message Accounting)计费功能。为满足宾馆客房管理,软件提供如下功能:

①房间控制:客人离店结账电话自动闭锁。

②留言中心:对临时外出的客人的来话呼叫,提供留言服务。

③客房状态:随时提供客房占用,空闲,是否打扫的情况。

④自动叫醒:按客人需要,准时叫醒客人。

⑤请勿打扰:为客人提供安静环境,客人在电话输入指令后,任何电话不能呼入,但超过一定时限失效。

⑥综合话音和数据系统:使商务办公人员通过个人计算机从远处计算机或数据库,取得重要商业信息及资料。

2)医院型

医院型程控交换机装有具有医院特点的软件,软件功能除具有宾馆功能外,还具有呼叫寄存,呼叫转移,病房紧急呼叫,热线电话及配合救护车的移动通信接口等功能。

3)银行型

银行型专用软件包括总行和分行间的通信联络、呼叫代答、警卫线路、外线保留等,同时具备办公自动化PABX的功能。

4)办公自动化型

为满足现代办公需求,办公自动化型交换机不仅要求最现代化的话音通道程控交换机完成一流的话音通信(呼出要求快速自动直拨,即具有缩位拨号功能;呼入要求全自动呼入,即DID(Direct Inward Dialling)功能,应避免话务员介入,提高效率),而且还需要提供传输速率为144kb/s的用户线数字传输通道,即2B+D(64kb/s传输话音,64kb/s传输数据,16kb/s传输信令),以满足办公桌的微机通过程控交换机使用内部的数据资源和外部的数据库,并能通过异步/同步适配器传输方式,传输电报、传真、文字及固定图像等,或提供2Mb/s的传输通路,可开展宽带非话业务,传输动态图像和电视电话等。另外还要求提供X.25分组交换接口,提高与公用数据网及分组交换网的并网能力,具有话音邮递和电子邮箱等功能,并有必要的冗余度。

(3)服务功能选择

选择程控数字用户交换机很重要的一个方面就是要求其具有较强的服务功能,能向用户提供更多、更新、更为周到的服务,让用户使用起来感到方便、灵活、迅速。程控数字用户交换机的服务功能可分为系统功能、话务台功能和用户分机功能。

1)系统功能

系统功能主要包括分区使用、直接拨入、话务等级限制等功能。

①分区使用功能

分区使用功能是指通过修改软件数据库,将用户交换机分割成若干个"虚拟"用户小交换机,各个"虚拟"用户小交换机分别具有各自的话务台、中继线(外线)、编号方案、各自的呼叫,功能相互隔离,互不干扰。各个"虚拟"用户小交换机内的用户之间可直拨通话,不同虚拟用户交换机中的用户间的呼叫相当于出局呼叫,以保证各自用户单位通信业务的独立性。具有分区使用功能的交换机特别适用于出租办公楼(写字楼)及建筑楼群办公租用户(公司)使用。

②直接拨入功能

直接拨入分为数字中继线路直接拨入(DID)和模拟中继线路直接拨入两种情况。采用数字中继线路直接拨入时,外线用户可直接拨入其所需要的分机用户号码,不需要话务员转接。采用模拟中继线直接拨入,外线用户呼叫用户交换机的引示号码,当听到交换机送出的附加拨号音(或计算机话务台的语音提示)后,继续拨打被叫分机号码,方可完成整个呼叫过程。

③话务等级限制

根据管理上的需要,可以为每一个分机用户规定一个话务等级,以确定其分机用户在建筑物中对内、对外的通话范围。话务级别最低的只能呼叫话务台,话务级别最高的可打国际长途,中间级别依次为内线分机、专线电话、市话、国内长途等,高等级可覆盖低等级的功能。

④截答服务

截答服务也称为中间服务,该服务给未接通所需号码的主叫用户一个提示,说明未接通的原因,避免无意义的重呼叫,提高接通效率。

⑤铃流识别

根据呼叫类型向用户提供不同的振铃信号,以使用户区别内线呼叫或外线呼叫。

⑥自动路由选择

如果交换机系统到同一目的地有多条路由,当主路由遇忙时,其他路由可作迂回路由使用,保证电话畅通。

⑦全日服务

通过综合语音信息系统向外线或内线主叫用户提供自动应答服务、转换呼叫服务、存贮主、被叫用户的话音、传真等信息。

2)话务台功能

话务台应具有回叫话务员、话务员插入、数字显示、状态指示、呼叫等待及选择、话务台相互转接、话务台直接拨中继线、来话转接及释放、电话会议、话务台闭锁、自动定时提醒、呼叫分离、人工线路服务、维护与管理等功能。

3)用户分机功能

用户分机功能有自动振铃回叫、缩位拨号、热线服务、跟随电话、号码重拨、呼叫等待、三方通话、呼叫转移、电话会议、呼叫代答、勿打扰、定时叫醒、恶意电话追踪、保密电话、高级行政插入、保留电话、呼叫存寄、遇忙记存呼叫、无线传呼等。

另外用户也可以根据各自不同的应用需求，在用户交换机中加设相应的软硬件，把通用型数字用户交换机变换成满足某些具体需求的特殊用途的用户交换机。比如利用现在已开发的酒店型应用软件就可以将通用型数字用户交换机变换成适合于酒店业务的专用型数字用户交换机。

(4)系统结构选择

在系统结构方面要考虑其控制方式(集中/分散)、总体结构方式(单/双总线及速度)、处理机处理能力(处理速度)、内存容量、外存容量和结构、交换网络、外围处理机能力、钟频、内部通信方式、软件系统、软件模块化设计水平、结构程序设计水平、软件的规模、程序量、模块化数量、编程语言的先进性和规范化程度、软件的容错性、软件的成熟性、软件操作的难易程度、软件的可维护性(诊断程序水平及精度)、硬件系统、模块化结构、系统的可靠性、系统的冗余度(单/双工)、维护管理功能和系统可靠性等。

同时，用户在选型时要充分考虑今后容量的扩充、数据通信、与计算机联网、非话业务、办公自动化等方面发展的需要以及软件上的兼容性。做到长远规划，适当发展，满足近期要求。

(5)确定系统容量

确定交换机容量时应从两个方面考虑：一方面是考虑实装内线分机的限额，另一方面是考虑中继线的数量及其与传输设备的配合。确定用户交换机实装内线分机限额的原则是取交换机容量门数的 80%为实装内线分机的最高限额(即 100 门用户交换机实装最高限额为 80 门内线分机)。由于数字用户交换机采用全分散控制方式、全模块化结构，所以扩容比较容易，因而在设计容量时，用户交换机的长远容量不必设计得过大。在实际设计过程中，用户交换机的中继线数量一般按总机容量的 10%左右考虑，当分机用户对公网话务量很大时，可按总机容量的 15%～20%考虑。

内线数的计算方法有多种，常见方法有按照所用电话机数量计算、按照建筑物面积计算和按照人员数量计算。

表 2-4 是日本对不同行业大楼关于内线数和局线数的估计表。表 2-5 是日本按照人员数的估算表。

局线数与内线门数的估算 表 2-4

建筑面积	业种	局线数	内线数
每 $10m^2$ 建筑面积	事务所 政府机关 商贸公司 证券公司	0.4	1.5
	广播电视台 新闻报社	0.4	1.3
	银行	0.3	1.0
	医院 百货商店	0.2	0.3
每户	住宅	1	1

每线的工作人员数　　表 2-5

业　种	每线的工作人员数	业　种	每线的工作人员数	业　种	每线的工作人员数
政府机关	1.9	事务所	1.7～3.5	新闻报社	4.6
公司	1.7	旅馆	1.9+客房数	百货商店	20

当容量小于500门的用户交换机接入公用网时，一般可不进行中继线计算，直接依据国家邮电部的《用户交换机管理办法》规定，按表2-6配置相应的中继线数（允许超过）。

中继线数的确定方法　　表 2-6

可以和市话局互相呼叫的分机数(线)	接口中继线配发数目(话路)	
	呼出至端局中继	端局来话呼入中继
50线内	采用双向中继1～5条	
50	3	4
100	6	7
200	10	11
300	13	14
400	15	16
500	18	19

对于商用大楼，包括贸易大厦、酒店以及综合性大楼建筑，交换机的初装容量和终装容量计算如下：

初装容量＝1.3×[目前所需电话对数＋(3～5)年内的近期增容数]

终装容量＝1.2×[目前所需电话对数＋(10～20)年后的远期发展总增容数]

2.8.3　综合业务数字程控交换机的入网（中继）方式

程控交换机的入网（中继）方式有全自动接入方式、半自动接入方式、人工接入方式和混合接入方式4种。采用何种中继（入网）方式要根据用户交换机容量的大小与公用电话网进行话务密切的程度、业务的类型以及当地电话局接口端局的设备制式和当地电话局提供的中继线方式来确定。

（1）全自动中继方式

1）DOD1＋DID中继方式

DOD(Direct Outward Dialling)为直接呼出，DID(Direct Inward Dialling)为直接呼入。DOD1含有只听一次拨号音之意，即用户摘机呼出时可以直接拨号（拨“9”或“0”后连续拨出公众网被叫用户号码），不需经过话务台转接。DID方式是从公用网呼入时可以直接呼叫到分机用户，也不需经过话务台转接。全自动DOD1＋DID中继方式见图2-16。这种中继方式无论是呼出还是呼入都直接接到电话局的选组级上，其最大优点是为实现综合数据业务网打下了基础，为非电话业务通信创造了条件。当程控用户交换机的呼入话务量≥40Erl（话务量＝呼叫次数×每次呼叫平均占用时长，单位为Erl）时，宜采用全自动直拨呼入中继方式（DID）。当呼出话务量≥40Erl时，宜采用全自动直拨呼出方式（DOD1）。

2）DOD2＋DID中继方式

DOD2＋DID中继方式与DOD1＋DID的区别在于分机用户呼出时，呼出的中继方式是接到市话局的用户电路而不是接到选组级，见图2-17。DOD2表示出局呼叫要听两次拨号音，在呼叫公用网时要加拨一个字冠，一般用“9”或“0”，拨字冠后听两次拨号音，再拨号出局。呼入方式还是采用DID方式。当呼出话务量＜40Erl时，宜采用DOD2＋DID方式。

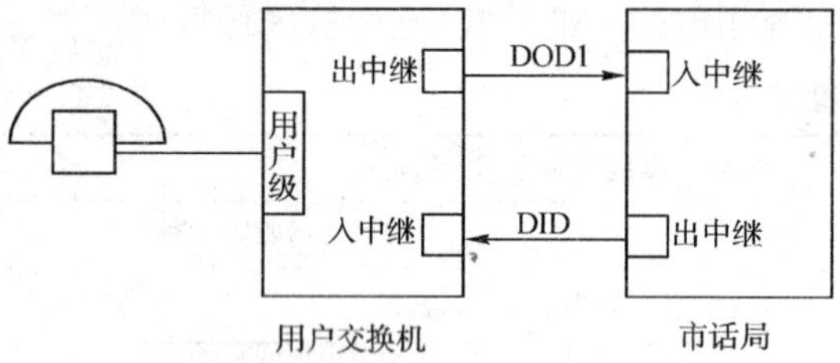

图2-16　全自动（DOD1＋DID）中继方式图

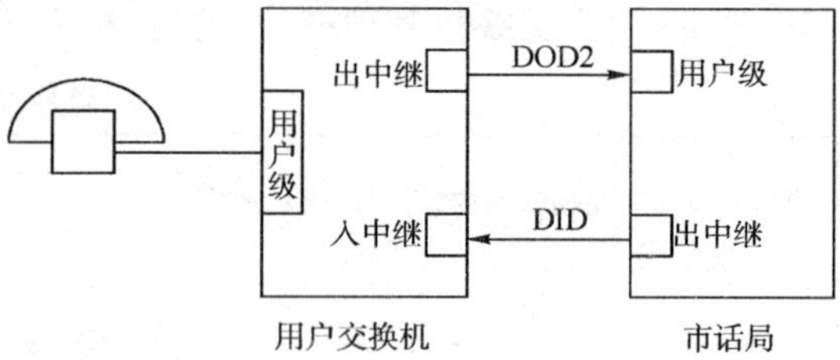

图2-17　全自动（DOD2＋DID）中继方式图

（2）半自动中继方式DOD2＋BID

DOD2＋BID方式的特点是呼出时接入市话局用户级，听两次拨号音，呼入时经市话局的用户级接入到程控用户交换机的话务台，并向话务台送振铃信号，然后再由话务台转接到分机。当程控用户交换机的呼入话务量＜40Erl时，宜采用半自动中继BID（Board Inward Dialling）方式。根据进入公用网话务量的大小，可将进入公用网的局间中继线分为3类，即：单向中继线、双向中继线及部分双向中继线。

1）半自动单向中继（DOD2＋BID）方式

用户交换机的出入中继线分开接入市话局的用户级，见图2-18。三级以下旅馆、饭店等高层民用建筑，当交换设备的容量较小或无特殊要求时宜用此种方式。

2）半自动双向中继（DOD2＋BID）方式

企事业单位办公楼等一般民用建筑，用户交换设备容量较小时，可采用半自动双向中继的方式（图2-19）或半自动单向中继方式。

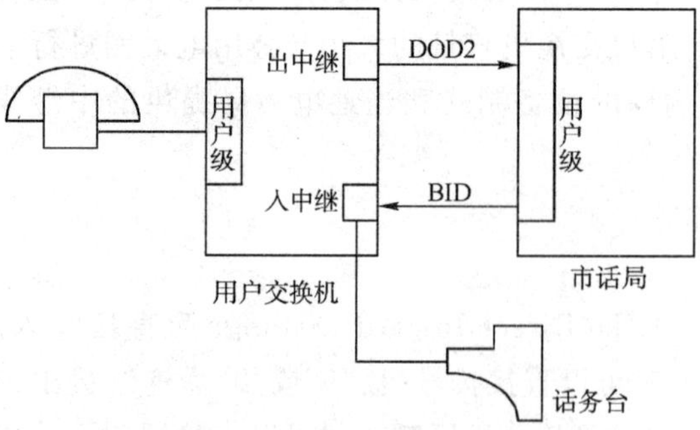

图2-18　单向中继（DOD2＋BID）方式图

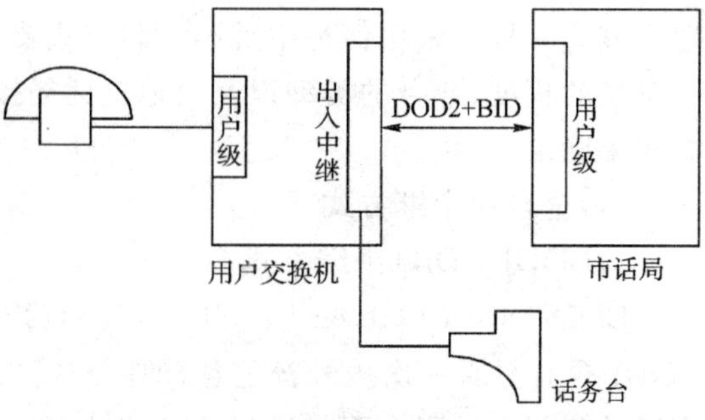

图2-19　双向中继（DOD2＋BID）方式图

3）部分双向中继（DOD2＋BID）方式

用户交换机进入公用网的出入中继，一部分用出入分开的单向中继，另一部分用出入合群的双向中继。当交换设备的容量在50门及以上、中继线数大于5对、且话务量介于单向中继与双向中继之间时，采用这种中继方式。选用时先选用单向中继，溢出话务选用双向中继，可节省中继线，如图 2-20 所示。

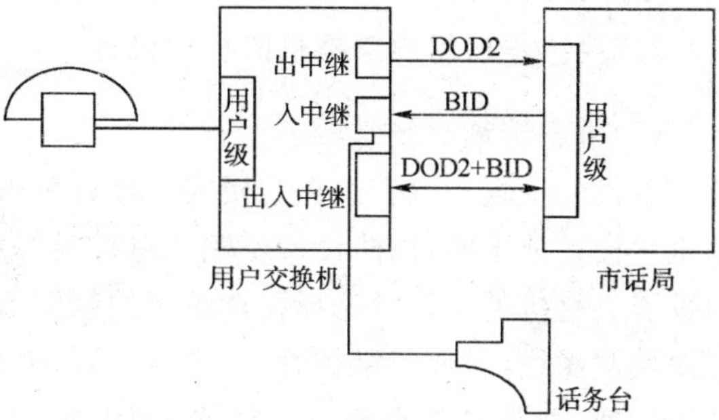

图 2-20　部分双向中继(DOD2＋BID)方式图

(3)人工中继方式

采用这种中继方式，用户在对公用网呼出或呼入时，都要经过程控用户交换机话务台的转接。有两种人工中继方式。

1)人工进网中继方式

图 2-21 为人工进网中继方式，所示的中继方式可采用双向中继。

2)不设话务台的人工中继方式

图 2-22 为不设话务台的人工中继方式，所示的中继方式无法采用双向中继，呼出部分采用双向中继，而呼入部分实际是用户交换机的用户线。

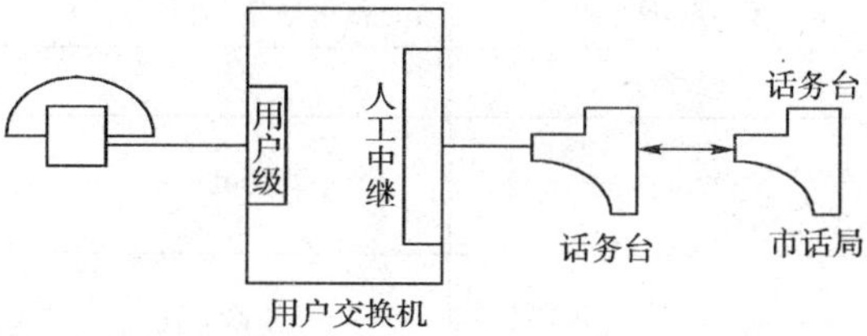

图 2-21　人工进网中继方式

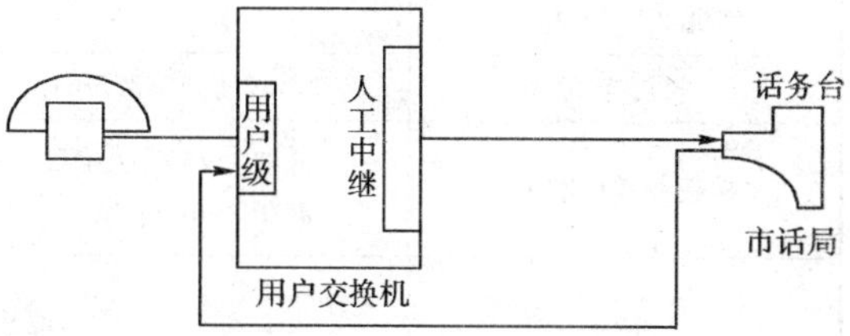

图 2-22　不设话务台的人工中继方式

(4)混合中继方式

所谓“混合”指的是呼入时 DID 与 BID 的混合。

有些容量较大的用户交换机，根据分机用户的运行性质，部分用户与公用网联系较多，有一定的数量，这部分用户可采用直接拨入方式(DID)，但这部分用户必须与公用网统一编号。另一部分分机用户与公用网联系较少，没有必要采用直接拨入方式，可以采用经话务台转接的方式，以节省电话费用。图 2-23 为混合入网(DOD1，DID，BID)中继方式，图 2-24 为混合入网(DOD2，DID，BID)中继方式。

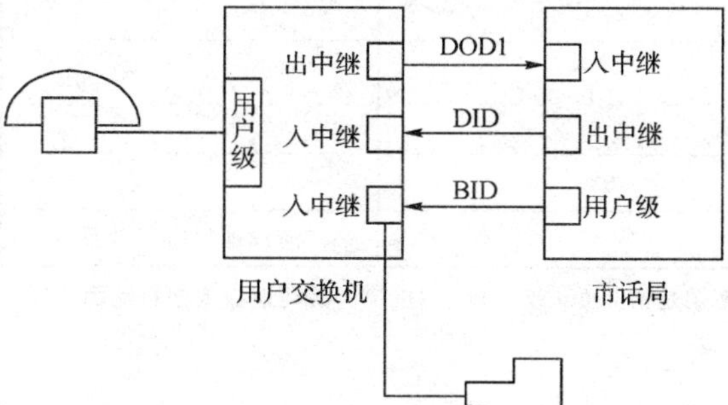

图 2-23　混合入网(DOD1，DID，BID)中继方式

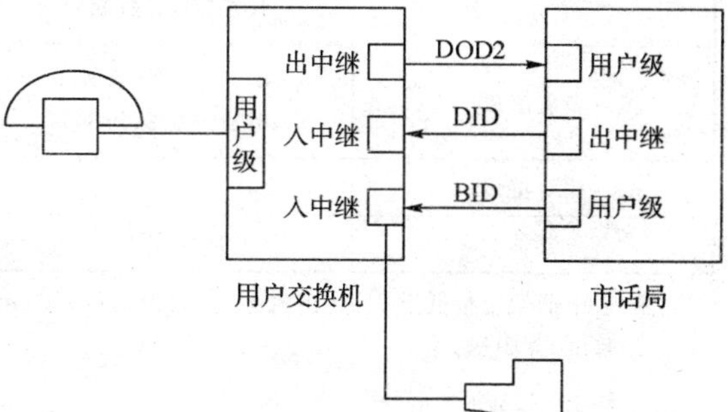

图 2-24　混合入网(DOD2，DID，BID)中继方式

2.8.4 程控用户交换机的机房设计

(1)机房选址

总机的位置一般宜选在二楼或一楼并邻近道路，以便引线(包括电缆和接地线)，应避免将总机室设在地下室，以防设备受潮。总机最好放在分机用户负荷的中心位置，以节省用户线路的投资。总机的位置宜选择在建筑物的朝阳面，并使电话站的有关机房紧密相邻，以节省布线电缆及馈送线，并便于维护管理。电话站房要求环境比较清静和清洁，最好远离人流嘈杂和多尘的场所，要注意不要设置在浴室、开水房、卫生间、洗衣房和食堂餐厅等易于积水的房间附近，也不要设于变配电室、空调压缩机房、通风机房、水泵房等有电磁或噪声影响的房间的楼上、楼下或隔壁。

(2)机房土建工艺要求

程控用户交换机机房土建工艺要求见表 2-7。

程控交换机房的土建工艺要求 表 2-7

机房名称	交换机室	话务员室	蓄电池室(铅酸电池)
楼层净高	≥3m(高架≥3.5m)	≥3m	≥3m
楼板荷重(均匀)	低架≥450kg/m^2 高架≥600kg/m^2	≥300kg/m^2	≥600kg/m^2
地板	活动地板或塑料地面		耐酸瓷砖
地面	塑纸贴面或水泥石灰砂浆粉刷，并涂油漆	水泥石灰砂浆粉刷，表面涂油漆	水泥石灰砂浆粉刷，表面涂耐酸(或耐碱)油漆
顶棚	铝合金吊顶或水泥石灰砂浆粉刷，表面涂无光油漆	水泥石灰砂浆粉刷，表面深白色无光油漆	同上
门	铝合金或外开双扇门，门宽 1.2～1.5m	一般防尘	良好防尘，涂耐酸漆
窗	18～28℃(长期) 10～35℃(短期)	一般防尘	双层窗，外层窗装磨砂玻璃
玻璃温度	30%～75%(长期) 10%～90%(短期)	10～30℃	10℃
相对湿度		40%～80%	
其他	应设空调		应设通风排气装置

注：表中低架是指低于 2.4m 的机架，一般为 2.0～2.4m；高架是指 2.6m 或 2.9m 的机架。活动地板或塑料地面应能防静电，并阻燃。

(3)机房平面布置

机房内设备布置应满足安全适用、维护方便、便于扩充发展、整齐美观的要求。图 2-25 是一种容量 1 000 门以上的大型程控用户交换机电话站房的平面布置图示例。图中房间净高 3m，活动地板或布放电缆的地槽的高度大于 25cm，话务员室与交换机房的中间，在离地面 1m

高左右，设有至少1m高、2m宽的透明玻璃隔墙，以便观察机房状态。蓄电池室房顶或侧墙安装12英寸排气扇。图2-26是另一例程控交换机电话站房的平面布置图。

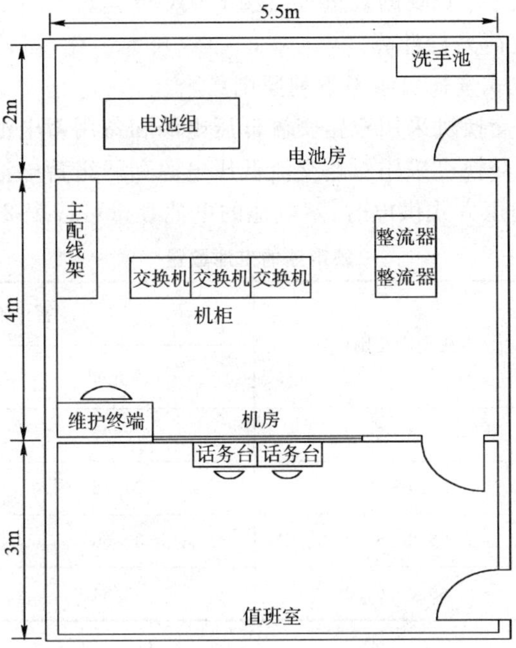

图 2-25 程控交换机电话站房平面布置之一

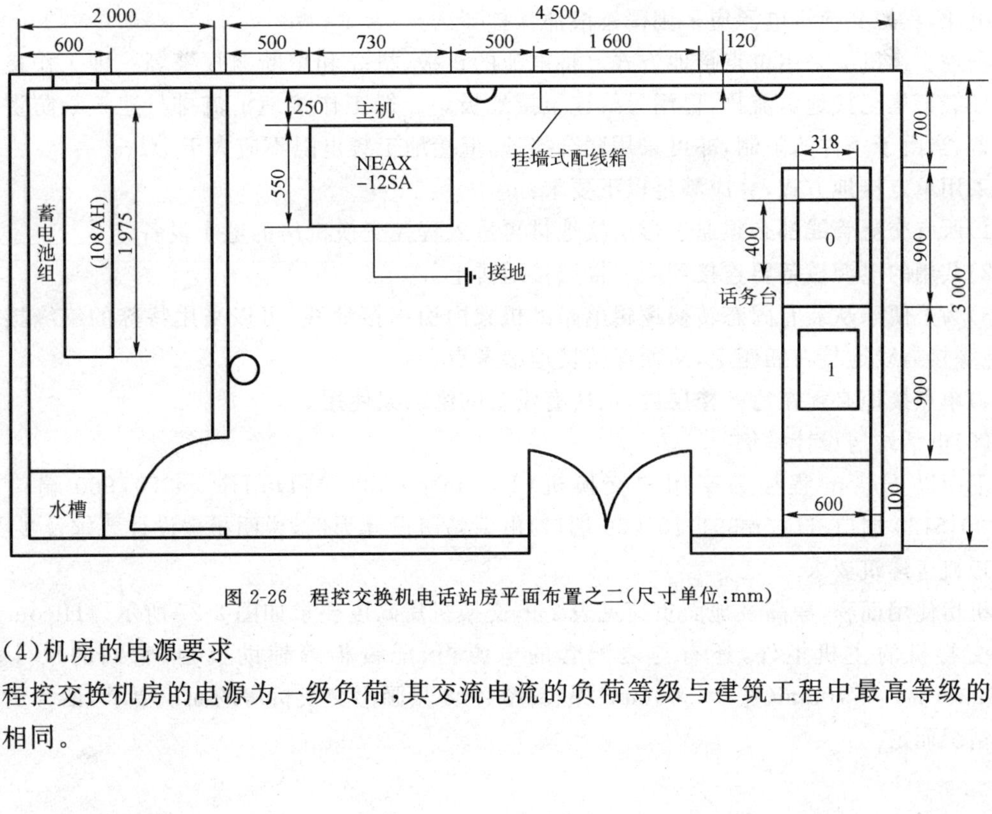

图 2-26 程控交换机电话站房平面布置之二(尺寸单位:mm)

(4)机房的电源要求

程控交换机房的电源为一级负荷，其交流电流的负荷等级与建筑工程中最高等级的用电负荷相同。

程控交换机主机电耗可参考下列指标确定：

1)1 000 门以下每门按 2.5W 计算。

2)1 000 门以上时，大于 1 000 的数量每门按 2.0W 计算。

3)其他附加设备电负荷另行计算。

程控交换机房供电方式选择可参考下列原则：

1)400 门以下的程控交换机采用双路交流低压电源和备用蓄电池组。

2)400 门以上的程控交换机采用双路交流低压电源和两组蓄电池组。

3)当不采用尾电池调压方式供电时，蓄电池的电池数量可按表 2-8 选择。

蓄电池的电池数量 表 2-8

电压种类(V)	电压变动范围(V)	蓄电池数量(个)	
		浮充制	直供方式
24	21.6～26.4	12/24	13/26
48	32.4～52.8	24/48	26/52
60	56.0～66.0	30/60	32/64
	58.0～64.0	32/64	32/64

(5)机房防雷及接地保护

为了避免雷电、主开关操作、无功补偿电容器及电梯等重负荷设备的投入和切除产生的暂态过电压，程控交换机电源应采用瞬态浪涌保护器。

程控交换机应采用单点接地方式。将电池的正极、机壳和熔断器报警等三种工作接地分别用导线汇集至接地汇流排，再用导线连至接地极。一般工作接地汇流排与建筑物防雷宜分开设置，当由于条件的限制，亦可采用联合接地，但接地工频电阻不应大于 1Ω。

采用单点接地方式，并应满足以下要求：

1)所有交流管线都必须通过楼层接地排再进入程控交换机房的电子设备。

2)共用的电源设备要连接到同一楼层接地排上。

3)为了便于从装有固态转换逻辑电路的机架内引出接地线，可以采用特殊的绝缘接地插座，绝缘接地线连接在插座上，从而保持接地参考点。

4)单点接地必须在每一楼层内，供所有设备的绝缘架使用。

(6)电话站房设计举例

下面以 Hicom 程控数字用户交换机（Hicom340，320 端口；Hicom370，960 端口；Hicom390，5120 端口；Hicom391，10 000 端口）电话站房设计为例，说明机房设计要求及步骤。

1)机房建筑要求

机房使用面积、净高及地面负荷见表 2-9，交换机房高度要求如图 2-27 所示。Hicom 系统除有交换机的主机柜外，还有与之配套的电源柜、配线柜等辅助机柜，它们的尺寸均为 1 885mm(高)×770mm(宽)×500mm(深)。图 2-28 只画出交换机房的面积要求，话务员室视用户情况而定。

机房使用面积、净高及地面负荷表　　表 2-9

机房		使用面积 (m^2)	净高 (m)	地面负荷 (kg/m^2)	机柜数	备注
Hicom340	交换机房	9.68	3	450	1(≤200 门)	话务台数由用户根据中继线数量确定
	话务员室	7.24	3	450		
Hicom370	交换机房	13.50	3	450	2(≤600 门)	
	话务员室	10.82	3	450		
Hicom370	交换机房	31.31	3	450	5(≤2 000 门)	
	话务员室	10.82	3	450		

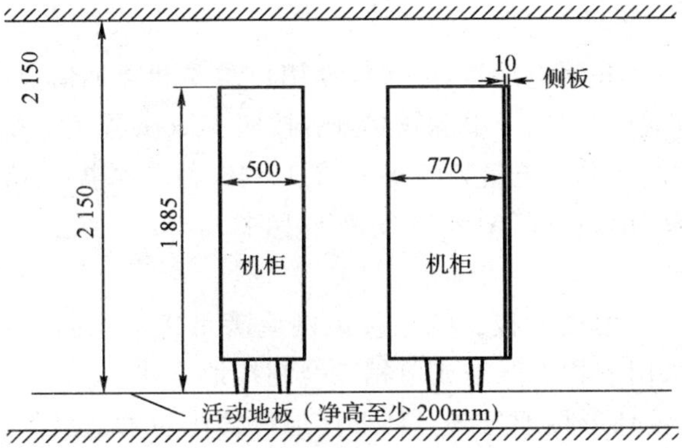

图 2-27　交换机房的高度要求(单位:mm)

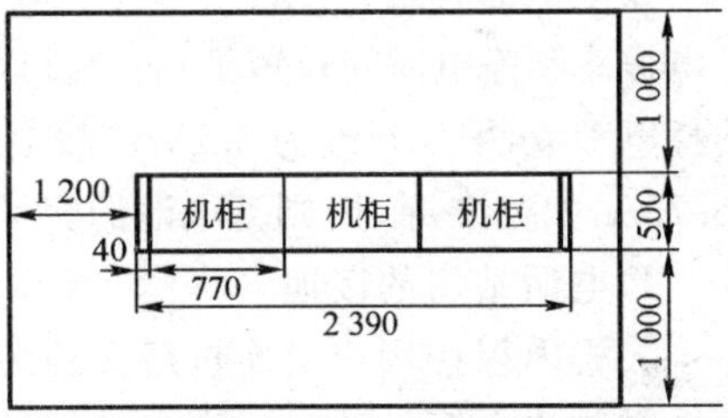

图 2-28　交换机房的面积要求(单位:mm)

电缆可以在机柜上面走,也可以在机柜下面(地板下)走,一般选后者,无论上走或下走都应有敷设电缆的走线槽。地面应铺设防护静电感应的活动地板。如果程控机房与原有机电制机房距离比较近,相互间应有屏蔽网,以免受电磁及电火花的干扰。机房内要防止有腐蚀性的气体进入,特别要防止电池室的酸气进入,以免腐蚀机器设备。机房内要满足国家二级防火标准。机房内要设置双层铝合金窗,在机房入口处要设有过渡走廊。话务员室宜与交换机房隔开,并在机器正面设立玻璃观察窗,以了解机房内的情况。

2)环境要求

机房内的机器设备工作的最佳条件:温度 16～28℃;相对湿度 20%～70%;绝对湿度 6～18gH_2O/m^3。

机房内机器设备工作的极限条件:温度 10～40℃;相对湿度 20%～80%;绝对湿度 2～5gH_2O/m^3。

机房内防尘要求:每年尘土<10g/m^2。

机房内防振要求:振动频率 5～60Hz,振幅 0.035mm。

机房内照明采光要求:要避免阳光直射,以防止长期照射引起印刷板等元器件老化变形;采光要求垂直照度和水平面照度均为 150lx。

机房内通常要设有空调机,空调机要选用中小容量的,送风量和制冷量之比为 1∶2 或 1∶3 左右。为了保证机房的空气洁净度,一般配备有粗效和中效过滤器。在地震活动区,要求机房有固定装置,Hicom 机柜上有螺孔,可用螺栓等固定。

3)有关设备的配置

配线架应有良好的接地,所有中继线都要加避雷器(保安器),用户线如位于机房所在的同一楼内,可不带保安器,如在其他楼内,一般要带保安器(以防雷雨天损坏交换机电路板)。如相距很近,又是地下电缆连接,也可不带保安器。配线架分为系统端和外线端,系统端用电缆与交换机相连,外线端用电缆与用户相连。系统端的电缆对数大致与交换机容量相等,外线端的电缆对数要略多于容量数,一般可按 1.2 至 1.8 比 1 配置。

话务台数根据中继线数量确定,一般来说,程控话务台数与入中继线之比取 1∶20。而通常用户线与中继线之比采用 10∶1。例如有一用户要求用户线为 1 600 条,中继线为 200 条(出、入各半),即入中继线为 100 条,如呼出全部采用自动直拨(DOD),则话务台只承担呼入话务量的转接,在一般话务量情况下,一个话务台可承担 20 条入中继线的转接,则需配话务台数为 100/20=5 个。

蓄电池的容量(安培·小时)一般可按维持 4h 用电配置,或者根据用户需要和当地情况(如停电概率和停电时间长短等)而定。以 1 800 线(用户线+中继线)为例,按照 Hicom 程控交换机的耗电参数,平均每线为 2.1VA,故上例的蓄电池总耗电量为(1 800×2.1)/48(蓄电池电压 V)=78.75A,如要维持 4h,则蓄电池的容量应选为 4h×78.75A=315 安培·小时(A·h)。

4)电话站房的接地

大楼内程控用户交换机房接地装置采用共用接地极。共用接地网应满足接触电阻、接触电压和跨步电压的要求。机房的保护接地采用三相五线制或单相三线制接地方式。

一般情况下,最好在机房内围绕机房敷设环形接地母线。环形接地母线作为第二级节点,按一点接地的原则,程控交换机的机架和机箱的分配点为第三级节点,第四级节点是地盘或面板的接地分配点,第三级节点的接地引线直接焊接到环形接地母线上,与上述第三级节点绝缘的机房内各种电缆的金属外壳和不带电的金属部件、各种金属管道、金属支架、走线架、滤波器等,均应以最短的距离和环形接地母线相连,环形接地母线与接地网多点相连。

有条件的电话站还需设立直流地线,一般用 120mm×0.35mm 的紫铜带敷设而成;

为了减少高频电阻,电话站内设备的接地引线要用铜导线。

关于接地电阻值,当各种接地装置分开装设时,由于各种不同型号程控交换机要求不一样,接地电阻按 2~10Ω 考虑。一般对 2 000 门以下的程控交换机,接地电阻≤5Ω。当各种接地装置采用联合接地时,接地电阻等于 1Ω。

图 2-29 为程控交换机星型接地方式示意图。

2.8.5 应用程控交换机系统实现语音、数据融合的实例

(1)项目背景

某国际集团公司在上海、香港、北京、长春、大同、青岛、保定等地均设立了分公司或办事处,各分支间通信频繁,话费高昂。

(2)设计需求

1)实现其上海、香港、北京、长春、大同、青岛等各分公司 VoIP 通信、各点间相互落地以及长途电话香港统一呼出功能,以节省高额长话费。

2)内部统一号码分配、拨号方案。

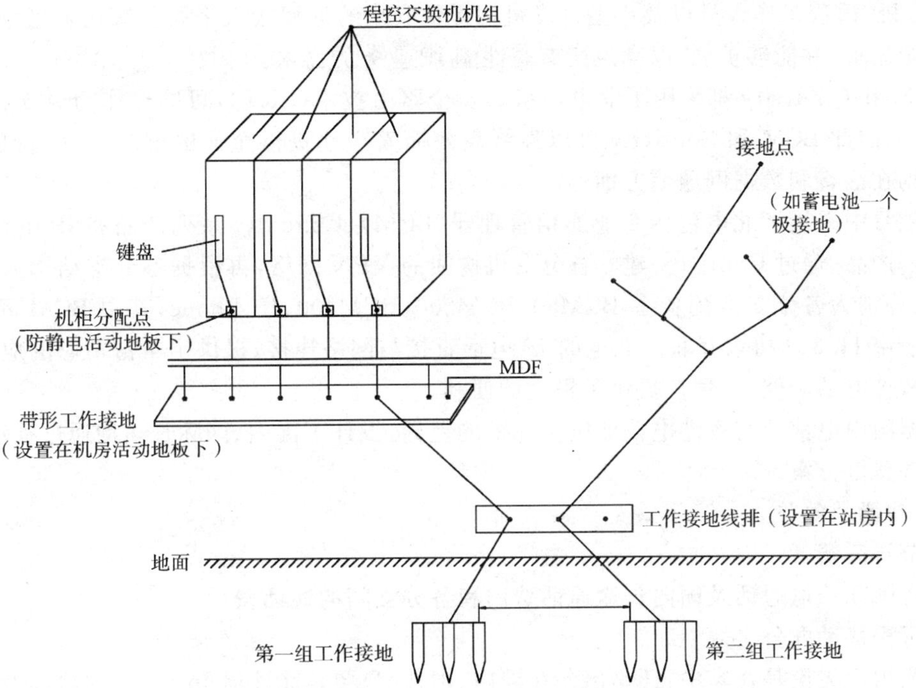

图 2-29 程控交换机星型接地方式(工作接地)示意图

3)系统稳定。

4)维护方便。

(3)方案设计

通过北电企业通信管理器(Business Communications Manager,BCM)和 Contivity 安全 IP 业务网关实现集团内部语音、数据融合网,为用户带来了高度融合、安全、低成本的接入解决方案,支持企业分支机构间的互联。

北电 BCM 是将语音、数据和企业应用整合为一体的企业融合通信平台,为中小型企业和分支机构提供语音与数据融合的完备解决方案,使客户既可以选择具有传统电话与 IP 电话应用的混合策略,也可以选择纯 IP 电话技术部署,可满足各种规模企业的需求。BCM(企业通信管理器)包括 BCM50、BCM200 和 BCM400 三种不同类型,针对中小型企业客户所选的平台类型和所购买的功能模块组合可提供部分或全部功能。北电 BCM50/200/400 系统使企业可以通过传统话音电路、IP 网络通信或同时通过二者进行通信。这种一体化通信平台可以简化网络管理,促进办公室之间的语音 IP 呼叫和 IP 联网,并大幅降低运营和投资成本。此外,BCM 200/400 的数字移动(Digital Mobility)和无线局域网解决方案能在任何工作地点提供经济高效而又安全的移动通信功能。

因特网和基于 IP 的应用发展为各企业实现通信成本的节约提供了一种独特的途径。但是,因特网设计起初并未考虑安全问题,所以在因特网上运行关键应用的企业必须确保他们传输数据的安全,同时还要保护内部网络免受外部的入侵。Contivity 是专用的安全接入路由设备,其设计宗旨是在通过虚拟专用网(VPN/IPsec)隧道技术安全地进行 IP 数据传输。Contivity 提供了高度灵活及可扩展的组网方案,可在中心节点处理大规模的 VPN 聚合,为远端单独PC机、远程工作人员以及小型分支机构提供安全的远程接入手段。旨在满足企业IP网络的安全需求,并能够扩展,以满足所有高性能IP业务的需求。

BCM和Contivity都采用了北电网络的安全路由技术(SRT),可同时作为分支机构解决方案部署,因此BCM和Contivity可以经济高效而安全地提供全面的解决方案,满足企业及分支机构在话音和数据网通信方面的需求。

本项目中采用了北电包括企业通信管理器(BCM)、Contivity系列产品和IP电话等多种融合通信产品,通过Contivity建立各分支机构间的VPN网络,再根据各分支结构人数、规模的不同,分别为各分支点配备了BCM50、BCM200、BCM400、IP Phone,其中BCM间通过IP Trunk使用H.323协议互联。北电的IP电话直接与网络连接,提供了丰富精彩的应用,同时还具有软件电话功能,为用户提供了极大的便利。

根据国内电信业与香港电信业资费标准的差异,设计了国内、国际长途均通过香港落地出局的经济路由方案。

(4)功能及效益

1)节省话费

节省国际长途通话及国内长途通话费用和各分支间的通话费用。

2)远程移动办公

集团用户无论是在家中,还是出差在国内、国外,只要是能连通Internet的地方,均可以通过VPN的方式连接进公司内部网络,打开IP软电话,就可以像在Office中使用电话一样便捷,并且无任何额外话费产生;同时,通过BCM的Unified Message和Fax功能,用户可以通过笔记本电脑的邮件客户端(如:Outlook)收发语音留言及传真。

3)远程管理

可视化的图形管理界面,使集团IT管理部门足不出户,便可轻松对整个公司各分支所有BCM实施远程管理和维护,不仅降低了维护成本,还大大提高了工作效率。

4)DID直线

数字线路中,在运营商提供的号码资源充裕的情况下,可以再为每个分机分配一个直线号码,客户可以通过集团总机呼入再转分机,也可通过DID号码直接拨叫分机。

5)QoS

BCM和Contivity之间的交互并不限于IPsec动态路由。由于话音业务对延迟的敏感性,因而为VoIP业务分配高于并行数据业务的优先级,BCM和Contivity基于标准的开放式QoS机制能够确保以最高品质处理话音业务。这种QoS作用发生在两节点之间建立的安全IPsec隧道内。

由此不难看出,整合式平台减少了设备成本,VoIP的实施减少了通信成本,简单的管理减少了管理成本;内部语音联网功能有效提高了工作效率;稳定的话音质量和经济的路由,提升了工作效率及经济效益;灵活的系统扩容,保证了投资的长效性。

思考题与习题

1. 程控交换机由几个部分组成?各部分的功能是什么?

2. 什么是程控用户交换机,它具有什么功能?

3. 什么是ISDN交换机，它具有什么功能？

4. 什么是虚拟交换？虚拟用户交换机具有什么特点？它的业务功能有哪些？

5. 什么是远端模块的传输方式？

6. 什么是IP电话？它与传统电话有何区别？

7. 简述程控数字用户交换机系统的设计思路。

8. 程控数字用户交换机的选型应考虑哪些因素？

9. 设某办公楼共6层，每层设置40部电话，如何设计程控用户交换机系统？计算程控用户交换机的容量。

10. 程控用户交换机的中继方式分为哪几种？不同的中继方式各有什么特点？

第三章 综合布线系统

3.1 概 述

随着全球社会信息化的深入发展，人们对信息共享的需求日趋迫切，信息量膨胀迅速，信息形式多样，高速宽带的信息网络——"信息高速公路"的建设受到全球关注。智能建筑作为信息高速公路的节点，要保证能够及时、准确地处理信息，信息网络本身必须具备高速宽带特性，需要一种能够支持语音、数据、图像及多媒体等多种信号传输业务并满足用户长期使用的高品质网络布线系统，综合布线系统正是针对这一需求而特别设计的布线系统。

3.1.1 综合布线系统的概念

建筑与建筑群综合布线系统 GCS(Generic Cabling Systems for building and campus)是建筑物或建筑群内的传输网络，由支持信息电子设备相连的各种缆线、跳线、接插软线和连接器件组成，支持语音、数据、图像、多媒体等多种业务信息的传递。

建筑与建筑群综合布线系统采用开放式的体系、灵活的模块化结构、符合国际工业标准的设计原则，可支持众多系统及网络，不仅可获得传输速度及带宽的灵活性，而且以一套单一的高品质配件，构成语音、数据、图像及多媒体业务综合网络，解决了建筑物中语音、数据、视频等设备的布线不兼容的问题，因而称之为综合布线系统。

3.1.2 综合布线系统的发展及标准

综合布线系统的概念是美国电话电报公司(AT&T)1983 年最先推出的，1985 年 AT&T 推出 SYS-TIMAX SCS 端对端结构化布线系统。此后，世界上一些电信运营公司纷纷开发、使用自己的布线系统，但这些布线系统相互间不兼容。1985 年，计算机通信工业协会(CCIA)首先提出了大楼布线系统标准化的要求，随后美国电子工业协会(EIA) 及美国电信工业协会(TIA)开始了有关布线系统标准的制定工作，并于 1991 年推出了商业大楼电信布线标准 ANSI/EIA/TIA-568，此后又陆续发布了涉及布线通道及空间、管理、电缆性能、连接硬件性能等的相关标准。1995 年底，ANSI/EIA/TIA-568 正式更新为 ANSI/EIA/TIA568A。同时国际标准化组织 (ISO) 也推出了其相应的布线标准 ISO/IEC/IS11801。

1995 年中国工程建设标准化协会颁布了《建筑和建筑群综合布线系统设计规范》，1997 年中国工程建设标准化协会总结国内工程经验，吸取国外先进经验，对 1995 年的设计规范进行修订，重新制定《建筑和建筑群综合布线系统设计规范》并制定出了《建筑和建筑群综合布线系统工程施工及验收规范》。2000 年国家质量技术监督局和中华人民共和国建设部联合发布国家标准《建筑与建筑群综合布线系统工程设计规范》(GB/T 50311—2000)和《建筑和建筑群综合布线系统工程验收规范》(GB/T 50312—2000)。2007 年 10 月 1 日再次修订的《综合布线系统工程设计规范》(GB 50311—2007)和《综合布线系统工程验收规范》(GB 50312—2007)开始实施。本章有关综合布线的术语、符号及设计原则均以 2007 年的国家标准为准。

与此同时，综合布线的传输介质也经历了一系列的变化，其线缆产品经历了 3 类、4 类、5 类、超 5 类、6 类线和 7 类的变化过程。其中 5 类和超 5 类线缆的标准相同，规定线缆必须达到 100M 的宽带要求，只是超 5 类线标准对系统近端串扰干扰、远端串扰干扰以及回波损耗等参数有了更高的要求。2002 年 6 月，美国通信工业协会(TIA)TR－42 委员会正式通过了 6 类布线标准 ANSI/TIA/EIA-568B.2-1-2002，该标准也被国际标准化组织(ISO)批准，标准号为 ISO/IEC 11801：2002。6 类标准与超 5 类及 5 类标准有许多不同之处，6 类布线标准要求布线的衰减要低，频率范围要高，甚至规定了接插件规格。而 7 类标准是一套在 100Ω 双绞线上支持 600MHz 传输的布线标准，目前该标准还在制定中。

3.1.3 综合布线系统的特点

综合布线系统作为建筑物或建筑群内的信息传输平台，具有如下特点：

(1)综合性

布线系统将语音、数据、图像、多媒体等不同的信号线经过统一的规划和设计，综合兼容到采用相同的传输介质、信息插座、交连设备、适配器等的一套标准布线中，解决了这些设备配线不兼容的问题。

(2)灵活性

采用标准的传输介质和连接硬件，模块化设计，信息通道可支持语音、数据等多种终端。用户在使用时，只需把要用的终端设备接入就近的信息插座，然后在管理间和设备间的交连设备上做相应的跳线操作即可。此外，综合布线系统采用星型物理拓扑结构，所有设备的开通及更改均不需改变系统布线，只需增减相应的网络设备及在布线系统的配线架上做必要的跳线处理即可。系统组网也可灵活多样，各部门既可独立组网又可方便地互联，为合理组织信息流提供了必要条件。

(3)开放性

综合布线系统采用全开放式体系结构，符合国际标准，用户可以根据自己的需求选择和使用不同厂家的产品，有利于提高市场的竞争力，符合通讯发展的需要。

(4)可靠性

由于综合布线系统采用的是高品质的标准材料，系统连接采用组合压接的方式，所有的线缆与器件均通过国际标准认证，因而构成一套高标准信息通道。另外，综合布线系统布线全部采用物理星型拓扑，点到点端接，任何一条线路故障均不影响其他线路的运行，为线路的运行维护及故障检修提供了方便，保证了系统可靠运行。另外，由于各系统采用同一传输介质，互为备用，故也提高了备用冗余。

(5)模块化

综合布线系统的接插元件，如配线架、终端模块等均采用模块化设计，可以方便地进行更换和插拔，使管理、扩展和使用变得十分简单。

(6)先进性

综合布线系统采用光纤与双绞线混布方式，极为合理地构成一套完整的布线系统。对于特殊用户要求可以实施光纤到桌面，为将来的发展提供了足够的裕量。

3.1.4 综合布线的应用场合

随着信息化应用的深入，人们对信息资源共享的要求越来越迫切，能够同时提供语音、数据和视频信息传输的综合布线系统得到日益广泛的应用。综合布线系统不仅较好地解决了传统布线方法所存在的诸多问题，而且实现了一些传统布线所没有的功能，其适用场合和服务对象日益增多，从早期的综合办公建筑到公共建筑直到居住小区，目前已成为各类建筑的基础设施。随着数字化技术的应用，综合布线的应用范围也在不断地扩展，已延伸到诸如安全防范系统、楼宇自控系统等领域。

3.2 综合布线系统的结构

综合布线系统采用模块化设计和分层星型网络拓扑结构。

3.2.1 综合布线系统的模块化设计

在传统的布线方式中，各个系统是封闭的，其体系结构是固定的，迁移设备或增加设备相当困难，甚至不可能。而采用模块化设计的综合布线系统除去敷设在建筑物内的电缆或光缆外，其余所有的接插件都是模块化的标准件，不仅维护人员管理和使用方便，而且易于扩充及重新配置，为传输语音、数据、图文、图像以及多媒体信号提供了一套实用、灵活、可扩展的模块化通道。

综合布线系统由 7 个独立的功能模块组成，其模块化结构图如图 3-1 所示。由图可见这 7 个功能模块分别为工作区、配线子系统(水平子系统)、干线子系统(垂直子系统)、建筑群子系统、进线间、设备间及管理。

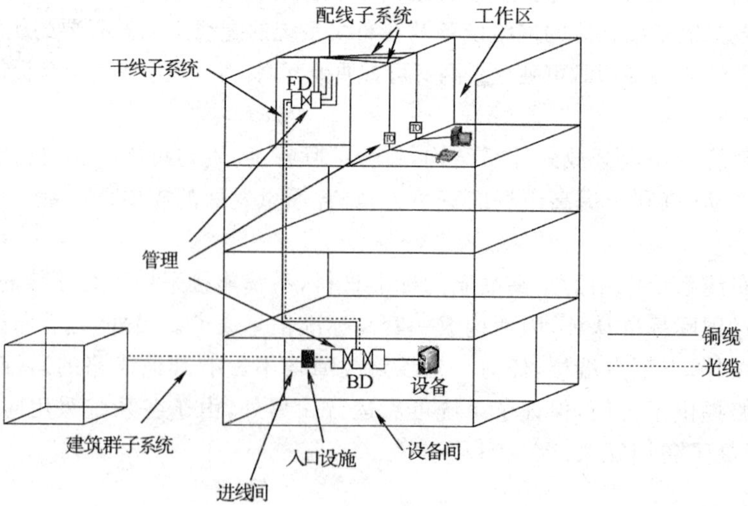

图 3-1 综合布线系统的模块化结构图

3.2.2　综合布线系统的分层星型物理拓扑结构

综合布线系统采用的分层星型物理拓扑结构(图 3-2),由图可见建筑物内的综合布线系统分为两级星型,即垂直主干部分和水平部分。垂直主干部分的星型配线中心通常设置在设备间,通过建筑物配线设备 BD(Building Distributor)辐射向各个楼层,介质使用大对数双绞线以及多模光缆;水平部分的星型配线中心通常设置在电信间(安装楼层配线设备的房间),通过楼层配线设备 FD(Floor Distributor)引出水平双绞线到各个信息点。由多幢智能化建筑物组成的建筑群或小区,其综合布线系统的建设规模较大,通常在建筑群或智能化小区内设有中心机房,机房内设有建筑群配线设备 CD(Campus Distributor),其综合布线系统网络结构为 3 级星型结构,如图 3-3 所示。为了使综合布线系统网络结构具有更高的灵活性和可靠性,且能适应今后多种应用系统的使用要求,可以在两个层次的配线架(如 BD 或 FD)之间用电缆或光缆连接,如图 3-3 中 BD 和 BD 之间或 FD 与 FD 之间的线缆 L,构成 3 级有迂回路由的星型网络拓扑结构。

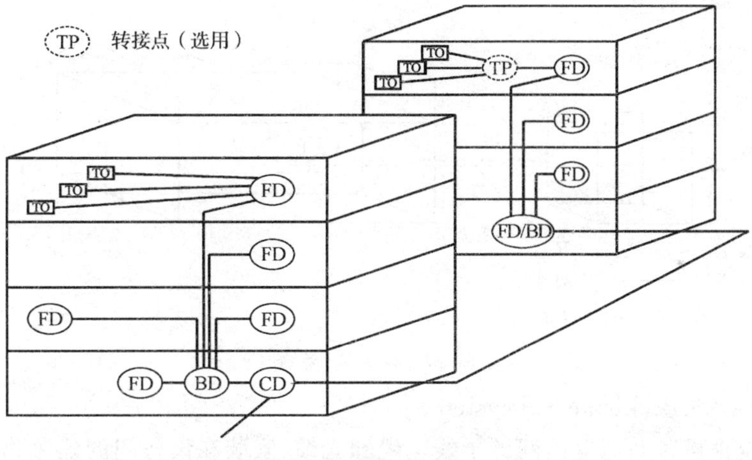

图 3-2　综合布线系统的分层星型物理拓扑结构

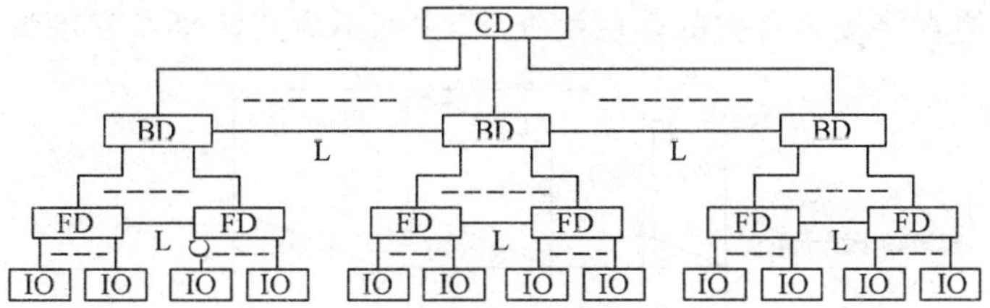

图 3-3　3 级星型网络拓扑结构图

在星型结构的各配线中心均设有管理环节,通过点对点方式实现整个布线系统的连接、配置及灵活的应用。

3.2.3　综合布线系统的组成

综合布线系统结构图如图 3-4 所示。

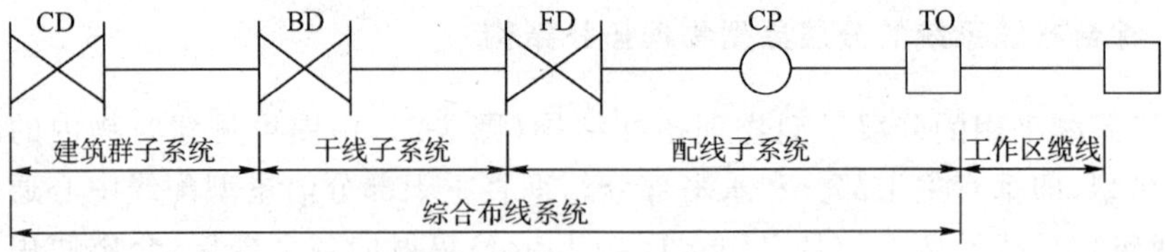

图 3-4　综合布线结构图

按照《建筑与建筑群综合布线系统工程设计规范》(GB 50311—2007),综合布线系统分为建筑群子系统、干线子系统、配线子系统(水平布线子系统)、工作区、设备间、管理、进线间 7 个部分。

下面逐一介绍综合布线系统的这 7 个部分的组成及功能。

(1)建筑群子系统(Campus Subsystem)

建筑群子系统由连接多个建筑物之间的主干电缆和光缆、建筑群配线设备(CD)及设备缆线和跳线组成(图 3-5),其功能是将一个建筑物中的通信电缆延伸到建筑群中另外一些建筑物内的通信设备和装置上。

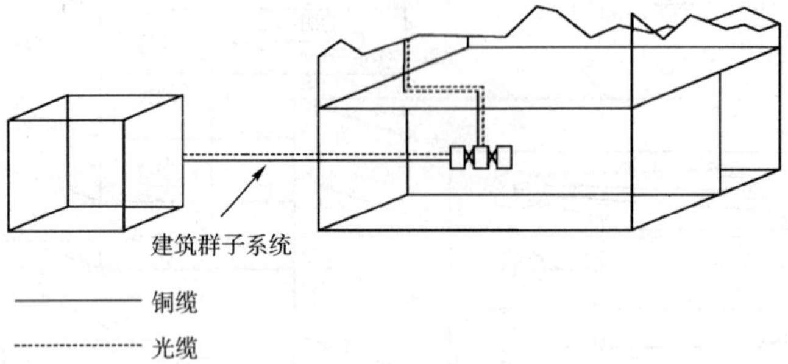

图 3-5　建筑群子系统

(2)干线子系统(Backbone Subsystem)

干线子系统由设备间至电信间的干线电缆和光缆、安装在设备间的建筑物配线设备(BD)及设备缆线和跳线组成(图 3-6),其功能是提供设备间至各楼层间的干线电缆路由。建筑物干线电缆、干线光缆直接接到有关的楼层配线架,中间不应有转接点或接头。

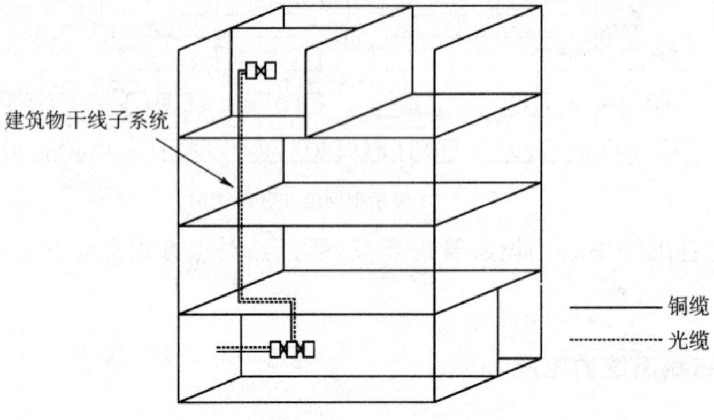

图 3-6　建筑物干线子系统

(3)配线子系统(水平布线子系统)(Horizontal Subsystem)

配线子系统由工作区的信息插座模块、信息插座模块至楼层配线设备(FD)的配线电缆或光缆、楼层配线设备跳线等组成,其作用是将干线子系统线路延伸到用户工作区,并端接在信息插座上,如图3-7所示。所以配线子系统是由每个工作区的信息插座开始,经水平路由到电信间或设备间的配线设备上进行连接。水平子系统一般采用4对双绞线电缆。在有高速率应用的场合,可采用光缆,即光纤到桌面。

(4)工作区(Work Area)

一个独立的需要设置终端设备(TE)的区域宜划分为一个工作区。工作区应由配线子系统的信息插座模块(TO)延伸到终端设备处的连接缆线及适配器组成。一个工作区的服务面积及信息点的数量,应按不同建筑物的应用功能确定。设置的信息插座可支持电话机、数据终端及监视器等终端设备,如图3-8所示。设备的连接插座应与连接电缆的插头匹配,不同的插座与插头之间可加装适配器。

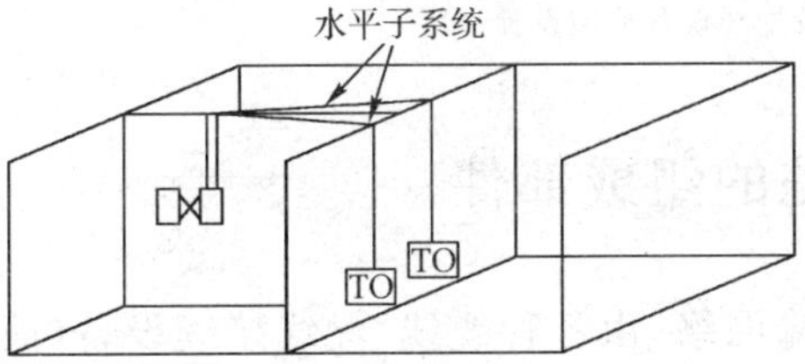

图3-7　配线子系统

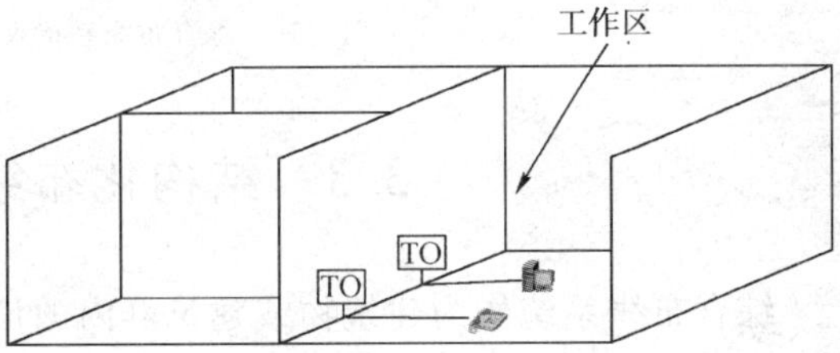

图3-8　工作区

(5)设备间(Equipment Room)

设备间是在每幢建筑物的适当地点进行网络管理和信息交换的场地。对于综合布线系统,设备间主要安装建筑物配线设备。电话交换机、计算机主机设备及入口设施也可与配线设备安装在一起。设备间内的所有进线终端设备均采用色标区别各类用途的配线区。

(6)管理(Administration)

管理是指对工作区、电信间、设备间、进线间的配线设备、缆线、信息插座模块等设施按一定的模式进行标识和记录。规模较大的综合布线系统可采用计算机进行管理,简单的综合布线系统一般按图纸资料进行管理。管理点如图3-9所示。

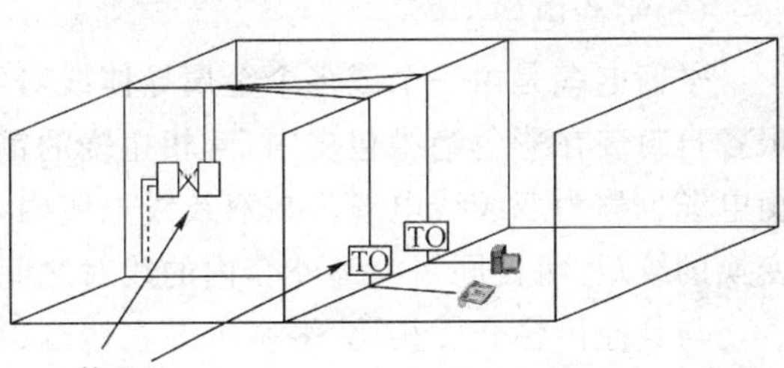

图3-9　管理

(7)进线间

进线间是建筑物外部通信和信息管线的入口部位,并可作为入口设施和建筑群配线设备的安装场地。进线间主要作为室外电缆、光缆引入楼内的成端与分支及光缆的盘长空间位置,如果不具备设置单独进线间或入楼电缆、光缆数量及入口设施容量较小,建筑物也可以在入口处采用挖地沟或使用较小的空间完成缆线的成端与盘长,入口设施则可安装在设备间,但应单独的设置场地,以便功能分区。综合布线系统入口设施及配线设备典型设置如图3-10所示。

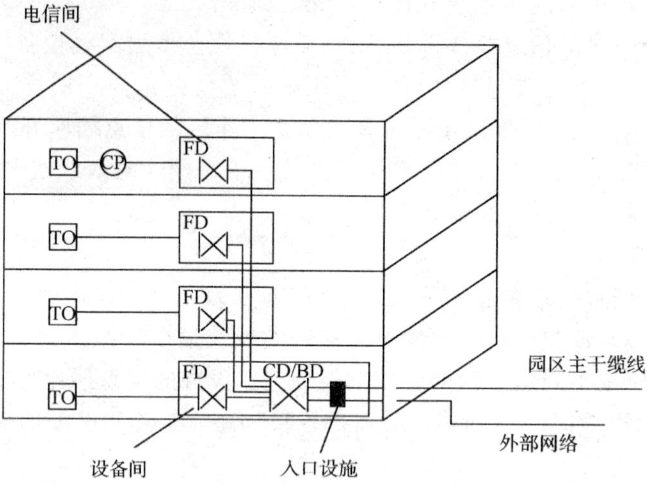

图 3-10　综合布线系统入口设施及配线设备典型设置

3.3　结构化布线系统的组成部件

综合布线系统作为建筑物或建筑群内的信息传输网络，由各种缆线、配线接续设备（简称配线设备或接续设备）以及连接硬件等构成。它一方面使建筑物与建筑群内部的语音、数据通信设备、信息交换设备、建筑物物业管理及建筑物自动化管理系统之间彼此相连，另一方面使建筑物内信息通信设备与外部的信息通信网络相连。综合布线系统的部件主要由传输介质、配线设备和信息插座组成。

3.3.1　传输介质

综合布线系统中使用的传输介质主要有平衡电缆和光缆。

(1)平衡电缆

平衡电缆是由一个或多个金属导体线对组成的对称电缆，其中线对也称为对绞线，是由两根各自封装在彩色绝缘包皮内、互相扭绕的铜线构成，多对双绞线外套一个外封皮，就构成平衡电缆也称为双绞线电缆。在双绞线电缆内，不同线对具有不同的扭绞长度，通过相邻线对间变换的绞距，可使同一电缆外套内的线对之间的干扰最小化。

与其他传输介质相比，平衡电缆在传输距离、通道宽度和数据传输速度等方面均受到一定限制，但价格较为低廉。

1)平衡电缆的分类

平衡电缆的分类方法很多，按是否使用屏蔽层可分为非屏蔽平衡电缆（Unshielded Balanced Cable）也称为非屏蔽双绞线（Unshielded Twisted Pair，UTP）和屏蔽平衡电缆（Shielded Balanced Cable）也称为屏蔽双绞线（Shielded Twisted Pair，STP）；按同一外壳中包含了 4 对或大于 4 对的对绞线，可分为水平电缆（4 对对绞线，如图 3-11 所示）和垂直电缆（25 对、50 对、100 对等，如图 3-12 所示）。

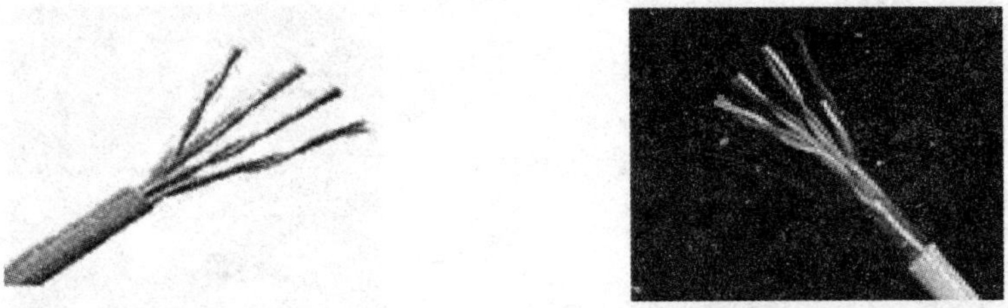

a)　　b)

图 3-11　4 线对平衡电缆

a)非屏蔽平衡电缆；b)屏蔽平衡电缆

a)　　b)

图 3-12　大对数平衡电缆

a)25 对平衡电缆；b)100 对平衡电缆

非屏蔽平衡电缆由绞在一起的线对构成，外面有护套，但在电缆的线对外没有金属屏蔽层。水平平衡电缆由 8 根不同颜色的线分成 4 对，每两条按一定规则绞合在一起，成为一个芯线对。其结构如图 3-11a)所示。

由于非屏蔽平衡电缆无屏蔽层，所以具有以下优点：

①容易安装。

②较细小、节省空间。

③价格相对便宜。

④弹性好。

⑤具有独立性和灵活性，适用于综合布线。

但是，由于没有较好的屏蔽层，所以其抗外界电磁干扰的性能较差，安装时因受牵拉和弯曲，易破坏其均衡绞距。

屏蔽平衡电缆的内部与非屏蔽平衡电缆一样，也是包有绝缘的 4 对双绞铜芯线，但带有总屏蔽或每线对均有屏蔽物。根据防护的要求屏蔽电缆可分为 F/UTP(电缆金属箔屏蔽)、U/FTP(线对金属箔屏蔽)、SF/UTP(电缆金属编织丝网加金属箔屏蔽)、S/FTP(电缆金属箔编织网屏蔽加上线对金属箔屏蔽)几种结构，各种结构的图例见图 3-13。图 3-11b)是在双绞铜线的外面加了铜编织网屏蔽层的屏蔽平衡电缆。

不同的屏蔽电缆会产生不同的屏蔽效果。一般认可金属箔对高频、金属编织丝网对低频的电磁屏蔽效果为佳。如果采用双重屏蔽(SF/UTP 和 S/FTP)则屏蔽效果更为理想，可以同时抵御线对之间和来自外部的电磁辐射干扰，减少线对之间及线对对外部的电磁辐射干扰。因此，屏蔽布线工程有多种形式的电缆可以选择，但为保证良好屏蔽，电缆的屏蔽层与屏蔽连接器件之间必须做好 360°的连接。

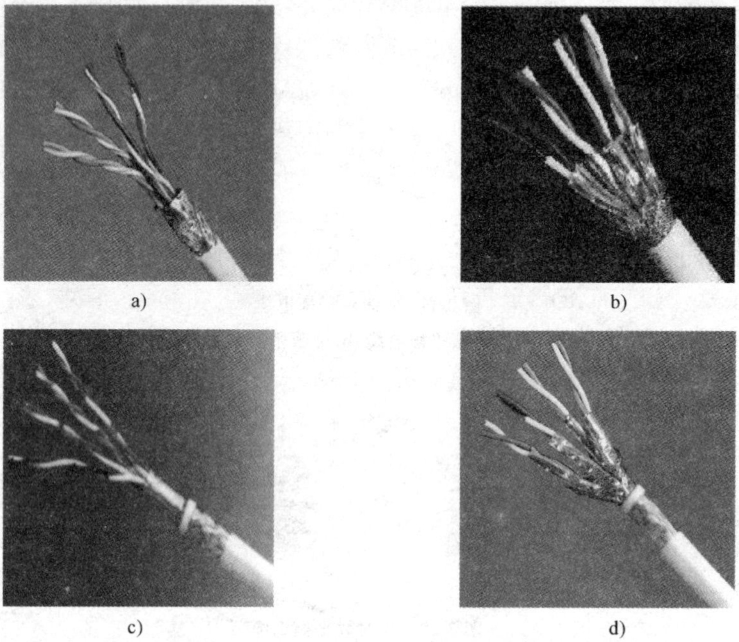

图 3-13　屏蔽电缆的分类

a)F/UTP；b)U/FTP；c)SF/UTP；d)S/FTP

铜缆命名方法如图 3-14 所示。

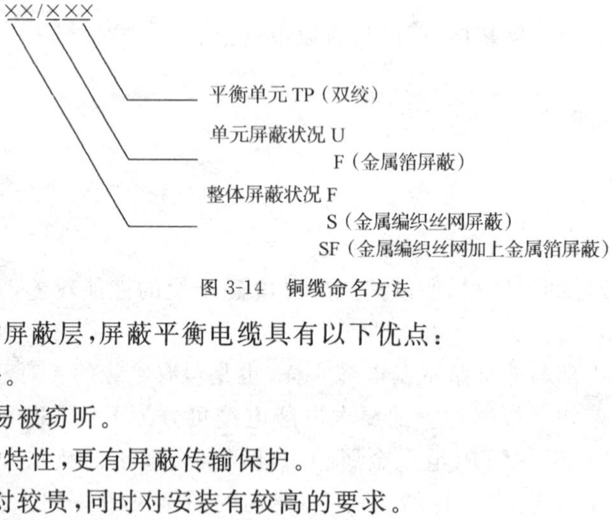

图 3-14　铜缆命名方法

由于具有较厚的屏蔽层，屏蔽平衡电缆具有以下优点：

①抗干扰能力好。

②保密性好，不易被窃听。

③既有平衡传输特性，更有屏蔽传输保护。

但是，其价格相对较贵，同时对安装有较高的要求。

2)平衡电缆的发展

平衡电缆自产生以来，由于其众多的优点立即得到了人们的认可，也成为综合布线系统的主要的传输介质。平衡电缆经过了 3 类、4 类、5 类、超 5 类、6 类以及将要公布的 7 类等不同级别的发展过程，每一级别的平衡电缆在性能、传输距离等方面都比前一级有质的飞跃。

目前超 5 类及 6 类平衡电缆使用最为广泛。超 5 类非屏蔽平衡电缆的近端串音(NEXT)，衰减串音比(ACR)等性能较5类非屏蔽平衡电缆都有提高,其带宽为100MHz,在现阶段它仍适用于那些对网络带宽要求不是太高的场合。而6类双绞线与超5类双绞线相比有着明显的优势,6类电缆中央拥有十字骨架(图3-15),将4对双绞线卡在十字骨架的凹槽内,保持4对双绞线的相对位置,提高电缆的平衡特性和串扰衰减,保证在安装过程中电缆的平衡结构不遭到破坏,并可减少重压和扭绞带来的破坏。6类双绞线除了各项性能参数有较大提高之外,其带宽达到250MHz,6类双绞线的使用也越来越广泛。

随着技术的不断进步以及应用到桌面的高速网络需求日益增长,250MHz的带宽将不能充分满足人们的需要,因此,标准制定机构和布线制造商们正在制定7类标准,7类线缆可以支持600MHz带宽。相信在不久的将来,随着7类标准的推出,高质量、高带宽的7类双绞线会给人们的通信及办公等各方面带来更高的效率和更大的方便。

(2)光缆

1)光纤

光纤又称光导纤维,是一种能够传导光信号的极细又柔软的通信媒体,其制造材料有超纯二氧化硅、多成分玻璃纤维和塑料纤维3种。综合布线系统中的光纤采用玻璃纤维。

光纤的典型结构是多层同轴圆柱体,其结构如图3-16所示。核心部分是纤芯和包层,其中纤芯由高度透明的材料制成,是光波的主要传输通道;包层的折射率略小于纤芯,使光的传输性能相对稳定;涂敷层包括一次涂敷、缓冲层和二次涂敷,起保护光纤不受水汽的侵蚀,同时又增加光纤的柔韧性,起着延长光纤寿命的作用。纤芯材料及粗细和包层材料的折射率,对光纤的特性起决定性影响。

图3-15　带十字骨架的6类非屏蔽电缆截面

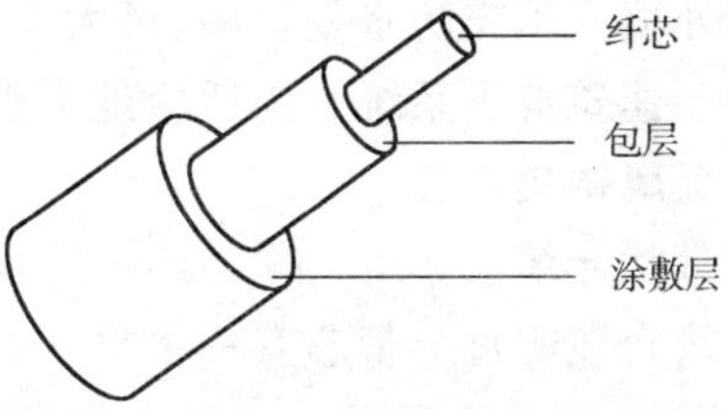

图3-16　光纤的结构

光纤工作的基础是光的全反射。由光学理论可知,当光线以各种不同角度入射到光纤端面时,在端面发生折射进入光纤后,又入射到光密介质纤芯与光疏介质包层交界面,光线在该处有一部分透射到光疏介质,一部分反射回光密介质。但是当光线在光纤端面中心的入射角减小到临界值时,光线就会全部被反射回光密介质,即发生全反射。光在纤芯和包层的界面上经过若干次全反射后从光纤的另一端射出,如图3-17所示。

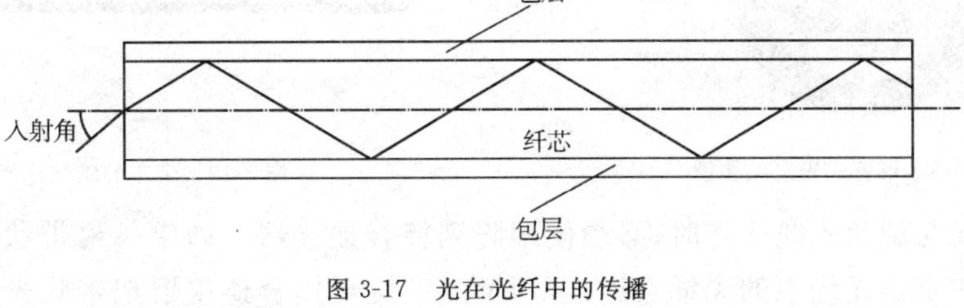

图3-17　光在光纤中的传播

光纤分为单模光纤和多模光纤，单模光纤在光纤中只能传输一个模式（同一时刻仅仅允许一束光进入光纤介质），多模光纤在光纤中传输多个模式（同一时刻允许多束光进入光纤介质）。多模光纤中的光散射为多种光波，不同的光波以不同的速度传播，因而这种散射会造成光的损失，限制了远距离传输。为了避免光的损失，保证传输距离，综合布线系统中采用缓变型（或称渐变型）多模光纤，缓变型多模光纤截面的折射率分布是连续变化的（光纤芯的折射率＝真空中的光速/光纤芯中的光速），离光纤芯中心较远的光折射率小，而离光纤芯较近的光折射率大，采用这种分级折射的方式可扩展频带。因为离光纤芯中心较远的光传输的距离长但其折射率小，速度比光纤芯中心的光速度快；而离光纤芯近的光传输的距离短，但因为其折射率高，速度比距离光纤芯中心远的光的速度慢，所以所有的光线几乎在同一时刻到达某一点。从而使频带扩宽。综合布线系统中的光纤按纤芯直径划分为 3 种：50μm 缓变型多模光纤，62.5μm 缓变增强型多模光纤，8.3μm 突变型单模光纤。3 种光纤的包层直径均为 125μm，其中 62.5/125μm 增强型多模光纤在综合布线系统中采用较多。

2)光缆

综合布线系统中常用光缆有束管式光缆、带状光缆和多用于室内的建筑物光缆。

①束管式光缆

束管式光缆是由同色标线绳捆绑在一起的光纤束组成，每根束管式光缆中的光纤束最多为 8 束，每束中的光纤数最多为 12 根，因而束管式光缆中的光纤数从 4 根到 96 根不等。所有光纤都装在一个塑料套管里，周围是复合材料层。光纤束这种结构使得缆芯中有较大的间隙。在间隙处填入填充防水复合物，可大大减小微弯曲损耗。其结构如图 3-18 所示。束管式光缆主要用于建筑群子系统。为适应地下管道、直埋或架空等布线要求，其标准交织铠皮有金属铠皮和非金属铠皮之分。

②带状光缆

带状光缆的每个带芯有一字排开的 12 根光纤，上、下两面分别压上一层压敏粘接带，其结构示意图如图 3-19 所示。一根带状光缆最多可包括 12 条带。制作缆芯时，先将带芯叠在一起，然后再进行适当扭曲，以减少光缆在被弯曲时出现的应力。将叠好的带芯放入一根挤压成型的空心塑料管中最后填入填充材料以排除管内的空气，其结构如图 3-20 所示。光缆可以在出厂前预先在两头端接好连接器，也可以在现场安装阵列型连接器。

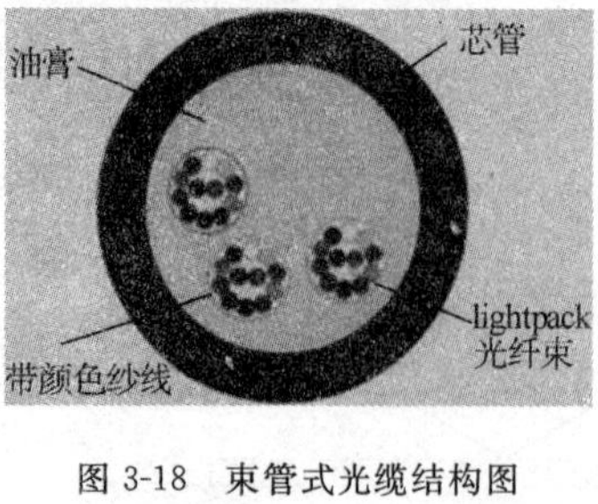

图 3-18　束管式光缆结构图

图 3-19　带芯的结构示意图

当带状光缆与带状光缆互连时，必须使用阵列接合连接器。如果一根带状光缆中的光纤要与一根室内非带状光缆中的光纤互连，可用增强型旋转接合连接器把带状光缆中的每根光纤分别连接到其他的光纤。

在静态负载条件下，带状光缆的最小弯曲半径是光缆直径的10倍。在布线操作期间的负荷条件下，例如把光缆从管道中拉出来，带状光缆的最小弯曲半径限制在光缆直径的20倍以内。

带状光缆可以在很小的缆径内容纳为数很多的光纤，最多可包含144根光纤，这不仅可以节约安装费用，而且增减个别光纤也很方便。当定购的光纤数目不足12根时，光缆里将补充一些填充纤，以保证纤数达到标准数12根。

带状光缆可应用于建筑物或建筑群环境，包括直埋布线，地下管道布线和架空布线。

③建筑物光缆

建筑物光缆含有1、2、4、6、8和12芯62.5/125μm光纤，每一芯都有PVC缓冲层，为了获得高强度，多芯光纤用纱线加固，其结构如图3-21所示。

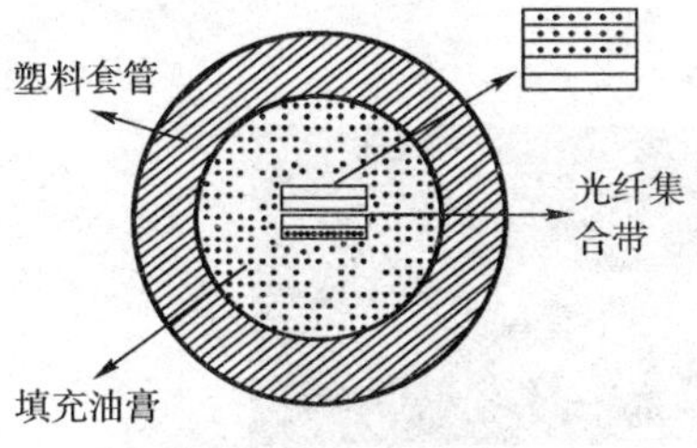

图3-20　带状光缆

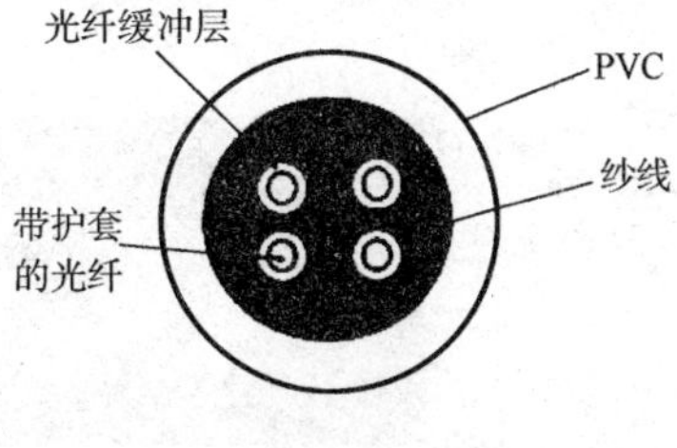

图3-21　建筑物光缆结构

与其他传输介质相比，光缆的传输速度快，其外形尺寸及接插件尺寸小，最大电缆长度长，但相对其他传输介质，光缆每个节点的平均费用高。

3.3.2　配线设备

配线设备又称配线接续设备，主要用来端接和连接缆线。通过配线设备可以安排或重新安排布线系统中的路由，使通信线路能够延续到建筑物内部的各个地点，从而实现线路的管理。根据传输介质的不同，配线设备分为电缆配线设备和光缆配线设备。

(1)电缆配线设备

电缆配线设备主要用于端接多线对干线电缆和一般的4线对水平电缆的导线。电缆配线设备根据连接配线设备之间连接线的不同，可分为两大类，一类是IDC卡接式交连硬件，其中IDC(Insulation Displacement Connection)表示采用绝缘压穿连接方式器件，另一类是RJ45插接式交连硬件，插接式交连硬件是指用插头、插座连接的交连设备。

1)IDC卡接式交连硬件

IDC卡接式交连硬件主要包括配线架(也叫接线块)、连接块(也叫接续端子)、交连跳线和线路标记(图3-22)。配线架是阻燃型的模制塑料件，在配线架上装有若干齿形条，每行齿形条上可端接25对线。沿跳线架正面从左到右均有色标，以区别各条输入线。连接时将待连接的线放入齿形条的槽缝里，再与连接块接合。

连接块有2对线、3对线、4对线和5对线4种规格(图3-23)。当使用3对线或4对线

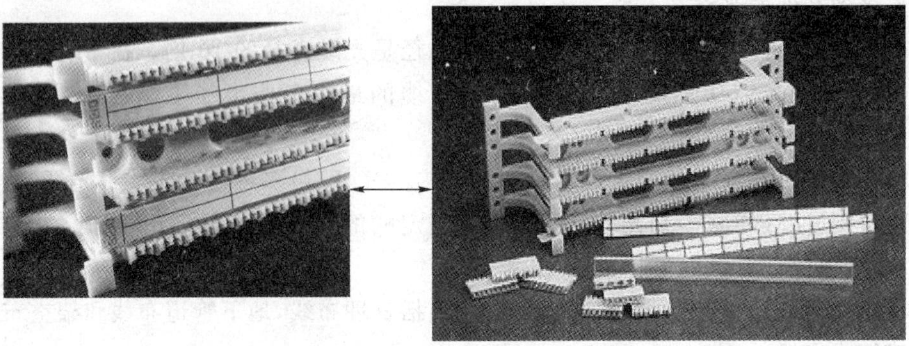

图 3-22　IDC 卡接式交连硬件

的连接块时，每个齿形条的最后一个连接块比前面连接块多一对线。比如采用 3 对线或 4 对线的模块化方案即可使用 5 个 4 对线连接块和 1 个 5 对线连接块，最后一对线通常不用。

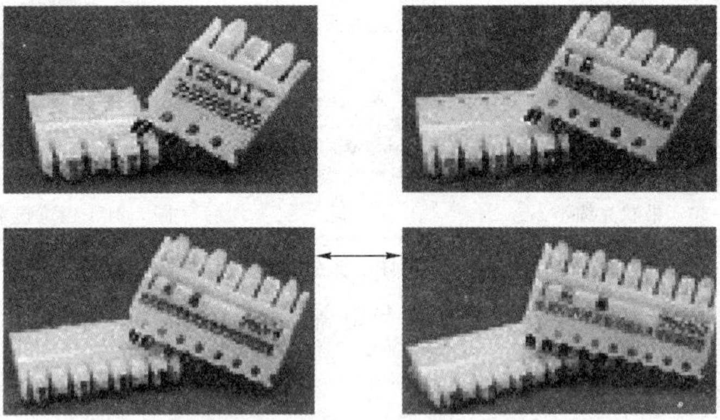

图 3-23　连接块

2）RJ45 插接式模块

RJ45 插接式模块跳线架上带有 RJ45 插座口，也叫快接式跳线架（图 3-24）。这种跳线架结构紧凑，外观整齐，使用的插入线是两端预先装有 RJ45 插头的 8 芯跨接线，所以与网络集线器连接容易，若采用该跳线架管理计算机系统，可灵活地实现网络配置的改变。

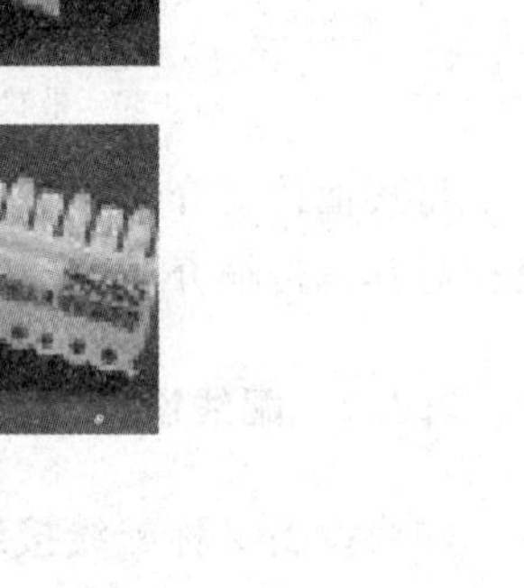

图 3-24　RJ45 插接式模块

（2）光缆配线设备

光缆配线接续设备是光缆线路进行光纤终端连接或分支配线的重要部件，且具有保护和存储光纤的作用。光缆配线接续设备主要有光纤配线架、光纤配线柜、光纤配线箱和光纤终端盒等。

1）光纤配线架

光纤配线架是建筑物内通信设施和外来的光缆线路互相连接的大型配线设备（图3-25），容纳的光纤芯数较多，通常安装在智能化建筑物中设备间或重要的电信间内。

2）光纤配线箱

光纤配线箱容纳的光纤芯数较少，但其功能与光纤配线架是完全相同的，如图 3-26 所示。

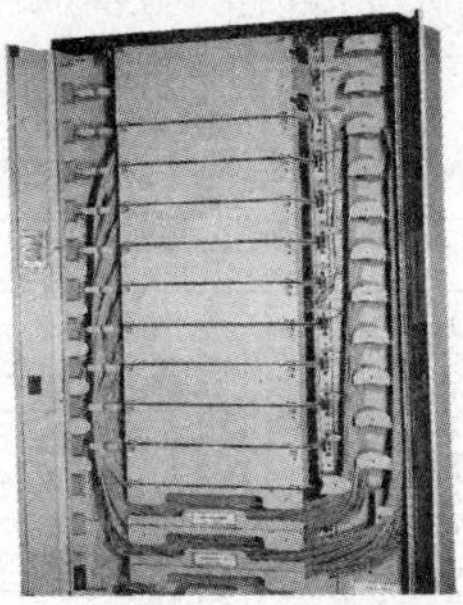

图 3-25　光纤配线架举例

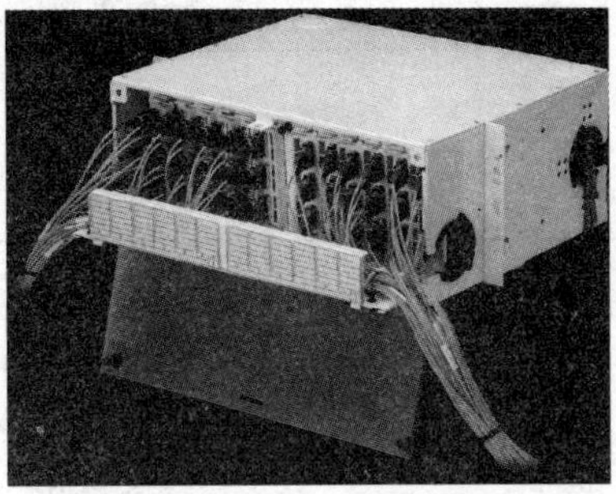

图 3-26　光纤配线箱举例

3）光纤终端盒

光纤终端盒虽然与光纤配线架和光纤配线箱同属终端连接设备，但其容纳光纤数量较少，且用于与设备尾纤之间的连接。因此，其内部结构、外形尺寸和安装方式都与光纤配线架不同。图 3-27 所示为 24 口光纤终端盒。

3.3.3　信息插座

信息插座在综合布线系统中用作终端点，即终端设备连接或断开的端点。它提供在水平区布线和工作区布线之间可进行管理的边界或接口。在工作区一端，将带有 8 针插头的软线插入插座；在水平子系统一端，将 4 对双绞线接到插座上。信息插座的核心是模块化的插孔。插座孔可维持与模块化插头弹片间稳定而可靠的电连接。由于弹片与插孔间的摩擦作用，电接触随插头的插入而得到进一步加强。插孔主体设计采用了整体锁定机制，这样当模块化插头插入时，插头和插孔的界面处可产生一定的拉拔强度，图 3-28 所示为 8 针信息插座结构图。为了允许在交连处进行线路管理，不同用途的信号应出现在规定的导线对上，所以，标准 I/O 已在内部接好线。8 脚插座将工作站一侧的引脚（工作区布线）接到建筑物布线电缆（水平布线）特定的双绞线对上。

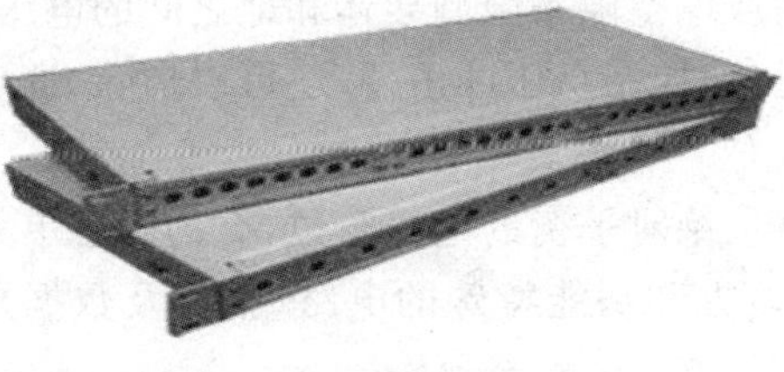

图 3-27　24 口 ST 光纤终端盒

图 3-28　8 针信息插座模块

对于模拟式话音终端，其行业标准做法是将触点信号和振铃信号置入工作站软线的两个中央导体（即引脚 4 和引脚 5）上。剩余的引脚分配给数据信号和配件电源线使用。引脚 1、2、3 和 6 传送数据信号，并与 4 线对电缆中的线对 2 和 3 相连。引脚 7 和 8 直接连通，留作配件电源之用。标准信息插座的 8 针模块化 I/O 引脚与线对的分配见图 3-29。

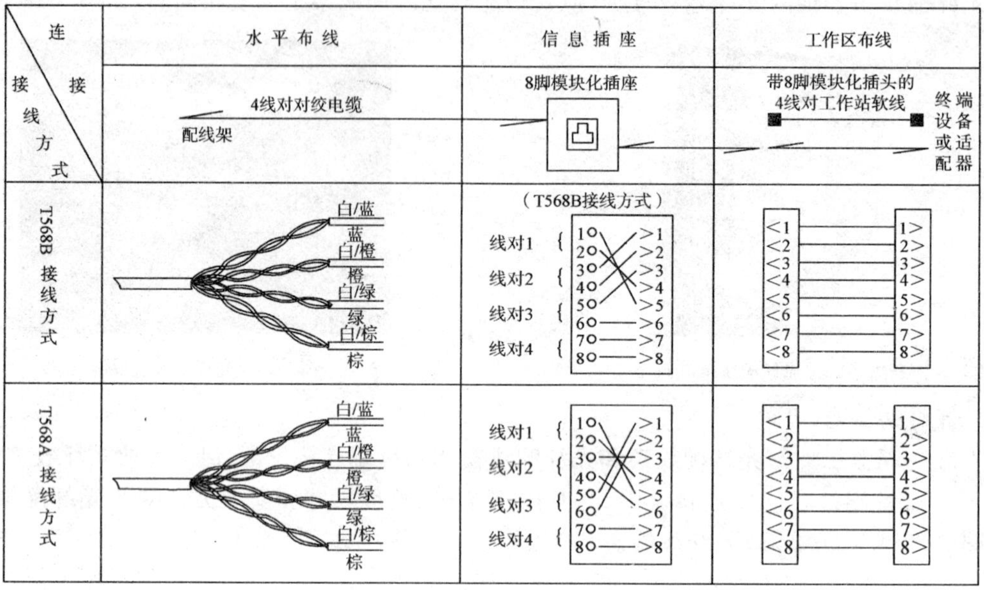

图 3-29　信息插座 8 针模块化 I/O 引脚与线对的分配

3.3.4　电气保护设备

由于从建筑物外面引入建筑内部的线对容易受到雷击、电源碰地、电源造成感应电势等险情的破坏，因此必须有电气保护的措施来保护这些线对。电气保护的目的是为了减小电气事故对布线网上用户的危害，减小对布线网本身、连接设备和网络体系等的电气损害。

为了避免电气损害，综合布线系统的部件中专门配有各种型号的保护架，这些保护架使用可更换的插入式保护单元，以限制建筑物中的布线受到高压时引起的电磁冲击。每个保护单元内装有气体放电管保护器或固态保护器。

气体放电管保护器的陶瓷外壳内密封有两个电极，其间有放电间隙，并充有惰性气体。当两个电极之间的电位差超过 250V 交流电源或 700V 雷电浪涌电压时，气体放电管开始出现电弧，为导体和地电极之间提供一条导电通路。即利用放电空隙来限制导体和地之间的电压。

有的保护器含有热线圈，具有热线圈的保护单元，除控制高压冲击外，还可以消除“寄生电流”，把电流导入大地。

固态保护器在低电压时可进行快速、稳定、元噪声、绝对平衡的电压箝位，有的固态单元也含有“寄生电流”保护的热线圈。在经常发生雷电的地方和功能特殊的电路（报警及数据），以及可靠性要求很高的电路应使用固态保护器。

3.3.5　综合布线实时管理系统

综合布线系统为高速增长的网络应用提供传输基础，随着网络应用的广泛和深入，布线系统的规模日益增大，这也给日常维护人员的管理带来不便，比如频繁的移动、增加、改动（MAC）增加了管理的复杂性、端口分布图更新与实际不同步、不能确定信道的连接状态、手工记录的文档日益庞大和繁琐、无法即时发现线路故障等，实时布线管理系统针对以上问题，从软件和硬件两方面为日常维护人员有效管理布线系统提供了新的手段。

综合布线实时管理系统由电子配线架、监视器、实时跳线、实时链路/接口电缆和管理软件组成，以下简述各组成部分的功能。

1）电子配线架

电子配线架（图 3-30）将电子探测技术、传感器技术应用于传统的配线架，在每个配线架端口上方内置传感器或在端口上粘贴集成金属感应条（由实时传感器组成的阵列），实时监测配线架每个端口的使用情况（已连接或没有连接），并把这些信息通过监视器（分析器）传送到实时布线管理软件中，保证配线架上的使用数据与网络管理电脑中的预置数据保持一致，实现实时检测、故障诊断、自动记录网络管理文档等功能。

图 3-30　电子配线架

2）监视器（分析器）

监视器（分析器）（图 3-31）以电子的方式连接被监视的所有端口，实时发现端口的连接/断开情况，并把端口标识信息通过 TCP/IP 或专业接口连接发送给相应的软件数据库。

图 3-31　实时监视器

3）实时跳线

实时（智能）跳线用于配线架端口与交换机端口的连接，拥有一根第 9 条导线，这条导线的长度与跳线长度相同，两端各有金属感应探针（图 3-32），用来实现安装在电子配线架及交换机端口上的内置传感器或集成金属感应条之间的连接，可以获得实时的网络连接信息。

a)　b)

图 3-32　实时跳线

a）实物图；b）示意图

4）实时链路/接口电缆

在每一个电子配线架的背面都有一个扁平电缆接口，实时链路/接口电缆（图 3-33）用于将电子配线架和扫描仪相连接,将电子配线架及交换机跳线的连接信息实时传递到监视器(分析器)。

图 3-33　实时链路/接口电缆

5)管理软件

实时管理软件为管理员即时提供了网络上实时管理的所有端口的活动信息。通过管理软件可以连续监视电信间配线架和有源网络设备的端口。它自动监视所有连接/断开,在数据库中更新所有 MAC,识别和确认端口可达性,把任何计划外或非法网络布线变动通知管理员。管理员可以为移动、添加、修改制订工作命令,跟踪其实现情况。管理软件与硬件的结合使用实现了一个自动、准确、实时的物理层管理系统,该系统能够根据预先的设置对连接变化做出响应,并能够智能而精确地记录用户的布线系统及其设备。另外,通过识别未充分利用的资源,也能够实现现有网络投资的最佳利用。

综合布线实时管理系统连接示意图如图 3-34 所示。

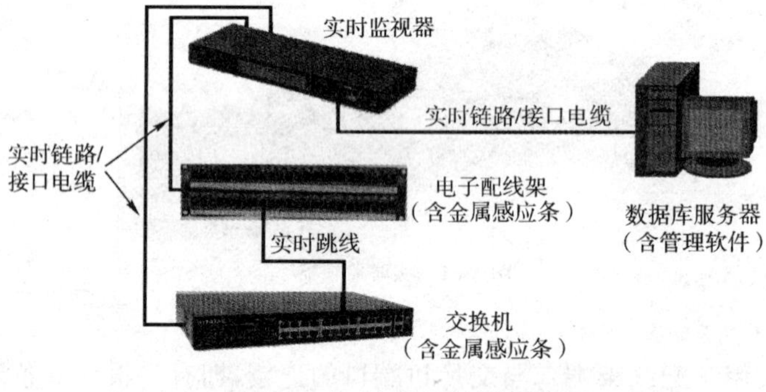

图 3-34　实时布线系统连接示意图

另外还有一种由高性能电子跳线架与控制计算机构成的自动布线系统,其硬件由一系列电子开关组成,计算机控制操作。布线完成后,所有用户和系统的资料均储存在计算机中。如需再作移动、增加和修改,只需用鼠标点击即可。该自动布线系统的优点在于无需技术人员在现场执行移动、增加和修改,而且因为网络布线的改变只能由计算机来进行,减少了经手人员,再加上计算机软件中增加了操作密码的限制,因而增加了网络管理的安全性。

3.4　综合布线系统的设计

综合布线系统应是开放式网络拓扑结构,应能支持语音、数据、图像、多媒体业务等信息传递的应用。

3.4.1 设计原则

标准化：采用国际、国内有关行业标准，选用符合国际标准的布线产品，以便于系统的管理、维护和扩充。

实用性：能适应当前和未来技术的发展，实现数据、语音、图形、视频等信息传输。

先进性：系统规划可适度超前，采用先进的设计理念、技术、方法和产品，既反映当前水平，又具有较大发展潜力。

灵活性：采用多级星型结构和分层管理机制，便于将来系统的变更、改动、扩充。

可靠性：远离恶劣的环境（如强电井、厕所、水房），避免强干扰源，所有线缆、连接软线、连接硬件、设备的选用均优先考虑其可靠性。

扩展性：根据用户近期信息业务和网络结构的需要，适当考虑今后信息业务扩充的可能性，预留一定的发展余地。所有线缆、配线架都预留足够的可扩展容量，提供将来网络的升级发展及扩容需要。

兼容性：采用星型结构，满足对各种网络的兼容性及升级换代性。

系统性：各布线系统子系统之间、布线系统与智能建筑其他子系统之间相互协调，达到整体的效果。

经济性：力求布线距离最短，优化设计，尽可能降低成本。

3.4.2 设计标准

《综合布线系统工程设计规范》(GB 50311—2007)

《综合布线系统工程验收规范》(GB 50312—2007)

《大楼通信综合布线系统行业标准》(YD/T 926.1—1997)

《商用建筑群布线标准》(EIA/TIA568)和(EIA/TIA569)

《商用建筑群布线测试标准》(EIA/TIA SB67)

《民用建筑通信管理标准》(TIA/EIA606)

《开放式办公布线系统标准》(EIA/TIA SB75)

《国际建筑布线标准》(ISO/IEC 11801)

3.4.3 总体设计

(1)布线系统信道组成要求

综合布线系统信道应由最长 90m 水平缆线和最长 10m 的跳线和设备缆线及最多 4 个连接器件组成，永久链路则由 90m 水平缆线及 3 个连接器件组成。连接方式如图 3-35 所示。

其中：

集合点 CP(Consolidation Point)：楼层配线设备与工作区信息点之间水平缆线路由中的连接点；CP 集合点安装的连接器件一般选用卡接式配线模块或 8 位模块通用插座或各类光纤连接器件和适配器。

CP 链路(CP Link)：楼层配线设备与集合点(CP)之间，包括各端的连接器件在内的永久性的链路。

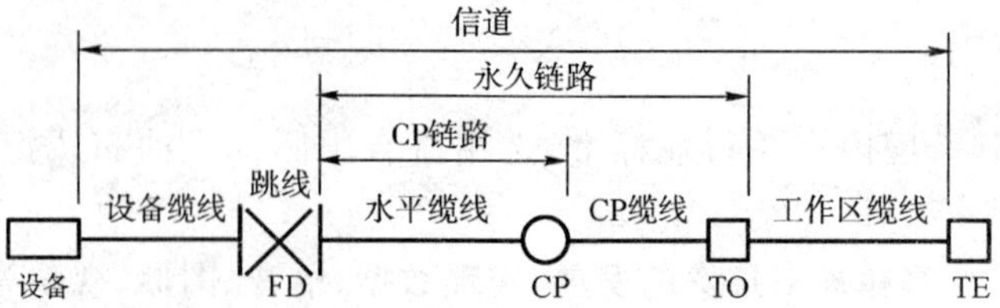

图 3-35　布线系统信道、永久链路、CP 链路构成

永久链路(Permanent Link):信息点与楼层配线设备之间的传输线路,它不包括工作区缆线和连接楼层配线设备的设备缆线、跳线;但可以包括一个 CP 链路。

信息点 TO(Telecommunications Outlet):各类电缆或光缆终接的信息插座模块。

TE(Terminal Equipment):终端设备。

CP 缆线(CP Cable):连接集合点(CP)至工作区信息点的缆线。

光纤信道构成有以下 3 种方式:

1)水平光缆和主干光缆至楼层电信间的光配线设备经光纤跳线连接构成,如图 3-36 所示。

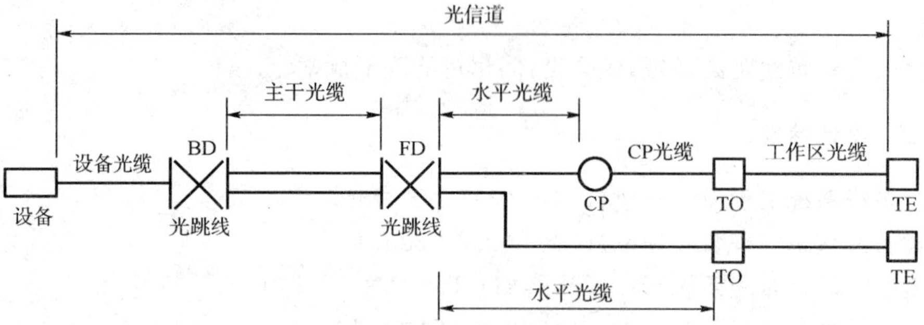

图 3-36　光缆经电信间 FD 光跳线连接的光纤信道

2)水平光缆和主干光缆在楼层电信间经端接(熔接或机械连接)构成,如图 3-37 所示。

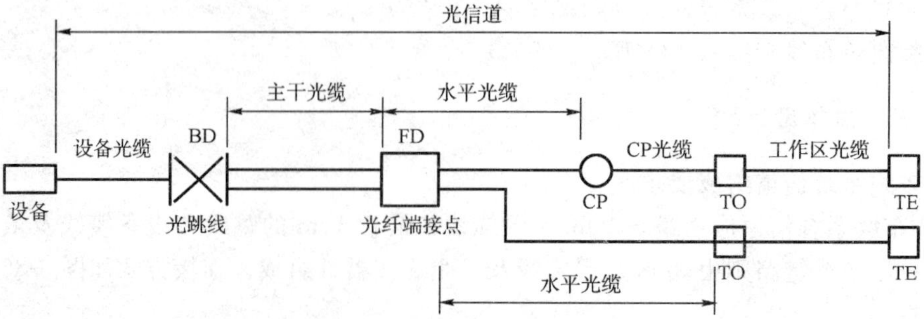

图 3-37　光缆在电信间 FD 作端接的光纤信道

注:FD 只设光纤之间的连接点。

3)水平光缆经过电信间直接连至大楼设备间光配线设备构成,如图 3-38 所示。

另外,当工作区用户终端设备或某区域网络设备需直接与公用数据网进行互通时,应将光缆从工作区直接布放至电信入口设施的光配线设备。

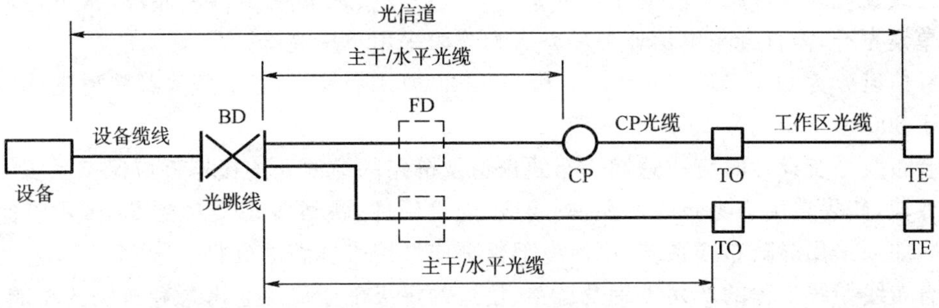

图 3-38　光缆经过电信间 FD 直接连接至设备间 BD 的光纤信道

注:FD 安装于电信间,只作为光缆路径的场合。

(2)缆线长度划分

综合布线系统水平缆线与建筑物主干缆线及建筑群主干缆线之和所构成信道的总长度不应大于 2 000m。建筑物或建筑群配线设备之间(FD 与 BD、FD 与 CD、BD 与 BD、BD 与 CD 之间)组成的信道出现 4 个连接器件时,主干缆线的长度不应小于 15m。

配线子系统缆线划分如图 3-39 所示,各缆线长度应符合以下要求:

1)配线子系统信道的最大长度不应大于 100m 。

2)工作区设备缆线、电信间配线设备的跳线和设备缆线之和不应大于 10m,当大于 10m 时,水平缆线长度(90m)应适当减少。

3)楼层配线设备(FD)跳线、设备缆线及工作区设备缆线各自的长度不应大于 5m。

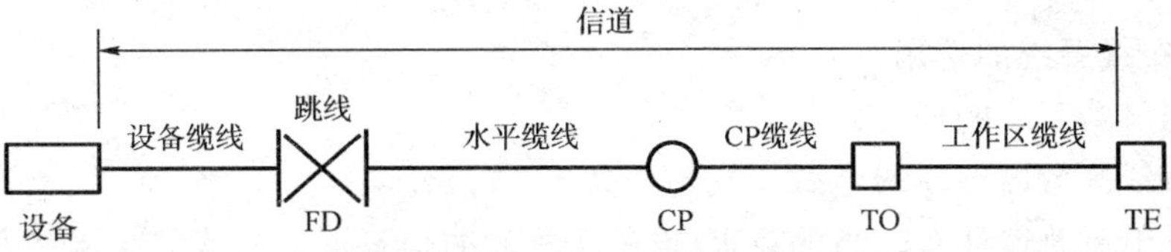

图 3-39　配线子系统缆线划分

(3)系统分级及系统应用要求

综合布线铜缆系统的分级与类别划分见表 3-1。

铜缆布线系统的分级与类别　　表 3-1

系统分级	支持带宽(Hz)	支持应用器件	
		电缆	连接硬件
A	100k		
B	1M		
C	16M	3 类	3 类
D	100M	5/5e 类	5/5e 类
E	250M	6 类	6 类
F	600M	7 类	7 类

注:3 类、5/5e 类(超 5 类)、6 类、7 类布线系统应能支持向下兼容的应用。

综合布线系统光纤信道应采用标称波长为 850nm 和 1 300nm 的多模光纤及标称波长为 1 310nm 和1 550nm 的单模光纤。单模和多模光纤的选用应符合网络的构成方式、业务的互通互连方式及光纤在网络中的应用传输距离。一般在楼内宜采用多模光纤，建筑物之间采用多模或单模光纤，需直接与电信业务经营者相连时采用单模光纤。

光纤信道分为 OF—300、OF—500 和 OF—2000 3 个等级，各等级光纤信道支持的应用长度不小于 300m、500m 及 2 000m。

综合布线系统设计时应注意同一布线信道及链路的缆线和连接器件应保持系统等级与阻抗的一致性，如果选用 6 类布线产品，则缆线、连接硬件、跳线等都应达到 6 类，才能保证系统为 6 类。如果采用屏蔽布线系统，则所有部件都应选用带屏蔽的硬件。

综合布线系统工程的产品类别及链路、信道的等级确定应综合考虑建筑物的功能、应用网络、业务终端类型、业务的需求及发展、性能价格、现场安装条件等因素，布线系统等级与类别的选用应符合表 3-2 的要求。

布线系统等级与类别的选用 表 3-2

业务种类	配线系统		干线子系统		建筑群子系统	
	等级	类别	等级	类别	等级	类别
语音	D/E	5e/6	C	3(大对数)	C	3(室外大对数)
数据	D/E/F	5e/6/7	D/E/F	5e/6/7(4 对)		
	光纤(多模或单模)	62.5μm 多模/50μm 多模/<10μm 单模	光纤	62.5μm 多模/50μm 多模/<10μm 单模	光纤	50/62.5μm 多模/<10μm 单模
其他应用	可采用 5e/6 类 4 对对绞电缆和 50/62.5μm 多模/<10μm 多模、单模光缆					

注：其他应用指数字监控摄像头、楼宇自控现场控制器(DDC)、门禁系统等采用网络端口传送数字信息时的应用。

(4)屏蔽布线系统的选用

适宜选用屏蔽系统的场合：

1)综合布线区域内存在的电磁干扰场强高于 3V/m。

2)用户对电磁兼容性有较高的要求(电磁干扰和防信息泄漏)，或需要网络安全保密。

3)采用非屏蔽布线系统无法满足安装现场条件对缆线的间距要求。

选用屏蔽布线系统时应注意所采用的电缆、连接器件、跳线、设备电缆都应是屏蔽的，并应保持屏蔽层的连续性。

(5)系统设计流程

在进行设计时，一般应根据工程项目的性质、功能、环境条件和近期、远期需求设计综合布线系统的设施和管道、管线。综合布线系统设计的一般流程如图 3-40 所示。

3.4.4 子系统设计

综合布线系统工程按工作区、配线子系统(水平布线子系统)、干线子系统、设备间、管理、建筑群子系统、进线间 7 个部分进行设计。

(1)工作区

工作区主要由配线子系统的信息插座模块(TO)延伸到终端设备处的连接缆线及适配器组成。工作区的设计主要是确定工作区面积。

目前建筑物按功能可以分为商业、文化、媒体、体育医院、交通、住宅、通用工业等不同的类

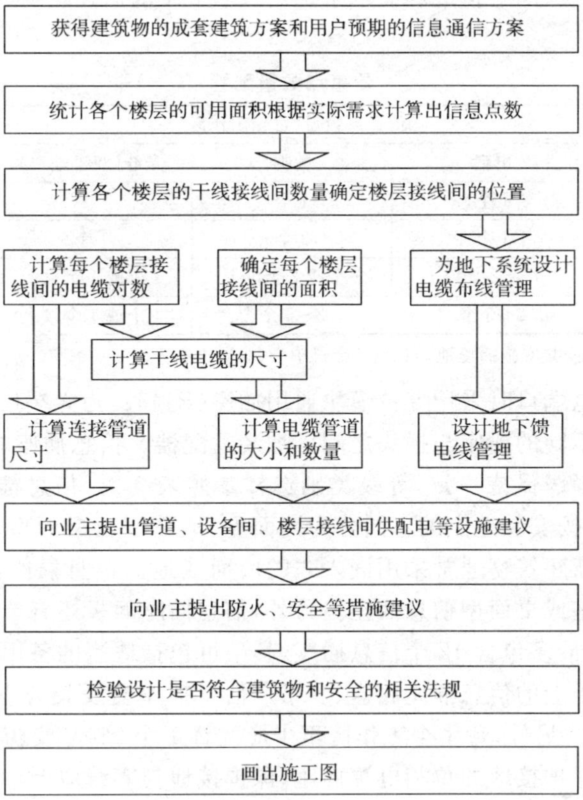

图 3-40　综合布线设计流程图

型，对工作区面积的划分也应根据应用的场合具体分析后确定，工作区面积划分可参照表 3-3。

工作区面积划分表　　表 3-3

建筑物类型及功能	工作区面积(m^2)
网管中心、呼叫中心、信息中心等终端设备较为密集的场地	3～5
办公区	5～10
会议、会展	10～60
商场、生产机房、娱乐场所	20～60
体育场馆、候机室、公共设施区	20～100
工业生产区	60～200

(2)配线(水平)子系统设计

配线子系统由工作区的信息插座模块、信息插座模块至电信间配线设备(FD)的配线电缆和光缆、电信间的配线设备及设备缆线和跳线等组成，因而配线子系统设计包括了信息插座模块类型及数量的确定、水平布线路由选择、配线缆线类型及数量的确定、电信间的配线设备类型及数量的确定 4 个部分。

1)确定信息点数目和插座类型

因为建筑物用户性质不一样，功能要求和实际需求不一样，每个工作区信息点数量可根据实际需求，按用户的性质、网络构成和需求来确定。表 3-4 根据建筑物的功能给出了可供参考的信息点数量配置。

信息点数量配置 表 3-4

建筑物功能区	信息点数量（每一工作区）			备　注
	电话	数据	光纤（双工端口）	
办公区（一般）	1 个	1 个		
办公区（重要）	1 个	2 个	1 个	对数据信息有较大的需求
出租或大客户区域	2 个或 2 个以上	2 个或 2 个以上	1 个或 1 个以上	指整个区域的配置量
办公区（政务工程）	2～5 个	2～5 个	1 个或 1 个以上	涉及内、外网络时

注：大客户区域也可以为公共实施的场地，如商场、会议中心、会展中心等。

工作区信息点为电端口时采用 8 位模块通用插座（RJ45），为光端口时采用 SFF 小型光纤连接器件及适配器。不同的插座与插头之间可加装适配器。信息插座的等级类型应与布线信道及链路的缆线系统等级保持一致，等级类别选择参照表 3-2。信息插座按安装形式的不同分为嵌入式和表面式，按安装地点的不同分为墙面型、地面型及桌面型，要根据具体的需求确定信息插座的类型。新建筑物通常采用嵌入式的墙面或地面信息插座，而现有的建筑物则采用表面安装的信息插座或桌面型信息插座。另外，信息插座面板还有单孔、双孔及多用户插座之分，每一多用户插座最多包含 12 个信息插座，其中可包括适当的备用量在内。

设置在墙面或柱子上的信息插座底盒、多用户信息插座盒及集合点配线箱体的底部离地面的高度应为 300mm。另外，每 1 个工作区至少应配置 1 个 220V 交流电源插座，并且工作区的电源插座应选用带保护接地的单相电源插座，保护接地与零线应严格分开。

2）水平布线路由的选择

水平布线路由的选择一方面要考虑布线电缆尽可能短（降低布线费用），同时还要求设计的路由容易安装，并尽可能减少电磁干扰。水平布线的方式可根据建筑物的结构特点和用户的不同需求在天花板内布线，或在地板下布线。建筑物内的各种布线路径见图 3-41。

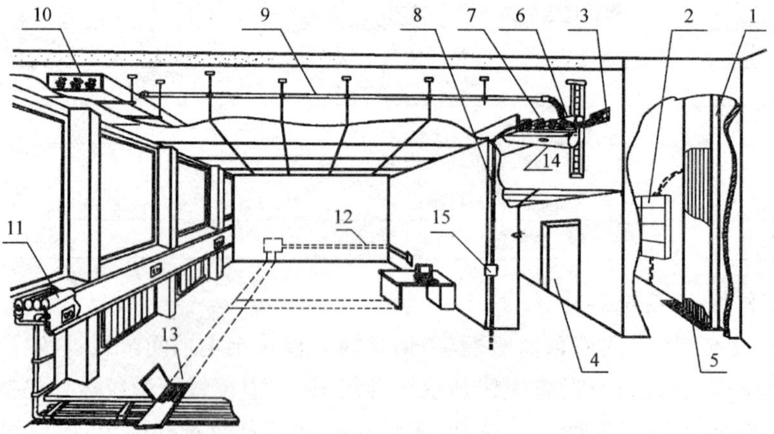

图 3-41　建筑物内的各种布线路径

1-竖井内电缆桥架；2-竖井内配线设备；3-竖井电缆引出（入）孔洞及封堵；4-竖井（上升房）防火门；5-上升孔洞及封堵；6-电缆桥架；7-线缆束；8-暗配管路；9-天花板上明配线管路；10-天花板上布线槽；11-窗台布线通道；12-明配线槽（管）；13-暗配线槽；14-桥架托臂；15-接线盒

①天花板吊顶内布线

配线子系统电缆穿管或沿金属电缆桥架敷设，吊顶线槽、管道与墙内暗管结合布线法见图 3-42。

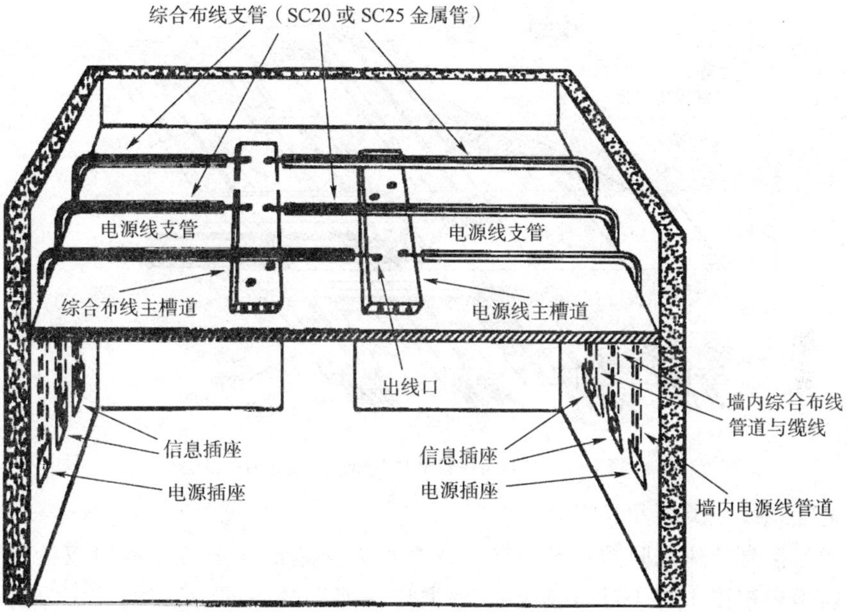

图 3-42　吊顶线槽、管道与墙内暗管结合布线法

②地板下布线

根据环境条件选用网络地板布线、高架(活动)地板布线、地板下管道布线等安装方式。

网络地板(Network Floor)是一种为适应现代化办公、便于网络布线而专门设计的地板，又称为布线地板(Cable Floor)。网络地板从材料上可分为塑料网络地板、全钢 OA 网络地板，从功能上可分为带线槽(图 3-43)和不带线槽两种。网络地板的优点是高度低、安装方便、自然形成布线槽，比传统高架地板节省净空。网络地板上一般需要铺地毯或其他面层，适用于写字楼等大空间办公场所。

高架地板是由许多方块面板组成的活动地板，放在钢制支架上(图 3-44)，每块面板均能自由活动，方便灵活，适用性强，便于安装和检修，但影响层高，一般应用于设备间。

图 3-43　带线槽的网络地板

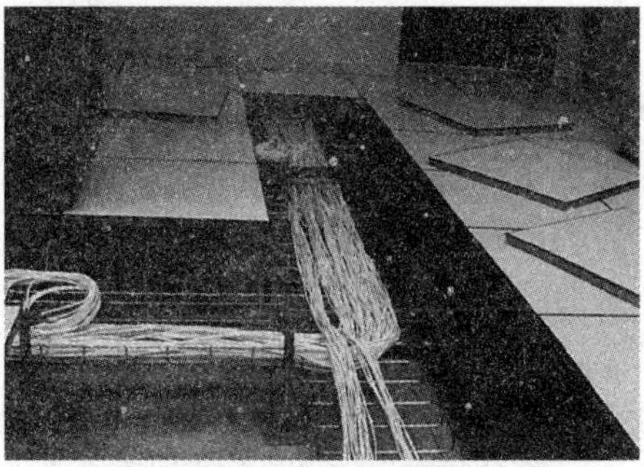

图 3-44　高架地板布线法

地板下管道布线采用预埋金属导管或金属线槽方法，通过金属导管或金属线槽将线缆从电信间引至各信息插座处。预埋金属线槽与电缆沟槽结合的布线法见图 3-45。

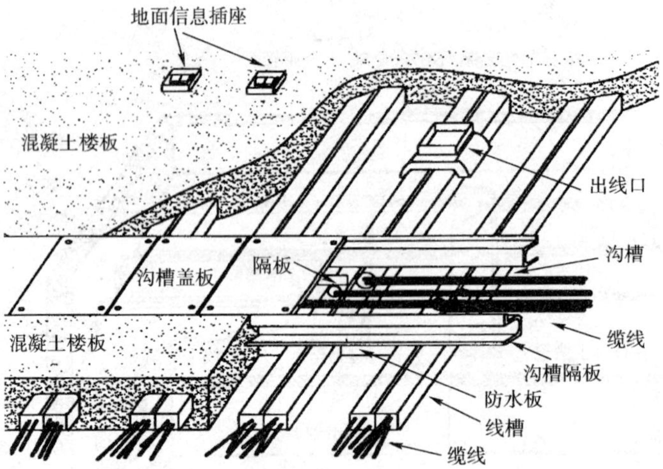

图 3-45　预埋金属线槽与电缆沟槽结合的布线法

3)确定配线线缆类型和长度

电信间与信息插座之间的水平布线优选方案为屏蔽或非屏蔽 4 线对双绞线，每一个 8 位模块通用插座应连接 1 根 4 对对绞线缆，根据传输速率的不同，对绞线又可分为 5 类、超 5 类和 6 类。对于 10Mbps 以上、100Mbps 以下速率的数据和话音传输，采用 5 类对绞线，更高速的可采用超 5 类或 6 类，目前 6 类应用较为广泛。对于宽带数据和复合信号传输的特定场合，可采用光纤到桌面(FTTD)方案，每一个双工或 2 个单工光纤连接器件及适配器连接 1 根 2 芯光缆，从电信间至每一个工作区水平光缆宜按 2 芯光缆配置。光纤至工作区域满足用户群或大客户使用时，光纤芯数至少应有 2 芯备份，按 4 芯配置。

电缆长度的确定与介质布线方法和线缆走向有关，所以在确定电缆长度之前，首先应确定介质布线方法和线缆走向，然后确定每个电信间所服务的区域，按照可能采用的电缆路由测量出离服务配线间最远 I/O 的距离 X_{max} 和最近 I/O 的距离 X_{min}，然后将两者相加除以 2，求出平均电缆长度 X。实际计算平均电缆长度 X 时还要加上 10% 的备用部分和 6m 的端接容差。整座大楼的用线量 Z 应为总的信息点数 n 乘上实际平均电缆的长度。即：

$$Z = n \times \left[1.1\left(\frac{X_{max} + X_{min}}{2} + 6\text{m}\right)\right]$$

根据我国综合布线系统工程设计规范规定，水平布线子系统的双绞线最大长度(电信间或电信间内互连设备端口到工作区信息插座的缆线长度)为 90m。

4)确定楼层配线设备 FD 的类型和数量

①配线设备的应用

配线子系统的网络拓扑结构都为星型结构，它是以楼层配线设备 FD 为主节点，各个通信引出端为分节点，二者之间采取独立的线路相互连接，形成以 FD 为中心向外辐射的星型线路网状态。配线设备是布线系统的管理点，由配线设备构成的电缆端接场线对之间根据使用需要通过跳线进行跳接，为保证传输质量，配线设备连接的跳线应选用产业化制造的电、光各类跳线，在电话应用时选用双芯对绞电缆。

电信间 FD 与电话交换配线及计算机网络设备之间的连接方式和要求如图 3-46、图 3-47 和图 3-48 所示。

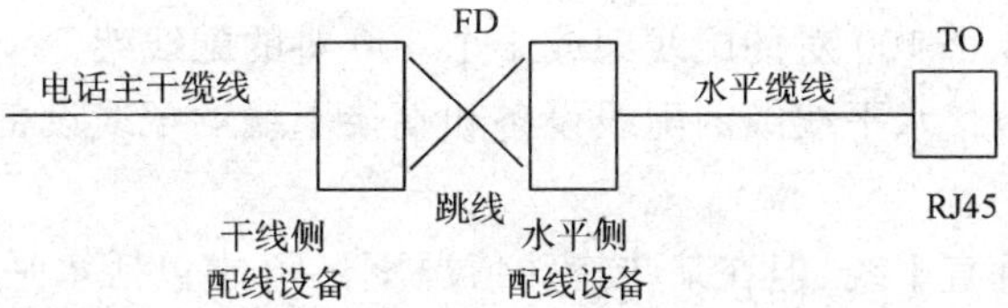

图 3-46 电话系统连接方式

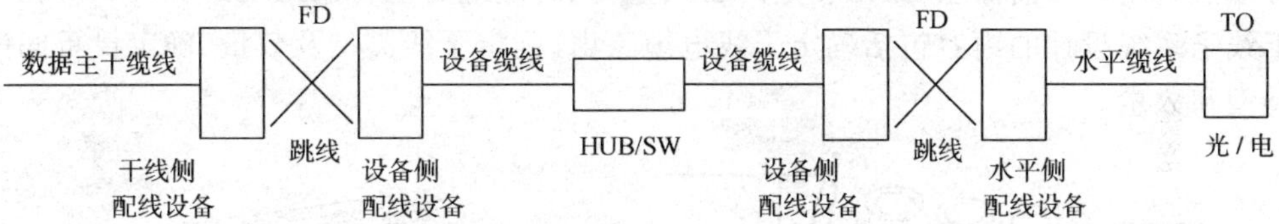

图 3-47 数据系统连接方式(经跳线连接)

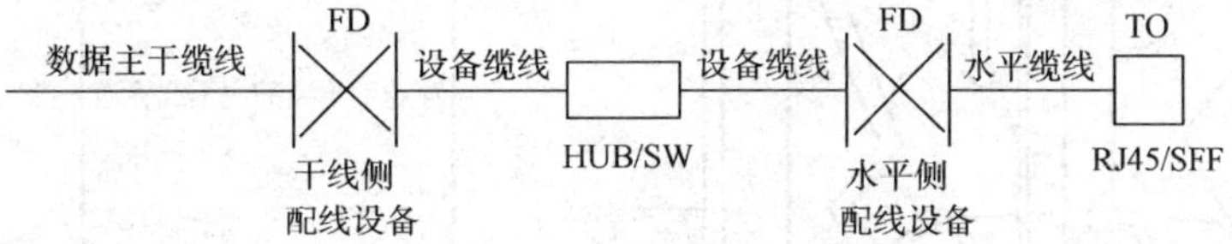

图 3-48 数据系统连接方式(经设备缆线连接)

②楼层配线设备(FD)类型及数量确定

楼层配线设备分为 IDC 卡接式交连硬件和 RJ45 或 IDC 插接式交连硬件。如果用户不需经常对楼层上的线路进行修改、移位或重组，可选用卡接式交连硬件。如果用户今后需要重组或经常对楼层的线路进行修改、移动或重组，则应选用插接式硬件。

确定楼层配线设备数量时，应按端接水平配线系统和端接干线系统两部分来考虑。

确定端接水平配线的设备以每层的信息点数为依据，如果计算机网络的配线设备选用 RJ45 插接式模块，则所选插接式模块 RJ45 插孔总数应大于或等于该楼层的数据点数。如果电话或计算机网络的配线设备选用 IDC 交连模块，则 IDC 交连模块数量取决于该楼层的(语音或数据)信息点数以及每个配线设备上可端接的(4 对线)的线路数，其计算方法如下：

$$\text{配线架数目} = \frac{I/O_{\text{总数}}}{\text{每个配线架可端接(4 对线) 的线路数}}$$

例如，一个 100 对的配线架上可端接 24 条(4 对线)线路，若该层有 235 个信息点，则端接水平配线子系统的配线架数目应为：

235/24＝9.8，取 10 个(100 对)配线架(或用 3 个 300 对和 1 个 100 对的配线架)。

确定端接干线的配线设备数量以干线的配置为依据，如果干线选用光纤，则每个楼层接线间应至少设一个光缆配线箱，若干线选用对绞电缆，则 IDC 交连模块数量取决于该楼层的信息点总数以及每个信息点配置的干线线对数。比如，按信息插座所需线对的 25%(1 对线)配置干线系统，则端接干线的 IDC 配线设备数量为：

$$配线架数目 = \frac{I/O_{总数}}{每个配线架可端接(1对线)的线路数}$$

例如，一个100对的配线架上可端接100条(1对线)线路，若该层有255个信息点，则端接干线子系统的配线架数目应为：

255/100＝2.55，取3个100对的配线架或1个300对的配线架。

楼层配线设备应是端接水平线缆的配线设备和端接干线的配线设备的总和。

(3)干线子系统设计

干线子系统通常指垂直干线，但在某些特殊情况下还可能包括水平干线。所以干线路由可能是垂直型通道(图3-49)，也可能是水平型通道(图3-50)，或是两者兼有。干线子系统的设计必须满足用户当前需求，预留一定的备用量，同时还应适应将来系统的扩展和升级。

干线子系统设计的内容包括确定干线电缆路由、确定干线类型及数量、确定设备间配线设备的类型和数量。

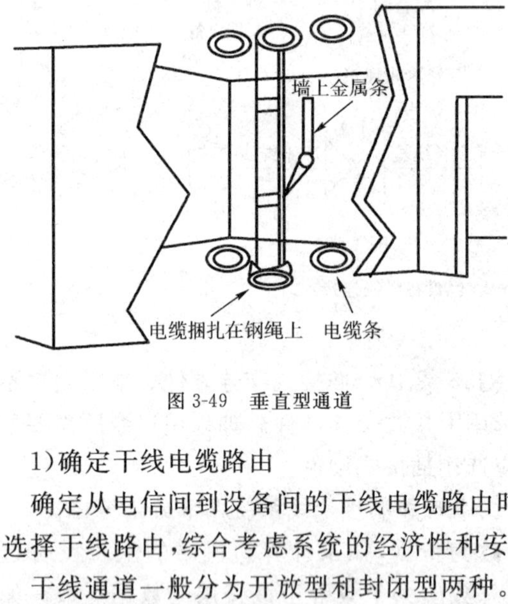

图3-49　垂直型通道

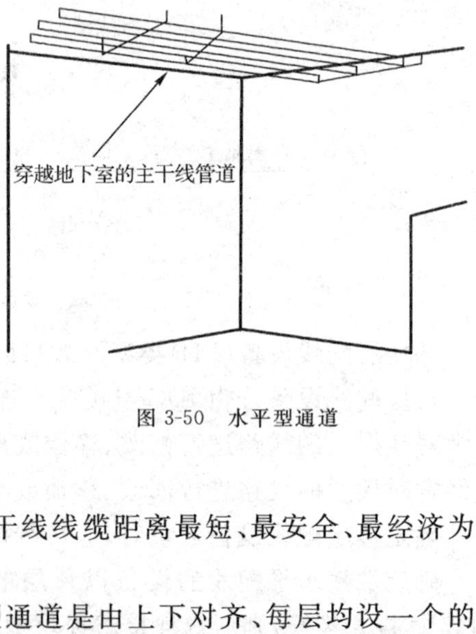

图3-50　水平型通道

1)确定干线电缆路由

确定从电信间到设备间的干线电缆路由时，应以干线线缆距离最短、最安全、最经济为原则选择干线路由，综合考虑系统的经济性和安全性。

干线通道一般分为开放型和封闭型两种。封闭型通道是由上下对齐、每层均设一个的电信间组成，电缆竖井、电缆孔穿过这些房间的地板层，每个接线间配有电缆的固定设施和消防装置，使用起来比较方便，一般工程中多采用带门的封闭型通道敷设干线电缆。开放型通道是指从建筑物的地下室到楼顶的一个开放空间，中间没有任何楼板隔开。综合布线系统的干线子系统应采用封闭型通道，如果干线接线间上下未对齐，则要提供大小合适的电缆管道(水平干线通道)。

垂直干线通道可选择电缆孔方法和电缆井方法。电缆井是指在每层楼板上预留一个大小适当的长方形孔洞，使电缆可以穿过这些电缆井从一楼伸到另一层楼，电缆井的大小一般不小于600mm×400mm，也可根据工程实际情况依所用电缆的数目而定。一般采用带盖的金属线槽敷设电缆井的选择比电缆孔灵活。电缆井方法的图示见图3-51。电缆孔通常用一根或数根外径为63～102mm的金属管预埋在楼板内，金属管高出地板表面25～100mm。电缆捆在钢绳上，而钢绳固定在墙上的金属条上，电缆孔方法图示见图3-52。

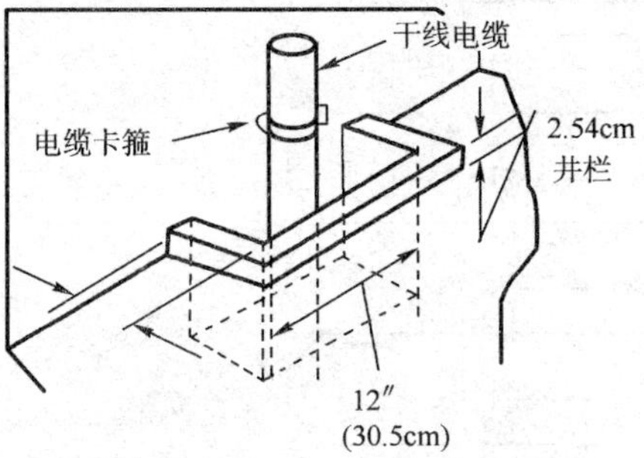

图 3-51　电缆井方法

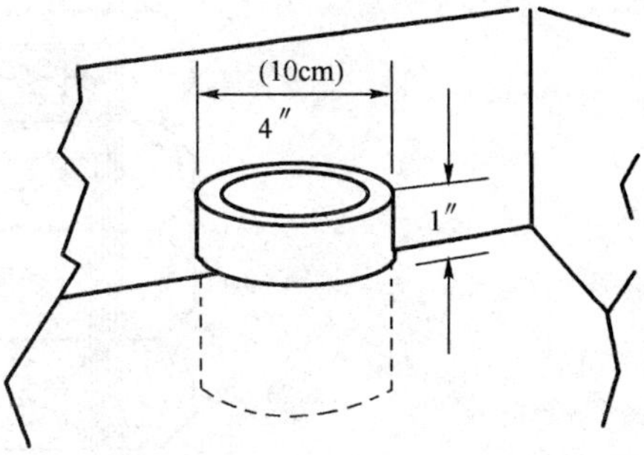

图 3-52　电缆孔方法

在电信间里，要将电缆孔或电缆井设置在靠近支持电缆的墙壁附近，但不应妨碍端接。应用防火材料密封所有的电缆孔或电缆井。

对于每层楼都由几个不同分区组成的建筑物或楼层布线区域较大的建筑物，要考虑设置两个或多个干线系统。确定干线通道和接线间的数目时，主要是从所要服务的楼层来考虑。如果给定楼层的所有 I/O 都在距电信间 90m 范围之内，则采用单干线系统即可。若不符合这一要求，则要采用双通道干线系统(图 3-53)，或每一层提供多个电信间(图 3-54)，以满足 90m 内的水平配线要求，各电信间经由星型结构的主干配线系统连接至建筑物配线设备。

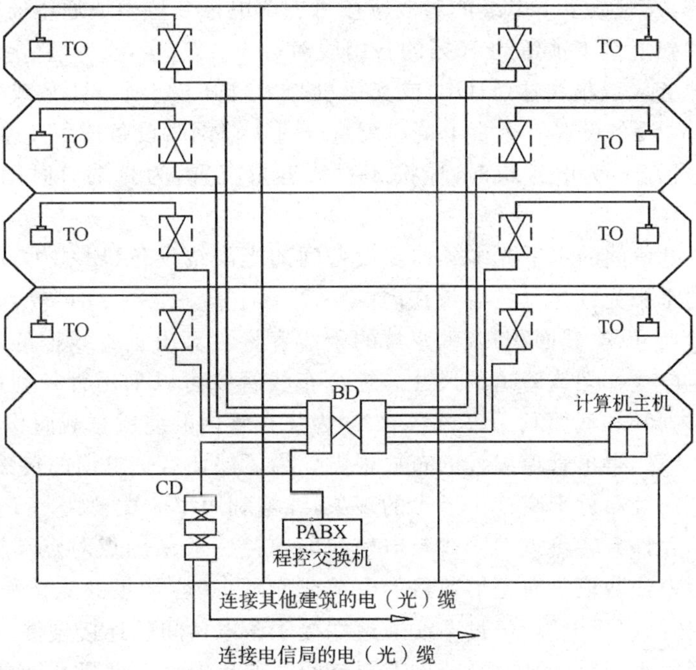

图 3-53　双通道干线系统

2)确定干线类型及数量

主干缆线可设置电缆与光缆，并互相作为备份路由。主干线电缆一般可以选择 100Ω4 对双绞线(UTP/FTP)、100Ω 大对数双绞线(UTP/FTP)或 62.5/125μm 多模光纤，可单独采用其中一种也可混合使用多种。干线子系统所需要的电缆总对数和光纤总芯数，不仅要满足工

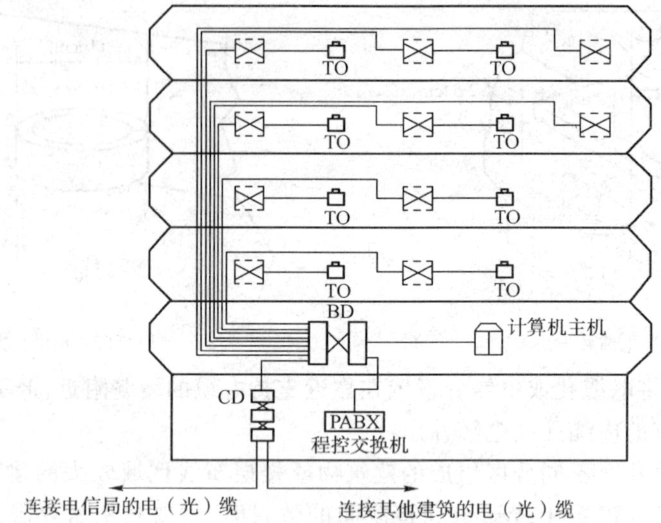

图 3-54　多个电信间结构图

程的实际需求，还要留有适当的备份容量。

主干电缆和光缆所需的容量要求及配置如下：

a. 对语音业务，大对数主干电缆的对数应按每一个电话 8 位模块通用插座配置 1 对线，并在总需求线对的基础上至少预留约 10%的备用线对。

b. 对于数据业务应以集线器(HUB)或交换机(SW)群(按 4 个 HUB 或 SW 组成一群)或以每个 HUB 或 SW 设备设置 1 个主干端口配置。每 1 群网络设备或每 4 个网络设备宜考虑 1 个备份端口。主干端口为电接口时，应按 4 对线容量配置，为光端口时则按 2 芯光纤容量配置。

c. 当工作区至电信间的水平光缆延伸至设备间的光配线设备(BD/CD)时，主干光缆的容量应包括所延伸的水平光缆光纤的容量在内。

由垂直电缆的尺寸(横截面积)及整座楼的干线容量可算出垂直线槽的尺寸，由横向电缆的尺寸及数目决定电缆托架或管道的尺寸。综合布线管线可以采用管径利用率 d/D(d 为缆线外径；D 为管道内径)和截面利用率 A_1/A(A_1 为穿在管内的缆线总截面积；A 为管子的内截面积)的公式加以计算，得出管道缆线的布放根数。为了保证水平电缆的传输性能及成束缆线在电缆线槽中或弯角处布放不会产生溢出的现象，线槽利用率应在 30%～50%的范围。

干线系统中不允许有转接点。干线与电信间的连接一般采用点对点端接方式最为简单、直接。首先选择一根或数根含有足够数目的电缆或光纤，其容量足够支持一个楼层的全部通信需要，然后从设备间引出电缆，经过干线通道端接于该电信间的连接硬件。其优点在于在干线中可灵活地选择较小、较轻的电缆，节省有限空间。如果电话交换机和计算机主机设置在建筑物内不同的设备间，应采用不同的主干缆线来分别满足语音和数据的需要。在同一层若干电信间之间也应设置干线路由。

3)确定设备间配线设备(BD)的类型和数目

设备间配线设备(BD)的设计主要是选择硬件并确定其数量。配线设备选择原则：语音主干系统管理采用 IDC 卡接式配线架，数据主干系统的管理采用光纤配线架或光纤配线箱，本层数据管理采用快接式(RJ45)插接式配线架。配线设备数量确定方法：首先确定语音、数据等所需端接的电缆线路总数，其次确定每条线路的线对数，然后确定每个配线架可端接的线路总数，最后确定端接干线跳线架数和端接公用系统设备跳线架数，楼层配线设备应是端接干线配线设备的数目和端接公用系统设备数目的总和。

(4)电信间与设备间的设计

1)电信间

电信间的数量应按所服务的楼层范围及工作区面积来确定。如果该层信息点数量不大于400个，配线电缆长度在90m范围以内，设置一个电信间；当超出这一范围时设两个或多个电信间；每层的信息点数量较少，水平缆线长度不大于90m的情况下，可几个楼层合设一个电信间。

电信间应与强电间分开设置，缆线竖井应设置在电信间内或与电信间紧邻处。电信间的使用面积不应小于5m^2，也可根据工程中配线设备和网络设备的容量进行调整。

电信间应采用外开丙级防火门，门宽大于0.7m。室温应保持在10℃～35℃，相对湿度宜保持在20%～80%。如果安装信息网络设备时，应符合相应的设计要求。图3-55为电信间图例。

2)设备间

设备间位置应根据设备的数量、规模、网络构成等因素，综合考虑确定。

①设备间的位置与大小

设备间安装综合布线系统总配线设备，是整个建筑物的主要布线区，通常集中安装大型通信设备、主配线架和进出线设备。考虑到连接方便，也可将电话、计算机等各种主机设备及其引入设备合装在综合布线系统的设备间，从而对综合布线系统进行管理和维护(图3-56为设备间图例)。

图3-55　电信间图例

图3-56　设备间图例

每幢建筑物内应至少设置1个设备间，如果电话交换机与计算机网络设备分别安装在不同的场地或根据安全需要，也可设置2个或2个以上设备间，以满足不同业务的设备安装需求。

设备间位置设置应符合以下要求：

- 处于干线子系统的中间位置，并考虑主干缆线的传输距离与数量。

• 尽可能靠近建筑物线缆竖井位置，有利于主干缆线的引入。

• 便于设备接地。

• 应尽量远离高低压变配电、电机、X射线、无线电发射等有干扰源存在的场地。

设备间的大小应保证设备间内所有的设备有足够的安装空间，其面积最低不应小于10m²。要保证机架或机柜前面的净空不小于800mm，后面的净空不小于600mm。壁挂式配线设备底部离地面的高度不小于300mm。设备间梁下净高不小于2.5m，采用外开双扇门，门宽不小于1.5m。

②设备间的环境要求

设备间的室温应保持在10℃～30℃之间，相对湿度应保持在20％～80％，并应有良好的通风。设备间内应有足够的设备安装空间，其使用面积不应小于10m²，该面积不包括程控用户交换机、计算机网络设备等设施所需的面积在内。

设备间应防止有害气体(如氯、碳水化合物、硫化氢、氮氧化物、二氧化碳等)并应有良好的防尘措施，尘埃含量限值应符合表3-5的规定。

尘 埃 限 值 表3-5

尘埃颗粒的最大直径(μm)	0.5	1	3	5
尘埃颗粒的最大浓度(粒子数/m³)	1.4×10^7	7×10^5	2.4×10^5	1.3×10^5

注：灰尘粒子应是不导电的，非铁磁性和非腐蚀性的。

设备间应提供不少于两个220V带保护接地的单相电源插座，但不作为设备供电电源。在地震区的区域内，设备安装应按规定进行抗震加固。设备间如果安装电信设备或其他信息网络设备时，设备供电应符合相应的设计要求。

(5)建筑群子系统的设计

建筑群配线设备(CD)应安装在进线间或设备间，并可与入口设施或建筑物配线设备(BD)合用场地。CD配线设备内、外侧的容量应与建筑物内连接BD配线设备的建筑群主干缆线容量及建筑物外部引入的建筑群主干缆线容量相一致。

1)布线路由选择

a.应注意所在地区的整体布局，要根据建筑群建设规划和传输线路分布，尽量采用地下化和隐蔽化方式。

b.线路路由应尽量选择距离短、平直、并在用户信息需求点密集的楼群经过，以方便走线和节省工程投资。

c.线路路由应选择在永久性的道路上敷设，并应符合有关标准规定和与其他管线以及建筑物之间最小净距的要求。

d.建筑群主干线布线子系统的主干缆线分支到各幢建筑物的引入段落，应尽量采用地下敷设。

2)布线方式选择

建筑群之间的缆线应采用地下管道或电缆沟敷设方式，并应符合相关规范的规定。

管道布线是由管道和人孔组成的地下系统，用来对网络内的各个建筑物进行互连，一根或多根管道通过基础墙进入建筑物内部。由于管道是由耐腐蚀材料做成的，使电缆受损维修停用的机会减少到最低程度。一般情况下，埋设的管道至少要低于地面约45cm，或者应符合本地有关法规的规定。管道内敷设的铜缆或光缆应遵循电话管道和人孔的各项设计规定，安装时至少应预留1～2个备用管孔，以供扩充之用。

电缆沟敷设适用于电缆与地下管网交叉不多、地下水位较低、且无高温介质和熔化金属液体流入可能的地区，在电缆沟里电缆敷设在分层的支架上，电缆沟采用钢筋混凝土盖板覆盖。

3)设计步骤

①根据建筑群区域的大小及地界和建筑物的数目，确定电缆/光缆系统的参数(起点位置、端接点位置、涉及的每座建筑物的层数、每个端接点所需光缆的光纤芯数或双绞线对数、每座建筑物所需的光缆的总纤芯数或双绞线总对数)。

②确定建筑物的电缆入口(标出入口管道的位置，选定入口管道的规格、长度和材料)。

③确定缆线的布线方法及主电缆路由(所有建筑物共用一根缆线或对所有建筑物进行分组，每组单独分配一根缆线或每个建筑物单用一根缆线)。

④确定所需电缆类型和规格，并确定需用管道或钢管的规格和类型。

⑤画出最终的结构图(选定路由的位置和挖沟详图、入口管道的规格)。

(6)进线间的设计

进线间一般位于地下层，宜靠近外墙并设置管道入口，以便于缆线引入。进线间应满足缆线的敷设路由、成端位置及数量、光缆的盘长空间和缆线的弯曲半径、充气维护设备、配线设备安装所需要的场地空间和面积。建筑群主干电缆和光缆、公用网和专用网电缆、光缆及天线馈线等室外缆线进入建筑物时，在进线间成端转换成室内电缆、光缆，并在缆线的终端处可由多家电信业务经营者设置入口设施，入口设施中的配线设备应按引入的电缆、光缆容量配置，并与BD或CD之间敷设相应的连接电缆、光缆，实现路由互通。在进线间缆线入口处的管孔数量应满足建筑物之间、外部接入业务及多家电信业务经营者缆线接入的需求，并应留有2～4孔的余量。进线间设计时要注意几点：

①防止渗水，并设有抽排水装置。

②与布线系统垂直竖井沟通。

③采用相应防火级别的防火门，门向外开，宽度不小于1 000mm。

④设置防止有害气体的措施和通风装置，排风量按每小时不小于5次容积计算。

另外，与进线间无关的管道不宜通过，进线间入口管道口所有布放缆线和空闲的管孔应采取防火材料封堵，做好防水处理。进线间如安装配线设备和信息通信设施时，应符合设备安装设计的要求。

(7)管理

管理是针对设备间、电信间和工作区的配线设备、缆线等设施，按一定的模式进行标识和记录的规定。内容包括：管理方式、标识、色标、连接等。

综合布线的每一电缆、光缆、配线设备、端接点、接地装置、敷设管线等组成部分均应给定唯一的标识符，标识符应采用相同数量的字母和数字等标明，并设置标签(目前，市场上已有配套的打印机和标签纸供应)。电缆和光缆两端的标识符编号应相同(一般用不易脱落和磨损的不干胶条标明)。设备间、电信间、进线间的配线设备采用统一的色标区别各类业务与用途的配线区，端接干线电缆、配线电缆或设备端点的配线设备分别按垂直或水平结构进行排列，并采用不同的色标加以区分，还应采用标签(粘贴型和插入型)表明端接区域、物理位置、编号、容量、规格等。在每个配线区实现线路管理的方式是在各色标区域之间按应用的要求，采用跳线连接。醒目的色标、清晰的标签方便了维护人员在现场的识别，给维护和管理带来很大的方便，有利于提高管理水平和工作效率。对于规模较大的布线系统工程为提高布线工程维护水平与网络安全，可采用电子配线设备对信息点或配线设备进行管理，显示与记录配线设备的连接、使用及变更状况。目前，市场上已有商用的管理软件可供选用。

综合布线系统工程应采用计算机进行文档记录与保存，简单且规模较小的综合布线系统工程可按图纸资料等纸质文档进行管理，并做到记录准确、及时更新、便于查阅。综合布线系统相关设施的工作状态信息包括：设备和缆线的用途、使用部门、组成局域网的拓扑结构、传输信息速率、终端设备配置状况、占用器件编号、色标、链路与信道的功能和各项主要指标参数及完好状况、故障记录等，还应包括设备位置和缆线走向等内容。

(8)电气防护及接地

1)电气防护

随着各种类型的电子信息系统在建筑物内的大量设置，各种干扰源将会影响到综合布线电缆的传输质量与安全。综合布线系统的电气保护措施包括两个方面，一是综合布线电缆与附近可能产生高电平电磁干扰的电动机、电力变压器、射频应用设备等电器设备之间应保持必要的间距；二是正确选定综合布线系统的选型。

综合布线电缆与电力电缆的间距应符合表3-6的规定。

综合布线电缆与电力电缆的间距 表3-6

类　别	与综合布线接近状况	最小间距(mm)
380V电力电缆<2kV·A	与缆线平行敷设	130
	有一方在接地的金属线槽或钢管中	70
	双方都在接地的金属线槽或钢管中②	10①
380V电力电缆2～5kV·A	与缆线平行敷设	300
	有一方在接地的金属线槽或钢管中	150
	双方都在接地的金属线槽或钢管中②	80
380V电力电缆>5kV·A	与缆线平行敷设	600
	有一方在接地的金属线槽或钢管中	300
	双方都在接地的金属线槽或钢管中②	150

注：①当380V电力电缆<2kV·A，双方都在接地的线槽中，且平行长度≤10m时，最小间距可以是10mm。

②双方都在接地的线槽中，系指两个不同的线槽，也可在同一线槽中用金属板隔开。

此外，综合布线系统缆线与配电箱、变电室、电梯机房、空调机房之间的最小净距以及墙上敷设的综合布线缆线及管线与其他管线的间距也应符合有关的规定。如果局部地段与电力线等平行敷设，或接近电动机、电力变压器等干扰源，且不能满足最小净距要求时，可采用钢管或金属线槽等局部措施加以屏蔽处理。

综合布线系统选择缆线和配线设备时，应根据建筑物周围环境的干扰场强度及用户要求，选择合适的器件和采取相应的措施。光缆布线具有最佳的防电磁干扰性能，既能防电磁泄漏，也不受外界电磁干扰影响，在电磁干扰较严重的情况下，是比较理想的防电磁干扰布线系统。但目前光缆和光电转换设备成本较高，从经济合理、安全适用的设计原则出发，在满足电气防护各项指标的前提下，应首选屏蔽缆线和屏蔽配线设备或采用必要的屏蔽措施进行布线。在实际设计中，应根据工程的具体情况，合理配置，并应符合下列规定：

①当综合布线区域内存在的电磁干扰场强低于 3V/m 时，采用非屏蔽电缆和非屏蔽配线设备。

②当综合布线区域内存在的电磁干扰场强高于 3V/m 时，或用户对电磁兼容性有较高要求时，可采用屏蔽布线系统和光缆布线系统。

③当综合布线路由上存在干扰源，且不能满足最小净距要求时，采用金属管线进行屏蔽，或采用屏蔽布线系统及光缆布线系统。

2)接地

综合布线的接地处理是提高应用系统可靠性、抵制噪声、保障安全的重要手段，其接地系统包括埋设在地下的接地体、设备间(或进线间)的主接地母线、电信间的接地母线、竖井内接地干线和相互连接的接地导线。

接地体分自然接地体和人工接地体两种。综合布线系统一般多采用共用接地的接地系统，利用建筑物基础内钢筋网作为自然接地体，当建筑物遭受雷击时，楼层内各点电位分布比较均匀，工作人员及设备的安全能得到较好的保障。同时，大楼的框架结构对中波电磁场能提供 10～40dB 的屏蔽效果，而且也容易获得较小的接地电阻，采用共用接地系统的接地电阻应小于 1Ω。当综合布线采用单独接地系统时，接地体一般采用人工接地体，接地电阻不应大于 4Ω。

接地导线是指综合布线系统各种设备与接地母线之间的连线。所有接地导线均为铜质绝缘导线，其截面应不小于 $4mm^2$。当综合布线系统采用屏蔽电缆布线时，信息插座的接地可利用电缆屏蔽层作为接地线连至每层的配线柜。若综合布线的电缆采用穿钢管或金属线槽敷设时，钢管或金属线槽应保持连续的电气连接，并应在两端具有良好的接地。

接地母线是水平布线与系统接地线的公用中心连接点。每一层的楼层配线柜及同一配线间的所有综合布线用的金属架及接地干线均应与本楼层接地母线相焊接，接地母线的最小尺寸应为 6mm(厚)×50mm(宽)，长度视工程实际需要来确定。

接地干线是由总接地母线引出，连接所有接地母线的接地导线。在进行接地干线的设计时，应充分考虑建筑物的结构形式，建筑物的大小以及综合布线的路由与空间配置，并与综合布线电缆干线的敷设相协调。接地干线应安装在不受物理和机械损伤的保护处，建筑物内的水管及金属电缆屏蔽层不能作为接地干线使用。当建筑物中使用两个或多个垂直接地干线时，垂直接地干线之间每隔 3 层及顶层需用与接地干线等截面的绝缘导线相焊接。接地干线应为绝缘铜芯导线，最小截面应不小于 $16mm^2$。如布线系统的接地系统中存在两个不同的接地体时，其接地电位差不应大于 1Vrms。楼层安装的各个配线柜(架、箱)应采用适当截面的绝缘铜导线单独布线至就近的等电位接地装置，也可采用竖井内等电位接地铜排引到建筑物共用接地装置，铜导线的截面应符合设计要求。

一般情况下，每栋建筑物有一个主接地母线。主接地母线作为综合布线接地系统中接地干线及设备接地线的转接点，其理想位置宜设于外线引入间或建筑配线间。主接地母线应布置在直线路径上，同时考虑从保护器到主接地母线的焊接导线不宜过长。接地引入线、接地干线、直流配电屏接地线、外线引入间的所有接地线，以及与主接地母线同一配线间的所有综合布线用的金属架均应与主接地母线良好焊接。当外线引入电缆配有屏蔽或穿金属保护管时，此屏蔽和金属管也应焊接至主接地母线。主接地母线应采用铜母线，其最小截面尺寸为6mm(厚)×100mm(宽)，长度可视工程实际需要而定。和接地母线相同，主接地母线也应尽量采用电镀锡以减小接触电阻。如不是电镀，则主接地母线在固定到导线前必须进行清理。

接地引入线指主接地母线与接地体之间的连接线，宜采用40mm(宽)×4mm(厚)或50mm×5mm的镀锌扁钢。接地引入线应作绝缘防腐处理，在其出土部位，应有防机械损伤措施，且不宜与暖气管道同沟布放。

当缆线从建筑物外面进入建筑物时，电缆、光缆的金属护套或金属件应在入口处就近与等电位接地端子板连接，对于电缆还应选用相适配的信号线路浪涌保护器(此条在GB 50311—2007中为强制性条款要求)，保护装置应符合设计要求。缆线在雷电防护区交界处，屏蔽电缆屏蔽层的两端应做等电位连接并接地。

对于屏蔽布线系统一般在配线设备(FD,BD,CD)的安装机柜(机架)内设有接地端子，接地端子与屏蔽模块的屏蔽罩相连通，机柜(机架)接地端子则经过接地导体连至大楼等电位接地体。为了保证全程屏蔽效果，终端设备的屏蔽金属罩可通过相应的方式与TN-S系统的PE线接地。

3)防火

根据建筑物的防火等级和对材料的耐火要求，综合布线系统的缆线选用和布放方式及安装的场地应采取相应的措施。综合布线工程设计选用的电缆、光缆应从建筑物的高度、面积、功能、重要性等方面加以综合考虑，选用相应等级的防火缆线。采用相应等级的阻燃线缆后，缆线可以敞开布放。

3.4.5 综合布线系统设计实例

(1)工程概况

某集餐饮、商场与商务办公为一体的综合大厦，地上23层，地下1层。地下1层(B1)为设备机房，地上1～3层(F1～F3)为餐饮、健身，地上4～10层(F4～F10)为商场，11～22层(F11～F22)为商务办公场所，23层(F23)为电梯机房、卫星接收机房。

大厦设置一个主设备间(11楼中心机房、程控交换机房)。

(2)设计要求

该大楼综合布线系统主要满足局域网资源共享、电信通信、广域网登录与远程访问等信息交流的需要。

(3)系统设计

1)确定信息点数

共有信息点1 494个，其中数据点1 003个、语音点491个，信息点分布见表3-7。

信息点分布表　　表 3-7

楼　层	数据点(个)	语音点(个)	楼　层	数据点(个)	语音点(个)
B1	1	1	F13	54	26
F1	14	6	F14	54	26
F2	36	20	F15	54	26
F3	36	20	F16	54	26
F4	43	21	F17	54	26
F5	43	21	F18	54	26
F6	43	21	F19	54	26
F7	43	21	F20	54	26
F8	32	16	F21	52	24
F9	32	16	F22	52	24
F10	32	16	F23	4	4
F11	54	26	合计	1 003	491
F12	54	26			

2)电信间选定

根据信息点数量及终端到配线架的距离(小于 90m)确定电信间的数量。地下 1 层与地上 1 层由于信息点数较少,共用一个配线间,设在地上 1 层;22 层与 23 层共用一个配线间,设在 23 层,其余各层设一个配线间。

3)终端模块、水平传输介质、垂直干线选择

根据系统终端传输要求及今后的发展要求,选用 IBDN 6 类信息模块及与之相适应的 IBDN 6 类非屏蔽双绞线。数据主干选用 6 芯多模光纤,语音主干选用 3 类大对数电缆。另外,信息插座选用双孔插座。

(4)综合布线平面图(图 3-57～图 3-63)

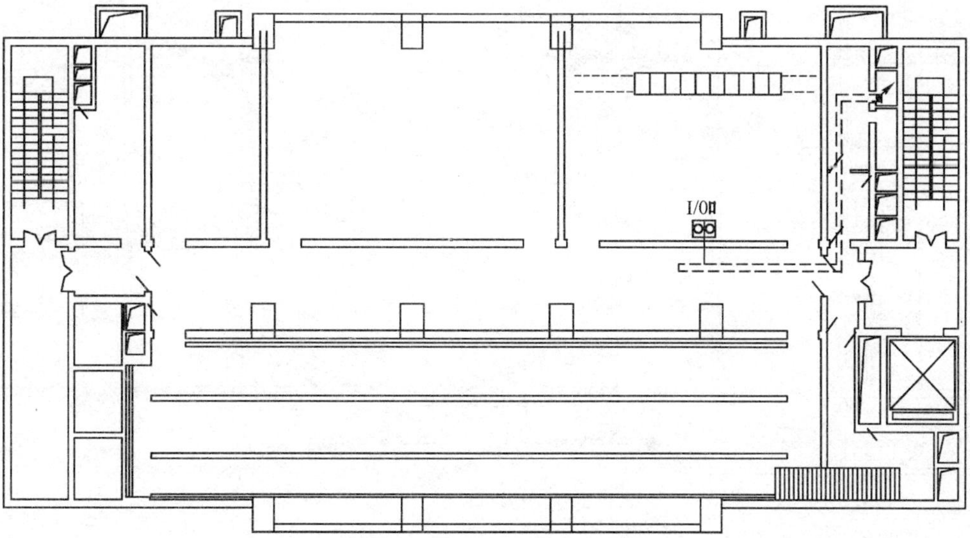

图 3-57　地下 1 层综合布线平面图

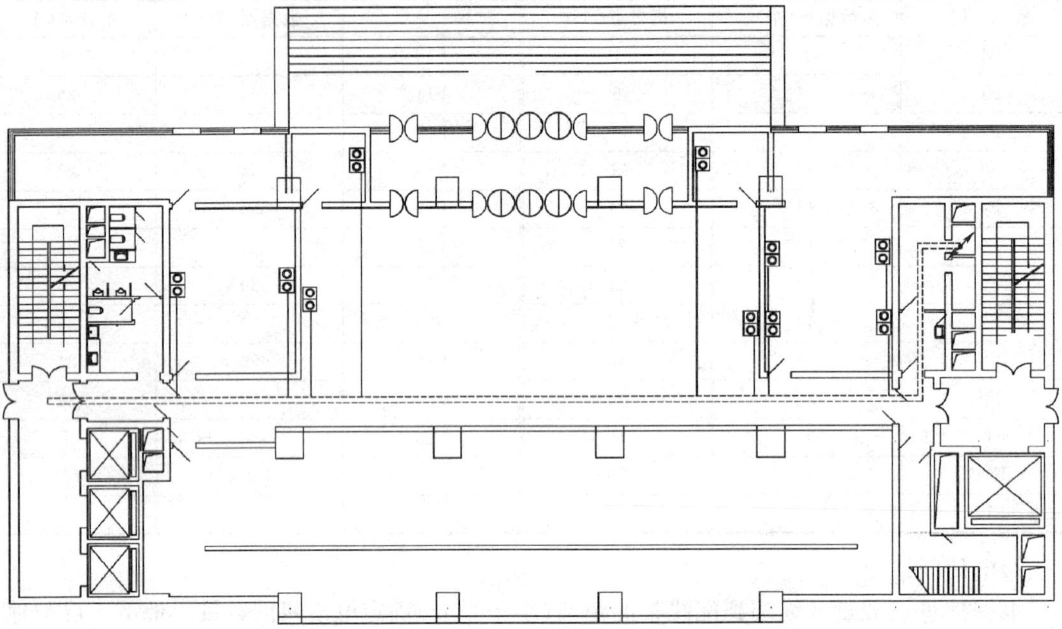

图 3-58　地上 1 层综合布线平面图

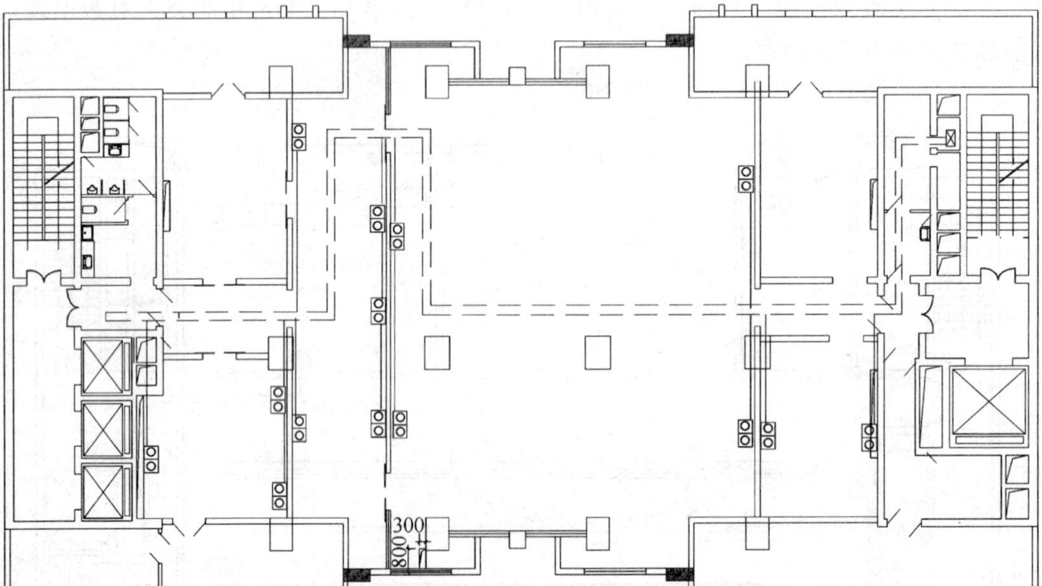

图 3-59　2～3 层综合布线平面图

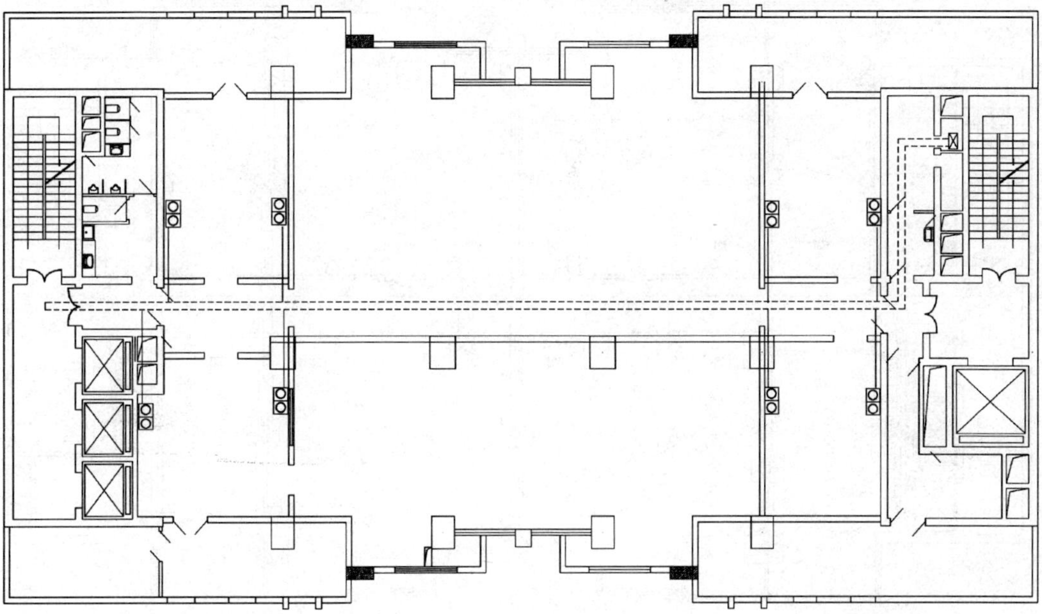

图 3-60　4～10 层综合布线平面图

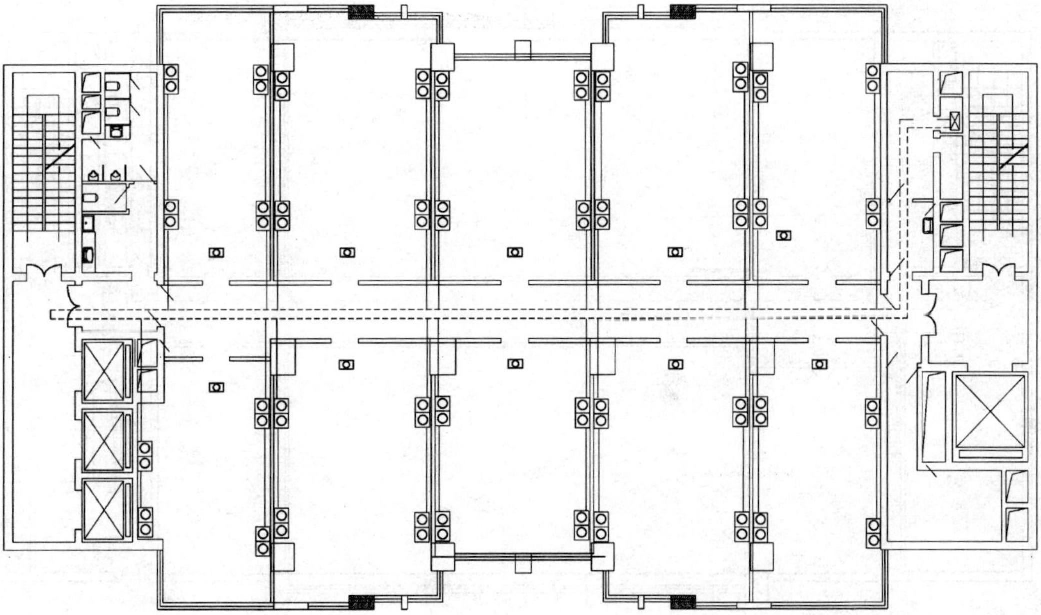

图 3-61　11～20 层综合布线平面图

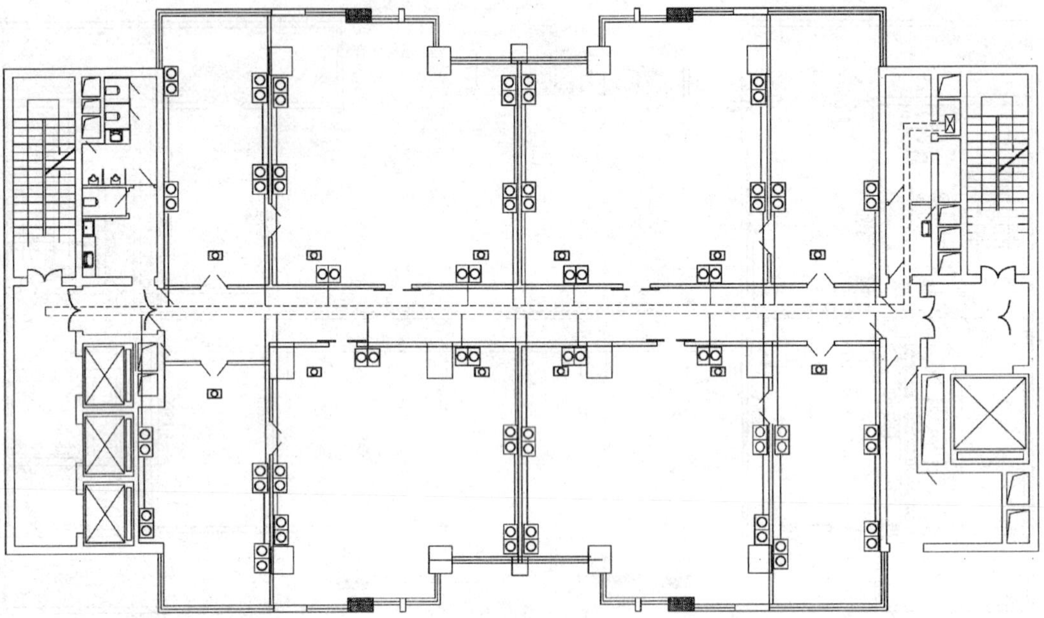

图 3-62　21～22 层综合布线平面图

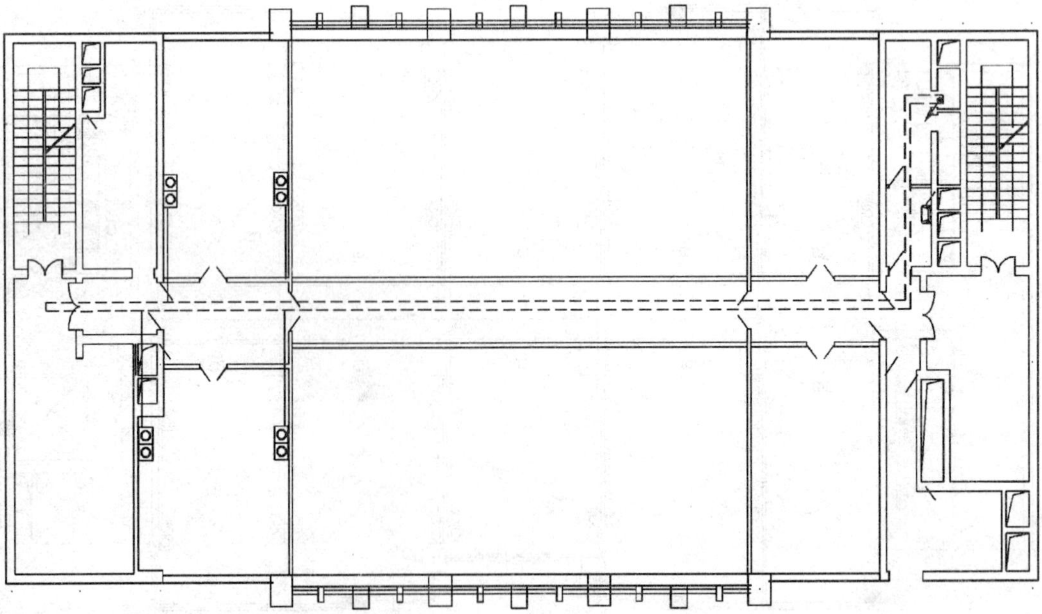

图 3-63　23 层综合布线平面图

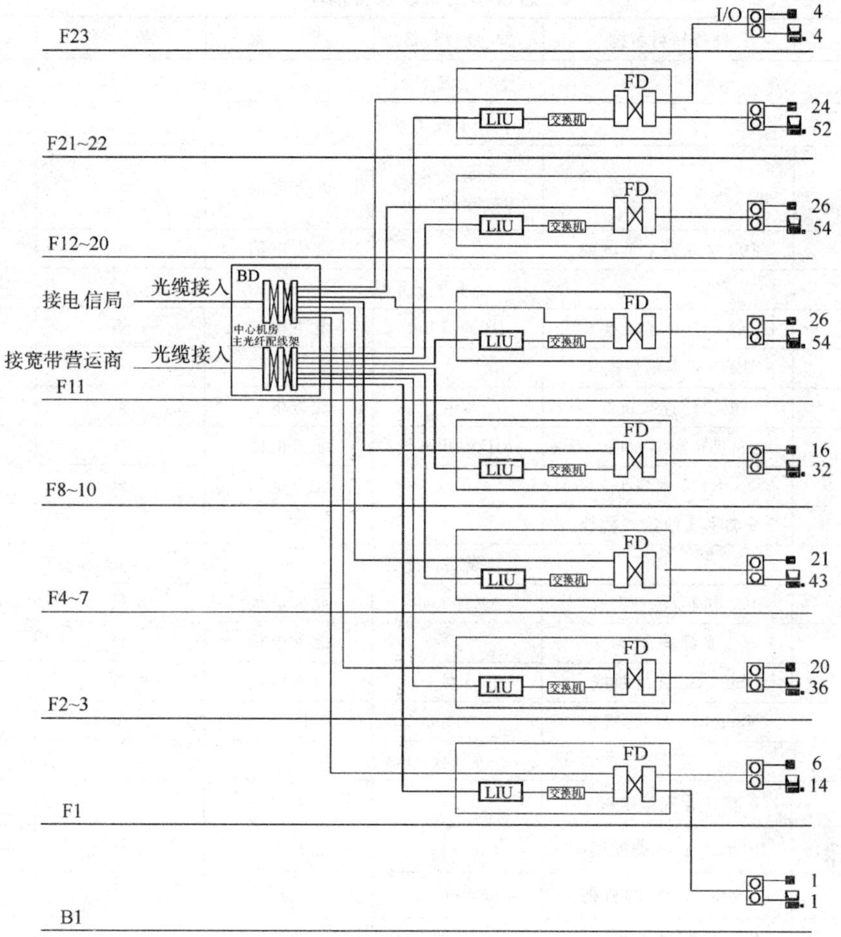

图 3-64　综合布线系统图

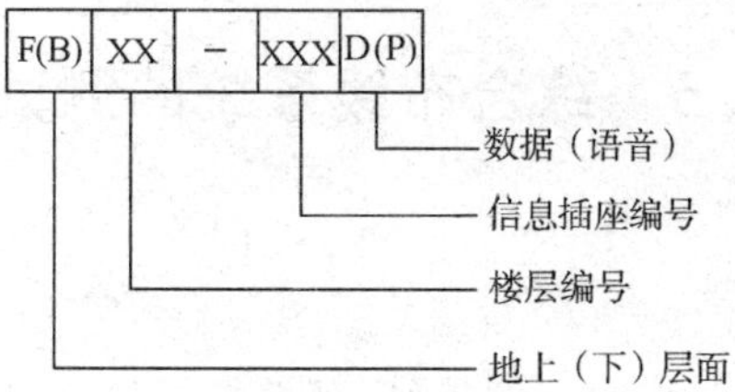

图 3-65　终端标记方法

(5)系统图(图 3-64)

(6)终端标记方法

终端标记方法如图 3-65 所示。

例如:地上 7 层 8 号信息插座(双孔)数据、语音点标记为:F07-008D、F07-008P。

(7)设备清单

设备清单如表 3-8 所示。

综合布线系统设备清单 表 3-8

序号	设备材料名称	型号规格	厂家	单位	数量
主材料					
干线子系统					
1	垂直光纤 6 芯	6 芯多模 62.5/125um	北方电信	m	400
2	100 对 6 类主干电缆		北方电信	m	2 345
水平子系统					
1	IBDN 6 类非屏蔽双绞线	IBDN Plus	北方电信	箱	260
2	IBDN 6 类信息模块		北方电信	只	1 494
3	模块化连接跳线	2m	北方电信	条	1 494
4	双孔插座面板	MDVOF-GB	北方电信	只	747
5	RJ45 水晶头		北方电信	只	1 494
6	6 类手压快接式模块		北方电信	只	1 494
设备间子系统					
1	机柜配线架	AX100041	北方电信	只	2
2	光纤耦合器		北方电信	只	3
3	SC－SC 光纤跳线	多模	北方电信	条	70
4	48cm(19 英寸)机柜	2 000cm	国产	个	1
管理区子系统					
1	模块化连接跳线	0.5m	北方电信	条	1 494
2	IBDN24 口 6 类配线架	300 对	北方电信	只	32
3	48cm(19 英寸)机柜	2 000cm	国产	个	1
4	简易测试仪		国产	只	1
5	施工辅材		国产	套	1

3.5 综合布线系统的测试

3.5.1 测试的意义

综合布线是智能大楼信息系统的中枢神经，其性能好坏直接影响楼内信息传输，所以必须在综合布线系统竣工时对综合布线系统进行测试，消除信息网络的安全隐患。

测试的目的：

1)保证线缆、连接硬件和附件配件符合国家标准和质量要求。

2)保证施工敷设连接作业符合行业标准规范和质量要求。

3)保证施工完成后的整个系统符合标准规范要求，满足业主的各项质量要求。

4)施工中及时配合测试可以保证起到动态控制工程质量，减少返工浪费，有效地节约工程投资的费用。

3.5.2 测试标准

(1)国际标准

- ISO/IEC11801 国际大楼电信布线标准
- EN50173 欧洲商用建筑电信布线标准
- ANSI/TIA/EIA568A 美国商用建筑结构化布线标准
- ANSI/TIA/EIA569-A 美国商业建筑布线系统通道和空间标准
- TSB-67 UTP 布线系统现场测试标准
- ANSI/EIA/TIA 606 美国电信基础设施管理标准
- ANSI/ EIA/TIA 607 美国商用建筑通信布线系统接地标准
- ANSI/TIA/EIA570A 美国住宅和小型商用通信布线标准
- TSB75 开放办公室布线系统标准
- TSB-72 集中式光纤布线系统标准
- BICSI TDMM 国际楼宇工业咨询服务协会的电信布线系统培训手册
- ANSI/TIA/EIA-568B 将要正式发布的美国商用建筑布线标准
- ISO/IEC11801-A 未来的国际大楼 6 类/7 类布线标准
- EN55022 欧洲信息技术设备的无线电干扰特性极限值和测量方法
- EN55024 欧洲信息技术设备的抗干扰标准
- CISPR22 国际信息技术设备的无线电干扰特性极限值和测量方法
- CISPR24 国际信息技术设备的抗干扰标准

其他:IEC,CCITT,FCC,ITU-T,CSA,AUSTEL,JIS,UL 等。

(2)国内标准

- 中国建设部/国家质量技术监督局《综合布线系统工程设计规范》(GB 50311—2007)
- 中国建设部/国家质量技术监督局《综合布线系统工程验收规范》(GB 50312—2007)
- 大楼通信结构化布线系统标准(邮电部行业标准)(YD/T926.1—1997)
- 民用建筑电气设计规范(JGJ/T 16—92)
- 工业企业通信设计规范
- 中国通信行业标准"结构化布线系统电气特性通用测试方法"(YD/T 1013—1999)
- 将要正式发布的国家及行业布线系统规范

(3) 其他相关应用标准

- IEEE802.3 有关 10/100/1000Mbps Ethernet 网络标准
- RS232、X.21、RS422 异步、同步传输标准
- IEEE802.3,10BASE－T
- IEEE802.3u Ethernet(100BASE－T)
- IEEE802.3ab 铜缆千兆位 Ethernet
- IEEE802.3z 光纤千兆位 Ethernet
- IEEE802.4
- IEEE802.5

- ATM Forum

3.5.3 测试方法

在我国《综合布线系统工程设计规范》(GB 50311—2007)和《综合布线系统工程验收规范》(GB 50312—2007)中规定了电缆布线的现场测试内容、方法以及测试要求,定义了基本链路、信道及永久链路三种测试连接模型,满足原有3类、5类及新建的超5类、6类、7类布线工程测试。技术指标以永久链路与信道为连接模型,并给出建议型和需要执行的性能指标数值。

基本链路包括90m的水平布线和两端可分别有一个连接点以及用于测试的两条各长2m的设备跳线。基本链路模型定义如图3-66所示。

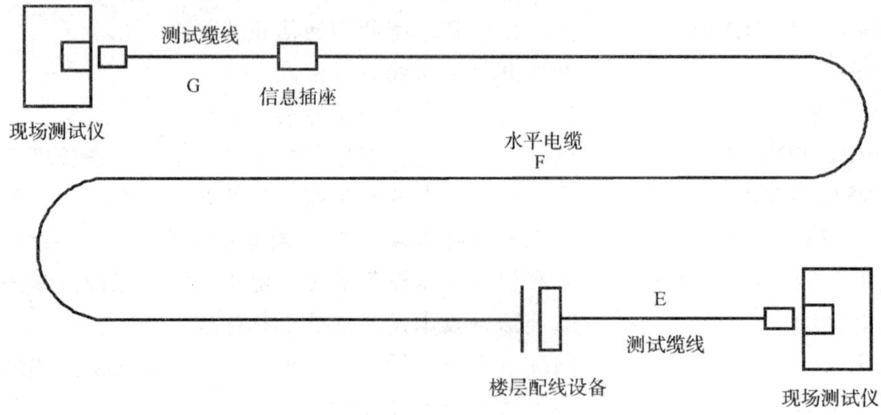

图 3-66 基本链路方式

G=E=2m;F≤90m

信道是连接两个应用设备的端(发送信息输出端)到端(接收信息输入端)的信息传输通道(简称信道),它用于测试端到端的链路整体性能,又被称作用户链路,它包括90m的水平电缆、一个工作区附近的转接点、在配线架上的两处连接以及总长不超过10m的连接线和配线架跳线。信道模型的定义如图3-67所示。

基本链路与信道的区别在于基本链路不包括用户端使用的电缆(这些电缆是用户连接工作区终端与信息插座或配线架与集线器等设备的跳线),而信道作为一个完整的端到端链路,它定义了连接网络交换机、集线器和终端设备(计算机网卡)的全部链路,其中用户的末端电缆必须是链路的一部分,必须与测试仪连接。

由于基本链路包括的两根共4m长的测试跳线的测试误差包含在总的测试结果内,当这两根测试跳线出了问题后,就会直接影响到总的测试结果。所以在GB 50312—2007中,同时也提出了永久链路模型,从而适应超5类和6类电缆的测试,其定义如图3-68所示。永久链路只包括固定安装部件,采用了永久链路适配器取代两端的测试跳线,从技术上消除了测试跳线对整个链路的影响。采用永久链路测试,可以得到的诸如插入损耗、NEXT、PSNEXT、PSELFEXT等参数,不包括链路以外总共4m的测试跳线。这样,用户使用现场测试仪对综合布线进行验证时,得到的是用户真正使用的链路性能,真正地反映了综合布线的性能和安装质量。

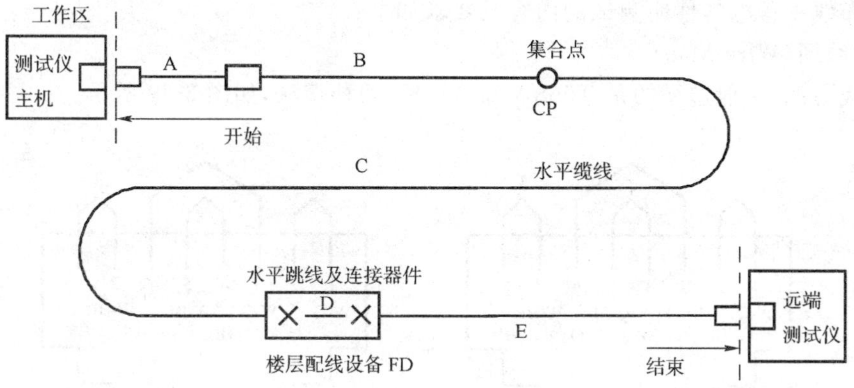

图 3-67 信道方式

A-工作区终端设备电缆；B-CP 缆线；C-水平缆线；D-配线设备连接跳线；E-配线设备到设备连接电缆

B+C≤90m；A+D+E≤10m

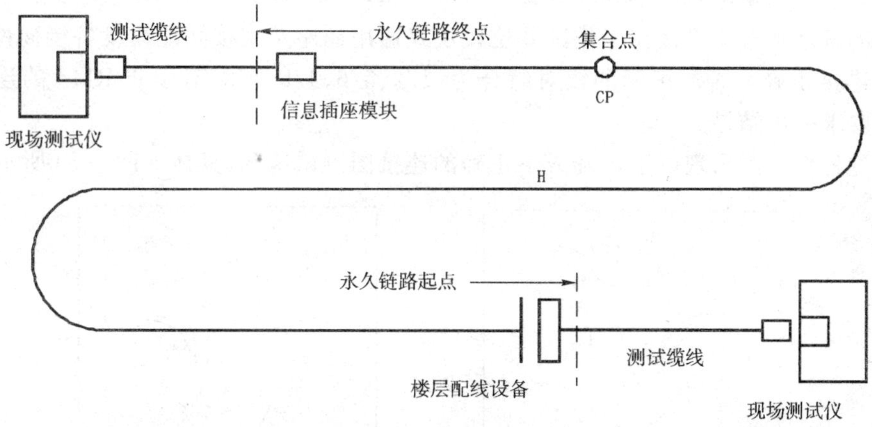

图 3-68 永久链路方式

H-从信息插座至楼层配线设备(包括集合点)的水平电缆，H≤90m

3.5.4 测试参数

为满足设备对传输介质性能更高的要求，综合布线标准逐步升级，其中布线系统元件性能从 3 类、5 类、超 5 类、6 类以至到 7 类的发展，每次都使链路传输带宽有更进一步的提升。为保证在更高的传输速率下系统的稳定性及可靠性能够维持在良好的水平，每次标准升级后对链路本身的传输能力有更严格的考量要求。

按照《综合布线系统工程设计规范》(GB 50311－2007)和《综合布线系统工程验收规范》(GB 50312—2007)，3 类、5 类布线系统应考虑的指标项目为衰减、近端串音(NEXT)；5e 类、6 类、7 类布线系统应考虑的指标项目为插入损耗(IL)、近端串音、衰减串音比(ACR)、等电平远端串音(ELFEXT)、近端串音功率和(PS NEXT)、衰减串音比功率和(PS ACR)、等电平远端串音功率和(PS ELEFXT)、回波损耗(RL)、时延、时延偏差等；屏蔽的布线系统还应考虑非平衡衰减、传输阻抗、耦合衰减及屏蔽衰减。

综合布线工程电气性能测试的内容及要求如下：

(1)接线图(Wire Map)

在接线方面,一般遵循的是 T568A 和 T568B 两种接法,如图 3-69 所示。

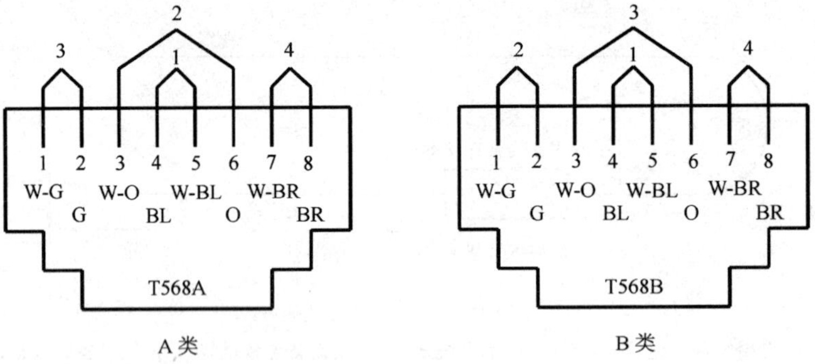

图 3-69　T568A 和 T568B 接线法

G(Green)-绿;BL(Blue)-蓝;BR(Brown)-棕;W(White)-白;O(Orange)-橙

主要测试水平电缆终接在工作区 8 位模块式通用插座及交接间配线设备接插件接线端子间的安装连接正确与否。正确的线对组合为:1/2、3/6、4/5、7/8,对于非 RJ45 的连接方式按相关规定要求列出结果。

布线过程中可能出现以下正确或不正确的连接图测试情况,具体如图 3-70 所示。

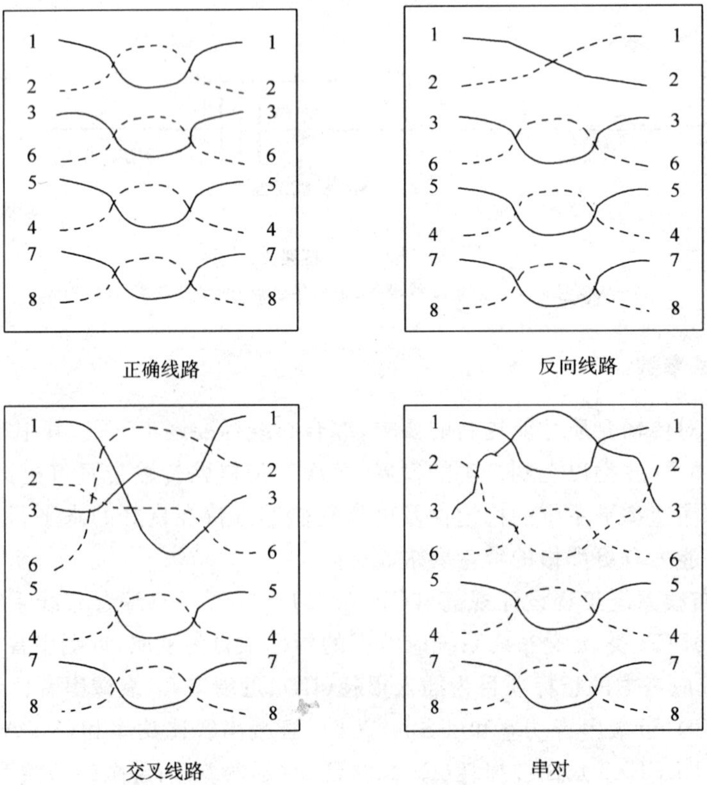

图 3-70　接线图

(2)链路长度 (Length)及阻抗检查

链路长度是指链路的物理长度,目前综合布线系统所允许的双绞线链路最长的接线长度(Channel)是100m,如果长度超过指标则衰减和延迟太大,影响网络传输。采用时域反射技术TDR(在一对线对上发出信号的同时在同一线对上观测信号的反射情况)和线缆的额定传输速度NVP值(信号在电缆中传输的速度与真空中光速的百分比)可计算电缆长度(通过测量测试信号在链路上的延迟时间,然后与该电缆的NVP值进行计算),并能定位断路点和短路点的距离。电缆的NVP值可通过测量一个信号在链路往返一次的时间得到,也可以用一条已知长度的典型电缆来校验NVP值。

(3)插入损耗(IL)

发射机与接收机之间插入电缆或元器件(由于阻抗不匹配、连接电阻等因素)信号沿链路传输所造成的损耗,以分贝dB表示,通常称为衰减。插入损耗主要测试传输信号在每个线对两端间的传输损耗值,如图3-71所示。测试仪器一般是测出同一条电缆内所有线对中最差线对的衰减量同所允许的最大衰减值比较后,给出通过或未通过的结论。由于衰减随频率而变化,因此,应测量在应用范围内的全部频率上的衰减。

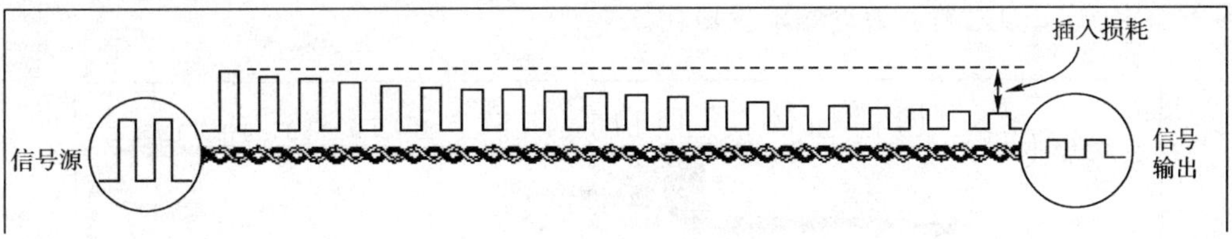

图3-71 信号衰减示意图

布线系统信道的插入损耗值应符合表3-9的规定。

信道插入损耗值 表3-9

频率	最大插入损耗(dB)					
(MHz)	A级	B级	C级	D级	E级	F级
0.1	16.0	5.5				
1		5.8	4.2	4.0	4.0	4.0
16			14.4	9.1	8.3	8.1
100				24.0	21.7	20.8
250					35.9	33.8
600						54.6

布线系统永久链路的最大插入损耗值应符合表3-10的规定。

永久链路插入损耗值　　表 3-10

频率(MHz)	最大插入损耗(dB)					
	A 级	B 级	C 级	D 级	E 级	F 级
0.1	16.0	5.5				
1		5.8	4.0	4.0	4.0	4.0
16			12.2	7.7	7.1	6.9
100				20.4	18.5	17.7
250					30.7	28.8
600						46.6

(4)近端串音(NEXT)

近端串音是指在一条链路中处于线缆一侧的某发送线对，对于同侧的其他相邻(接收)线对通过电磁感应所造成的信号耦合，如图 3-72 所示。近端串扰值(dB)和导致该串扰的发送信号(参考值定为 0dB)之差值为近端串扰损耗。

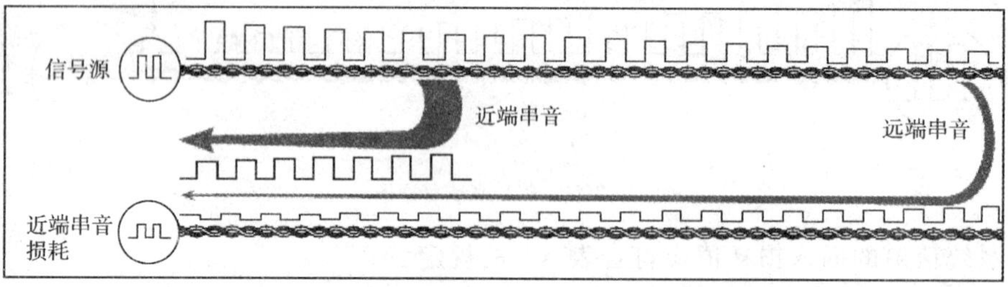

图 3-72　近端串扰原理图

线对与线对之间的近端串音(NEXT)在布线的两端均应符合 NEXT 值的要求，布线系统信道的近端串音值应符合表 3-11 的规定。

信道近端串音值　　表 3-11

频　率	最小近端串音(dB)					
(MHz)	A 级	B 级	C 级	D 级	E 级	F 级
0.1	27.0	40.0				
1		25.0	39.1	60.0	65.0	65.0
16			19.4	43.6	53.2	65.0
100				30.1	39.9	62.9
250					33.1	56.9
600						51.2

布线系统永久链路的最小近端串音值应符合表3-12的规定。

永久链路近端串音值　　表3-12

频率(MHz)	最小NEXT(dB)					
	A级	B级	C级	D级	E级	F级
0.1	27.0	40.0				
1		25.0	40.1	60.0	65.0	65.0
16			21.1	45.2	54.6	65.0
100				32.3	41.8	65.0
250					35.3	60.4
600						54.7

(5)近端串音功率和(PS NEXT)

所有近端干扰信号同时工作时，在接收线对上形成的组合串扰，即在4对对绞电缆一侧测量3个相邻线对对某线对近端串扰总和为近端串音功率和。如图3-73所示。

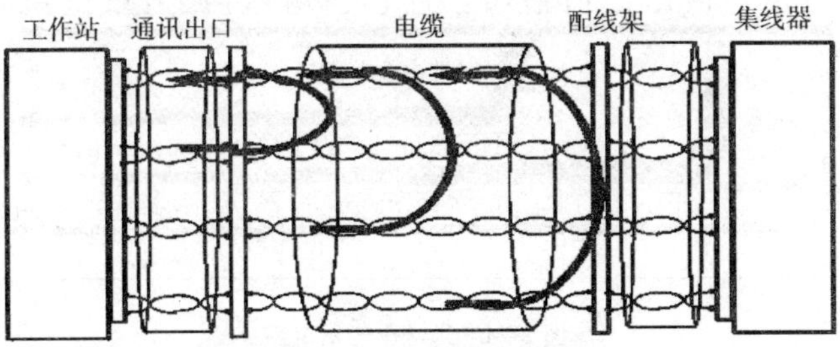

图3-73　综合功率近端串扰示意图

近端串音功率和(PS NEXT)只应用于布线系统的D、E、F级，在布线的两端均应符合PS NEXT值要求，布线系统信道的PS NEXT值应符合表3-13的规定。

信道近端串音功率和值　　表3-13

频率(MHz)	最小近端串音功率和(dB)		
	D级	E级	F级
1	57.0	62.0	62.0
16	40.6	50.6	62.0
100	27.1	37.1	59.9
250		30.2	53.9
600			48.2

布线系统永久链路的最小近端串音功率和值应符合表 3-14 的规定。

永久链路近端串音功率和值　　表 3-14

频率 (MHz)	最小 PS NEXT(dB)		
	D 级	E 级	F 级
1	57.0	62.0	62.0
16	42.2	52.2	62.0
100	29.3	39.3	62.0
250		32.7	57.4
600			51.7

(6)远端串音(FEXT)及等电平远端串音(ELFEXT)

由发射机在远端传送信号，在相邻线对近端测出的不良信号耦合为远端串音(FEXT)。远端串音以接收信号电平对应的 dB 表示，如图 3-74 所示。

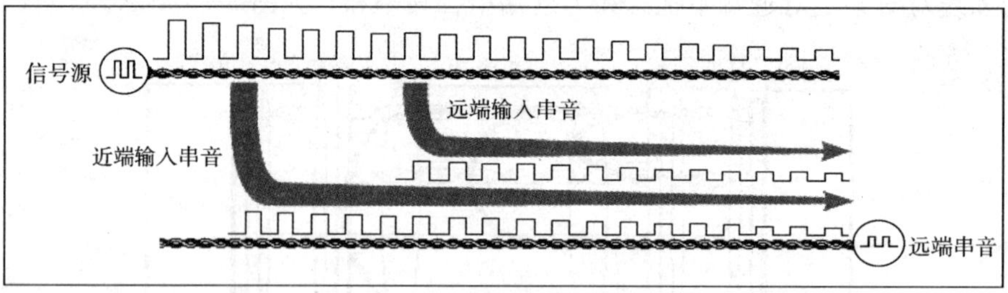

图 3-74　远端串音示意图

由于信号的强度不仅与其产生的串扰有关，还与信号在传输过程中的衰减程度有关，所以测量到的远端串扰值并不是远端的真实串扰值。所以还应当测量电缆和布线所有线对组合的等电平远端串音 ELFEXT(Equal Level Far End Cross Talk)，即去除了传输信号衰减后得到的一个等电平比较的远端串音干扰。如图 3-75 所示。

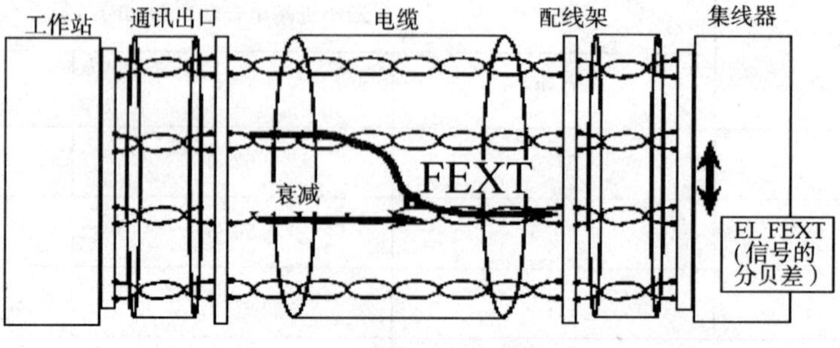

图 3-75　等电平远端串音示意图

线对与线对之间等电平远端串音(ELFEXT)对于布线系统信道的数值应符合表 3-15 的规定。

信道等电平远端串音值　　表 3-15

频　率 (MHz)	最小等电平远端串音(dB)		
	D 级	E 级	F 级
1	57.4	63.3	65.0
16	33.3	39.2	57.5
100	17.4	23.3	44.4
250		15.3	37.8
600			31.3

布线系统永久链路的最小等电平远端串音值应符合表 3-16 的规定。

永久链路等电平远端串音值　　表 3-16

频　率 (MHz)	最小 ELFEXT(dB)		
	D 级	E 级	F 级
1	58.6	64.2	65.0
16	34.5	40.1	59.3
100	18.6	24.2	46.0
250		16.2	39.2
600			32.6

(7)等电平远端串音功率和(PS ELFEXT)

所有远端干扰信号同时工作,在接收线对上形成的组合串扰即为等电平远端串音功率和。等电平远端串音功率和是一个计算参数,在 4 对对绞电缆一侧测量 3 个相邻线对对某线对远端串扰总和。

等电平远端串音功率和(PS ELFEXT)对于布线系统信道的数值应符合表 3-17 的规定。

信道等电平远端串音功率和值　　表 3-17

频　率 (MHz)	最小等电平远端串音功率和(dB)		
	D 级	E 级	F 级
1	54.4	60.3	62.0
16	30.3	36.2	54.5
100	14.4	20.3	41.4
250		12.3	34.8
600			28.3

布线系统永久链路的最小 PS ELFEXT 值应符合表 3-18 规定。

永久链路 PS ELFEXT 值　　表 3-18

频　率 (MHz)	最小 PS ELFEXT(dB)		
	D 级	E 级	F 级
1	55.6	61.2	62.0
16	31.5	37.1	56.3
100	15.6	21.2	43.0
250		13.2	36.2
600			29.6

(8)衰减串音比值(ACR)

ACR(Attenuation-to-Crosstalk Ratio) 是在受相邻发送信号线对串扰的线对上，其串扰损耗 (NEXT)与本线对传输信号衰减值(A)的差值，如图 3-76 所示。

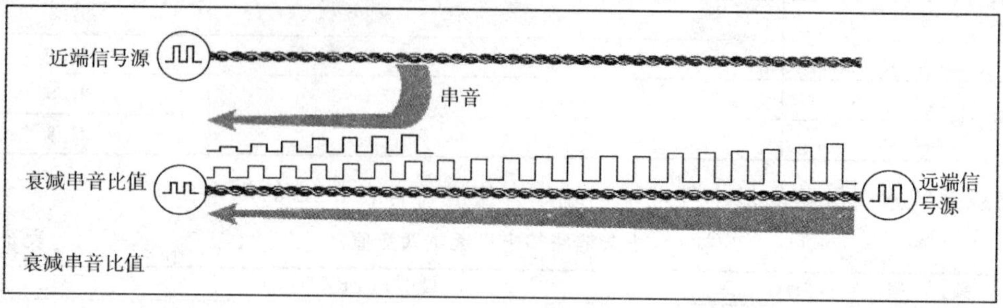

图 3-76 近端串扰衰减比

线对与线对之间的衰减串音比(ACR)只应用于布线系统的 D、E、F 级，ACR 值是 NEXT 与插入损耗分贝值之间的差值，在布线的两端均应符合 ACR 值要求。布线系统信道的 ACR 值应符合表 3-19 的规定。

信道衰减串音比值 表 3-19

频率(MHz)	最小衰减串音比(dB)		
	D 级	E 级	F 级
1	56.0	61.0	61.0
16	34.5	44.9	56.9
100	6.1	18.2	42.1
250		−2.8	23.1
600			−3.4

布线系统永久链路的最小 ACR 值应符合表 3-20 的规定。

永久链路 ACR 值 表 3-20

频率(MHz)	最小 ACR(dB)		
	D 级	E 级	F 级
1	56.0	61.0	61.0
16	37.5	47.5	58.1
100	11.9	23.3	47.3
250		4.7	31.6
600			8.1

(9)衰减串音比功率和(PS ACR)

PS ACR 不是一个独立的测量值，而是在同一频率下近端串音功率和与插入损耗值之间的差值。布线系统信道的 PS ACR 值应符合表 3-21 的规定。

信道 ACR 功率和值　　表 3-21

频　率 (MHz)	最小 ACR 功率和(dB)		
	D 级	E 级	F 级
1	53.0	58.0	58.0
16	31.5	42.3	53.9
100	3.1	15.4	39.1
250		−5.8	20.1
600			−6.4

布线系统永久链路的最小 PS ACR 值应符合表 3-22 的规定。

永久链路 PS ACR 值　　表 3-22

频　率 (MHz)	最小 PS ACR(dB)		
	D 级	E 级	F 级
1	53.0	58.0	58.0
16	34.5	45.1	55.1
100	8.9	20.8	44.3
250		2.0	28.6
600			5.1

(10)回波损耗(RL)

回波损耗表示由于布线系统中阻抗不连续/不匹配所造成的能量反射，如图 3-77 所示，用输入信号幅度和由链路反射回来的信号幅度的差值表示。回波损耗对全双工传输方式(每对线两端同时发送和接收)的应用非常有害，回波损耗将引入信号的波动，返回的信号与由另一端发来的真正的信号竞争，被误认为是收到的信号而产生混乱。传输通道阻抗不匹配主要发生在连接器的地方，但也可能发生于电缆中特性阻抗发生变化的地方，所以施工的质量是减少回波损耗的关键。

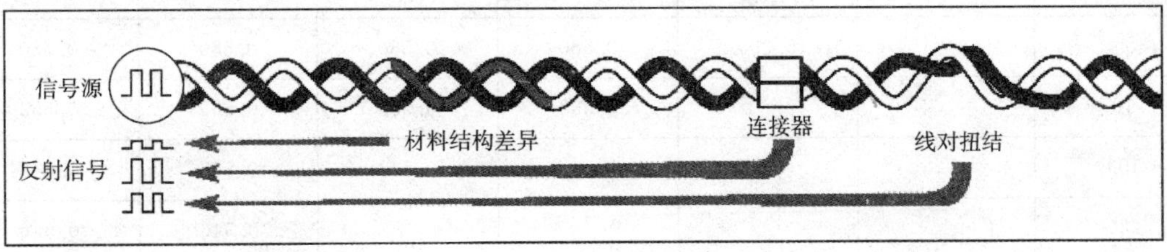

图 3-77　回波损耗

回波损耗(RL)只在布线系统中的 C、D、E、F 级采用，在布线的两端均应符合回波损耗值的要求，布线系统信道的最小回波损耗值应符合表 3-23 的规定。

信道回波损耗值 表 3-23

频 率 (MHz)	最小回波损耗(dB)			
	C 级	D 级	E 级	F 级
1	15.0	17.0	19.0	19.0
16	15.0	17.0	18.0	18.0
100		10.0	12.0	12.0
250			8.0	8.0
600				8.0

布线系统永久链路的最小回波损耗值应符合表 3-24 的规定。

永久链路回波损耗值 表 3-24

频 率 (MHz)	最小回波损耗(dB)			
	C 级	D 级	E 级	F 级
1	15.0	19.0	21.0	21.0
16	15.0	19.0	20.0	20.0
100		12.0	14.0	14.0
250			10.0	10.0
600				10.0

(11)传播时延

传播时延是指信号从链路或信道一端传播/输到另一端所需的时间。布线系统信道的传播时延应符合表 3-25 的规定。

信道传播时延 表 3-25

频 率 (MHz)	最大传播时延(μs)					
	A 级	B 级	C 级	D 级	E 级	F 级
0.1	20.000	5.000				
1		5.000	0.580	0.580	0.580	0.580
16			0.553	0.553	0.553	0.553
100				0.548	0.548	0.548
250					0.546	0.546
600						0.545

布线系统永久链路的最大传播时延应符合表 3-26 的规定。

永久链路传播时延值 表 3-26

频率(MHz)	最大传播时延(μs)					
	A级	B级	C级	D级	E级	F级
0.1	19.400	4.400				
1		4.400	0.521	0.521	0.521	0.521
16			0.496	0.496	0.496	0.496
100				0.491	0.491	0.491
250					0.490	0.490
600						0.489

(12)传播时延偏差

由于双绞线的绞距不同,各线对的传输延迟之间存在着差异,延迟偏差就是用来衡量这种传输时间差异的。以同一缆线中信号传播时延最小的线对作为参考,其余线对与参考线对的时延差值。最快线对与最慢线对信号传输时延的差值为最大传播时延偏差。

布线系统信道的传播时延偏差应符合表 3-27 的规定。

信道传播时延偏差 表 3-27

等级	频率(MHz)	最大时延偏差(μs)	等级	频率(MHz)	最大时延偏差(μs)
A	f=0.1		D	1≤f≤100	0.050①
B	0.1≤f≤1		E	1≤f≤250	0.050①
C	1≤f≤16	0.050①	F	1≤f<600	0.030②

注:①0.050 为 0.045+4× 0.001 25 计算结果。

② 0.030 为 0.025+4×0.00 125 计算结果。

布线系统永久链路的最大传播时延偏差应符合表 3-28 的规定。

永久链路传播时延偏差 表 3-28

等级	频率(MHz)	最大时延偏差(μs)	等级	频率(MHz)	最大时延偏差(μs)
A	f=0.1		D	1≤f≤100	0.044①
B	0.1≤f≤1		E	1≤f≤250	0.044①
C	1≤f≤16	0.044①	F	1≤f≤600	0.026②

注:①0.044 为 0.9×0.045+3×0.00125 计算结果。

②0.026 为 0.9×0.025+3×0.00125 计算结果。

(13)直流环路电阻

直流环路电阻是指一对导线电阻的和,它是由于信号在电缆中传输时,消耗一部分能量转化为热量而产生的。把每对双绞线远端短路,在近端测量直流环路电阻,其值应与电缆中导体的长度和直径相符合。

布线系统信道的直流环路电阻应符合表 3-29 的规定。

信道直流环路电阻　　表 3-29

最大直流环路电阻(Ω)					
A 级	B 级	C 级	D 级	E 级	F 级
560	170	40	25	25	25

布线系统永久链路的最大直流环路电阻应符合表 3-30 的规定。

永久链路直流环路电阻　　表 3-30

最大直流环路电阻(Ω)					
A 级	B 级	C 级	D 级	E 级	F 级
530	140	34	21	21	21

3.5.5 测试仪器

现场测试仪具有的布线性能测试(测试或验证布线的电气传输性能)和布线故障定位(对布线系统出现的故障查找、定位)的功能,用于检测布线链路的各种参数能否达到预定要求,帮助施工人员及时纠正布线错误,排除线路故障。测试仪按适用的测试对象可分电缆测试仪、网络测试仪和光纤测试仪。

按 TSB—67 标准,电缆测试仪的精度等级分为一级精度、二级精度、2e 级精度和 3 级精度等。其中,一级精度仅限于测试 3 类和 4 类电缆,所以作为认证布线的测试仪必须达到二级精度,2e 级精度一般用于测试超 5 类电缆,3 级精度主要用于测试 6 类电缆。

目前市场上的常见的电缆测试仪有:Fluke(福禄克)DSP-4000 系列数字式电缆测试仪及 DTX1200/1800 电缆认证分析仪,Agilgent(安捷伦)WireScope Pro 线缆认证测试仪,IDEAL(理想) LANTEK6/7 局域网电缆测试仪及 LT8600T/ LT8100A 电缆测试仪,Microtest OMNIScannerII 等。

下面以 Fluke DTX 系列测试仪为例,介绍其功能、特点、测试方法及结果分析等。图 3-78 是 Fluke DTX1200 测试仪。

图 3-78　Fluke DTX1200 测试仪

DTX 系列测试仪的主要特点为:

1)12 秒钟的 6 类自动测试。

2)IV 级精度,超越 6 类和更高标准的指标要求,DTX 系列电缆认证分析仪获得 UL 精度认证。

3)先进快速的故障诊断技术:精确指出链路中任意位置的故障并提供排除故障的正确方法,当一条链路有故障时,DTX 系列测试仪可以提供快速且简明易懂的方式,来表示故障的确切位置(故障点到测试仪的距离)以及出现故障的可能原因,便于用户及时准确地排除故障。

4)适用于现场环境的永久链路适配器:提供高重复性的测试精度以及与 6 类系统的兼容性 。

5)测试带宽高达 900MHz:支持视频传输、Class F 或万兆以太网应用面向未来需求的 900MHz 测试频率。

6)提供完整的一级认证,全面的一级认证测试包括损耗、长度和极性测试,可以确认光缆链路的性能和安装质量。在多个波长上测量光缆的损耗,测量光缆的长度并验证其极性。

3.5.6　布线链路测试及结果分析

(1)测试步骤

1)在进行现场电缆测试时,首先要设置基准,保证准确度最大的测试结果。

2)然后按照永久链路模型(图 3-79)或信道模型(图 3-80)连接,并正确设置电缆的类型、测试的标准、测试极限等。

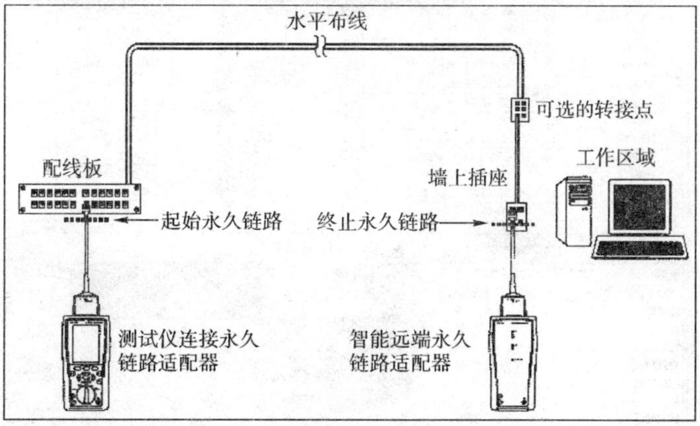

图 3-79　永久链路测试模型

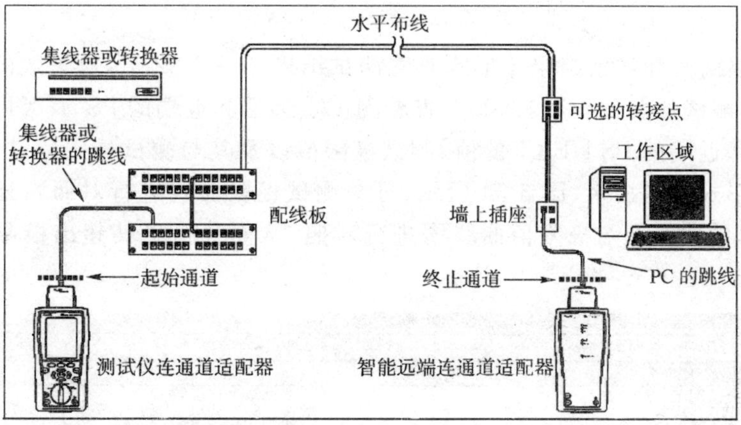

图 3-80　信道测试模型

3)开始自动测试,测试完成后生成自动测试概要,可查询特定参数的测试结果,对于测试结果失败的,查看其失败的参数,并对其进行单项测试,然后保存测试结果。

4)最后通过数据线将测试仪中的测试结果导入到计算机上,通过相应的配套软件进行测试结果的分析、打印、存档备案。

(2)测试报告

测试报告一般包括电缆类型及标识、项目及操作人员、测试限版本及软件版本、测试的时间日期、各项测试参数的原始实测值数据、测试结果(通过、未通过)以及一些重要参数的频率特性曲线图等。Fluke DTX 系列测试仪和配套软件 LinkWare 均支持中文界面(图 3-81),可打印出中文的认证测试报告。在 LinkWare 中可以很方便地将测试结果导入计算机,并对测试结果以多种形式(电缆标识名、时间、地点、操作人、测试总结果等)进行快速分类,使通过与未提供的测试结果一目了然,便于用户对测试结果进行进一步的分析处理。

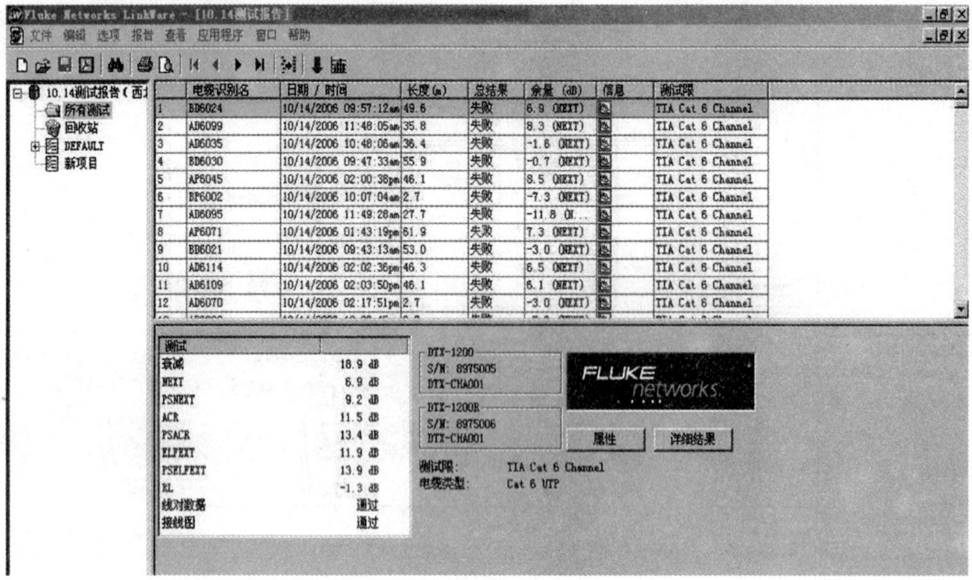

图 3-81　测试仪管理软件 LinkWare 界面

用户可以以摘要和详细结果等形式查看测试结果（图 3-82 ），对失败的测试结果进行分析,详细查看测试的各种参数,例如可查看测试点远端和近端的 PS NEXT(图 3-83),查看各个线对远端和近端的 PS NEXT 的值、测试极限值以及其与测试极限值之间的裕量,并将其以曲线图的形式绘制出来(图 3-84 所示,可与测试极限曲线进行对照),还可以将单个线对的 PS NEXT 的曲线图与极限值曲线图进行对照,从而分析出其超出极限值还是未能达到极限值。

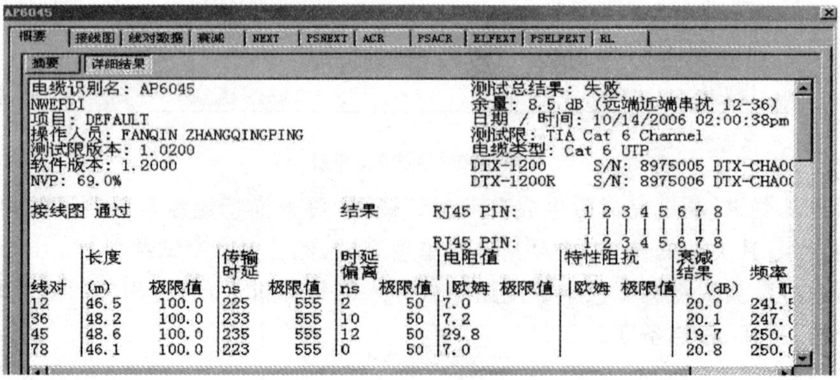

图 3-82　测试结果的原始数据

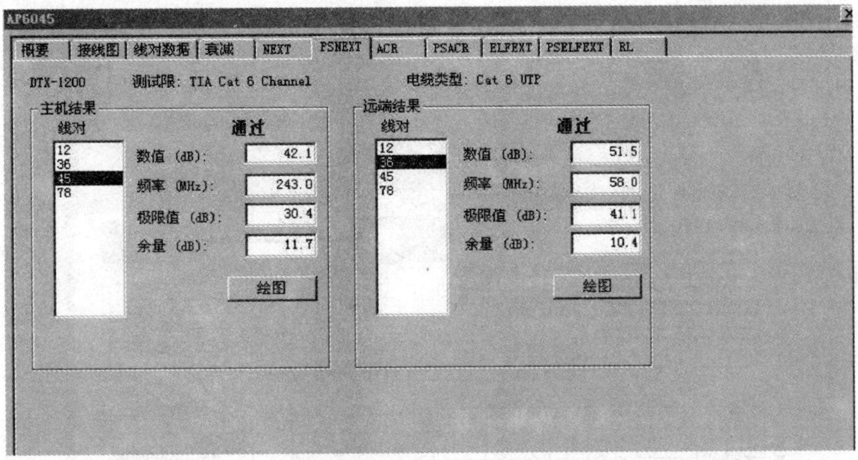

图 3-83　各个线对的 PS NEXT 值

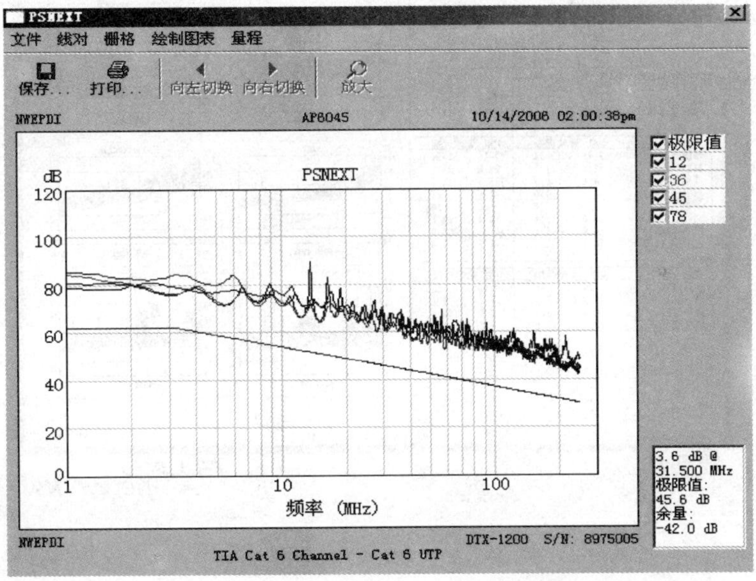

图 3-84　各个线对的 PS NEXT 曲线图

此外，LinkWare 软件还可以文本格式和 PDF 格式生成自动测试报告，该报告一般仅以摘要的形式给出最差线对的各种参数及其相应的曲线，图 3-85 是某工程综合布线系统（6 类 UTP）的自动测试报告原样，由报告可以清楚明了地看到各种测试信息。

（3）测试问题分析

1）测试结果判断

一般而言，测试仪表的准确度存在一个不确定范围，这个范围又称为临界区，如图 3-86 所示。当测试结果处于这个范围内的时候，测试结果一般用特殊标记“ * ”标记，表示测试结果勉强可用。当测试结果出现“ * PASS”时，可视为 PASS，并应寻求改善布线安装的方法来消除勉强的性能。当测试结果出现“ * FAIL”时，视为 FAIL，应首先检查仪器设置正确与否，同时检查测试跳线的型号与连接。

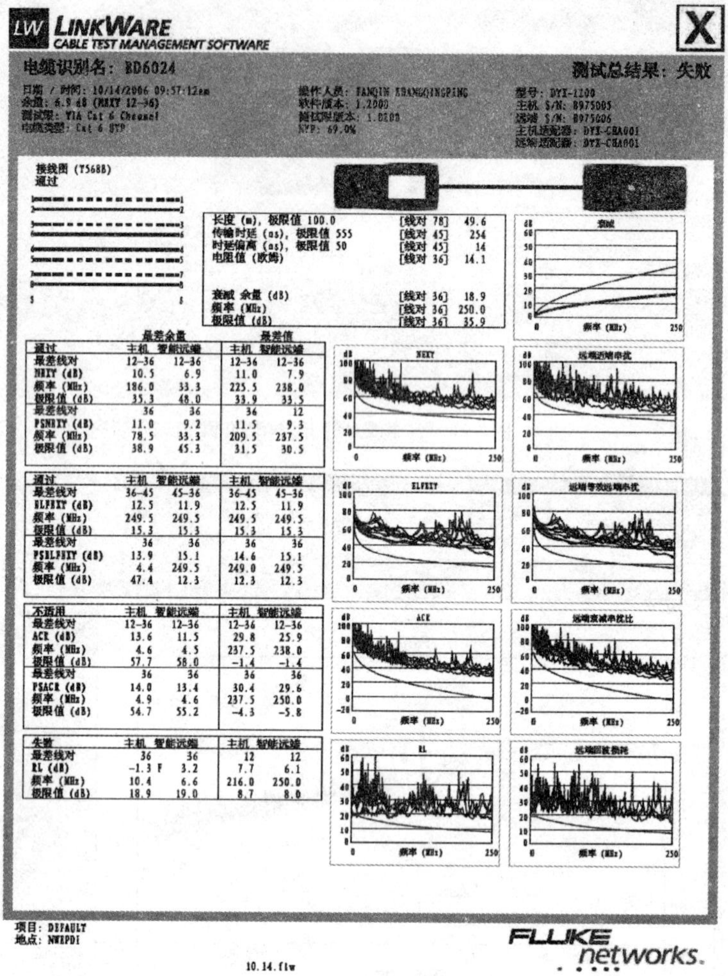

LINKWARE CABLE TEST MANAGEMENT SOFTWARE

X

电缆识别名：BD6024　　　测试总结果：失败

日期 / 时间：10/14/2006 09:57:12am
余量：6.9 dB (NEXT 12-36)
测试限：TIA Cat 6 Channel
电缆类型：Cat 6 UTP

操作人员：FANQIN ZHANGQINGPING
软件版本：1.2000
测试限版本：1.8200
NVP：69.0%

型号：DTX-1200
主机 S/N：8975005
远端 S/N：8975006
主机适配器：DTX-CHA001
远端适配器：DTX-CHA001

接线图 (T568B)
通过

长度 (m)，极限值 100.0	[线对 78]	49.6
传输时延 (ns)，极限值 555	[线对 45]	254
时延偏离 (ns)，极限值 50	[线对 45]	14
电阻值 (欧姆)	[线对 36]	14.1
衰减 余量 (dB)	[线对 36]	18.9
频率 (MHz)	[线对 36]	250.0
极限值 (dB)	[线对 36]	35.9

	最差余量		最差值	
通过	主机	智能远端	主机	智能远端
最差线对	12-36	12-36	12-36	12-36
NEXT (dB)	10.5	6.9	11.0	7.9
频率 (MHz)	186.0	33.3	225.5	238.0
极限值 (dB)	35.3	48.0	33.9	33.5
最差线对	36	36	36	12
PSNEXT (dB)	11.0	9.2	11.5	9.3
频率 (MHz)	78.5	33.3	209.5	237.5
极限值 (dB)	38.9	45.3	31.5	30.5

通过	主机	智能远端	主机	智能远端
最差线对	36-45	45-36	36-45	45-36
ELFEXT (dB)	12.5	11.9	12.5	11.9
频率 (MHz)	249.5	249.5	249.5	249.5
极限值 (dB)	15.3	15.3	15.3	15.3
最差线对	36	36	36	36
PSELFEXT (dB)	13.9	15.1	14.6	15.1
频率 (MHz)	4.4	249.5	249.0	249.5
极限值 (dB)	47.4	12.3	12.3	12.3

不适用	主机	智能远端	主机	智能远端
最差线对	12-36	12-36	12-36	12-36
ACR (dB)	13.6	11.5	29.8	25.9
频率 (MHz)	4.6	4.5	237.5	238.0
极限值 (dB)	57.7	58.0	-1.4	-1.4
最差线对	36	36	36	36
PSACR (dB)	14.0	13.4	30.4	29.6
频率 (MHz)	4.9	4.6	237.5	250.0
极限值 (dB)	54.7	55.2	-4.3	-5.8

失败	主机	智能远端	主机	智能远端
最差线对	36	36	12	12
RL (dB)	-1.3 F	3.2	7.7	6.1
频率 (MHz)	10.4	6.6	216.0	250.0
极限值 (dB)	18.9	19.0	8.7	8.0

衰减
NEXT
远端近端串扰
ELFEXT
远端等效远端串扰
ACR
远端衰减串扰比
RL
远端回波损耗
频率 (MHz)

项目：DEFAULT
地点：NWEPDI

FLUKE networks.

10.14.flw

图 3-85　测试结果报告摘录

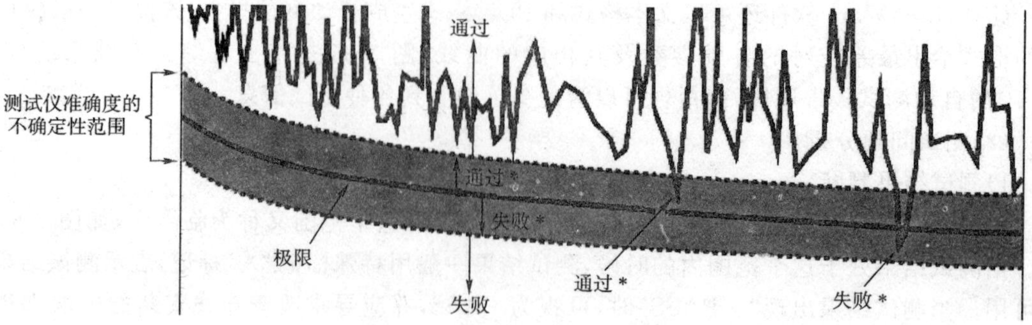

图 3-86　测试仪表的不确定范围

2)测试结果失败的可能原因

①接线图未通过

端接处断路、短路、交叉、破裂或跨接错误。

②长度未通过

实际长度过长、NVP设置不正确、开路、短路、设备连线和跨接线的总长度过长。

③近端串扰未通过

近端连接点卡接不良、远端连接点短路、未保持线缆扭绞、外部干扰、电缆与连接硬件性能问题或不匹配、电缆端接质量问题。

④衰减未通过

长度过长、现场温度过高、连接点卡接不良、电缆与连接硬件性能问题或不匹配、电缆端接质量问题。

⑤测试仪问题

测试仪没有校准、测试仪电缆类型设置不正确、测试仪链路结构设置不正确、使用的测试跳线非原厂专用测试跳线。

思考题与习题

1.什么是综合布线系统,其结构特点是什么?

2.综合布线系统由哪几部分组成?各个部分的内容及作用?

3.试说明UTP、F/UTP、U/FTP、SF/UTP、S/FTP代表的含义。

4.什么是62.5/125μm多模缓变型光纤?

5.铜缆配线架有哪几种?各有什么特点?

6.垂直布线有哪些常用的介质?各自的特点是什么?

7.某8层办公楼,每层40个数据点,40个语音点,各层水平平均距离为45m,层高4m,设备间在二层,试按全铜缆组网和铜缆/光缆混合组网两种方式进行设计,要求:

(1)画出该办公楼综合布线系统图。

(2)列出所需设备清单(包括设备名称、规格、数量)。

8.综合布线测试的主要参数都有哪些?

9.基本链路和永久链路的区别是什么?

第四章 信息网络系统

信息网络系统是计算机技术与通信技术紧密结合的产物，是信息高速公路的基础。随着信息社会的到来，信息网络的应用已渗透到社会生活的各个方面，从根本上改变着人们的工作与生活方式。

4.1 概　　述

4.1.1 信息网络系统的概念

信息网络是指将地理上分散、具有独立功能、自治的多个计算机系统通过通信线路和设备连接起来，通过功能完善的网络软件(网络通信协议及网络操作系统等)，实现网络信息和资源共享的系统。

一个完整的信息网络应包含以下 3 个要素：

(1)两台或两台以上的计算机相互连接起来构成网络，达到资源共享的目的。

(2)两台或两台以上的计算机连接的通道。这种通道的连接是物理的，由硬件实现，即传输介质(可以是双绞线、同轴电缆或光纤等有线介质；也可以是激光、微波或卫星等无线介质)。

(3)计算机之间通信交换信息所需的约定和规则，即协议。

4.1.2 信息网络的功能

(1)数据通信

利用信息网络可实现各计算机之间快速可靠地互相传送数据，进行信息交流，如发送电子邮件(E-mail)、电子数据交换(EDI)、电子公告牌(BBS)、远程登录(Telnet)与信息浏览等服务。

(2)资源共享

资源共享包括硬件资源的共享和软件资源的共享，如计算处理能力、大容量磁盘、高速打印机、绘图仪、数据库、文件和其他计算机上的有关信息，从而增强网络上计算机的处理能力，提高了软硬件的利用率。

此外，信息网络还可以均衡网络负荷，提高计算机的处理能力；对网络中的计算机进行集中管理，通过系统的冗余和备份，增强系统的可靠性。

4.1.3　信息网络的分类

信息网络的分类方式有许多种，按拓扑结构可分为星型网络、总线型网络、环型网络、树型网络等；按使用范围可分为专用网络、公用网络；按通信速率可分为低速网（低于 1Mbit/s）、中速网（1Mbit/s～10Mbit/s）、高速网（高于 100Mbit/s）；按网络规模进行划分，分为局域网、城域网、广域网。

（1）广域网（Wide Area Network，WAN）是跨域性的网络系统，它所覆盖的地理范围从几十千米到几千千米乃至上万千米横跨洲际，覆盖一个国家、一个地区，甚至全世界（如 Internet）。

（2）局域网（Local Area Network，LAN）是用于将有限范围内（如一个实验室、一幢大楼、一个园区）的各种计算机通过各种网络设备和通信线路互连在一起的信息网络，其分布范围一般在几米到几千米之间，最大不超过十多千米，如校园网。

（3）城域网（Metropolitan Area Network，MAN）是介于广域网与局域网之间的一种高速网络，适用于一个地区、一个城市或一个行业系统使用，分布范围一般在十几千米到上百千米。

4.1.4　信息网络的拓扑结构

信息网络的拓扑结构是指计算机或设备与传输媒介形成的连接关系，可以分为物理拓扑和逻辑拓扑两种。物理拓扑结构是指设备的连接结构，即连接方式；逻辑拓扑是指数据在网络中传输的结构图。

信息网络的拓扑结构主要有：总线型结构、星型结构、环型结构、树型结构和混合型结构。

（1）总线拓扑

总线拓扑结构采用一个信道作为传输媒体，所有站点都通过相应的硬件接口直接连到这一公共传输媒体上，该公共传输媒体即称为总线，如图 4-1 中的 a）所示。任何一个站发送的信号都沿着总线传播，而且能被所有其他站所接收。

（2）星型拓扑

星型拓扑是由中央节点和通过点到点通信链路接到中央节点的各个站点组成，网络各节点必须通过中央节点才能实现通信，如图 4-1 中的 b）所示。中央节点执行集中式通信控制策略，因此中央节点较复杂，而各个站点的通信处理负担都很小。

（3）环型拓扑

环型拓扑网络由站点和连接站点的链路组成一个闭合环型线路，环型网络中的信息传送是单向的，即沿一个方向从一个节点传到另一个节点；每个节点需安装中继器，以接收、放大、发送信号，如图 4-1 中的 c）所示。每个站点能够接收从一条链路传来的数据，并以同样的速率将该数据沿环送到链路的另一端，这种链路可以是单向的，也可以是双向的。数据以分组形式发送，每个分组加上某些控制信息。由于多个设备连接在一个环上，因此需要用分布式控制策略来进行控制，每个站点都有控制发送和接收的访问逻辑。

（4）树型结构

树型结构从总线拓扑演变而来，是一种分级结构，如图 4-1 中的 d）所示。在树型结构的网络中，任意一级两个节点之间不产生回路，每条通路都支持双向传输。

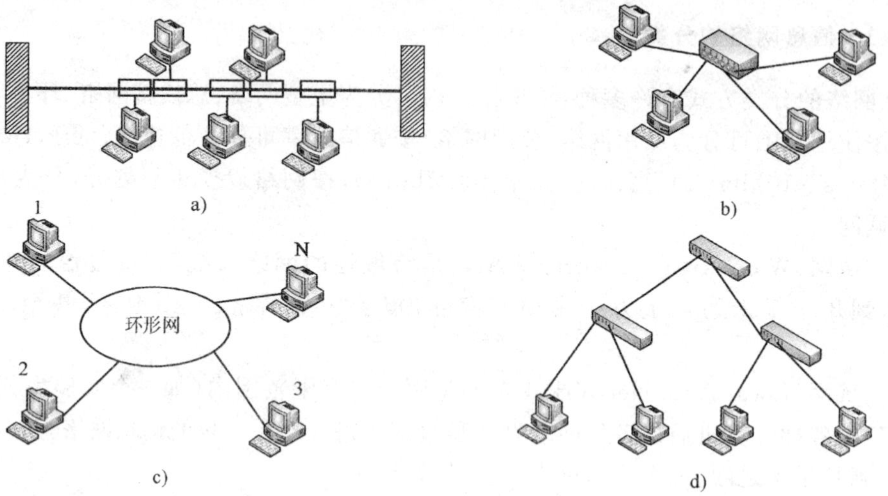

图 4-1　网络拓扑结构图

a)总线拓扑；b)星型拓扑；c)环型拓扑；d)树状拓扑

(5)混合型结构

将以上两种单一拓扑结构混合起来，取两者的优点构成的拓扑称为混合型拓扑结构，比如星型拓扑和环型拓扑混合成的"星-环"拓扑，星型拓扑和总线拓扑混合成的"星-总"拓扑。

(6)网状拓扑

网状拓扑结构可以消除瓶颈问题和失效问题的影响，可靠性很高，在广域网中得到了广泛的应用。这种拓扑结构中节点之间有许多条路径相连，可为数据流的传输选择适当的路由，从而绕过失效的部件或过忙的节点。

4.2　网络体系结构及 OSI 基本参考模型

4.2.1　概述

为了完成计算机之间的通信合作，人们把每台计算机互连的功能划分成有明确定义的层次，并固定了同层次的进程通信的协议及相邻之间的接口及服务，从而形成了层次化网络体系结构。

1977 年，国际标准化组织 ISO 制定了开放系统互联参考模型(Open System Interconnect，OSI)。在 OSI 中，问题的处理采用了自上而下逐步求精法，先从最高一级的抽象开始，这一级的约束很少，然后逐渐更加精细地进行描述。OSI 中采用了 3 级抽象：体系结构、服务定义和协议规范。

体系结构描述了网络的层次结构，并精确定义每一层提供哪些功能服务，但不涉及每一层次中硬件和软件的组成以及它们的实现；服务定义描述了每一层的功能；协议规范精确定义了每一层功能的实现方法。通过区分这些抽象概念，OSI 参考模型将功能定义与实现细节分了开来，概括性高，具有普遍的适应能力。

4.2.2　OSI 七层参考模型

ISO/OSI 参考模型分为七层，分别是物理层、数据链路层、网络层、传输层、会话层、表示层和应用层，如图 4-2 所示。该模型具有如下特点：每个层次的对应实体之间都通过各自的协议通信；各个计算机系统都有相同的层次结构；不同系统的相应层次有相同的功能；同一系统的各层次之间通过接口联系；相邻的两层之间，下层为上层提供服务，同时上层使用下层提供的服务。

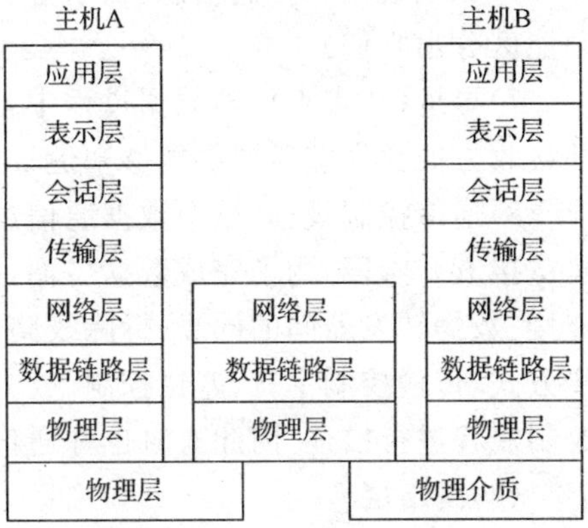

图 4-2　OSI 七层参考模型

(1)物理层

物理层是 OSI 分层结构中的最底层。ISO 在 OSI 中对物理层的定义为：在物理信道实体之间合理地通过中间系统，为比特传输所需要的物理连接的激活、保持和终止提供机械特性(接口、形状等)、电气特性(信号电压、持续时间等)、功能特性(描述物理设备的功能)和规程特性(事件发生的合法顺序)的规定。激活是指建立连接，终止是指断开连接，释放资源。

物理层的功能为：实现实体之间的比特传输，保证比特传输的正确性，并向数据链路层提供一个透明的比特流传输；在数据终端设备、数据通信和交换设备之间建立、保持和拆除数据链路。

(2)数据链路层

链路是指数据传输中任何两个相邻节点间的点到点的物理线路，是网络中计算机之间相互通信的基本单元。数据链路是一个数据管道，是由链路与用以控制数据传输的规程构成的。数据链路层协议建立在物理层基础之上，物理层所做的工作是接收一个原始的比特流，并准备将它交给目的地。数据链路层通过对传输操作进行严格的控制和管理实现真正有效的、可靠的数据传输。链路层是为网络层提供数据传送服务的，这种服务要依靠本层所具备的功能来实现。

数据链路层的功能如下：

1)链路管理(数据链路连接的建立、维持和释放)。

2)帧同步(帧同步指收方应当从收到的比特流中准确地区分帧的起始与终止。在数据链路层，数据的传送单位是帧，其目的之一就是为使传输中发生差错后，只将有错的有限数据进行重发)。

3)差错控制(数据链路层将比特流分成离散的帧，并对每一帧计算出校验和，当一帧到达目的地后重新计算校验和时，如果新计算出的校验和不同于帧中所包括的值，数据链路层会采取措施处理差错，丢弃坏帧，并发回一个差错报告，从而实现比特流的差错控制)。

4)流量控制(在数据传输过程中，为了使信息在网络中尽可能快且均匀地流动，避免在网络数据传输过程中出现过载和死锁〈即阻塞〉，需要对通信流量进行控制。数据链路层流量控制的目的就是要避免阻塞和在发生阻塞的情况时能够解除阻塞)。

5)透明传输(在数据链路上可以有效地传输各种比特组合的数据，对比特流来说是“透明”的)。

6)识别数据和控制信息(由于数据和控制信息在大多数情况下在同一帧中,数据链路层必须能区分出它们)。

7)寻址(在多点传输数据过程中,发送方的数据链路层应确保每一帧到达正确的目的地,即接收方的数据链路层要能够知道谁是发送方)。

8)通信控制规程(整个数据通信过程可分为建立链接、确定发送、数据传输、传输结束、拆除链接五个阶段,为了完成数据传输,必须进行数据转发前的约定、收发两端之间通信线路的连接、数据转发器间的同步、拆除线路、差错控制等操作,所有这些步骤中涉及的数据编码、同步方式、传输控制字符、差错控制、放大方式、传输控制步骤、通信方式及传输速率等都由通信控制规程进行描述,因此有时也称通信控制规程为传输控制规程)。

(3)网络层

网络层是通信子网的最高层,是通信子网和资源子网的接口。网络层的主要功能是为传输层提供整个网络范围内两个终端用户之间数据传输的通路,以实现整个网络内部的互联。

网络层主要解决如下问题:

1)为传输层提供服务。

2)路由选择(在一个多节点的网络中,任两个节点之间可能存在多条通路,应当选择哪条通路进行通信是路由选择的任务)。

3)流量控制(对整个通信子网内的流量进行控制)。

4)建立、保持和中断连接。

为解决上述问题,网络层提供面向连接的网络服务和无连接的网络服务。面向连接是指在数据交换之前必须先建立连接,当数据交换结束后,终止这个连接。无连接服务是指两个实体之间在通信之前不需先建立好连接,通信时所需要的资源在数据传输时动态地分配。

(4)传输层

传输层的基本功能是完成端对端的差错纠正和流量控制,实现两个系统无差错地分组传送。

传输层提供的服务如下:

1)连接与传输(当会话层向传输层提出传送请求时,传输层通过通信子网的网络服务为会话层提供透明的连接和传输服务)。

2)运输服务(运输服务弥补了网络层提供的服务本身的不足。一方面,运输服务能保证在网络层面向连接的服务过程中对报文正确地接收;另一方面,运输服务能提供网络层非连接服务所不具有的差错控制、处理报文丢失及重复等功能)。

3)端对端通信(传输层所定义的端是指传输实体,传输层为两个终端提供通信信道)。

4)状态报告和安全保密(传输层除了提供传输层实体或运输连接的状态信息外,还提供收发的确认、数据加密与解密、链路的保密等安全服务)。

(5)会话层

会话层的基本功能是向表示层提供建立和使用连接的方法。会话层是面向用户的,可以当作是用户和网络的接口,会话层为会话者组织和同步对话活动,并管理和控制数据的传输。

会话层所提供的服务如下:

1)会话连接管理(为处于应用层的某一个活动之中的两个对等进程建立和维持一条通信

信道，其中所说的活动是指在逻辑上具有相对完整性和独立性的会话服务，活动是构成完整会话的逻辑单位)。

2)会话交换服务(为通信的两个应用进程提供交换对话单元的方法，在前述的活动中包含着多个单向连接，对话单元指在一个单向连接中所运输的数据)。

3)隔离服务(在会话的某一方，有一个输入缓冲器收集报文，在全部报文到达之前不对其中的报文进行处理。隔离的目的是要让接收方能分清所说的不同内容之间的界限)。

4)交互管理(交互管理是为了保持各种请求和响应的轮番对话)。

5)连接同步(目的在于进行会话出错处理，当出现错误时，会话连接同步会将会话实体转移到一个已知状态)。

6)报告(收方在接收数据时出现的任何异常都将被告知发方)。

(6)表示层

表示层的任务是为在应用进程之间传送的数据提供表示方法，表示层关心的是数据的语法和语义。

表示层提供如下服务：

1)涉及实现不同格式和编码之间的交换，并负责数据的加密解密，数据的压缩与恢复。

2)决定选择哪种语法表示信息及如果需要将如何修改这种选择。

3)管理(利用会话层网络服务建立表示连接，并管理基于这个连接而进行的数据传输和同步控制，连接终止)。

(7)应用层

应用层是一个范围很广的领域，它包含分布式数据库、分布计算、网络操作系统和分布式操作系统以及电子邮件、远程控制等。不同的应用层具体涉及的内容主要取决于用户。

4.3　网络操作系统

4.3.1　网络操作系统概述

网络操作系统 NOS(Network Operating System)是网络的核心，是向网络计算机提供服务的操作系统。网络操作系统运行在称为服务器的计算机上，并由联网的计算机用户共享。

一般网络操作系统提供文件服务、打印服务、目录服务和其他的通信服务。在网络环境中，许多服务都是以 C/S(Client/Server)形式提供的，网络操作系统中驻留着许多服务程序或服务器，而这些服务器所驻留的网络操作系统以及相关的硬件也称为服务器平台。

网络操作系统的类型有集中式、客户/服务器模式和对等式。集中式运行在大型主机上，实现资源的统一管理；客户/服务器模式在网络中连接多台计算机，有的计算机提供文件、打印等服务，被称为服务器，而另外一些计算机则向服务器请求服务，称为客户机或工作站。客户机与集中式网络中的终端不同的是，客户机有自己的处理能力，仅在需要通信时才向服务器发出请求；对等式同时具有服务器和客户两种功能，网络连接简单，适用于工作组内几台计算机之间仅需提供简单的通信和资源共享，这种情况下无须购置专用服务器。

网络操作系统具有的特征如下：多用户、多任务支持；网络访问安全控制；系统容错能力强;网络服务的承载能力强;广域网连接;网络目录服务,各种网络资源以目录形式提供;多种客户端及网络接入支持;独立于网络硬件,可运行于各种网络硬件上;网络管理;提供不同操作系统之间的互操作性。

4.3.2 网络操作系统提供的基本服务

(1)文件服务

文件服务器是一个提供文件存储和访问的计算机。广域网 C/S 结构的文件服务形式以因特网的 FTP 为代表,客户端的用户通过系统注册和登录,可以对 FTP 服务器中的文件进行下载或将本地的文件资源上传。20 世纪 80 年代发展起来的以 NetWare 和 Windows NT 为代表的现代网络操作系统,主要应用在局域网环境中,这些网络操作系统提供的文件服务允许通过映射,使登录到文件服务器的用户可以像使用本地文件系统资源一样的方式使用网络主机或服务器文件系统中的文件资源,扩展了计算机系统的应用模式。

(2)打印服务

打印服务是局域网操作系统发展之初主要的服务项目之一,一般的打印服务器程序安装在网络主机或主服务器上。随着对等网技术的发展,局域网上的文件服务和打印服务往往可以驻留在局域网中的任何一台计算机上,前提是该计算机需要安装和运行文件服务器和打印服务器程序,并做相应的服务参数设置。

(3)目录服务

目录服务是目前网络操作系统发展的热点之一,目录服务可以将一个网络中的所有资源,包括邮件地址、计算机设备、外围设备如打印机等集合在一起,以统一的界面提供给用户进行访问,其基本形式如同电信部门所提供的"黄页"服务。在理想情况下,目录服务将物理网络的拓扑结构和网络协议等细节掩盖起来,这样用户不必了解网络资源的具体位置和连接方式就可以进行访问。

目前比较常用的目录服务产品有 Novell 公司的 NetWare Directory Service(NDS,应用在 NetWare 4.0 和以上的版本)、微软公司的活动目录(Active Directory)以及 Sun 公司的 NIS/NIS+等。

网络操作系统还对每个网络设备之间的通信进行管理,这是通过网络操作系统中的媒体访问法来实现的。网络操作系统的各种安全特性可用来管理每个用户的访问权利,确保关键数据的安全保密。因此,网络操作系统从根本上说是一种管理器,用来管理连接、资源和通信量的流向。

网络操作系统还可以提供其他各种通信或增值服务。其中,比较常用的服务包括:Web Server、Mail Server、FTP Server、Chat Server 等。

4.3.3 常见的网络操作系统

(1)Windows 操作系统

全球最大的软件开发商——Microsoft(微软)公司开发的 Windows 操作系统不仅在个人操作系统中占有绝对优势,它在网络操作系统中也是具有非常强劲的优势。但由于它对服务器的硬件要求较高,且稳定性能不是很高,所以一般只是用在中低档服务器中;高端服务器通常采用 Unix、Linux 或 Solairs 等非 Windows 操作系统。在局域网中,微软的网络操作系统主要有:Windows NT 4.0 Server、Windows 2000 Server/Advance Server,以及 Windows 2003 Server/ Advance Server 等,工作站系统可以采用任一 Windows 或非 Windows 操作系统,包括个人操作系统,如 Windows 9x/ME/XP 等。

(2)Novell NetWare 操作系统

Novell 公司推出的 NetWare 是具有多任务、多用户的网络操作系统,该网络操作系统是基于基本模块设计思想的开放的网络服务器平台,对不同的工作平台(如 DOS、OS/2、Macintosh 等)、不同的网络协议环境如 TCP/IP 以及各种工作站操作系统提供了一致的服务,其较高版本提供系统容错(SFT)能力。NetWare 操作系统对网络硬件的要求较低,适合一些设备比较落后的中、小型企业。它在无盘工作站组建方面具有很大优势,且兼容 DOS 命令,具有相当丰富的应用软件支持,技术完善、可靠。

Novell 公司的 NetWare 3.X 和 4.X 是 32 位的 NOS,可运行在 Intel 80386 和 Intel 80486 处理器上,支持所有的主流台式机操作系统,其中包括 DOS,Microsoft Windows,Apple Macintosh,OS/2 和 Unix。目前常用的版本有 3.11、3.12 和 4.10 、V4.11、V5.0 等中英文版本。

(3)Unix 操作系统

Unix 操作系统是最早由美国电话电报公司(AT&T)贝尔实验室的丹尼斯·里奇和肯·汤普森开发的操作系统,允许计算机同时处理多用户和程序。

Unix 功能主要表现在网络和系统管理、高数据安全性、丰富的应用软件的支持、强大的通信能力和互连能力、简便易用等方面。Unix 经常与其他操作系统一起使用,如 Novell NetWare 和 Windows NT。Unix 一般用于大型的网站或大型的企、事业局域网中,小型局域网应用较少。

目前 Unix 网络操作系统的版本有:AT&T 和 SCO 的 UnixSVR3.2、SVR4.0 和 SVR4.2 等。Unix 本是针对小型机主机环境开发的操作系统,是一种集中式分时多用户体系结构。

(4)Linux 操作系统

Linux 系统是一种新型的网络操作系统,具有高效和灵活的特性以及多任务、多用户的能力,最大的特点是源代码开放,可以免费得到许多应用程序。Linux 操作系统软件包不仅包括完整的 Linux 操作系统,而且还包括了文本编辑器、高级语言编译器等应用软件,包括带有多个窗口管理器的 X-Windows 图形用户界面,直观、易操作、交互性强,可以使用窗口、图标和菜单对系统进行操作。目前较流行的 Linux 版本有 RedHat Linux、Debian Linux、RedFlag Linux,中文版本的 Linux 有 REDHAT(红帽子),红旗 Linux 等。Linux 系统安全性和稳定性较好,目前主要应用于中、高档服务器中。

4.4 信息网络的传输介质与连接设备

4.4.1 网络传输介质

(1)有线传输介质

1)双绞线

双绞线一般由数对绝缘铜导线按一定密度互相扭绞相互缠绕而成，以达到消除电磁干扰的目的。双绞线按传输速率可分为3类、4类、5类、超5类、6类以及7类；按屏蔽类型可分为屏蔽双绞线（STP）和非屏蔽双绞线（UTP）。

2）光纤

光纤又称光导纤维，是一种能够传导光信号的极细又柔软的通信媒体，传输距离远、抗干扰性能强、保密性好。光纤按传输模式可分为单模光纤和多模光纤两种，单模光纤在光纤中只能传输一个模式（同一时刻仅仅允许一束光进入光纤介质），多模光纤在光纤中传输多个模式（同一时刻允许多束光进入光纤介质）。

（2）无线传输介质

1）无线传输

无线通信有单频通信和扩频通信两种方式。单频通信是指信号的载波频率是单一值，其载波的可用频率遍及整个无线电频率范围，传输速率较低，单频通信的性能与其发射功率有关。扩频通信是扩展频谱通信的简称，扩频通信中信号能量分布在很宽的频率上，在信号能量不变的前提下，其幅度大大减小，有时甚至小于噪声的幅度，此时必须用扩频接收机接收。扩频接收机将原来展宽的频谱又重新压缩，恢复信号强度。由于扩频通信的频率扩展的方法复杂，所以很难破解，具有一定的安全性，故扩频通信逐渐成为无线网络中的一种重要通信方式。

2）红外传输

红外线 IrDA 是一种无线通信方式，传输成本低廉、传输距离较短。红外传输可分为点到点（Peer to Peer）方式和广播（Broadcast）方式两类。在点到点方式中，红外发光管发出的红外线要经过透镜的作用聚集成一根细的光束，接收设备必须在此光束中并与之对正才能收到正确的信号。在广播方式中，红外线不经聚集即向四面八方发出，没有方向性，接收设备只要与发射机足够接近，在有效范围内即可接收到信号。

红外线通信技术适合于低成本、跨平台、点对点高速数据连接，尤其是嵌入式系统，主要应用于设备互联、信息网关，目前已被全球范围内的众多软硬件厂商所支持和采用。

3）微波

微波通信使用波长在0.1mm至1m之间的电磁波-微波进行通信，具有容量大、质量好、并可传至很远的距离等优点，当两点间直线距离内无障碍时就可以使用微波传送。微波通信是国家通信网的一种重要通信手段，也普遍适用于各种专用通信网。

微波通信有地面微波通信和卫星微波通信两种方式。地面微波通信也称为微波中继通信或称微波接力通信，是由于地面的影响以及空间传输的损耗，每隔50km左右，就需要设置中继站，将电波放大转发而延伸，长距离微波通信干线可以经过几十次中继而传至数千千米仍可保持很高的通信质量。卫星微波通信则是将信号从地球站发射到卫星上，再由卫星向地面上转发，在卫星覆盖的区域内由相应的地球站接收。

微波通信由于其频带宽、容量大，可以用于各种电信业务的传送，如电话、电报、数据、传真以及彩色电视等均可通过微波电路传输。微波通信具有良好的抗灾性能，一般不受水灾、风灾以及地震等自然灾害的影响。

4）蓝牙

蓝牙技术是一种无线数据与语音通信的开放性标准，它以近距离无线连接为基础，为固定与移动设备通信环境建立一个特别连接，其有效传输距离是 33 英尺(10m)。在全球通用的 2.4GHz ISM(工业、科学、医学)频段，任一使用蓝牙技术的设备一旦搜寻到另一个蓝牙设备，马上就可以建立联系，而无须用户进行任何设置。

蓝牙技术将在家庭和办公室自动化、家庭娱乐、电子商务、工业控制、智能化建筑物等场合开辟广阔的应用前景。

4.4.2　网络设备

网络设备分为网络接入设备、网络连接和互联设备。

(1)网络接入设备

网络接入设备是计算机与信息网络进行连接的设备，如网络适配器和调制解调器。

网络适配器又称网卡或网络接口卡(NIC，Network Interface Card)，是计算机联网的设备(图 4-3)。网卡插在计算机主板插槽中，负责将用户要传递的数据转换为网络上其他设备能够识别的格式，通过网络介质传输。网卡有两个主要功能：一是读入由网络设备传输过来的数据包，经过拆包，将它变为计算机可以识别的数据，并将数据传输到所需设备中；二是将计算机发送的数据，打包后输送至其他网络设备。

图 4-3　网卡

调制解调器(Modem)是一种信号转换装置，用于将计算机通过电话线路连接上网，并实现数字信号和模拟信号之间的转换。调制是将计算机的数字数据转换成模拟信号输送出去，解调则是将接收到的模拟信号还原成数字数据交计算机存储或处理。调制解调器分外置式和内置式两种，外置式通过电话线与计算机的一个串行口相连，内置式插接在主板上，不占用串行口。

(2)网络连接和互联设备

1)中继器

中继器也称转发器或重复器，是互联网中的连接设备，作用是将收到的信号放大后输出，既实现了计算机之间的连接，又扩充了媒介的有效长度，用于扩展局域网。它工作在 OSI 参考模型的最底层(物理层)，因此只能用来连接具有相同物理层协议的 LAN。

2)集线器

集线器(HUB)是对网络进行集中管理的最小单元，其主要功能是把所有节点集中在以它为中心的节点上(图 4-4)。HUB 是一个共享设备，工作于 OSI 参考模型的数据链路层，可对接收到的信号进行再生放大，以扩大网络的传输距离。HUB 主要用于共享网络的组建，是解决从服务器到桌面的最佳、最经济的方案。在交换式网络中，HUB 直接与交换机相连，将交换机端口的数据送到桌面。

HUB 有多种分类方法，依据总线带宽的不同，HUB 分为 10M、100M 和 10/100M 自适应等 3 种；按配置形式的不同，HUB 可分为独立型 HUB、模块化 HUB、和堆叠式 HUB 3 种；根据管理方式的不同，HUB可分为智能型HUB和非智能型HUB两种。目前所使用的HUB基本是以上3种分类的组合，比如10/100M自适应智能型可堆叠式HUB等。HUB端口数目主要有8口、16口和24口等。

3)交换机

交换机是一种在通信系统中完成信息交换功能的设备。交换机拥有一条很高带宽的背部总线和内部交换矩阵，其所有的端口都挂接在这条背部总线上(图4-5)。控制电路收到数据包以后，处理端口会查找内存中的MAC地址(网卡的硬件地址)表以确定目的MAC的NIC(网卡)挂接在哪个端口上，通过内部交换矩阵直接将数据包迅速传送到目的节点，而不是所有节点。这种方式一方面提高了网络通信的效率，不易产生网络堵塞；另一个方面保证了数据传输的安全，因为它不是对所有节点都同时发送，其他节点很难侦听到所发送的信息。

图4-4 集线器

图4-5 交换机

局域网交换机是组成网络系统的核心设备，按使用的网络技术可以分为：以太网交换机、令牌环交换机、FDDI交换机、ATM交换机、快速以太网交换机等。

4)网桥

网桥工作在数据链路层，在网络互联中它起到数据接收、地址过滤与数据转发的作用，用来实现多个网络系统之间的数据交换。网桥可分为透明网桥、源路由网桥两种。

透明网桥由各个网桥自己来决定路由选择，局域网上的各结点不负责路由选择，网桥对于互联局域网的各结点来说是“透明”的。透明网桥使用的是生成树算法建立路由表，首先必须选出一个网桥作为生成树的根，接着按根到每个网桥的最短路径来构造生成树。

源路由网桥假定每个结点在发送帧时，清楚地知道发往各个目的结点的路由，因而在发送帧时将详细的路由信息放在帧的首部中。为了发现适合的路由，源结点以广播方式向目的结点发送一个用于探测的帧，该帧将在整个通过网桥互联的局域网中沿着所有可能的路由传送，当这些帧到达目的结点时，就沿着各自的路由返回源结点，源结点在得到这些路由信息之后，从所有可能的路由中选择出一个最佳路由。

5)路由器

路由器(Router)是用来实现路由选择功能的一种媒介系统设备，处于OSI参考模型的网络层，具有智能化管理网络的能力，是互联网重要的连接设备，用来连接多个逻辑上分开的网络，能在复杂的网络中自动进行路径选择和对信息进行存储与转发，具有比网桥更强大的处理能力(图4-6)。路由器互连的两个网络或子网，可以是相同类型，也可以是不同类型。

图4-6 路由器

路由器的一个作用是连通不同的网络，另一个作用是选择信息传送的线路，选择最佳传输路径，从而提高通信速度，减轻网络系统通信负荷，节约网络系统资源。路由器一般可以分为接入路由器(用于连接家庭或ISP内的小型企业客户)、企业级路由器(用于连接许多终端系统，可实现尽可能多的端点互联，支持不同的服务质量，并可划分服务等级）、骨干级路由器（用于实现企业级网络的互联）、太比特路由器（是未来核心互联网技术光纤和 DWDM 提供的原始带宽对应的路由器，可从根本上改善新的网络基础设施的性能，目前处于开发实验阶段）。

6）网关

网关是将两个使用不同协议的网络段连接在一起的设备，其作用是对两个网络段中使用不同传输协议的数据进行互相的翻译转换，使得网络中任一节点通过网关都可以与另一网络中的节点进行通信，从而实现网际通信。

4.5　局　域　网

4.5.1　局域网概述

局域网即计算机局部区域网，它是在一个局部的地理范围内，将各种计算机、外围设备、数据库等互相连接起来组成的计算机通信网，简称 LAN。局域网是计算机通信网的一个重要组成部分，除完成一站对另一站的通信外，还通过共享的通信媒体如数据通信网或专用数据电路，与远方的局域网、数据库或处理中心相连，构成一个大范围的信息处理系统，其用途主要在于数据通信与资源共享。

局域网的覆盖范围一般在几千米以内，采用的传输媒体有双绞线、同轴电缆和光纤。局域网能支持多台设备，且为一个单位所拥有，因此布局比较规则，在单个 LAN 内部一般不存在交换节点与路由选择问题，有较低的时延与误码率。局域网为网内所有站所共享，因此具有较高的总带宽。

局域网中的计算机主要有网络服务器和客户机两种形式，网络服务器主要负责提供网络资源和存储网络信息，同时管理网络用户，客户机可访问网络资源，一般为普通的计算机和数据终端。局域网常用的通信介质一般有同轴电缆、双绞线、光纤和无线介质。通信介质一般通过通信适配器（网卡、RJ45 连接器）连接到网络设备。局域网中常用的网络连接设备和网络互联设备主要有中继器、集线器、交换机、网桥、路由器等。局域网中常见的网络操作系统有 Windows、NetWare、Linux、Unix 等。

4.5.2　高速局域网

目前常见的高速局域网有以太网（Ethernet）、光纤分布式数据接口（FDDI）、异步传输模式（ATM）、令牌环网（Token Ring）等，其中以太网是当今应用最为广泛的网络技术。

（1）快速以太网（Fast Ethernet）

100Mbps 快速以太网是目前应用最广泛、技术最成熟的局域网技术。100BASE-TX 、100BASE-FX 和 100BASE-T4 是快速以太网目前制定的 3 种有关传输介质的标准。100BASE-TX 是一种使用 5 类非屏蔽双绞线或屏蔽双绞线的快速以太网技术，它使用两对双绞线，一对用于发送数据，一对用于接收数据，符合 EIA586 的 5 类布线标准，使用 RJ45 连接器，最大网段长度为 100m，支持全双工的数据传输。100BASE-FX 是光纤介质快速以太网，它通常使用光纤芯径为 62.5μm，外径为 125μm(62.5/12.5)，波长为 1 310nm 的多模光缆。100Base-FX 用两束光纤传输数据，一束用于发送，另一束用于接收，它也是一个全双工系统。100BASE-T4 是一种可使用 3、4、5 类非屏蔽双绞线或屏蔽双绞线的快速以太网技术，它使用 4 对双绞线，3 对用于传送数据，1 对用于检测冲突信号，符合 EIA586 结构化布线标准，使用与 10BASE-T 相同的 RJ45 连接器，最大网段长度为 100m。

100Mbps 快速以太网由于采用基于载波的侦听多路访问和冲突检测(CSMA/CD)技术，当网络负载较重时，会造成效率的降低。

(2)千兆以太网

千兆以太网可以提供 1Gbps 的通信带宽，采用和传统的 10M、100M 以太网同样的 CSMA/CD 协议、帧格式、帧长、全双工以及 IEEE 802.3 标准中所定义的管理对象，与以太网及快速以太网完全兼容。

IEEE 802.3z 千兆以太网标准定义 1000Base-SX、1000Base-LX、1000Base-CX 3 种介质标准，有时也统称为 1000Base-X.

1000Base-SX 是短波长激光器(SWL)多模光纤介质系统标准，它是一种在收发器上使用短波激光作为信号源的媒体技术，支持 62.5μm/125μm 和 50μm/125μm 两种多模光纤介质，不支持单模光纤。1000Base-SX 对于 62.5μm 多模光纤，全双工模式下最大传输距离为 275m，对于 50μm 多模光纤，全双工模式下最大传输距离为 550m。

1000Base-LX 是长波长激光器(LWL)光纤介质系统标准，它是一种在收发器上使用长波激光作为信号源的媒体技术。支持 62.5μm/125μm 和 50μm/125μm 两种多模光纤介质，也支持单模光纤。1000Base-LX 规定在使用多模光纤且工作在全双工模式时，最长的传输距离为 550m。对于 9μm/125μm 单模光纤，全双工模式下最长的传输距离可达 5km。

1000Base-CX 是短距离铜线千兆以太网标准，它使用一种特殊的屏蔽双绞线，即 TW 型带屏蔽的铜线，双绞线的特性阻抗为 150Ω，最大传输距离仅有 25m。

IEEE 802.3ab 定义了在 5 类铜介质线缆上运行的 1000BASE-T 标准。该标准使用了 4 对双绞线，每一对的流量是 250M，这样才使 1Gbps 的传输速度成为可能 (250Mbps×4 = 1Gbps)。

目前，千兆以太网已经发展成为主流网络技术，成为建设企业局域网时的首选高速网络技术，已成为城域网建设的主要网络技术。

千兆交换机是千兆以太网络的骨干部分，千兆网卡安插在服务器上，通过布线系统与交换机相连，千兆交换机下面还可连接若干百兆交换机，百兆交换机连接工作站，构成"百兆到桌面"。在有些专业图形制作、视频点播应用中，还可"千兆到桌面"，即用千兆交换机连到插有千兆网卡的工作站上，满足特殊应用下对高带宽的需求。

(3)万兆以太网

万兆以太网技术始于 2002 年 6 月 802.3ae 10GE 标准的正式发布。万兆以太网是一种只采用全双工与光纤的技术，简化了网络拓扑结构，提高了网络性能。其物理层 PHY 和 OSI 模型物理层一致，负责建立传输介质(光纤或铜线)和 MAC 层的连接，MAC 层相当于 OSI 模型的数据链路层。万兆以太网基本承袭了以太网、快速以太网及千兆以太网技术，使得用户能够实现无缝升级，保护了用户的投资，同时还意味着更高的带宽(10G)和更远的传输距离(最长传输距离可达 40km)。

万兆以太网技术适用于各种网络结构,能够简单、经济地构建各种速率的网络,可以满足骨干网大容量传输的需求,解决了窄带接入、宽带传输的瓶颈问题。在万兆以太网中,由于 LAN、MAN 和 WAN 采用同一种核心技术,网络易于管理和维护,同时避免了协议转换,实现了 LAN、MAN 和 WAN 的无缝连接。

万兆以太网的应用前景十分广阔,如高带宽园区骨干、数据中心汇聚、集群和网格计算、信息通信(语音、视频、图像和数据)、金融交易以及政府、医疗保健领域和大学的超级计算研究等。

4.5.3 无线局域网

(1)无线局域网概述

通常信息网络以铜缆或光缆为传输媒介,构成有线局域网。但有线网络的布线工程量大、线路容易损坏、线缆故障定位和修复困难、网络中的各节点不可移动。近年来随着移动办公、企业既有网络改造、SOHO 等诸多需求,无线局域网络在某些场合逐渐取代有线网络,成为网络一种新的解决方案。

无线局域网(Wireless Local Area Network ,WLAN)是指以无线信道作为传输媒介的计算机局域网,具有可移动性、数据传输速率高、抗干扰性强、误码率低、保密性较强、高可靠性、兼容性好、安装简单、易于扩展等特点,使网络中的计算机具有可移动性,是有线网络的一种补充和扩展。

无线局域网具有广阔的应用前景,目前已应用于制造业、仓储业、金融业、医疗界、大学校园、移动办公系统和新兴的家庭自动化系统中。

(2)无线局域网标准

1990 年,EEE802 标准化委员会成立了 802.11 无线局域网标准工作组。该工作组于 1997 年 6 月公布了该标准,它是第一代无线局域网标准之一,该标准的制定是无线局域网发展的里程碑。IEEE802.11 标准定义了物理层和介质访问控制层的规范,其物理层标准主要有 IEEE802.11b、IEEE802.11a 和 IEEE802.11g。

1999 年 8 月,IEEE802.11 标准得到了进一步的完善和修订,包括用一个基于 SNMP 的 MIB 来取代原来基于 OSI 协议的 MIB。另外还增加了 802.11a 和 802.11b 两项内容。802.11a 扩充了标准的物理层,频带为 5GHz,采用 QFSK 调制方式,传输速率为 6Mb/s~54Mb/s,采用正交频分复用(OFDM)的独特扩频技术,可提供 25Mbps 的无线 ATM 接口和 10Mbps 的以太网无线帧结构接口,并支持语音、数据、图像业务。802.11b 在 2.4GHz 频带采用直接序列扩频(DSSS)技术和补偿编码键控(CCK)调制方式,可提供 11Mb/s 的数据速率,还能够根据情况的变化,在 11Mbps、5.5Mbps、2Mbps、1Mbps 的不同速率之间自动切换。802.11b 从根本上改变无线局域网设计和应用现状,扩大了无线局域网的应用领域。现在,大多数厂商生产的无线局域网产品都基于 802.11b 标准。

IEEE802.11a 是 IEEE 为了改进 IEEE802.11 而推出的无线局域网络协议标准,是 IEEE802.11 的有益补充。802.11a 标准的传输优点是具备更高频宽的特性,传输速度快,速度可达 54Mbps,适用于处理大量资料,完全能满足语音、数据、图像等业务的需要。

2001 年 11 月 15 日,IEEE 试验性地批准一种新技术 802.11g,该技术可以提升家庭、公司和公共场所的无线互联网接入速度。IEEE802.11g 标准方案工作在 2.4GHz 频段上，最大数据传输速率可达 54Mbps，比现在通用的 802.11b 要快出 5 倍，并兼容 802.11b。IEEE802.11g 中规定的调制方式有两种，包括 5GHz 频带无线 LAN“IEEE802.11a”中采用的 OFDM 与 IEEE802.11b 中采用的 CCK。

为制定一项新的高速无线局域网标准 802.11n，IEEE 已经成立 802.11n 工作小组，该小组计划将 WLAN 的传输速率从 802.11a 和 802.11g 的 54Mbps 增加至 108Mbps 以上，最高速率可达 320Mbps。802.11n 协议为双频工作模式(包含 2.4GHz 和 5GHz 两个工作频段)，以兼容 802.11a、802.11b、802.11g 标准。IEEE802.11n 标准全面改进了 802.11 标准，不仅涉及物理层标准，同时也采用新的高性能无线传输技术提升 MAC 层的性能，优化数据帧结构，提高网络的吞吐量性能。

(3)无线局域网的传输方式

目前无线局域网采用的传输媒体主要有无线电波与红外线两种。红外线方式的最大优点是不受无线电干扰，但由于红外线对非透明物体的透过性较差，空间衰减很大，信号不易被探测，传输距离受限，比较适用于近距离点对点传输速率较高的环境。无线电波方式根据调制方式的不同又分为扩展频谱方式和窄带调制方式。宽带扩展频谱技术通过编码方式扩展信息的带宽，使传输信息的信号带宽远大于信息本身的带宽，在接收端将宽带的扩频信号恢复成窄带的传输信号，同时将干扰信号频谱再次进行扩展，提高信息解调信噪比，达到扩频通信目的，从而提高了通信系统的抗干扰能力和安全性。在窄带调制方式中，数据基带信号的频谱不做任何扩展即被直接搬移到射频发射出去。与扩展频谱方式相比，窄带调制方式占用频带少，频带利用率高，但通信可靠性较差。

(4)无线局域网的组成

无线局域网可看成是由多个无线节点组成的，而每个无线节点必须具有数据处理设备、微波扩频系统设备和天线。最简单的数据处理设备就是计算机，微波扩频系统设备主要有无线网卡、无线集线器、无线网桥、无线路由器和无线调制解调器等，天线可采用定向天线或全向天线。

无线网卡由网络集成电路单元、扩频通信机和天线三个功能模块组成。网络集成电路单元负责建立主机与物理层之间的连接，它属于数据链路层，扩频通信机用于与物理层建立对应关系，实现无线电信号的接收和发射；无线网络适配器用于将工作站通过天线与无线 HUB 的天线进行通信；无线集线器在功能上相当于有线网络中的 HUB，用于将远程局域网连接起来形成大的局域网。通常无线 HUB 使用以太网接口，采用半双工通信方式；无线网桥具有有线网络中网桥的过滤功能，使用以太网接口，采用半双工通信方式；无线路由器相当于有线网络中低档的路由器，主要用于实现网络层的微波扩频系统，使用以太网接口，采用半双工通信方式；无线调制解调器基于 RS-232、X.21 和 V.35 等广域网接口，实现物理层的连接，以全双工方式进行通信，一般需要与无线网桥或路由器配合使用。在上述产品中，无线 HUB 和无线网桥在点对点和主从两种无线拓扑结构中都可使用。而无线路由器和无线调制解调器只能用于点对点的拓扑中。

(5)无线局域网的组建

1)全无线网

所有的网络节点均采用无线网卡，由于无线网卡的通信距离有限(一般为 100～1000m)，因此在网络中的合适位置还应增设无线中继站，以扩大网络的覆盖范围。

2)无线工作站接入有线网

适用于一个既有的有线网络，当需要再扩展工作站时，可考虑加无线工作站的方式，需要在有线网络的接入节点增加一块无线网卡或无线中继器。

3)两个有线网以无线方式互联

适用于将两个或多个已建好的有线局域网互联成更大规模的网络的情况，例如两个相邻建筑物中的有线网互联，此时可采用接入无线路由器的方式实现有线网的互联。

4.6　Internet 与 Intranet

随着信息社会的到来，信息网络已经渗入到人们生活的各个领域，正在从根本上改变人们的工作生活方式。在现代化大型企业中，信息网络在办公自动化、生产销售、经营管理等领域发挥着越来越重要的作用。而作为 Internet 延伸的企业内联网 Intranet 已成为企业内部、企业与外部世界进行信息交流的重要手段，大大改变了现代企业的经营运行方式，提高了现代企业的竞争力。

4.6.1　Internet

Internet 是一个由各种不同类型和规模的独立运行和管理的信息网络组成的全球范围的信息网络，组成 Internet 的信息网络包括局域网(LAN)、城域网(MAN)以及大规模的广域网(WAN)等。这些网络通过普通电话线、高速率专用线路、卫星、微波和光缆等通信线路把不同国家的大学、公司、科研机构以及军事和政府等组织的网络连接起来。

Internet 网络互联采用的基本协议是 TCP/IP，支持 Internet 的各种软件、硬件以及由它们组成的各种系统为 Internet 的用户提供了各种各样的应用系统，这些应用系统把各种 Internet 信息资源有机地结合在一起，为用户提供可靠、简单和快捷的 Internet 服务：信息的获取与发布、电子邮件、文档检索、Gopher、菜单驱动信息检索、广域信息服务器、数据库信息检索、视频点播 VOD、电子商务，开展网上购物、网上商品销售、网上拍卖、网上货币支付，WWW、新闻组、网络电话，IP 电话服务、即时通信、信息共享电子白版、电子杂志、电子出版物、多用户游戏、远程教育、远程医疗等。

4.6.2　Intranet

Intranet 是一种采用 Internet 技术建立的企业内部专用网络，它以 TCP/IP 协议作为基础，以 Web 为核心应用，构成统一和便利的信息交换平台，是 Internet 在企业信息系统中的延伸和应用。

Intranet 通过防火墙与 Internet 连接，以保证企业的信息不受外界攻击，同时可以和外界进行必需的信息交换。

Intranet 可实现的功能如下：利用电子邮件服务，实现企业办公自动化中的文件传递、用户意见回馈、通知下发等；也可用于企业员工之间的通信，降低通信费用；利用 Web 服务器发布企业各种信息，供企业内部或用户浏览；允许已授权用户访问特定的信息资源，有效地保护企业的信息安全；在 Web 上开展电子贸易，开展产品展览、销售的信息服务等；采用防火墙、服务认证、数据加密以及设置用户权限等手段，有效保护企业的商业机密、技术保密资料等；通过共享文件系统使企业员工可以对企业内部的数据进行存取和使用，完成相应的业务；通过共享网络打印机，节约成本，提高工作效率；连接 Internet 进行全球范围的通信及视频会议；允许企业分支机构远程访问总部的信息。

4.7 信息网络系统的设计

智能建筑中信息网络的规划和设计应以高速、稳定、实用和安全为原则，以满足各类网络业务信息传输与交换为目标，根据桌面用户接入要求配置 10/100/1000Mbit/s 信息端口，按业务需求规划网络结构，根据业务信息流量、服务质量要求和网络结构等配置网络设备以及相应的信息安全保障设备和网络管理系统。在建筑物内流动人口较多的公共区域或布线配置信息点不方便的大空间等区域，还可考虑配置无线局域网络。

4.7.1 信息网络系统方案设计

组建信息网络的第一步是进行网络需求分析，即充分与用户进行沟通，全面了解用户的具体要求，对用户目前的信息需求状况进行详细的调研，了解用户组网的预定目标、用户现有的网络设施配置情况以及应用现状，并兼顾用户将来可能进行的网络变更和升级。

在完成用户需求分析后，按照国家制订的计算机项目开发规范中的规定，写出系统开发和建设的需求分析报告，并与用户交互、修改，最后通过用户组织的评审，形成最终的需求分析报告。在需求分析报告得到用户的认可后，即可把其中的概要设计变成为具体实施计划，确定网络总体目标、网络方案设计原则、网络总体设计、网络拓扑结构、网络选型和网络安全设计等内容。

(1)总体设计

1)总体目标

网络建设的总体目标应包括具体采用的网络技术、网络的规模等。若网络工程采取分期实施方案，则应包括分期工程的目标、建设内容、所需工程费用、时间和进度计划等。

2)设计原则

实用性：网络方案设计中应该充分考虑经济性和实用性原则，采用目前比较成熟的组网技术和性能优越的网络设备。

开放性：选择设备和软件产品时应考虑其是否具有良好的互联性、互通性及互操作性，并考虑能否向新技术平滑过渡，为网络的未来发展留有余地。

安全性：安全性包括网络系统的安全性和应用软件系统的安全性，主要考虑网络安全软件和硬件的配置、系统的容错和故障恢复能力以及应用软件系统的分级权限设置。

此外，网络应具有先进性、易用性、良好的可管理性和很高的资源利用率以及可扩展性，不仅要考虑用户近期目标，还要考虑到将来的扩展和升级。

(2)网络结构

信息网络系统包括内网和外网两种类型，内网又分为一般内网和涉密网。内网之间、内网与外网之间的物理隔离应在综合布线系统设计中考虑。

信息网络的拓扑结构有星型、环型、总线型、树状以及它们的组合。物理结构包括系统层次结构（单层、2层、3层或更多层）以及与外部的连接。信息网络一般采用星型拓扑结构，物理功能上分为3个层次，即主干层、汇聚层和接入层。主干层网络位于整个网络结构的顶层，是网络的核心部分，具有高带宽、高容错和高速率接入等特性。主干层网络一般由一台或若干台配置在机房中的核心交换机组成；接入层网络面向用户站点的连接，由分布在各个弱电设备间内的接入交换机组成，为网络用户提供接入端口；汇聚层网络处于主干层与接入层之间，由若干个性能适中的交换机组成，汇聚层交换机上链主干层核心交换机，下链接入层边缘交换机。

(3)设备选型

1)交换机

核心交换机是宽带网的核心，其选择应满足以下要求：

高性能、高速率：交换机的背板带宽要大，转发速率要快。对于规模较大的网络，还应考虑交换机是否有第3层交换能力，以便配置VLAN。

便于升级和扩展：根据网络具体需求，合理选用交换机的类型，根据网络规模的大小可选择模块化交换机、支持高密度端口和大吞吐量扩展卡的交换机以及堆叠式交换机。

高可靠性：交换机应具有冗余设计，如冗余电源等，设备扩展卡支持热插拔，易于更换维护。

强大的网络控制能力，提供服务质量（QoS）和网络安全。

良好的可管理性，支持通用网管协议。

分布层/接入层交换机亦称外围交换机或边缘交换机，在大中型网络中它用来构成多层次的结构灵活的用户接入网络，在中小型网络中它也可能用来构成网络骨干交换设备。分布层/接入层交换机一般应具备以下特点：

灵活性：提供多种固定端口数量搭配供组网选择，可堆叠、易扩展、以便于进行扩容。

高性能：作为大型网络的二级交换设备，应支持千兆/百兆高速上连，如果作为小型网络的中央交换机，应具有较高的背板带宽和3层交换能力。

性能价格比高：在满足技术性能要求的前提下，价格便宜，使用方便，即插即用，配置简单。

具备一定的网络服务质量和控制能力以及端到端的QoS等。

集线器的选择主要考虑连接端口数、带宽、可管理性、扩展方式和品牌，优先选择技术先进、质量可靠、售后服务良好的厂商的产品。

2)路由器

路由器作为互联网络的必备设备，其选型主要考虑以下几个因素：

性能：路由器的工作效率决定了它的性能，也决定了网络的承载数据量及应用。路由器的路由方式有软件方式与硬件转发方式两种，软件方式一般采用的是集中式路由，硬件转发方式可分成集中式与分布式的硬件转发。硬件转发方式可有效改善数据传输中的延迟，提高网络的效能。

软件稳定性及硬件冗余性：一个完全冗余设计的路由器可以大大提高设备运行中的可靠性，同时软件系统的稳定也能确保用户应用的开展。

带宽、连续性和兼容性:核心路由器的接口必须考虑在一个设备中可以同时支持的接口类型,比如各种铜芯缆及光纤接口的百兆/千兆以太网、ATM 接口和高速 POS 接口等。

端口数:用户必须根据自己的实际需求及将来的需求扩展等多方面来考虑。家用路由器的端口数多在 5 口以下;中小企业路由器一般几十个端口;大型企业要根据网段的数目先做个统计,并对企业网络今后可能的发展做个预测,然后再做选择,从几十到几百个端口,可以根据需求进行合理选择。

路由器支持的标准协议及特性:在选择路由器时必须考虑路由器支持的各种开放标准协议,开放标准协议是设备互联的良好前提,所支持的协议则说明设计上的灵活与高效,如是否支持完全的组播路由协议、是否支持 MPLS、是否支持冗余路由协议 VRRP、是否支持 IPX、是否支持 AppleTalk 路由。

可管理性:目前路由器的主流配置有 3 种:一种是傻瓜型路由器,不需要配置,主要用户群是家庭或者 SOHO;第二种是采用最简单 Web 配置界面的路由器,主要用户群是低端中小型企业;第三种方式是借助终端通过专用配置线连到路由器端口上做直接配置,应该由经过专门培训的专业化人士来进行管理、配置。

企业自身的特殊需求:企业用户为了让不同的应用享受不同等级的服务,或者为了对某一类用户的流量等信息进行统计,需要对各应用、用户、网段或者接口设定不同的流量保障,这种用户在选择路由器时,就必须注意路由器的服务质保体系及流量控制特性,以及路由器是否内置了 IP 计费的功能。

3)服务器

在信息网络中,网络服务器用于存储和传送共享及交换的信息,服务器的品质与整个网络的工作效能直接相关。服务器的选择主要考虑处理能力(提高 CPU 的速度及采用多处理器,以支持更多的用户请求和使请求能获得及时响应)、存储容量(应具有较大的内存容量及磁盘容量)、高速传输总线(以支持 CPU 和内存速度的提高)以及硬盘扩充能力和系统容错能力。

4.7.2 信息网络设计实例

某校园信息网络设计

(1)设计要求

1)建立快速交换以太网,学校内部主干根据需要可使用 100/1000M 第三层交换机,以支持高带宽。

2)主干上使用两个千兆交换机实现网络链路冗余,主要服务器使用主、副(备份)服务器实现数据资源冗余。

3)划分独立子网络,每个子网络使用私地址通过 NAT(Network Address Translation),翻译成校园网互访地址,将允许其他子网访问的服务器再通过 NAT 将校园网地址翻译成私地址以保护各子网的安全,并合理划分 VLAN,阻止广播风暴,提高系统安全。

4)为了与分校或其他学校高速互联,校园网可以使用路由器配置 DDN 专线或多路 ISDN 线路通信,有条件的可以加入中国教科网。

5)对使用负担较重的服务器,可以建立快速以太网通道和服务器负载平衡来提高访问服务器性能。

6)采用简单易用的界面对系统进行维护和管理，无需具备丰富的网络、编程知识。

7)充分为教学信息化服务，使用先进的备课授课系统、流媒体录制系统可以实现授课录制、存入服务器、生成课件全自动化，即老师上课时，点击开始上课，结束时，点击结束授课。学生可以直接使用课件点播系统点播课件。

8)根据学校是否有分校，可选择使用远程监考控制系统、远程实时授课控制系统。

(2)设计原则

1)先进性：技术上的先进性将保证处理数据的高效率、系统工作的灵活性、网络的可靠性，技术上的先进性也使系统的扩充和维护变得十分简单。

2)可靠性：采取级联的星型结构，所配网络交换设备均配置双电源及双主控板，并结合网络骨干线路的冗余备份、网络核心设备的冗余备份和电源冗余备份等技术保证校园网的可靠性。

3)灵活性：整个网络应该支持多种网络结构及其相应的技术和协议，且各种网络技术能支持多种通信速率，并可以相互通用，无缝连接。

4)开放性和可扩充性：从主干网络设备的选型及其模块、插槽个数、管理软件和网络整体结构，以及技术的开放性和对相关协议的支持等方面，来保证网络系统的开放性和扩充性。

5)安全性：内部网络之间、内部网络与外部公共网之间的互联，利用 VLAN/ ELAN 、防火墙等对访问进行控制，确保网络的安全。

6)实用性：网络系统的设计应立足于教学、科研和管理，在性能价格比方面充分体现系统的实用性，既要采用先进的技术，考虑到投资强度，又能在经费允许的条件下实现建网目标，而不能片面追求高指标、高性能，造成超前的投资浪费。

7)易管理性：网络应该支持集中、统一的网络管理视图和图形化管理界面。管理软件可以在通用的网络管理平台上使用，管理系统能够实时监测所有网络设备的工作状况，以需求为依据分析和报告网络工作流量、访问分布和误码报告，在设备发生故障时报警并提供必要处理，动态平衡网络负载。

8)易操作性：网络设备的配置和管理应该有非常友好的界面，一些底层的操作应该由网络设备自动完成，网络设备应该自动刷新和保存数据，减轻网络安装和管理中的人员工作负担，减少人为失误的发生，提高工作效率，缩短系统修正的响应时间。

(3)南京普天通信股份有限公司设计的方案

1)网络拓扑结构设计

采用星型结构，整个校园网的拓扑结构确定为由 3 个中心节点、若干二级分节点和末级接入节点构成网络二级星型的架构，可满足典型的访问层、分布层、核心层的 3 层信息流动模式，也符合流量逐步汇集的要求。

2)网络流量分析

根据校园网的通信业务类型(话音、数据和图像或者多种信息)、规模大小、地理位置和分散的程度、机构设置数量以及网络的未来发展方向初步估算网络最大信息流量为 124Gbps。

3)网络系统逻辑设计

采用折叠式主干设计，便于网络的集中管理和控制，极大地节省了经费。为了保证可靠性，选择平均无故障时间(MTBF)达 17 年的电信级设备并配置备份电源，采用主控板及交换引擎冗余等网络部件冗余的办法，提高核心网络设备的高可用性。

4）网络技术选型

校园网主干采用具有第3层交换功能的千兆位以太网（Gigabit Ethernet）以满足广大用户的各种要求。由于学校由多个部门组成，因而采用二级星型网络技术，如图4-7所示。核心交换机作为宽带接入点与外界连接，再通过二级交换机连接到学校的各个部门所在的建筑物，最后由末级交换机将各个局域网、办公网连接到二级交换机上。

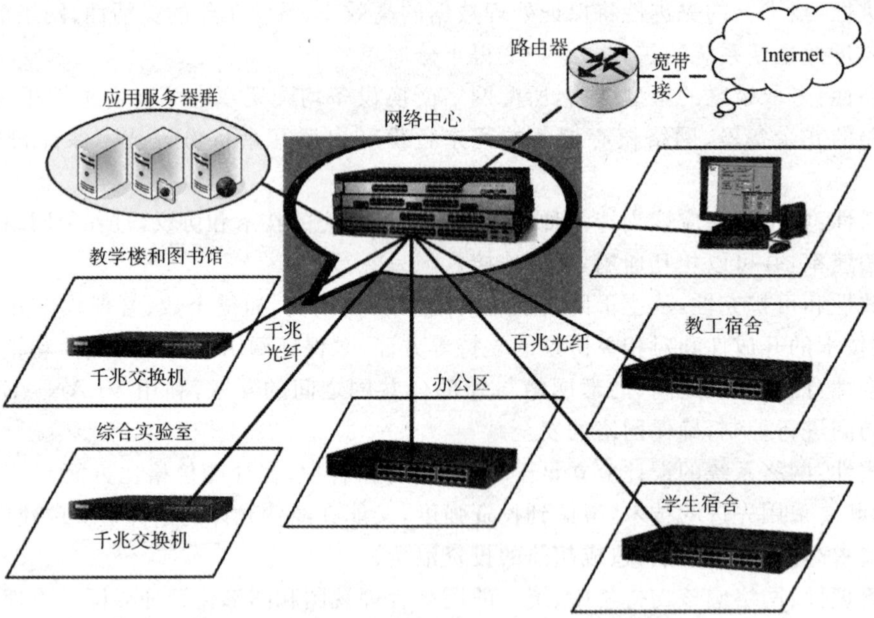

图4-7　校园网网络结构图

5）网络产品选型

主干设备应满足上万个用户接入访问的要求，应支持IP多目广播（Multicast）与服务质量（QoS，Quality of Service）或服务类型（CoS，Class of Service），满足远程教育的需求，支持虚拟局域网（VLAN）；网管软件应具备对接入层交换设备进行远程可操作的能力。针对这些建设要求，选择了在3层交换、VLAN划分、千兆位交换以及性价比等诸方面有突出优势的北电的交换机。

核心交换机选用北电的Passport 8600千兆位第3层中心交换机。该交换机基于一个核心芯片的设计，集成了第2层、第3层和第4层的交换，其共享内存交换引擎可以达到128Gbps，扩展能力可以达到384个10/100Base-T端口，或最多可达64个千兆位以太端口。

二级交换机选用Passport 1100路由交换机，它具有很高的吞吐量，支持第3层交换、线速交换，支持SNMP、RMON等网管协议，支持802.1Q的VLAN划分和给予策略的VLAN划分，支持千兆冗余连接（Linksafe），所有模块均可热插拔，此外还提供24个10/100M端口或2个1000M光纤接口，单一主控模块，冗余电源。

末级交换机采用北电高性能的BayStack 450以太网交换机。BayStack 450具有和核心交换机Passport 8600相同的4层硬件寻址能力，可根据用户应用对带宽的要求将同一个端口进入的数据包进行 4 个硬件队列的排队，并同时将整个交换机应用服务的 CoS 和核心交换机 Passport 8600 的 CoS 进行匹配，使数据包进入核心交换机后不必再重新解包和打包，增加了整个交换机队列的转发性能，使整个网络具有完整的 QoS 解决能力。

6)主干网络设计

为了满足高带宽的要求，采用千兆位以太网技术作为主干。千兆位以太网以简单的以太网技术为基础，为网络主干提供 1Gb/s 的带宽，兼容学校现有的快速以太网设备，组网方式灵活，充分保护了现有的投资，实现了网络的平滑升级。

7)远程访问

远程访问服务器选用 Intel KD56 拨号接入服务器，它将多协议远程访问服务器和广域网路由器技术以及高性能 V.90 或 ISDN 调制解调器集于一身，为用户提供了一个完整的远程访问解决方案，可提供统一远程访问管理，还有一个 10Mbps 局域网端口。

8)网络安全与管理

为保护校园网的安全，采用防火墙技术和防病毒技术，将对 Internet 提供信息服务的 Server 独立成一个网段放到“停火区”(Demilitarized Zone，DMZ)里，Internet 上的用户只能访问 DMZ 里的 Server，并且所有访问都必须通过 Firewall 代理，保证了会话层和应用层的安全；采用多层的病毒防卫体系，在网络的每个台式机上要安装台式机的反病毒软件，在服务器上要安装基于服务器的反病毒软件，在 Internet 网关上要安装基于 Internet 网关的反病毒软件。

网络管理软件采用 Nortel Networks Optivity Enterprise，它提供一套开放综合的网络管理方案，采用图形化界面，可提供流量管理、故障管理、性能管理、拓扑服务、实时设备管理、VLAN 管理多种功能，可设置自动门限监管、事件驱动，并支持 SNMP、远程监控协议 RMON 和 RMON2。

9)电源方案

在校园网中设立专门的网管工作站，该工作站上安装网管软件，在该平台下除了可管理 APC 的 UPS(APC M5KV UPS)外，并配置电池及电池箱，使之能在满负载情况下保持 2 小时供电能力。在网络管理平台下安装 PowerNet SNMP Manager，为 APC 的 UPS 管理提供图形化的界面，UPS 加插 SNMP Adapter，并为 UPS 设置单独的 IP 地址，使通过 SNMP Telnet 及 Web 管理 UPS 成为可能。

(4)实现的功能

1)信息系统集成

实现校园内信息资源的共享，包括校园办公系统、校园内部主页、内部电子邮件、多媒体教室、电子图书馆系统、校园 IC 卡管理系统、内部信息服务系统等。

2)校园办公

利用网络可以快捷和便利地完成校内公文和各种通知的发布；完成教务信息管理(即信息服务、信息共享等)，包括对各种和教务相关的信息，如课程安排、任课教师安排等；提供面向学校各级领导及各职能部门的多种服务(例如办公管理、思教管理、教务管理、总务管理、财务报表管理等)，促进学校现代化管理的实现。

3)电子图书馆

图书馆是一个相对独立的系统，其内部可以专门配备一套主机连接光盘库服务器以及若干查询终端，用于教师及学生对图书及目录通过相应的索引软件进行查找。光盘库服务器采用专用 SCSI 光驱，实现各种光盘图书、杂志、文献的存储与访问。为了提高访问检索速度，在光盘库服务器内部还配有大容量、高可靠性 RAID 硬盘作为光盘库的映像。工作组服务器提供馆藏图书的电子检索及动态信息管理功能。用户通过 WWW 方式对服务器进行多媒体访问，可以按照多种关键信息来对图书进行索引查询，既节约时间，又能更准确地找到需要的书目。由于各种借阅信息可以及时在计算机上显示出来，极大地方便了图书馆的管理工作。

4)校园网管理

系统登录：系统用户登录本系统必须进行身份校验，不同身份的网络用户对本系统具有不同权限的信息操作权，对系统的信息流程，学校可根据自身实际的业务流程自行设置。

成绩管理：包括与每次考试相关的成绩信息录入、修改、浏览、查询等功能，具有成绩管理功能操作权限的用户可输入、输出与成绩相关的信息，如可打印输出学籍卡片、单科成绩、学期成绩，也可以按指定条件(如学号、名次)进行排序后打印输出。不同权限的网络用户只能按系统分配功能权限进行操作，若网络用户是学生，按照系统默认的权限设置只能浏览成绩信息，而不能对信息作出修改。

学籍管理：包括新生信息管理、新生分班、学生信息管理等。

班级管理：主要对学校班级信息进行管理，为跨学年提供进行自动升级操作，系统也可对部分学生作留级处理。

5)多媒体网络教室

多媒体网络教室组合了电脑教室和语音教室的多种功能，使计算机教学及多种课程的计算机辅助教学变得更加直观方便、效果更好、效率更高。

教学功能：学生可以在自己的屏幕上看到教师的屏幕内容，教师的所有操作都将同步显示在学生的屏幕上，完成常规教学的演示功能；给指定的学生发送邮件，使之在每台学生机上运行，学生可以自定进度进行学习，真正实现以学生为中心的教学；当某个学生的操作比较典型时，利用这个功能可以把这个学生的屏幕传给其他学生，同时教师进行操作，对这个学生的操作进行讲评；如果学生有什么问题，可以用热键进行举手，在教师的主控平台上会有所显示，教师可根据情况对该学生进行单独讲解或示范；教师和学生可以进行文本及声音交流；可以对学生的屏幕轮流进行查看和监视，以便掌握班级学生的整体情况，完成常规教学的巡视功能。

管理功能：对学校的教师、学生等信息进行管理；对学校内的年级、班级信息进行管理；对学校已有的辅助教学课件和自制的课件进行管理、归类，方便教师的使用；对学校的教学情况进行统筹安排，方便管理；对学校各年级所设课程进行管理；可以根据教室的计算机安排的实际情况安排教师主控平台上的座位；可以对学生机的输入输出设备(键盘、鼠标和显示器)禁止或开启；根据不同的标准(成绩或性格等)对学生进行分组，以便对不同的组进行不同的教学；可以对学生机进行重启或关闭；学生可以自动登录，也可以强制登录。

辅助功能：为教师提供一个在屏幕上勾画的工具，有如传统教学中的教鞭和粉笔；提供工具供教师记下教学过程中的火花及灵感；可以编辑通知的内容，发给指定的学生。

远程教学：通过网络与其他地区的学校进行连接，向不在同一个地理位置的学生进行授课，或者接收其他地区的教师授课。

4.8　信息网络与控制网络

4.8.1　控制网络概述

控制网络是应用于控制领域的网络，其作用是将各种现场控制设备连接起来，在实现分散控制的同时，还能够达到集中监视、集中管理和资源共享的目的。

控制网络源于信息网络，在拓扑结构、层次结构模型、构架方法等方面与一般的信息网络基本相同，但由于其传输的主要是现场数据，因此对可靠性和实时性要求比信息网络高。实时数据传输和系统响应是控制网络最基本的要求，一般情况下，控制系统的响应时间要求为0.01～0.5s，而信息网络的响应时间要求为2.0～6.0s。另外，由于现场环境可能比较恶劣，控制网络必须保证数据的完整性和可靠性，能够长时间、连续可靠地传输数据。

随着计算机技术、网络技术、通信技术的飞速发展，控制网络技术也发生了相应的演变，经历了集中式(CCS)、集散式(DCS)和现场总线(FCS)3个阶段的发展变化。

早期的集中式控制系统采用计算机、键盘、CRT和打印机构成中央站，分散在现场的分站(连接传感器、执行器的设备)通过总线与中央站相连。分站上传现场设备的信息，传输中央站的控制命令。中央站采集各分站的信息，做出决策，发出命令，控制现场设备。这种控制方式的缺点是数据处理都集中在中央站，增加了中央站的负担，对中央站的处理能力要求高，中央站一旦瘫痪，整个系统都不能正常工作，降低了系统的可靠性。

集散式控制系统产生于20世纪80年代，它是一个由中央站和若干分站组成的、具有分级管理和控制功能的多级分布式系统。现场分站采用功能强大的直接数字控制器(DDC)，完成所有的控制任务，由于分站完全自治，所以即使在中央站发生故障、停止工作或各分站与中央站的通信中断甚至完全断绝的情况下，各分站依然可以独立完成所有的控制功能，从而可以分离故障、分散风险、便于管理，提高了系统的可靠性，中央站实现对整个系统的统一的监控和管理，因而称之为集散控制系统。集散控制系统采用一台仪表、一对传输线的接线方式，因而接线庞杂、工程周期长、安装费用高、维护困难；另外由于模拟信号传输精度低，抗干扰性差，导致系统可靠性差；而且各厂家的产品自成系统，系统封闭、不开放，难以实现产品的互换与互操作以及组成更大范围的网络系统。

上个世纪90年代以来，随着控制技术、计算机技术、通信技术的发展，出现了基于现场总线的控制系统(FCS)。FCS克服了DCS的缺点，它是一种全数字化的、全分散的、全开放、可互操作和开放式互连的新一代控制系统。FCS极大地简化了传统控制系统繁琐且技术含量较低的布线工作量，使其系统检测和控制单元的分布更趋合理。与传统的DCS(分布式控制系统)相比，FCS可靠性高、可维护性好、成本低、实时性好，实现了控制管理一体化的结构体系，FCS已经被应用到楼宇自动化控制领域。

4.8.2　控制网络通信协议

(1)LonTalk协议

LON(Local Operating Networks)总线是美国Echelon公司1991年推出的局部操作网

络，LonWorks 是支持 Lon 总线开发的技术。LonWorks 技术具有一个完整的开发系统平台，包含着所有设计、配置和支持控制的元素。LonWorks 技术的核心是神经元(Neuron)芯片和 LonTalk 协议。LonTalk 是 LonWorks 使用的开放式通信协议，LonTalk 协议遵循 ISO 制定的 OSI 模型，提供了 OSI 参考模型所定义的全部七层服务，它支持以不同通信介质分段的网络，如双绞线、电力线、无线电、红外线、同轴电缆和光纤等。神经元芯片内嵌的 LonTalk 协议和处理器避免了复杂的编程和开发，提供通信和应用处理能力。神经元芯片中有 3 个 8 位 CPU，第一个 CPU 是介质访问控制处理器，处理 LonTalk 协议的一层和二层，包括驱动通信子系统硬件和执行冲突避免算法；第二个 CPU 是网络处理器，实现 LonTalk 协议的 3 到 6 层；第三个 CPU 是应用处理器，执行由用户编写的代码及用户代码所调用的操作系统命令，通过共享存储器中的应用缓冲区与网络处理器通信。将固化有 LonTalk 协议的 Neuron 芯片嵌入节点或不同的产品中，通过互连即可组成“现场总线”，系统的各种设备、传感器、执行器等直接挂在总线上，形成开放式 LonWorks 控制网络，无需中央管理计算机或服务器也可实现各个节点之间的通信，组成无中心的网络控制系统。

作为一种现场总线技术，LonWorks 技术除具有一般现场总线的优点外，还有其独特的技术特点。首先其网络协议是开放的，对任何用户都平等；其次是互操作性，LON 的通信协议 LonTalk 符合国际标准化组织(ISO)定义的开放系统互联(OSI)模型，提供了 OSI 参考模型所定义的全部七层服务，任何制造商的产品都可以实现互操作；另外还具有通信介质可任选(包括双绞线、电力线、光纤、同轴电缆、无线射频、红外线等，并且多种介质可以在同一网络中混合使用)、能够使用现在所有的网络结构(主从式、对等式以及客户/服务器式＜C/S＞结构)、可以选择除了总线式结构外任意形式的网络拓扑结构、采用可预测的 P-CSMA，在网络负载很重时，不会导致网络瘫痪。LonWorks 网络通信采用了面向对象的设计方法，通过定义“网络变量”将网络通信的设计简化为参数设置，减少了设计工作量，增加了通信的可靠性，提高了编程效率。

LonTalk 协议是一个分层的对等通信协议，它以数据包为基础，遵守国际标准化组织(ISO)开放系统互联(OSI)参考模型的分层体系结构。LonWorks 是专门针对控制系统而设计的，为了满足控制系统所特有的可靠稳固的通信要求，LonTalk 协议按照国际标准化组织的建议分层，通过使协议配合 OSI 各层的控制要求，从而提供了一个用于控制系统的特定解决方案，满足了控制应用软件所需的可靠性、性能和稳固的通信。LonTalk 协议的分层见表 4-1。

LonTalk 协议的分层 表 4-1

模型分层		作用	服务
应用层	7	网络应用程序	标准网络变量类型；组态性能；文件传送；网络服务
显示层	6	数据表示	网络变量；外部帧传送
会话层	5	远程传输控制	请求/响应；确认
传输层	4	端到端传输可靠性	单路/多路应答服务；重复信息服务；复制检查
网络层	3	报文转发	单路多路寻址；路由
数据链路层	2	媒体访问和成帧	成帧；数据编码；CRC 校验；冲突检测/仲裁；优先级
物理层	1	电气连接	媒体特殊细节(如调制)；收发种类；物理连接

(2)BACnet 协议

BACnet(A Data Communication Protocol for Building Automation and Control Network)是美国暖通空调工程师协会组织(ASHARE)为楼宇自控网络制定的数据通信协议。1995 年 6 月,ASHARE 正式通过 BACnet 标准,标准编号为 ANSI/ASHARE Standard135—1995,同年 12 月成为美国国家标准,并且得到欧盟委员会的承认,成为欧盟标准草案。2003 年 1 月 18 日经国际标准化组织(ISO)的讨论投票,BACnet 标准被正式宣布为国际标准 ISO 16484—5。

作为楼宇自动控制领域中第一个开放性的标准，BACnet 协议详细地阐述了楼宇自控网络的功能,阐明了系统组成单元相互分享数据实现的途径、使用的通信媒介、可以使用的功能以及信息如何翻译的全部规则,因而使不同厂商生产的设备与系统在互连和互操作的基础上实现无缝集成成为可能。BACnet 作为一个完全开放性的楼宇自控网络协议,其开放性体现在独立于任何制造商,不需要专门芯片,并得到众多制造商的支持;有完善和良好的数据表示和交换方法;按标准制造的产品有严格的性能等级和完整的说明;产品有良好的互操作性,有利于系统的扩展和集成。

BACnet 协议的体系结构遵循 OSI 模型,但由于楼宇自控网络自身的特点,BACnet 协议采用了 4 个层次的分层体系结构,它们分别对应于 OSI 模型中的物理层、数据链路层、网络层和应用层,如图 4-8 所示。

<table>
<tr><th colspan="5">BACnet 的协议层次</th></tr>
<tr><td colspan="5">BACnet 应用层</td></tr>
<tr><td colspan="5">BACnet 网络层</td></tr>
<tr><td colspan="2">(IEEE802.2)类型 1</td><td>MS/TP
(主从/令牌传递)</td><td>PTP
(点到点协议)</td><td rowspan="2">LonTalk</td></tr>
<tr><td>IEEE802.3
Ethernet</td><td>ARCnet</td><td>EIA-485
(RS485)</td><td>EIA-232
(RS232)</td></tr>
</table>

<table>
<tr><th>对应的 OSI 层次</th></tr>
<tr><td>应用层</td></tr>
<tr><td>网络层</td></tr>
<tr><td>数据
链路层</td></tr>
<tr><td>物理层</td></tr>
</table>

图 4-8　BACnet 体系结构层次图

BACnet 应用层实现 OSI 模型传输层提供的端到端服务,可靠的端到端传输和差错校验,报文分段和流量控制,报文重组和序列控制。

BACnet 网络层主要完成报文分段、路由、流量控制、地址解析、超时以及协调异种底层网络的差异,为应用程序提供接口。BACnet 网络层能够屏蔽各种异构的 BACnet 网络在链路技术方面的差异,并将报文从一个 BACnet 网络传递到另一个 BACnet 网络。

BACnet 标准目前将 5 种数据链路/物理层作为自己的底层网络,这 5 种类型的网络分别是 IEEE802.3(以太网)、ARCnet、主从/令牌环网(MS/TP)、点到点(PTP)、LonTalk。

BACnet 采用面向对象技术,通过定义具有属性的对象来表示任意的楼宇自控设备的功能,从而为描述各种楼宇自控设备提供了一种通用的方法。BACnet 中定义的对象就是在网络设备之间传输的一组数据结构,对象的属性就是数据结构中所携带的信息,设备既可以从数据结构中读取信息,也可以向数据结构中写入信息,实现对对象属性的操作。BACnet 设备之间的通信,实质上就是设备的应用程序将相应的对象数据结构装入设备的应用层协议数据单元(APDU)中,并按照一定的规范传输给相应的设备,接收设备中的应用程序对这些属性进行操作，从而实现信息通信。

1)BACnet 对象

BACnet 目前定义了 18 个对象，如表 4-2 所示。每个对象都有一组属性值来描述其特征和功能，其中对象标志符(Object-Identifier)、对象名称(Object-Name)和对象类型(Object-Type)是 BACnet 设备中每个对象必须具有的基本属性。“对象标志符”是唯一标识一个对象的 32 位编码；“对象名称”是一个字符串，BACnet 设备可以通过广播自身包含的某个对象的对象名称，与包含相关对象的设备建立联系。BACnet 协议要求每个设备都要包含“设备对象”，通过对其属性的读取可以让网络获得设备的全部信息。

BACnet 18 个对象 表 4-2

序号	对象名称	应用实例
01	模拟输入 Analog Input	传感器输入
02	模拟输出 Analog Output	控制输出
03	模拟值 Analog Value	模拟控制设备参数，如设备阈值
04	数字输入 Binary Input	开关输入
05	数字输出 Binary Output	继电器输出
06	数字值 Binary Value	数字控制系统参数
07	命令 Command	向多设备多对象写多值，如日期设置
08	日历表 Calendar	程序定义的事件执行日期列表
09	时间表 Schedule	周期操作时间表
10	事件登记 Event Enrollment	描述错误状态事件，如输入值超界或报警事件
11	文件 File	允许访问(读/写)设备支持的数据文件
12	组 Group	提供单一操作下访问多对象多属性
13	环 Loop	提供访问一个“控制环”的标准化操作
14	多态输入 Multi-state Input	表述多状态处理程序的状况，如制冷设备的开关/除霜循环
15	多态输出 Multi-state Output	表述多状态处理程序的期望状态，如制冷设备的开始冷却、除霜时间
16	通知类 Notification Class	包含一个事件列表，配合“事件登记”对象将报警报文发送给多设备
17	程序 Program	允许设备应用程序开始、停止、装载、卸载，并报告程序当前状态
18	设备 Device	其属性表示设备支持的对象和服务以及设备商和固件版本等信息

2)BACnet 的服务

在 BACnet 中，把操作对象的方法称为服务，对象及其属性提供了对一个楼宇自控设备“网络可见信息”的抽象描述，而服务提供了如何访问和操作这些信息的命令和方法。即服务是一个 BACnet 设备向其他 BACnet 设备请求获得信息、命令其他设备执行某种操作的方法。

BACnet 设备中的应用程序发出服务请求，处理收到的服务请求，服务的实现方法就是在网络中的设备之间传递服务请求和服务应答报文。

BACnet 定义了 6 个类别的 35 种服务：

①报警与事件服务(Alarm and Event Services)包含 8 种服务处理环境状态的变化，分别为确认报警、确认的“属性值改变”报告、确认的事件报告、获得报警摘要、获得注册摘要、预定

"属性值"改变、不确认的"属性值"改变。

②文件访问服务(File Access Services)包含2种服务,分别为基本读文件、基本写文件,从而提供了读写文件的方法以及上/下载控制程序和数据库的能力。

③对象访问服务(Object Access Services)包含9种服务,分别为添加列表元素、删除列表元素、创建对象、删除对象、读属性、条件读属性、读多个属性、写属性、写多个属性。它提供了读取、修改和写入属性的值以及删除对象的方法,其中读多个属性和写多个属性服务可将对一个BACnet设备中的多个属性的读取和写入操作结合在一个单一报文中,减轻了网络负担,条件读属性提供了更复杂的服务,设备根据包含在请求中的准则来测试每个相关的属性,并且返回每个符合准则的属性的值。

④远程设备管理服务(Remote Device Management Services)包含11种服务,分别为设备通信控制、确认的专用信息传递、不确认的专用信息传递、重新初始化设备、确认的文本报文、不确认的文本报文、时间同步、"谁有"、"我有"、"谁是"、"我是"。它提供对BACnet设备进行维护和故障检测的工具、方法。

⑤虚拟终端服务(Virtual Terminal Services)包含3种服务,开启虚拟终端、关闭虚拟终端、虚拟终端数据。它提供了一种面向字符的数据双向交换机制,利用虚拟终端服务,可以在本地BACnet设备与远程设备上运行的应用程序之间建立基于文本的双向链接。

⑥网络安全服务(Network Security Services)包含2种服务,分别为验证、请求密钥。它提供对等实体验证、数据源验证、操作者验证和数据加密等功能。

3)BACnet设备级别和设备等级说明

在实际的楼宇自动化系统中,没有必要也不可能所有的设备都支持、包含上述所有的对象和服务。因此,BACnet定义了6个一致性类别(设备级别)。一致性类别是分级结构,编号范围为1～6,最低级别是类别1,每个类别都规定了设备要实现的最小服务子集,且包含低一个级别的所有服务,具体描述见表4-3。

4)BACnet功能组

BACnet功能组规定了实现特定控制功能所需的对象和服务的组合。BACnet已定义了13个功能组,包括时钟功能组、事件响应功能组、文件功能组、虚拟终端功能组、设备通信功能组等。功能组是性能级的补充,低性能级的设备要实现本性能级不具备的功能,可通过网络通信中的功能组从系统内获取有关数据来实现该功能,从而使低性能级设备通过网络通信实现高性能级功能。BACnet功能组的具体描述见表4-4。

4.8.3　信息网络与控制网络集成

智能建筑内部网络Intranet和工业企业内部网一样是分层的,从底层到高层依次是:现场设备层、控制网络层和信息网络层。控制网络位于Intranet底层,用于实现现场设备之间的连接以及传输现场设备的控制信息,它是传输现场信息的通道,是沟通现场设备与应用系统的桥梁,它的实现可以采用现场总线技术和工业以太网技术。信息网络层位于Intranet的上层,承担着对各类信息的传输和企业数据共享的任务,是内部网Intranet的主干,通过它可以实现各种应用系统协同工作。控制网络和信息网络是智能大厦中既相互独立又相互联系的网络,将控制网络与信息网络集成,可充分利用控制网络的监控信息和信息网络的运营管理信息,并结合专家系统等智能控制高级算法，进行控制优化与决策分析，达到优化设备运行、提高物业管理效率、增强建筑物服务的功能。

BACnet 设备级别和设备等级说明 表 4-3

级别(Class)	设备初始化功能	设备执行功能	设 备 举 例
1	无	读取参数	智能传感器
2	无	1 级＋写参数	智能驱动器
3	“我是” “我有”	2 级＋读多个参数 写多个参数 “谁有” “谁是”	控制器
4	3 级＋增加列表元素 消除列表元素 读参数 读多个参数 写参数 写多个参数	3 级＋增加列表元素 消除列表元素	主控制器 操作站
5	4 级＋“谁有” “谁是”	4 级＋建立对象 删除对象 有条件地读取参数	主控制器 操作站
6	5 级＋时钟 PCWS 事件初始化 事件响应 文件功能组	5 级＋时钟 PCWS 事件初始化 事件响应 文件功能组	主控制器操作站

BACnet 功 能 组 表 4-4

功 能 组 名 称	目 的
时钟(CLOCK)	维持当地时间，可以在网络中同步
手动工作站(HHWS)	提供典型手动界面工具需要的 BACnet 服务器预置功能
微机工作站(PCWS)	提供典型操作者工作站需要的 BACnet 预置功能
事件发生(Event Initiation)	定义报警或其他突发事件，检测是否发生，通知一个或多个对象
事件回应(Event Response)	确认收到报警或其他突发事件通知
数值改变发生(Cov Event Initiation)	检测数值改变，并通知相关设备
数值改变回应(Cov Event Response)	同意并接收数值改变通知
文件(Files)	读、写、上传、下载文件
重新初始化(Reinitialize)	从远程重新设置或启动网络中的设备
虚拟操作者界面(Virtual Operator Interface)	提供虚拟终端的操作性能
虚拟终端(Virtual Terminal)	提供虚拟终端的服务性能
设备通信(Device Communication)	在查找问题时中断网络通信
时间控制(Time Master)	在整个网络中维持时钟同步

(1)控制网络与信息网络的集成方法

1)加入转换接口

这种方式通过硬件来实现，即在底层网段与中间监控层之间加入中继器、网桥、路由器等专门的硬件设备，使控制网络作为信息网络的扩展与之紧密集成。硬件设备可以是一台专门的计算机，依靠其中运行的软件完成数据包的识别、解释和转换，对于多网段的应用，它还可以在不同网段之间存储转发数据包，起到网桥的作用。此外，硬件设备还可以是一块智能接口网板，完成现场总线智能设备与以太网中监控计算机之间的数据通信。

转换接口的集成方式功能较强，但实时性较差。信息网络一般是采用 TCP/IP 的以太网，没有考虑数据传输的实时性，当现场设备有大量信息上传或远程监控操作频繁时，转换接口都将成为实时通信的瓶颈。

2)采用 DDE 技术

当控制网络和信息网络之间具有中间系统或共享存储器工作站时，可采用 DDE 方式实现二者的集成，其实质是各应用程序通过共享内存来交换信息，中间系统中的信息处理机是控制网络的工作站，也是信息网络中的工作站。信息处理机运行两个程序，一是接收、校验实时信息的通信程序，为信息网络数据库提供实时数据信息；另一个是数据访问应用程序接口，接收 DDE 服务器实时数据并写入数据库服务器中，供信息网络实现信息处理、统计分析等功能。

DDE 方式具有较强的实时性，可采用标准的 Windows 技术，易于实现。但是当涉及复杂的协议转换时，DDE 方式所需投入的软件开发费用比较大，故这种方式仅适合配置简单的小系统。

3)采用统一的协议标准

这种方式是控制网络和信息网络一体化集成的最终解决方案。由于控制网络和信息网络采用了面向不同应用的协议标准，因此二者集成时总需要某种数据格式的转换机制，这将使系统复杂化，也不能确保数据的完整性。如果能够提高信息网络的实时性和控制网络的传输速度，就能提高二者的兼容性，将二者合二为一，这样从底层设备到远程监控系统，都可以使用统一的协议标准，不仅确保了信息准确、快速、完整地传输，还极大地简化了系统的设计。

(2)智能建筑常用的网络集成方案

智能建筑中常用的控制网络技术是 LonWorks、BACnet，下面就以二者为例介绍控制网络与信息网络一体化集成的实现。

1)LonWorks 与信息网络

为实现 LonWorks 控制网络与 Internet 的连接，Echelon 公司与 Cisco 公司共同开发了 i. LON系列服务器，这些服务器支持对等式或主从式的网络通信，可将 LonWorks 控制网络与基于 IP 技术的数据网透明地、无缝地连接在一起，从而实现信息网络与控制网络的资源共享、信息互通。

i. LON 系列服务器主要有 i. LON 600 LonWorks/IP 服务器、i. LON 100 e3 Internet 服务器、i. LON 10 Ethernet 适配器，将基于 LonWorks 的日常设备如家庭、公寓和小型楼宇中的能源控制、照明和安全等系统连接到 Internet、局域网、企业 IP 网络或者广域网，通过 IP 网对这些系统进行检测、管理和诊断，从而实现从世界上任何位置监控系统。

2)BACnet 与信息网络

随着信息社会的飞速发展,越来越多的应用要求 BACnet 网络跨地域相互连接,这就需要借助现有的 IP 协议,将 BACnet 与 Internet 连接起来。针对 IP 技术的不同应用,BACnet 标准定义了 BACnet/IP PAD 和 BACnet/IP 两种不同的技术。其中,BACnet/IP PAD 技术用于 Internet 对多个 BACnet 网络的连接,BACnet/IP 则是基于 IP 技术的 BACnet 标准,用于实现 BACnet 网络。

①BACnet/IP PAD 技术

1995 年公布的 BACnet 标准中定义了一种 PAD(Packet Assembler and Disassembler)的 BACnet 互联方法,即 BACnet/IP PAD 技术,它将 BACnet 协议包在进入 IP 网络时先封装在 IP 协议包中,然后在 IP 网络中传输,当封装 BACnet 协议包的 IP 协议包到达目的地址时,将 IP 协议包进行拆装,分离出其中的 BACnet 协议包。这种连接犹如在 IP 网络中开通一条"隧道",BACnet 协议包从隧道的一端传输到另一端,故又称"隧道(Tunnel)"技术,进行协议包封装和拆装的网络设备通常称为协议包封装/拆装设备(PAD)。使用 PAD 技术的 BACnet 互联网络如图 4-9 所示。

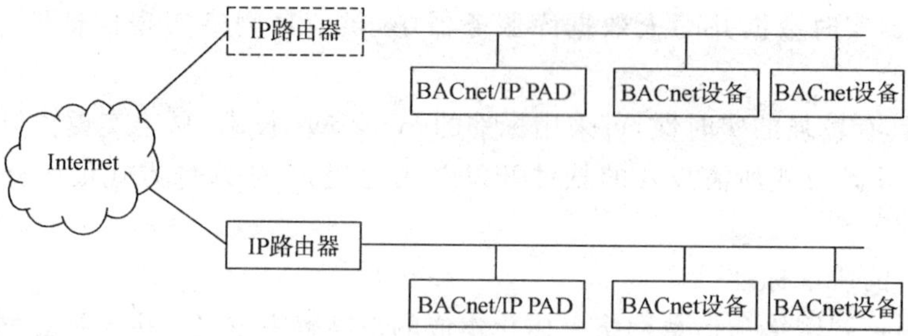

图 4-9 使用 BACnet/IP PAD 技术的 BACnet 网络与 Internet 的互联

BACnet/IP PAD 技术的不足之处在于每个 PAD 设备都要创建和维护一个含有所有对等 PAD 的表,当网络的组成发生改变时必须重新改写每个 PAD 中的对等 PAD 设备表,不易于网络的维护,如果要将单个 BACnet 设备通过 IP 网络接入 BACnet 网络,就必须给它配备一个 PAD 设备,增加了系统的组网成本。

②BACnet/IP 技术

1999 年 1 月,常设标准方案 135 委员会(SSPC135)在 PAD 基础上改进开发了新的互联协议,称为 BACnet/IP,简称 B/IP,作为 BACnet 标准附件 J。BACnet/IP 直接支持基于 IP 协议的 BACnet 设备,用 IP 帧接收和发送 BACnet 报文,可在 IP 网络上有效地进行 BACnet 广播,并允许在 IP 网络的任意位置动态地增加或减少 BACnet 设备。

BACnet/IP 技术将 BACnet/IP 作为第六个网络互联的底层技术,将所有具备 BACnet/IP 条件的设备,不通过任何交换,可直接挂接在以太网上,一方面简化了控制网络的结构,提高了通信速度,并为蓝牙、嵌入式操作系统等新技术提供了展现平台;另一方面便于与 LAN、WAN、Internet 构成无缝连接,从而实现楼宇自控系统的远程监控。使用 BACnet/IP 技术的 BACnet 互联网络如图 4-10 所示。

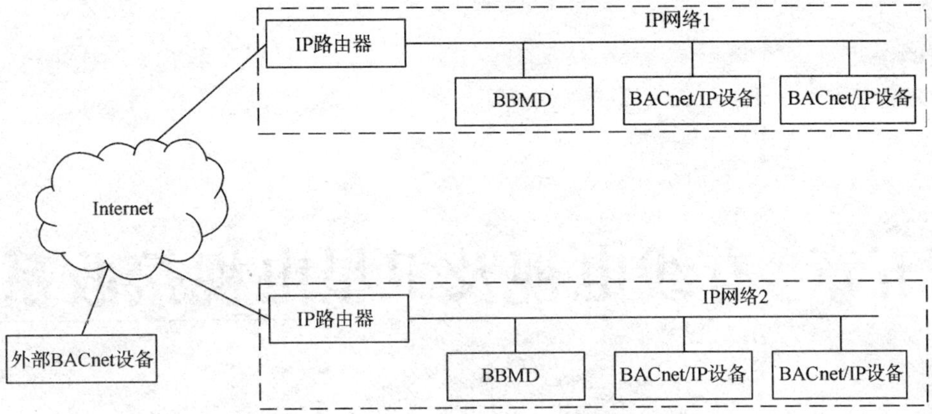

图 4-10　使用 BACnet/IP 技术的 BACnet 网络与 Internet 的互联

如果建立基于 Internet 的 BACnet 网络或与 Internet 建立连接，就可充分利用 Internet 功能对楼宇自控系统进行管理。例如，可利用 Internet 网络浏览器随时随地了解楼宇自控系统；将物业管理委托给专业管理公司，不断对楼宇设施运行状况进行评估和合理配置，优化能源损耗，最大限度提高楼宇设施的运行效益。

思考题与习题

1. 简述信息网络系统的概念及功能。
2. 信息网络有哪些分类方式，若按拓扑结构划分，有哪些类型？
3. ISO/OSI 参考模型分为哪七层，各层的作用是什么？
4. 网络的传输介质有哪些类型？
5. 网络连接与互联设备都有哪些，各自具有什么功能？
6. 高速局域网有哪些类型？
7. 试说明无线网络应用的典型方式。
8. 什么是控制网络，它与信息网络有什么不同？
9. LonTalk 协议有什么特点？
10. 试说明 BACnet 协议的体系结构。

第五章 有线电视及卫星电视接收系统

5.1 概 述

建筑物或建筑群中的有线电视系统(Cable Television,CATV)接收来自城市有线电视光节点的光信号,并由光接收机将其转换成射频信号,通过传输分配系统传送给用户。它也可以建立自己独立的前端系统,通过引向天线和卫星天线接收开路电视信号和卫星电视信号,经前端处理后送往传输分配系统。卫星电视广播与有线电视传输网相结合形成的星网结合模式,是21世纪实现广播电视覆盖的最佳方式,也将成为未来信息网络的基础框架。

随着社会需求的不断增长和科学技术的飞速发展,有线电视系统已不再是只能传输多套模拟电视节目的单向系统,有线电视网络正在逐步演变成具有综合信息传输能力、能够提供多功能服务的宽带交互式多媒体网络,它将融合在信息高速公路中,成为未来信息网络不可缺少的组成部分。广播电视技术、通信技术、计算机技术交叉与融合,在现有的HFC(Hybrid Fiber-Coaxial,光纤-同轴电缆混合)网络基础上有效地实现"多网融合",建立起一个宽带高速的公用信息网络体系已经成为有线电视系统发展的必然趋势。

5.2 有线电视系统

5.2.1 有线电视系统的组成

有线电视系统由信号源、前端系统、干线传输系统和分配系统4个部分组成,系统组成如图5-1所示。

有线电视的信号源为系统提供各种各样的信号,主要有卫星发射的模拟和数字电视信号、当地电视台发射的开路电视信号、微波台转发的微波信号以及电视台自办的电视节目等。主要器件有接收天线、卫星天线、微波天线、视频设备(摄像机、录像机)、音频设备等。

前端系统的作用是对信号源提供的信号进行必要的处理和控制,并输出高质量的信号给干线传输部分,其内容主要包括:信号的放大、信号频率的配置、信号电平的控制、干扰信号的抑制、信号频谱分量的控制、信号的编码、信号的混合等。主要器件有:前端放大器、信号处理器、调制/解调器、混合器等。

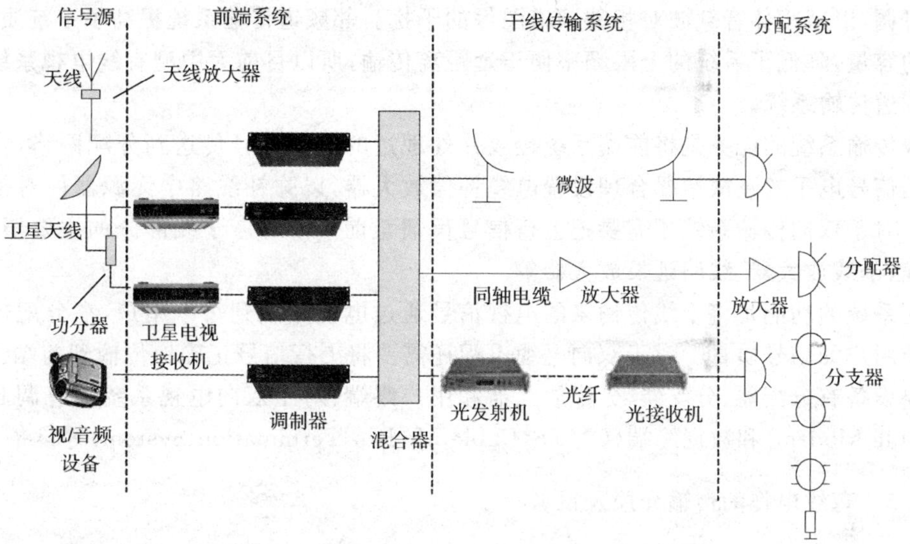

图 5-1　有线电视系统的组成框图

前端系统按信号传输方式有全频道传输系统和邻频道传输系统之分(图 5-2)。全频道传输是将电视信号直接放大混合后传送到用户终端,其传输系统图如图 5-2a)所示。全频道传输方式频道不需变换,技术简单,对中小型系统,图像质量好,系统造价低。但不适宜大型系统使用,因为全频道传输方式对边带及带外信号的抑制能力不够,相邻频道间有干扰。因而相邻频道和镜像频道都不能使用,使频道使用效率大大降低。邻频道传输方式针对全频道传输方式(隔频传输)传送电视频道少的问题,依靠前端的频道处理器和调制器对信号进行处理(见图 5-2b),一方面抑制带外成分,消除邻频道干扰;另一方面使伴音副载波电平可调,即图像伴音

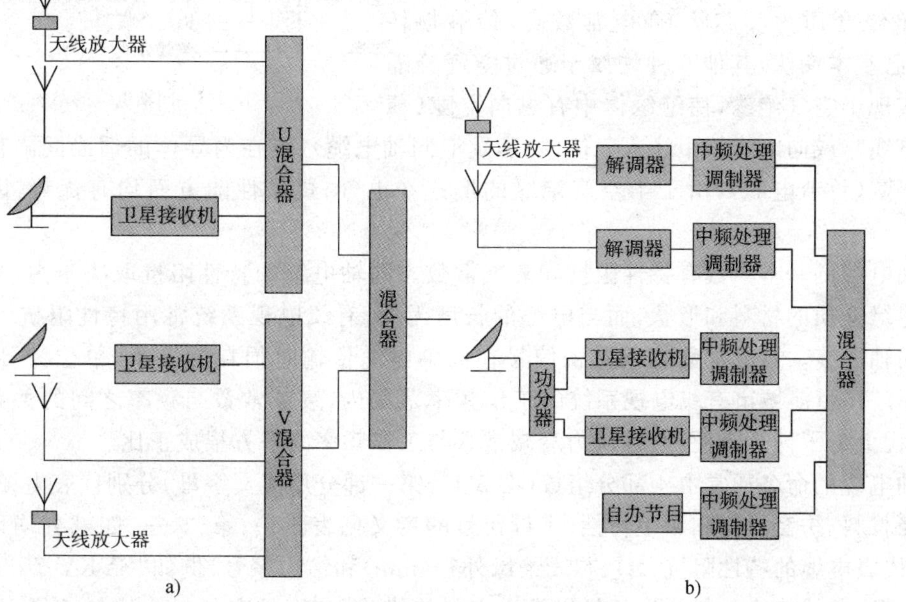

图 5-2　前端系统信号传输方式

a)全频道传输方式;b)邻频传输方式

功能比可调，以减小伴音载波对相邻频道图像的干扰。邻频道传输系统提高了系统质量，增加了系统的容量，降低了系统的上限频率便于远距离传输，所以目前大中型有线电视系统一般都采用邻频道传输系统。

干线传输系统的任务是将前端系统接收并处理过的电视信号传送到分配网络，在传输过程中根据信号电平的衰减情况合理设置电缆补偿放大器，以弥补线路中无源器件对信号电平的衰减。对于双向传输系统还需要把上行信号反馈至前端部分。干线部分的主要器件有：电缆或光缆、干线放大器、线路延长放大器等。

分配系统的功能是将干线传输来的电视信号通过电缆分配到每个用户，在分配过程中需保证每个用户的信号质量。对于双向电缆电视还需要将上行信号正确地传输到前端。分配系统的主要设备有分配器、分支器、分配放大器和用户终端，对于双向电视系统还有调制解调器(CM，Cable Modem)和数据终端(CMTS，Cable Modem Termination System)等设备。

5.2.2 有线电视的传输介质及设备

(1)传输介质

传输和分配CATV信号的介质有同轴电缆、光缆及微波，根据不同的环境条件和要求构成不同的网络拓扑结构。

1)同轴电缆

同轴电缆是用介质使内、外导体绝缘且保持轴心重合的电缆，一般由内导体、绝缘介质、外导体(屏蔽层)和护套组成，如图5-3所示。

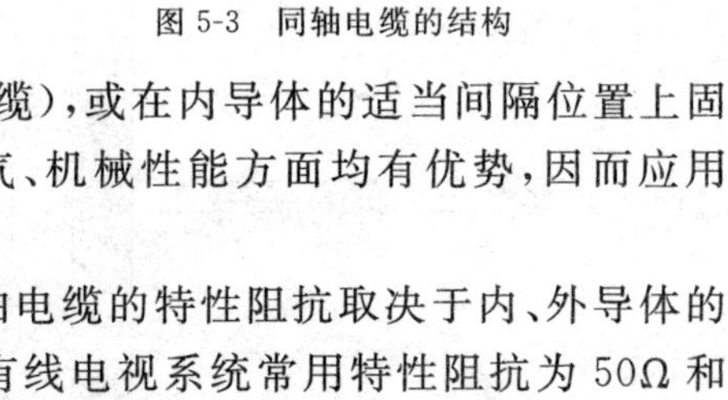

图5-3 同轴电缆的结构

同轴电缆根据对内、外导体间绝缘介质的处理方法不同可分为实芯同轴电缆、藕芯同轴电缆、物理发泡同轴电缆、竹节电缆等不同的种类。实芯同轴电缆的绝缘介质为实芯状，介电常数高，传输损耗大，目前已基本淘汰，其他3种均属于通过空气分隔的方式实现半空气绝缘，使绝缘体中有纵向空隙(藕芯同轴电缆)，或向绝缘体中注入气体(物理发泡同轴电缆)，或在内导体的适当间隔位置上固定绝缘垫圈(竹节电缆)，由于半空气绝缘的形式在电气、机械性能方面均有优势，因而应用普遍。

同轴电缆的基本参数有特性阻抗和衰减常数。同轴电缆的特性阻抗取决于内、外导体的直径和绝缘介质的材料和形状，而与电缆的长度无关，有线电视系统常用特性阻抗为50Ω和75Ω的同轴电缆。衰减常数表示电视信号在同轴电缆传输时损耗的大小，单位为dB/km或dB/100m。在目前城市有线电视系统的工作频率范围内，衰减常数与频率之间的关系近似为线性，工程上为了计算方便，通常认为衰减常数与工作频率的平方根成正比。

同轴电缆的命名通常由4部分组成(图5-4)：第一部分用英文字母，分别代表电缆的代号、芯线绝缘材料、护套材料和派生特性(字母代号的意义见表5-1)；第二、三、四部分均用数字表示，分别代表电缆的特性阻抗(Ω)、芯线绝缘外径(mm)和结构序号，例如“SYKV-75-5”表示射频同轴电缆，芯线绝缘材料为聚乙烯纵孔半空气绝缘(藕芯)，护套材料为聚氯乙烯，电缆的特性阻抗为75Ω，芯线绝缘外径为5mm。

分类代号 | 绝缘 | 护套 | 派生 — 特性阻抗 — 芯线绝缘外径 — 结构序号

图 5-4　同轴电缆型号的组成

同轴电缆型号中字母代号及其意义　　表 5-1

分类代号		绝缘		护套		派生	
符号	意义	符号	意义	符号	意义	符号	意义
S	同轴射频电缆	Y	聚乙烯	V	聚氯乙烯	P	金属丝编织或者屏蔽
SE	对称射频电缆	X	橡皮	M	棉纱编织	Z	综合性(通信电缆)
SJ	强力射频电缆	W	稳定聚乙烯	H	护套	R	软
SG	高压射频电缆	F	氟塑料	Y	聚乙烯	Q	轻
ST	特种射频电缆	B	聚苯乙烯	B	玻璃丝编织	CY	充气
SN	分米波射频电缆	I	聚乙烯空气绝缘	W	稳定聚乙烯	S	双芯
SS	电视射频电缆	U	氟塑料空气绝缘	L	铝包		
		N	聚苯乙烯空气绝缘	TW	皱纹铜管		
		D	稳定聚乙烯空气绝缘	F	氟塑料		

由于同轴电缆对信号有较大的衰减作用，因此，每隔一段距离需要加入干线放大器，以补偿信号的损耗。而放大器会对信号产生非线性失真，从而限制了传输距离，所以同轴电缆现在只用于用户分配系统和小型有线电视系统的干线传输中。

2)光缆

光缆以光波作为载体传送信号，损耗小，传输距离远，通信容量大，不受电磁干扰，抗干扰性强，信号质量好，保真度高。目前光纤-同轴电缆混合组网(HFC)方式已成为有线电视系统干线传输的主流技术。

光缆通过光导纤维传导光脉冲形式的信号，光纤是一种能够传导光信号的极细又柔软的通信媒体，可用来制造光纤的材料有超纯二氧化硅、多成分玻璃纤维和塑料纤维。光纤裸纤一般分为 3 层：中心为高折射率玻璃纤芯(芯径一般为 50μm 或 62.5μm)，中间层为低折射率的硅玻璃包层(直径一般为 125μm)，最外层是加强用的树脂涂层，其结构图如图 5-5 所示。当光从折射率高的中心玻璃纤芯射入折射率低的包层时，只要入射角大于临界角 $\theta_c = \arcsin(n_2/n_1)$($n_1$ 为纤芯的折射率，n_2 为包层的折射率)，就会发生全反射，光在芯线内来回反射，曲折向前传播(图 5-6)，包在芯心外面的覆盖层就像不透明的材料，防止了光线在传播过程中从表面逸出。

光纤按光在光纤中的传输模式可分为单模光纤和多模光纤。多模光纤的中心玻璃芯较粗(50μm 或 62.5μm)，可传多种模式的光，但模间色散较大，从而限制了传输数字信号的频率，随着传输距离的增长，对带宽的影响会更严重，因而多模光纤传输的距离比较近，一般只有几千米。而单模光纤的中心玻璃芯较细(8～10μm)，只能传一种模式的光，因而模间色散很小，适用于远程通信，但对光源的谱宽和稳定性有较高的要求，即谱宽要窄，稳定性要好。

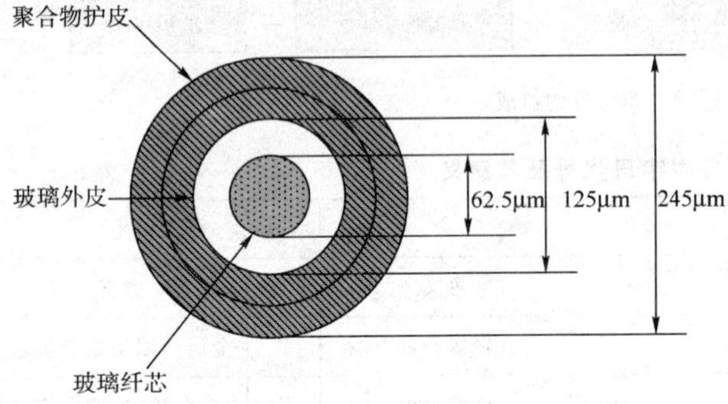

图 5-5　光纤构造图

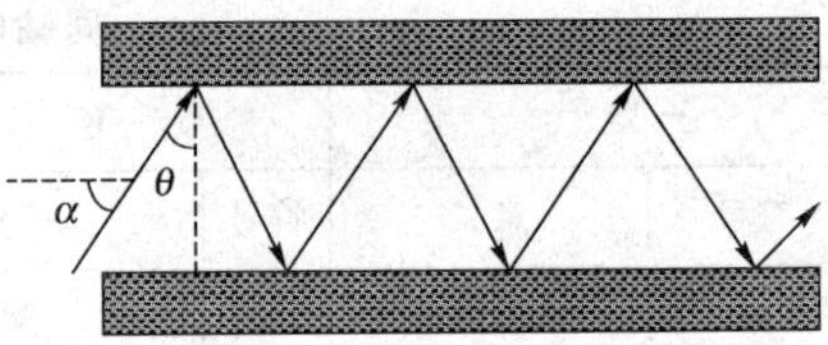

图 5-6　光纤中光的传播

3)微波

微波是一种高频率、短波长的电磁波,微波波段对应的频率范围为 300MHz～300GHz。采用微波作为传输介质实现电视广播的覆盖,不需敷设电/光缆,节约大量的财力物力,且避免了长距离传输电缆线路上干线放大器串联过多造成的信号质量下降,具有传送质量高、传输距离远、传送覆盖面广、投资少、建网时间短、便于维护等特点,适用于地形复杂、架设光缆困难的地区和大、中城市个人用户或单位用户接收。

MMDS(Microwave Multipoint Distribution Systems,微波多路分配系统)是近年发展起来的通过无线微波传送有线电视信号的一种新型系统。该系统使用最新的传送数字信号的信源编码与信道编码技术以及最新的调制技术,使数字信号的频谱压缩,大大提高了频道利用率。另外,MMDS 通信技术采用数字滤波与数字存储方式,可简单方便地消除伴随图像传输的噪声,改善图像传输的信噪比,消除亮度干扰,提高传送质量。而且 MMDS 无线传输网与有线电视光纤网一样,可采用加/解扰技术,实现可寻址收费系统、计算机用户管理系统,可实现双向传送话务和数据信息,视频点播、电视会议等。

(2)接收天线

天线是一种向空间辐射电磁波或者从空间接收电磁波能量的装置。电视接收天线作为有线电视系统接收开路信号的设备,其作用是将空间接收到的电磁波转换成在传输线中传输的射频电压或电流输送给系统前端。

电视接收天线的种类很多,在 CATV 系统中,最常用的是八木天线(又称引向天线),它既可以单频道使用,也可以多频道使用;既可作为 VHF(Very High Frequency, 甚高频)接收,也可作为 UHF(Ultrahigh Frequency, 超高频)接收;具有结构简单、馈电方便、易于制作、成本低、风载小等特点,是一种强定向天线。

八木天线由一个有源振子和若干个无源振子组成,其结构如图 5-7 所示。八木天线的有源振子一般都采用半波折合振子,用以接收电磁波。无源振子根据其作用可分为引向体和反射体两种。反射体位于有源振子后面、长度较长,引向体位于有源振子前面、长度较短。由电视发射塔辐射的电波,经引向体的引导和反射体的反射后,将使有源振子沿着接收方向形成单方向的接收。

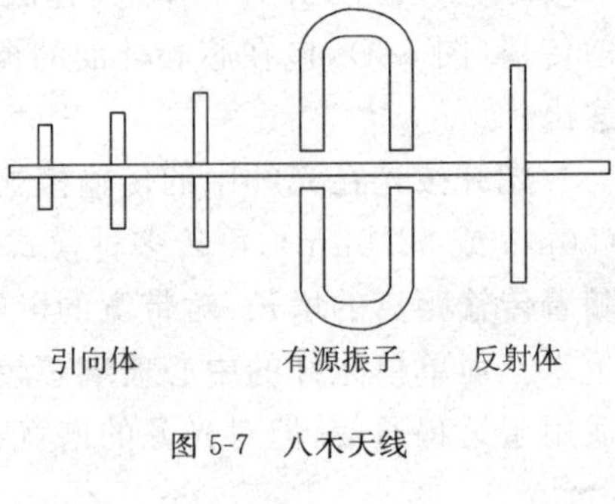

图 5-7　八木天线

引向体的数量越多，天线增益越高，频带越窄，方向性越尖锐，但当引向体增加到一定数量以后，再增加其数量就没有意义了。

(3)调制器与解调器

目前有线电视前端多采用解调器-调制器的信号处理方式对开路电视信号进行处理，使之满足邻频传输的条件。解调器与调制器配合使用，天线输出的开路射频电视信号送入电视解调器，通过解调器内部的滤波、检波、图像伴音分离等电路，从解调器输出端输出高质量的视频(V)、音频(A)信号，送入调制器将其调制成电视射频信号，送入多路混合器。在此方式中由于采用解调器，所有输入的射频信号都被还原成了视频、音频信号，为节目的编辑带来了方便。

调制器根据对信号处理方式的不同，可分为高频直接调制器和中频处理方式调制器，后者电气性能优于前者，在邻频传输的有线电视系统中均采用中频处理方式调制器。

(4)混合器

混合器是一种将多个输入信号合并成为一个组合输出信号的装置，利用它可以将多个单频道电视信号、FM信号、导频信号等组合在一起，形成一个复合视频信号，再用一根同轴电缆传送出去，达到多路复用的目的。混合器有VHF/UHF混合、VHF/VHF混合，UHF/UHF混合、专用频道混合等组合形式。按输入频道数又可分为2路、5路、7路混合器等。混合器在形成复合信号的过程中具有较高的相互隔离能力，避免信号间的相互影响。

(5)放大器

按放大器在系统中的位置划分，放大器可分为前端放大器和线路放大器两类。前端放大器包括天线放大器、频道放大器；线路放大器包括在传输系统中使用的干线放大器和在分配系统中使用的分配放大器、线路延长放大器和楼层放大器。

天线放大器也称前置放大器，其主要作用是将天线接收到的信号放大后送至前端，以提高信号电平，改善前端输出信号的载噪比。通常当天线输出电平小于60dBμV时就要考虑使用天线放大器。

频道放大器设置在混合器前面，对每一个频道的信号分别进行放大。实际上是一个带宽为8MHz的选频放大器，在放大该频道内信号的同时，对频道外的信号和干扰进行抑制。有的频道放大器还带有自动增益控制的功能，以保证当信号有变化时，该频道放大器的输出电平保持不变。

干线放大器的主要作用在于补偿传输电缆的衰减，确保信号能够进行远距离的传输。干线放大器的特点是增益不高，输出电平也不高，其增益正好等于两个干线放大器之间的电缆损耗及无源器件的输入损耗，使任意两个干线放大器的输入信号电平基本相同。考虑到电缆衰减的频率特性和温度特性，一般干线放大器均具有自动增益控制(AGC)和自动斜率控制(ASC)的功能，同时具备上述两种功能的放大器称为具有自动电平控制(ALC)功能的干线放大器。

在复杂的传输网中常常要使用干线分配放大器和干线桥接放大器，以形成几个支干线或支线。干线分配放大器是将信号放大并平均分送给几个支干线，因此它具有一个输入端，多个输出端。干线桥接放大器具有一个主输入端、一个主输出端及几个分支输出端，用以形成支线。通常，每台干线放大器都可以分出一路支线。

线路延长放大器通常用于支干线上，用于补偿支干线上分支器的插入损耗及电缆损耗，通常延长放大器输出电平较高，且不具备 AGC 和 ALC 功能。

分配放大器通常应用于系统的分配网络中，满足分配网络对信号的要求。它与干线分配放大器的主要区别在于其输出电平较高，且一般不具有 AGC 和 ASC 功能。很多分配放大器有多个输出口，即在放大器内部的输出端设置分配器。

楼层放大器是电缆传输的最后一级放大器，应用于分配系统的末端，其作用是使用户能够获得足够的信号电平。

对能够提供上网和点播功能的双向传输有线电视系统，干线和分配系统中的放大器应采用双向放大器对上行、下行信号进行放大。

放大器的主要技术指标：

1)工作频带

工作频带是指放大器能正常工作的输入信号的频带宽度。常用的放大器工作频带如表 5-2 所示。

常用放大器的工作频带 表 5-2

放大器类型	工作频带(MHz)	放大器类型	工作频带(MHz)
单一频道放大器	8	UHF 宽带放大器	470～860
VHF 宽带放大器	45～300	全频带放大器	40～860 或 45～960

2)增益

增益是衡量放大器放大信号能力大小的参数，CATV 系统中器件的增益，既可用功率比表示，也可用电压比表示，二者的比值相等。功率增益和电压增益的定义分别为：

$$\text{功率增益}=10\lg\frac{\text{输出功率}(P_o)}{\text{输入功率}(P_i)}(\text{dB})$$

$$\text{电压增益}=20\lg\frac{\text{输出电压}(U_o)}{\text{输入电压}(U_i)}(\text{dB})$$

3)输入电平

通常是指最大输入电平，用对数表示，等于放大器最大输出电平与增益之差。

4)最大输出电平

对于单频道放大器，是指在线性放大区的最高输出电平；对于宽带放大器，是指同时放大两个或两个以上信号时，交、互调失真在规定范围(46dB/57dB)内时的输出电平极限值。

5)载噪比

系统中噪声干扰对电视图像质量的影响程度用载噪比 C/N 来衡量，其定义为：

$$C/N=10\lg\frac{\text{载波功率}}{\text{噪声功率}}=20\lg\frac{\text{载波电压}}{\text{噪声电压}}(\text{dB})$$

放大器输出端的载噪比常采用公式 $C/N=S_a-N_f-2.4(\text{dB})$ 计算，其中 S_a 为放大器输入端的信号电平；N_f 为放大器的噪声系数；2.4 为前级无源器件的热噪声源电平。

6)交扰调制比

有线电视系统中放大器放大多个频道的电视信号时，由于放大器中非线性器件的影响(主要是三次项)，使所欲接收频道的图像载波受到其他(干扰)频道的调制波的幅度变化干扰，造成频道信号的图像上产生白色竖条干扰。交扰调制比是衡量交扰调制对正常收看图像的影响的定量指标，其定义为：

$$CM=20\lg\frac{\text{需要的调制电压}}{\text{其他频道转移来的调制电压}}\ (\text{dB})$$

我国规定 CATV 系统交扰调制比大于 46dB。

7)载波互调比

相互调制是指由于放大器的非线性失真，使被传送放大的信号之间的差频引起新的频率分量，而这些新的频率分量进入某一个工作频道时对该频道的信号产生干扰，使显示该频道信号画面上出现网纹或条纹干扰。载波互调比是定量描述互调干扰对正常收看图像影响程度的指标，其定义为：

$$IM=20\lg\frac{\text{图像载波电压}}{\text{互调产物电压}}(\text{dB})$$

我国规定 CATV 系统载波互调比大于 54dB。

(6)分配器

分配器的作用是将一路输入的电视信号平均分成几路输出。主要应用于前端、干线、分支线和用户分配网络。CATV 系统中常用的是二分配器、三分配器、四分配器和六分配器(图 5-8)。分配器的输出端不能开路(不接负载)，否则会造成输入端的严重失配，同时还会影响到其他输出端。因此，当分配器有输出端空余时，需接 75Ω 负载电阻。

(7)分支器

分支器也是一种将一路输入电视信号分成几路输出的器件，但它不是将输入电视信号平均分配，而是仅仅取出一小部分信号馈送给支干线，大部分信号给主干线继续传送，因而分支器输出有主路和支路之分，取信号的小部分给支路，大部分给主路。分支器也是一种无源器件，可应用于干线、支干线、用户分配网络。对大楼(例如高层建筑)从上至下进行分配时，一般上层的分支衰减量应取大一些，下层的分支衰减量应取小一些，这样才能保证上、下层用户端的电平基本相同。同时，分支器的主输出口空余时，也必须接 75Ω 的负载。按分支输出端的路数，可分为：一分支器、二分支器和四分支器等(图 5-9)。分支器本身的插入损耗很小，约为 0.5～2dB。

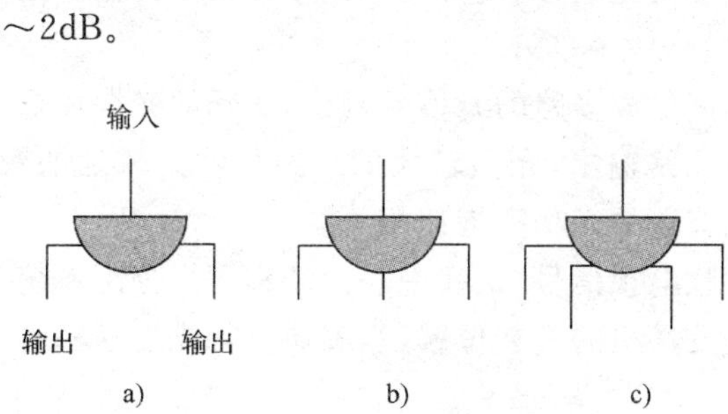

图 5-8 分配器表示符号

a)二分配器；b)三分配器；c)四分配器

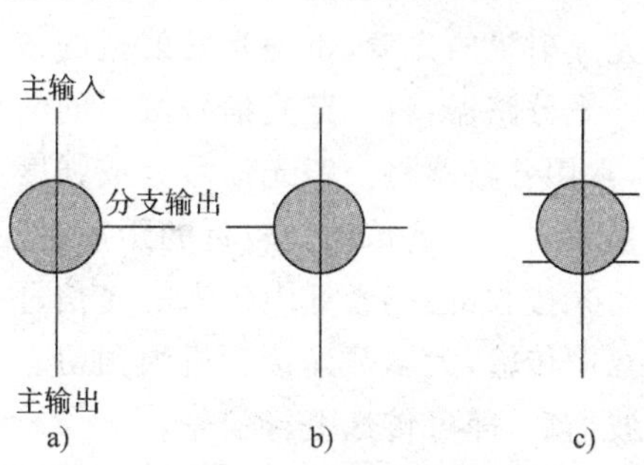

图 5-9 分支器表示符号

a)一分支器；b)二分支器；c)四分支器

分配器和分支器都是把主路信号馈送给支路的部件，但它们的组成方式不同，性质也有较大区别。分配器的几个输出端大体平衡，而分支器的主路信号要比分支输出信号大得多；分配器使用过程中任一支路不能开路，而分支器的分支输出开路对主路影响不大，但其主路输出最末端不能开路；分配器采用树枝型联结，而分支器一般联成一串。

5.2.3 有线电视的传输网络——HFC

目前有线电视系统中普遍采用光纤-同轴电缆混合网络(Hybrid Fiber/Cable TV Network ,HFC)，即采用光缆将前端的电视信号传输到小区节点，再用同轴分配网络将信号送到用户家中。HFC用光纤代替同轴干线电缆，借助于光纤的低损耗特性和宽带特性，可以把网络的覆盖范围做得很大，而且省去了一连串的干线放大器，有效地提高了系统的可靠性和图像质量，大大改善了网络性能。另外，由于只有干线系统实现光纤化，故不会大幅度增加系统成本。HFC采用新的数字调制技术和数字压缩技术，可以向用户提供数字电视和HDTV(High Definition Television，高清晰度电视)，由于支持数字通信和计算机通信等多种先进的传输体制，使得有线电视网络可以在开展有线广播和有线电视节目的基础上，提供开展诸如视频点播、音乐点播、远程教育、远程医疗、家庭办公、网上商场、网上证券交易、高速因特网接入、会议电视、物业管理等多种类型的宽带多媒体业务的频道资源。

(1)HFC 的结构

HFC 网络的结构如图 5-10 所示，各部分的功能如下：

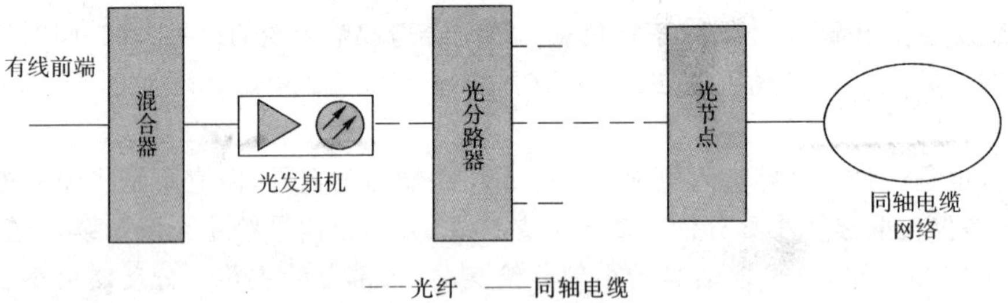

图 5-10　HFC 网络的结构

有线前端：其任务是对需要进行分配的信号进行分离、放大、变频、调制、混合以及对电平进行调整、控制，对干扰信号进行抑制、滤波等。

光发射机：把从前端送来的高频射频信号变为光信号，使其能在光导纤维中传输。激光器是光发射机的光源，也是光发射机的核心部件。

光分路器：将一路光信号按不同的功率比例分成多路的光信号输出，实际的光缆传输干线中，常用分路器将一路光信号分成强度不等的几路输出，光强较大的一路传输到较远的距离，光强较弱的一路传输到较近的距离，使各个光节点的光功率近似相等。

光接收机：把光纤中传来的光信号变为射频电视信号，送往中心前端和用户分配系统。为了双向传输，大多数光接收机内预留有上行光发送机的安装位置，当安装上行光发送机和双向滤波器后，即可传送上行信号。

一般把包括光接收机、上行光发送机、多个桥接放大器、网络监控的设备叫做光节点。光节点是光缆电视混合传输的重要设备，通过它可传输射频信号、数据、电话等。HFC 网络中每个光节点所覆盖的用户可以看成是一个独立的服务小区，小区内所有用户信息由光节点开始进行同轴网络的传输。由于每个光节点下的用户均从光节点开始进行同轴分配，而同轴分配网络又是树状广播网络，因而每个光节点下的用户是共享传输带宽的。

(2)HFC 的调制方式

光纤传输有线电视信号需对电视信号进行处理(调制)，然后对光源进行调制。对电视信号处理有调幅(AM)、调频(FM)和数字调制 3 种方式。

1)幅度调制光缆传输

幅度调制是目前我国最常用的一种模拟传输方式，普遍采用的残留边带调幅（VSB－AM)方式首先将电视信号对相应频道的载波(VHF 或 UHF)进行调制，然后把各路已调制的载波混合在一起对激光器进行强度调制。这种方式的优点是可以与通常的电缆 CATV 网兼容，光接收机输出信号可以直接作为电缆 CATV 网的输入信号，不需解调和调制；缺点是受激光器输出功率限制，传输距离小，并且伴随着距离的增加，信号载噪比明显下降。为保证输出载噪比和达到一定的传输距离，对接收功率和发射机的输出功率均有一定的要求。

2)频率调制光缆传输

频率调制也是一种模拟传输方式。首先，将一路或多路视频/音频信号分别对不同频率的副载波调频，然后把调制后的信号混合起来去调制光波强度。在接收端调制信号先被还原为多路调频信号，然后再分路鉴频，恢复视频和音频信号。采用此种方式的优点是接收灵敏度高，能获得较好的载噪比，传输距离相对 AM 方式要长；缺点是与原电缆 CATV 系统不兼容，每个频道都需要调制器和解调器，成本较高，适用于长距离传输。

3)数字调制光缆传输

数字调制光缆传输是一种差分脉冲编码调制技术，首先对视频、音频信号进行数字化处理，然后用数字信号去调制光强度。一般使用 6/8bit AD 变换，一路电视信号需要的速率为 70Mbit/s，一根单模光纤能传输 8～12 套电视节目，占用 700MHz～900MHz 带宽。如果采用数字压缩技术和副载波多进制数字调制，一路节目占有的带宽可压缩到 8MHz 以下。数字光纤系统信噪比高，非线性失真小，传输距离远(单级传输距离达 60km)，是长距离传输的最佳方式，但系统投资高，随着成本的下降，这种方式将会被更普遍地采用。

对光源进行调制分为外调制和内调制两种。外调制型光源输出是恒定功率的激光，耦合进外调制器，外调制器上加上信号电压，输出光强度随加在外调制器上的电压变化，这种外调制光发射机调制失真小，输出信号噪声低，传输距离远，动态范围大，负载能力强，但需对失真进行补偿，且价格也较昂贵；内调制又叫直接调制，是让信号电流直接流过半导体激光器，输出的光强度随信号电流变化，此类光发射机结构简单，价格低廉，使用方便，现在被大量采用。

(3)HFC 网络的结构

光纤-同轴电缆混合网(HFC)，其电缆部分往往采用树型拓扑，而光缆部分则基本上都采用星型结构：从总前端输出的信号，经辐射状的光纤干线馈送到各个光接收机，各个光接收机的位置相对于总前端呈星形分布，点到点传输，如图 5-11 所示。

星型拓扑的优点是光分配一次到位，所用光分路器少、传输质量好；当一部分线路发生故障时，连在星型光分路器其他分支上的用户将不受影响，网络的可靠性高；缺点是耗用光纤较多。

1)光纤到节点(Fiber to the Feeder，简称 FTF)

光纤到节点是目前新建 CATV 网的主要传输模式，也是当前光电结合 CATV 网的典型

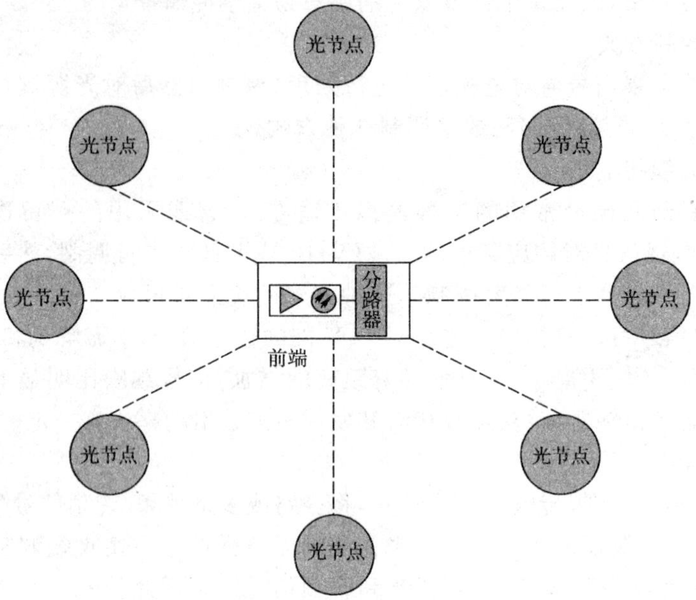

图 5-11　星型网络结构拓扑结构

模式。从中心前端或分前端按星型辐射方式敷设光缆到各个分配节点，在节点进行光电转换。从节点再以星型-树型方式敷设支线电缆和用户电缆到该区域中各用户，如图 5-12 所示。

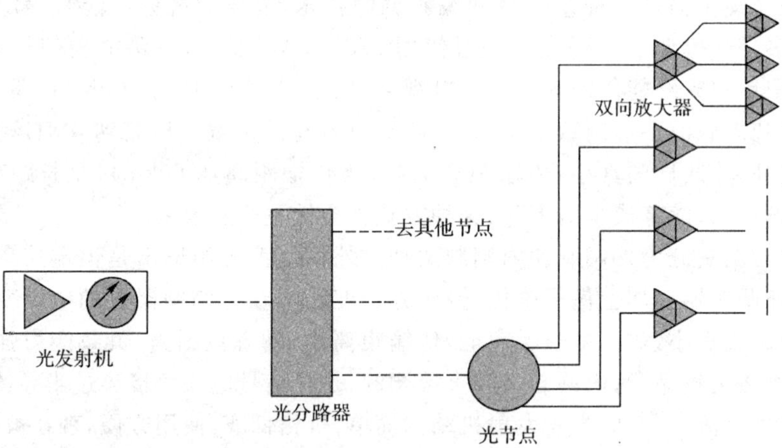

图 5-12　光纤到节点传输模式

2)光纤到路边(Fiber to the Curb，简称 FTC)

光纤到路边进一步缩小了 FTF 模型中一个光节点的服务区域，让光纤尽可能地渗透到用户的附近，到达靠近用户群的路边(Curb)平台，以充分利用光纤传输的优越性。一个 Curb 管辖的范围在 512 户以下，通常只含一级或两级放大器。这是当前和今后发展宽带综合业务用户网的主要方式(从用户到前端有反向通道)。其结构如图 5-13 所示。

3)光纤到最后一个放大器(Fiber to the Last Active，简称 FTLA)

现在国外正在提倡 FTLA，或称为无源同轴网络。它是在光接收机后不再使用放大器，完全靠无源同轴电缆及元件就能够把射频(RF)信号分配到每家每户。如果做到这一步，网络的

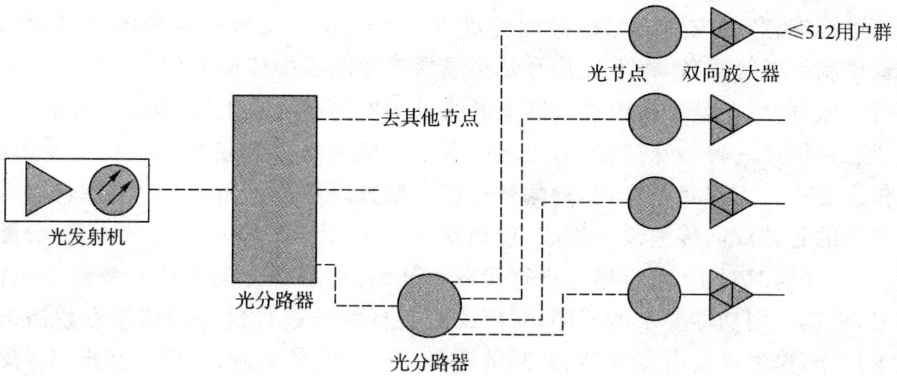

图 5-13 光纤到路边传输模式

可靠性必定很高,而信号回传也会非常畅通。根据现有光接收机的带负载能力,只要一个光节点的用户数减少到 128,每一光节点后的放大器就可以取消,而由光接收机的 4 个 RF 输出口直接携带 128 个用户,如图 5-14 所示,于是就实现了 FTLA。

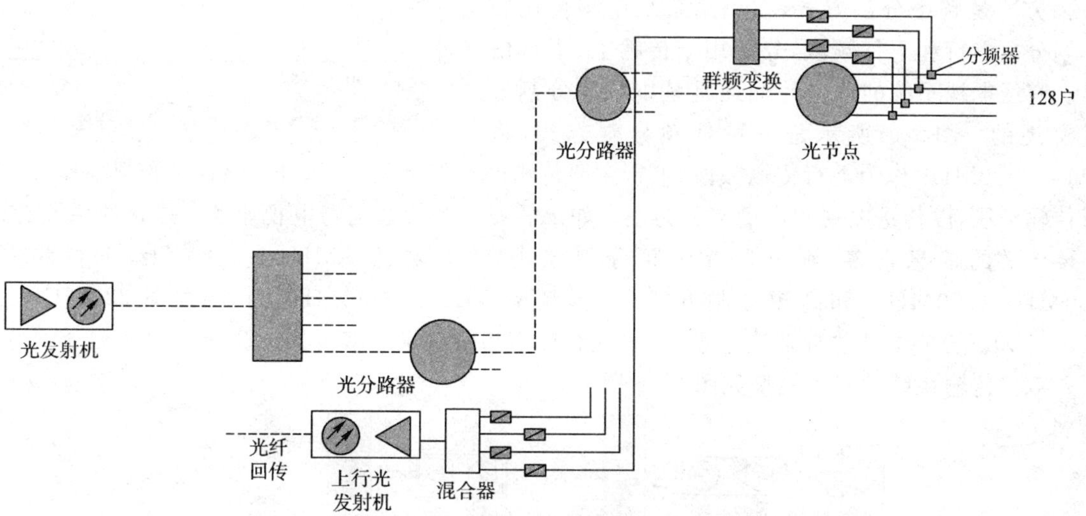

图 5-14 光纤到最后一个放大器传输模式

从 FTF 到 FTC,进而到 FTLA,每一光节点所服务的用户逐步减少,这是光纤 CATV 网向宽带综合业务用户网过渡的必然要求。FTC 和 FTLA 是 HFC 网的发展方向,随着经济的发展和光纤传输设备及光缆价格的降低,在我国实现 FTC 和 FTLA 也是完全可能的。

5.2.4 双向有线电视系统

目前大部分有线电视系统都是单向传输的,即从前端送出电视信号、用户端接收电视信号,用户端并没有信号传送至前端。而双向电视传输系统不仅用户可接收前端发来的电视信号,而且还可将信息反送至前端控制中心,实现信息的双向交流,为综合网络功能的实现提供了必要的条件。通常把前端传向用户的信号叫下行信号,用户端传向前端的信号叫上行信号。

双向电视网络由上行信号产生部分、电缆线路传输部分及前端部分 3 个部分组成。上行信号产生有两种主要来源,一是来自用户终端,用户采用现场直播的摄像、编辑设备、产生数据信号的计算机终端、产生控制信号的控制键盘以及产生状态信号的各种传感器，并利用调制器、变换器、调制解调等设备，将上述信号转换成易于在电缆中传输的信号，这是双向传输技术应用功能的主体部分；二是来自电缆线路上各级放大器的信号发生器，其作用是将放大器等设备的工作状态转换成一种特殊信号，自主地或者是在前端站控制信号的作用下发回前端站供前端站工作人员进行工作状态监视，检测各种技术参数以及分析和记录；电缆线路传输部分是由电缆线路上的各种双向传输设备组成，包括双向干线放大器、双线桥接放大器、分配器、分支器等，这些设备能同时对上、下行信号进行传输和补偿；前端部分的主要任务是承担接收并处理上行信号，根据应用功能要求的不同，对接线的上行信号进行现场转播视音频播送，检查分析和登记等操作，典型设备有变频器、调制解调器、分波器、集中器、微机及静止图像库等。

双向传输有3种方式：第一种方式是空间分割方式，它是由两个单方向系统组合而成，分别传送上、下行信号；第二种方式是时间分割方式，在一个系统内通过时间的错开，分别传送双向传输信号；第三种方式是频率分割方式，在一个系统中将传输频率划分出上行和下行频段，分别用于传输上、下行信号。有线电视系统的双向传输通常是以频率分割方式实现的。图5-15所示是一种低频分割方式，将5MHz～30MHz作为上行传输频段，上行主要传输的是控制信号；大于48MHz的频率作为下行传输频段，以传送电视和广播节目为主。如果需要一个兼通信与电视业务一体化的系统，由于要传送的信息很多，则可选择中频分割方式（上行频率5MHz～108MHz，下行频率150MHz～550MHz）和高频分割方式（上行频率5MHz～180MHz，下行频率220MHz～550MHz）。分割方式主要取决于系统的功能、规模和信息量的多少。

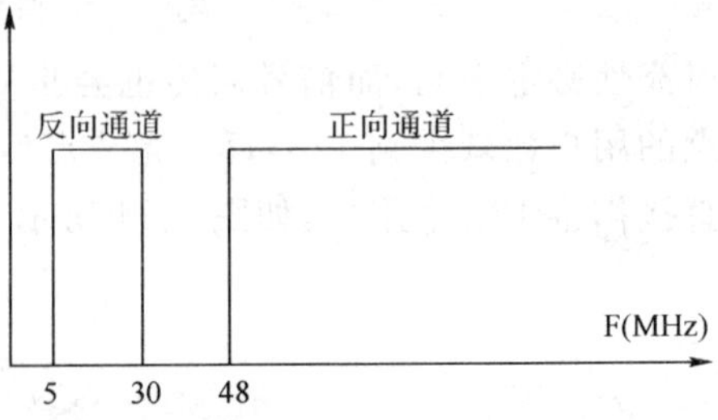

图5-15　低频分割双向传输频率分配

双向传输系统的基本模型如图5-16所示。

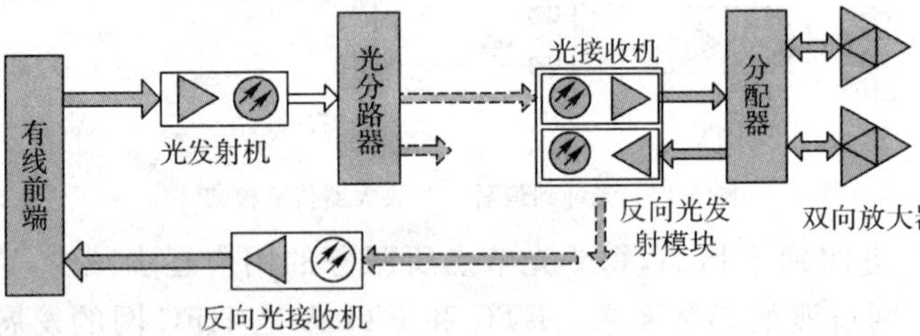

图5-16　双向传输系统模型

通常在正向光接收机内安装反向光发射模块，由其将经双向放大器和分配器（此时分配器倒挂起信号混合作用）传来的反向信号转换成光信号，并利用光缆干线发送至总前端的反向光接收机，由其将光信号再转换成电信号。

图5-17是一种典型的双向传输系统，其上行、下行带宽都为8MHz，具体频带的分配见图5-18。

其中15MHz～65MHz为上行频段；87MHz～750MHz为下行频段，频段分布如下：87MHz～108MHz为传输调频广播节目，110MHz～550MHz为传输模拟电视节目，550MHz～750MHz采用64QAM或更高的QAM调制传输数字电视节目和信息；750MHz～860MHz、1GHz或更高作为数字通道的预留，频带逐步向上扩展。

在图 5-17 的双向传输系统中模拟信号和数字信号均按频分复用方式处理，其中数字信号分为数字视频信号和数字交互信号两部分：数字视频信号以 8MHz 为一单位，按频分复用处理，在每 8MHz 之中采用时分复用，可复用 6～10 套节目，然后用 64QAM 或 256QAM 调制至每一载波上；数字交互式信号（数据和 IP 电话信号）下行频带位于 550MHz～750MHz 之中，其带宽为 8MHz～30MHz；上行频道位于 5MHz～65MHz 之中，其带宽为 8MHz～10MHz。调制方式可采用 QPSK（Quarternary Phase Shift Keying，四相相移键控）、16QAM（Quadrature Amplitude Modulation，正交幅度调制）或其他调制方式。

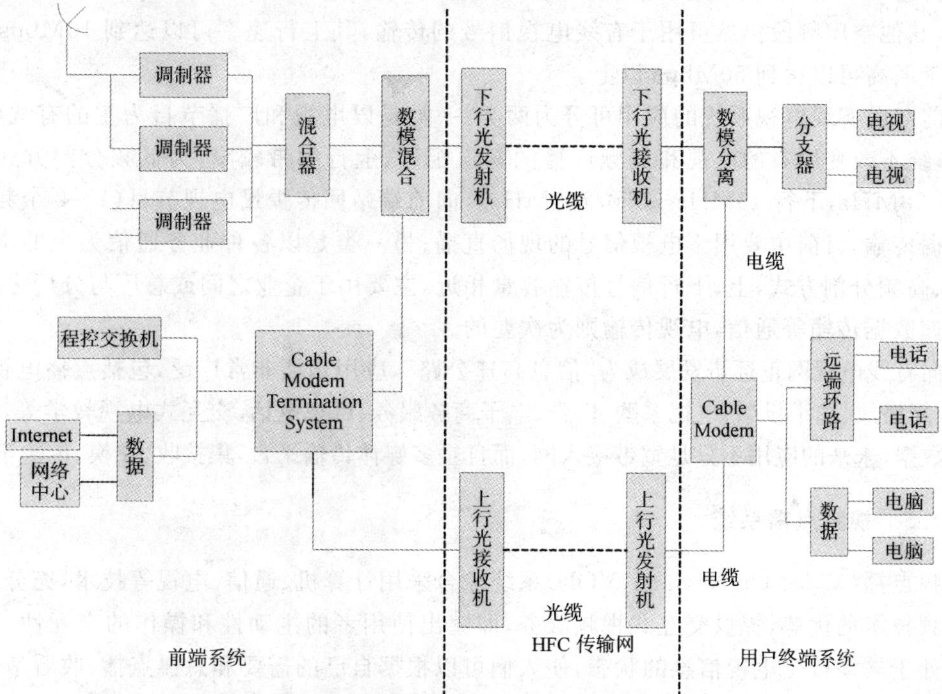

图 5-17　典型的双向传输系统

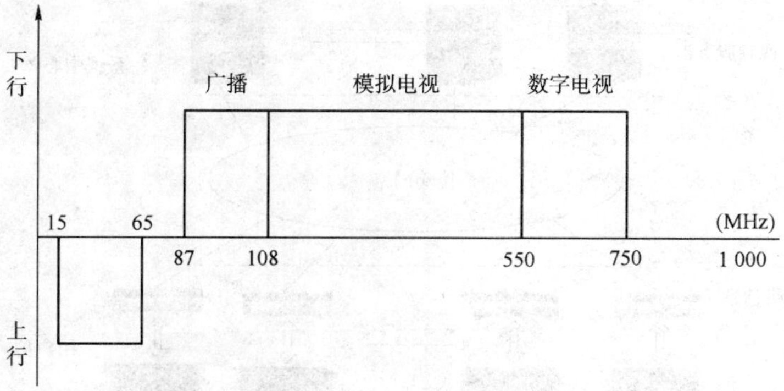

图 5-18　频带分配图

双向传输系统前端的设备称为CMTS(Cable Modem Termination System)，即电缆调制解调器终端系统，它包括分复接与接口转换设备、调制器和解调器。CMTS的网络侧采用10Base-T和100Base-T等接口通过交换机与其他网络设备相连，也可通过路由器与Internet或者本地服务器连接。CMTS的射频侧有数模混合器、分接器、光发和光收设备等。

用户终端设备由用户Cable Modem(简称CM)和室内设备构成，其中CM是交互式有线电视业务传输系统使用的调制解调器，它由调制器、解调器、分复接与接口转换设备构成。Cable Modem将数据进行调制后在Cable(电缆)的一个频率范围内传输，接收时进行解调，传输机理与普通Modem相同，不同之处在于它是通过有线电视CATV的某个传输频带进行调制解调的，其他空闲频段仍然可用于有线电视信号的传输，其上行速率可以达到10Mbps以上，下行速率最高可以达到50Mbps以上。

目前双向有线电视系统的应用可分为两类：一类是以电视和广播节目为主的有线电视系统，该系统不改变原有的电视和调频广播的频道配置，上行频带较窄，为低频分割方式(上行5MHz～30MHz，下行45MHz～550/750MHz)，向前端站回传少量电视节目(1～2个频道)和低速数据传输，目前主要用于电视信号的现场直播；另一类是以各种业务通信为主的本地网，它为中、高频分割方式，上、下行信号传输容量相近，主要用于企业之间或总厂与分厂之间点对点的高速数据传输等通信，电视传输则为次要的。

双向有线电视网正逐步发展成为"信息高速公路"，应用功能非常广泛，包括点播电视、视频游戏、重复播放、选举投票、电视采购、广告、电子商务服务、可视电话、交互式电视教学等，并能高速传输数据，未来的应用不只是宽带接入网，而且是多媒体传输平台，集接收、交换、传输于一体。

5.2.5 视频点播系统

视频点播(Video On Demand，VOD)系统综合采用计算机、通信、电视等技术，充分利用网络和视频技术的优势，提供交互式视频服务，即突出使用者的主动性和操作的交互性，改变人们一直处于被动接受电视信息的状态，使人们可以根据自己的需要和意愿点播、收看节目库中的电视节目，同时可进行股票交易、购物、教育、电子商务、收发电子邮件等各种信息活动。

(1)视频点播系统的组成

视频点播系统由系统中心、传输网络和用户终端3个部分组成，其系统结构如图5-19所示。

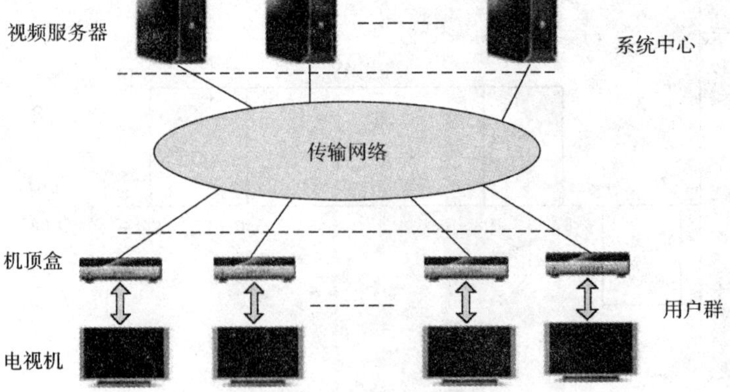

图5-19 视频点播系统结构

系统中心包括节目制作和控制中心两部分，是全系统的核心。节目制作将各种形式的片源通过压缩存储到视频节目库中，控制中心的中央管理计算机负责接收用户点播命令，组织、发送点播节目，并在提供服务的同时进行计费。在系统中心，视频服务器是管理视频节目存储和发送、响应用户请求、自动播送节目的核心设备，由存储系统和建立于其上的各种控制器管理系统组成，其目标是实现压缩媒体数据的存储以及按请求进行媒体信息的检索和传输，因而要求有高速数据传输能力以保证用户对大量影片、视频节目、游戏、商务信息以及其他服务的即时访问，而且要求有较大的容量、高速的视频数据流存取，一般采用大容量高速磁盘或光盘阵列机。系统中心的组成及工作流程如图 5-20 所示。

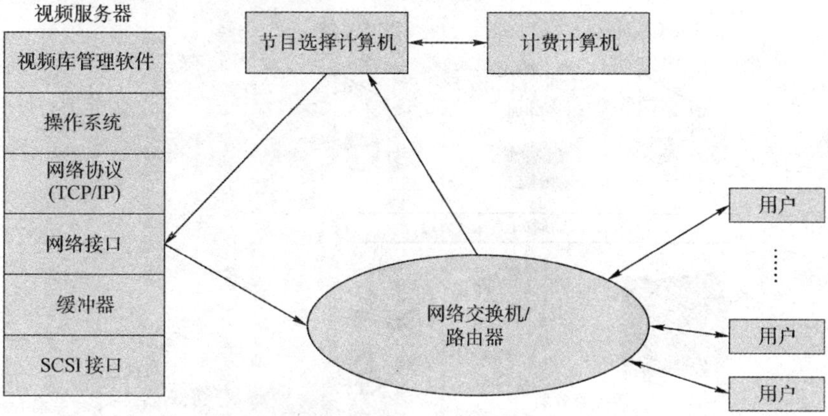

图 5-20　系统中心的组成及工作流程

传输网络用于节目与信息的交互式传输，按照规模大小可分为骨干网和接入网：骨干网主要指电信网或广电网的骨干网，如 ATM、HFC 等；而接入网主要有 xDSL、Cable Modem（线缆调制解调器）接入、FTTH（光纤到户）和局域网接入。

用户终端的主要设备是电视机加机顶盒（Set Top Box，STB）或计算机。机顶盒的任务是将点播控制信息发往视频服务器，同时将服务器提供的多媒体信息转换成电视机能接受的信号。

（2）视频点播系统的实现方案

根据采用的基础网络的不同，视频点播系统可以有不同的实现方案。

1）利用现有的网络设施实现 VOD

该方案利用公共电话网作为上行信道，HFC 作为下行信道，其特点是可充分利用现有的网络设施，无需大的线路改造。上行信道负责将用户的请求指令传输到服务器，数据量非常小，实时性要求也不高，只需要窄带通路就可以满足要求；而下行信道负责将用户请求的视频数据传输到用户的终端设备，数据的传输量大、实时性强，须是宽带通路，其系统结构图如图 5-21 所示。

2）利用双向传输的 CATV 网络实现 VOD

图 5-22 是利用双向传输的 CATV 网络实现 VOD 的方案，用户的点播请求通过 CATV 网络上传，不必通过电话线等其他通道。

3）利用有交换功能的 DWDM 实现 VOD

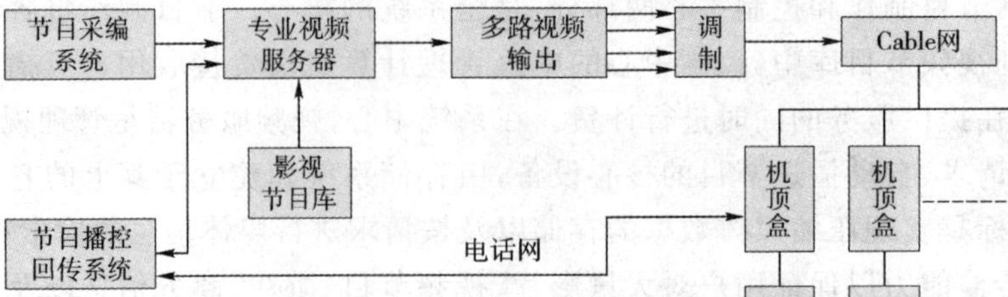

图 5-21　利用现有网络设施实现 VOD

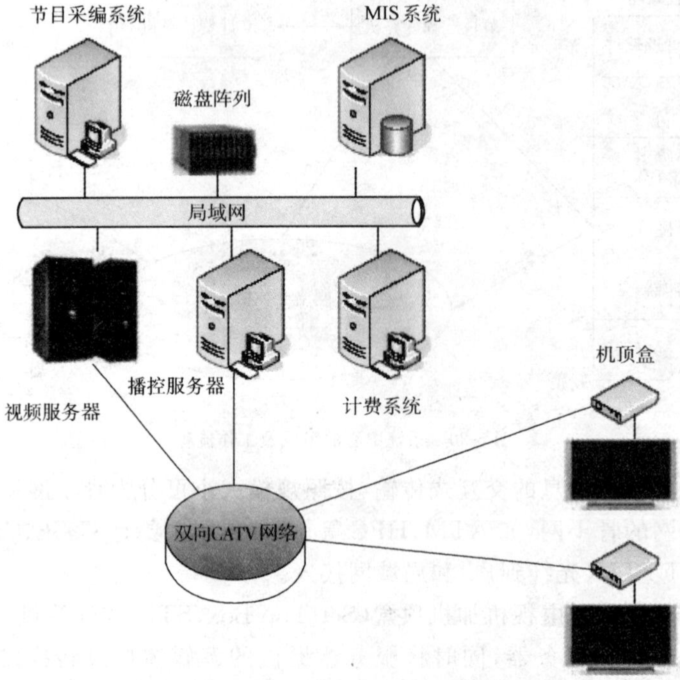

图 5-22　利用双向传输的 CATV 网络实现 VOD

DWDM(Dense Wavelength Division Multiplexing,密集型光波复用)是一项用来在现有的光纤骨干网上提高带宽的激光技术,该技术能够在同一根光纤中,把不同的波长同时进行组合和传输。利用 DWDM 骨干网建立的集中方式的 VOD 结构如图 5-23 所示,在该系统中,服务器都放在主前端,通过数字骨干网将许多传输流传输到不同的子前端,再由子前端经调制器进行分配。

4)VOD over IP

新兴的 IP-Gigabit Ethernet(GbE)技术也非常适合 VOD 传输,因为大量网络设施已经存在,GbE/IP 网络已分布很广,因而是一种廉价的解决方案。但由于目前已经有大量的数字有线电视机顶盒在用,所以在子前端就需要有一个从 IP 骨干网到有线电视网(即从 IP 到 ASI)的转换接口(或称网关),如图 5-24 所示,而将来则可以直接采用 IP 机顶盒。

5)通过局域网实现 VOD

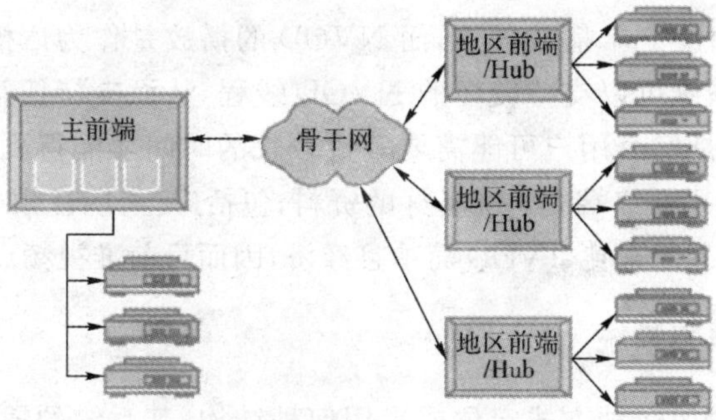

图 5-23　集中式 VOD 网络结构

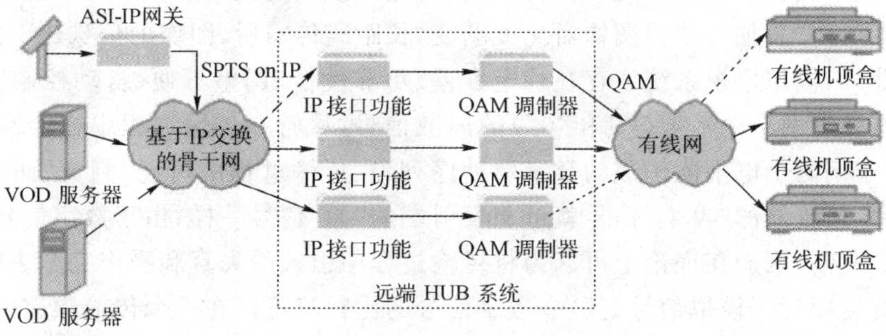

图 5-24　VOD over IP 结构图

VOD 系统视频信号传输也可通过局域网实现，网络主干采用 1 000M 交换，用户端 100M 交换到桌面。用户在客户端启动播放请求，这个请求通过网络发出，到达并由 VOD 主机的网卡接收，传送给 VOD 主机。经过请求验证后，VOD 主机把存储系统中可访问的节目准备好，经特殊压缩处理后，通过网络传输到客户端，使用户可以浏览到所喜爱的节目。用户选择节目后，VOD 主机从存储系统中取出节目内容，并传送到客户端播放。

从应用平台看，VOD 可以广泛应用于计算机局域网、广域网、宽带综合接入网、有线电视网等宽带网络平台；从应用领域看，VOD 可以应用于影视歌曲点播、教育和培训、多媒体信息发布、交互式多媒体展示等领域；从应用行业看，VOD 可以应用于卡拉 OK 歌厅、宾馆饭店、住宅小区、有线电视台、校园网和多媒体教室、远程教学、企业内部培训、医院病理分析和远程医疗、电子图书馆、政府企业、机场、火车站、影剧院、展览馆、博物馆、广告业、商场、百货公司等几乎包括了国民经济的各行各业，因而有着广阔的应用前景。

(3)准视频点播 NVOD

VOD 分为 TVOD(True VOD)和 NVOD(Near VOD)两种方式，TVOD 基于双向网络，对于每一个点播请求，服务器都要输出一个对应的视频流，即点即放，但 TVOD 对网络的带宽要求高，并发流数量有限、支持用户数有限、单位用户成本高。NVOD(Near Video On Demand)基于广播网络，是单向数字电视系统增值业务之一，其实现方式是利用视频服务器将一个数字电视节目分段组织成多个播放过程，在几个数字通道中延时播放，例如一部 90min(约 1G 字节)的视频节目分为 10 个播放过程，每个过程相差 9min 轮流播放，用户从中任意选择一个正在播放的过程观看，就可以基本上满足用户的片断选择需求。对于 TVOD(True VOD)来讲，一般是一个用户对应一个播放过程，而 NVOD 的播放是作为广播方式提供给多个用户，对于同样的磁盘速率，系统可以支持较多的 NVOD 线程，从而支持任意多用户的点播请求，节省频宽，单位成本低，但是每个用户可能需要等待较长的时间才能得到相应的服务。在等待的时间间隔内，系统可以向用户终端发送准备好的资料，包括广告、视音频插曲等，使用户等待的感觉减少。由于 NVOD 实现起来比 TVOD 简单且经济，因而目前准视频点播 NVOD 应用较普遍。

5.2.6 数字有线电视系统

广播电视系统，无论用何种方式定位或采用何种结构，其系统的输入和输出在本质上都是模拟信号，这是由受众的视听特征决定的。但由于模拟信号是在时间和幅度上都连续的信号，因而，模拟电视系统在信号的采集、处理、记录、传送及接收的整个过程中所产生的非线性失真和引入的附加噪声"累加"，使得图像对比度畸变，长距离传输后，图像的信噪比下降，图像的清晰度降低。此外，模拟电视系统还存在稳定度差、可靠性低、调整不便、自动控制困难等缺点。而数字信号是只有两个电平值("1"和"0")的离散信号，尽管在传输过程中亦会衰减并受到噪声干扰，但由于用两个电平值构成的数字脉冲序列，在传输过程中可经"判定"而"再生"，只要"判定"无差错，接收端的"再生"信号就可与发射端的"原"信号一样；由于数字信号的"再生"并非"原"信号的复制，因而在理论上可认为将传输过程中引入的失真和噪声完全去除，因而其抗干扰性和保真度要优于模拟信号；其次，数字信号的比特流可以在一个传输频道内复接、交织，因而可使辅助信号或数据信号与视/音频信号一起被发射、传输、存储或处理，使原来的广播电视频道具有拓展综合信息广播的能力，增加了广播电视节目的多样性；另外，数字信号可使用基于冗余度缩减的压缩编码技术，以提高频谱利用率，增加系统可靠性，降低运行费用，使广播电视具有数字广播、标准数字电视(SDTV)、高清晰度电视(HDTV)的传送能力；因而有线电视数字化不仅使用户享受到图像更清晰，内容更丰富，更具专业化、个性化、多样化的有线数字电视综合服务，还为用户提供丰富的服务信息，满足广大人民群众日益增长的文化需求，电视系统数字化已成为当前的发展趋势。

电视系统的数字化是一个从信源传输到信宿的全面数字化过程，既涉及采、编、录、制整个节目制作过程的数字化，又涉及从播出到接收的传输系统的数字化，亦即是指从前端、传输、分配及整个处理过程的数字化，前端必须具有信源的数字处理能力，并以数字视音频及数据信号的下载，经数字化传输、分配系统由数字终端接收(STB 或 CM)。

(1)数字有线电视系统的组成

数字有线电视系统由信源编码、多路复用、信道编码、调制、信道和接收机等部分组成，其结构框图见图 5-25。

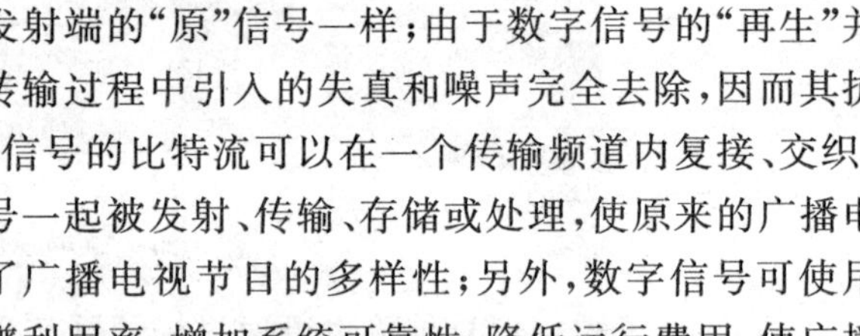

图 5-25 数字有线电视系统框图

信源编码是对视频、音频、数据进行的编码，辅助数据可以是独立的数据业务，也可以是和视频、音频有关的数据，如字幕等。信源编码是为了提高数字通信传输效率而采取的措施，是通过各种编码尽可能地去掉信号中的冗余信息，以提高传输速率和减少传输频带宽度。数字电视按照 MPEG-2 标准进行信源编码。

多路复用是将视频、音频和数据等各种媒体流按照一定的方法复接成一个单一的数据流。

信道编码是指纠错编码，是为提高数字通信传输的可靠性而采取的措施。为了能在接收端检测和纠正传输中出现的错误，在发送的信号中增加一部分冗余码，信道编码增加了发送信号的冗余度，它是以牺牲信息传输的效率来换取可靠性的。

调制是根据传输信道的特点采用高速数字调制技术来提高频谱利用率，与模拟调制系统中的调幅、调频和调相相对应，数字调制系统中也有幅度键控（ASK）、移频键控（FSK）和移相键控（PSK）3 种方式，其中移相键控调制方式具有抗噪声能力强、占用频带窄的特点，在数字化设备中应用广泛。此外，正交幅度调制（QAM）是对载波振幅与相位同时进行数字调制的一种复合调制方式，可进一步提高信号传输码率，在实际中得到广泛应用。

信道有卫星信道、有线电视信道和地面广播信道等。卫星广播着重于解决大面积覆盖的问题；有线电视广播着重于解决城镇等人口居住稠密地区"信息到户"的问题；而地面无线广播由于其所独具的简单接收和移动接收的能力，能够满足现代信息化社会"信息到人"的基本需求。

接收机包括解调、信道解码、解复用、视音频解压缩、显示格式转换等功能。

（2）数字有线电视系统的前端

前端系统是数字有线电视系统的核心，主要由信号输入部分、信号处理部分和调制输出部分组成，其组成结构图如图 5-26 所示。

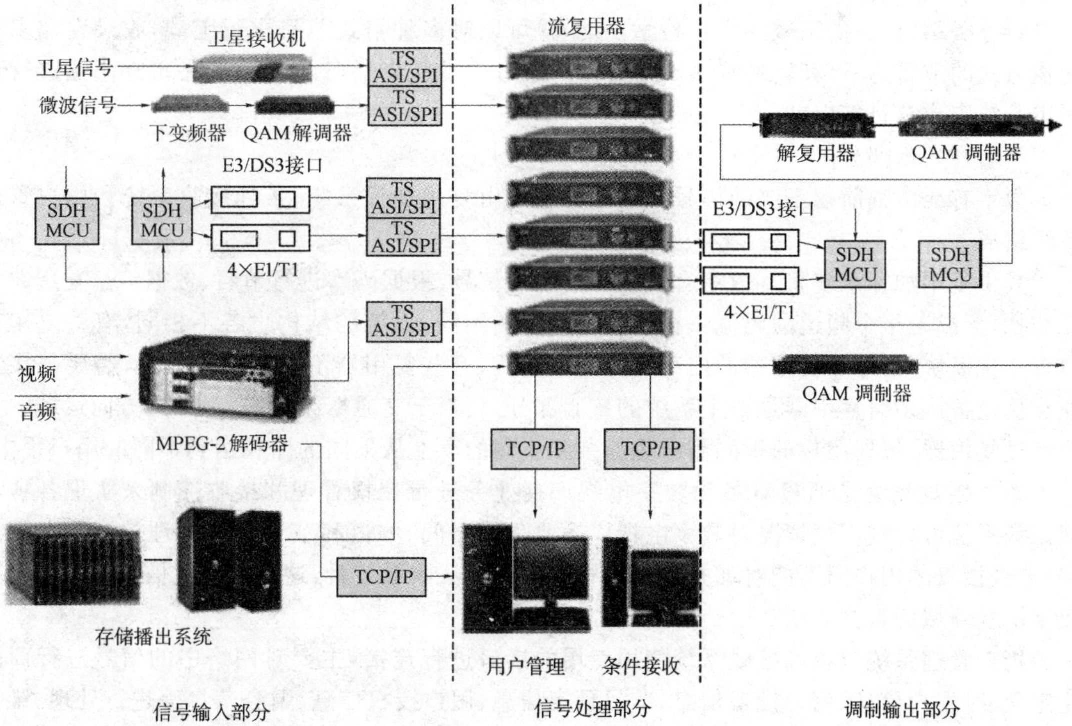

图 5-26　数字有线电视系统前端结构图

1)信号输入部分

数字有线电视前端系统的信号输入部分主要由信源系统、业务系统和存储播出系统组成。

其中信源系统包括数字卫星信号的接收系统、模拟信号的编码系统、SDH(Synchronous Digital Hierarchy,同步数字系列)网络信号的分接转换系统,以后还将具有传输来自宽带IP等多种网络节目源的能力。信源系统的特点是将信号进行一定格式转换,使之成为符合DVB-C标准的TS(Transport Stream)流信号。而对节目的内容不加以编辑和存储,只起到节目转发的作用。符合DVB标准的数字卫星接收机可以直接输出TS流的信号。而对于传统的模拟信号或非标准的数字视/音频信号需要通过压缩编码系统将其转换成TS流。压缩编码系统的功能是将模拟的视/音频信号数字化,采用广播级MPEG-2编码方式进行编码,并实时传输到视频服务器或直接到复用器。数字电视节目复用系统将多路单节目数字视频流复合成单路多节目数字视频流,并符合DVB传送标准,调整节目带宽实现多节目的数字广播,并确保与其他系统的良好配合。

业务系统实现的功能就是采用DVB标准对节目的相关信息进行编辑、整理,最后封装,完成播出TS流的打包;在接收端由机顶盒完成对数据信息的解析。数字电视的业务是指在广播者的控制下,可以按照时间表分步广播的一系列节目。而业务的信息就是用于描述传送系统、内容和广播数据流的计划或时间表等的数据。目前我国的业务系统主要包括数据广播、Internet接入等。

存储播出系统包括节目素材上载与收录系统、节目存储与节目库管理系统、节目预编/审核系统、准视频点播(NVOD)系统和专业频道管理播出系统。其特点是对节目库中存储的文件进行分类编目,提供高效的文件检索功能,并可以对多种格式节目进行上载,收录存储多种传输方式的节目,并将其转换成TS流文件。通过准视频点播(NVOD)系统和专业频道管理播出系统完成节目播出。

2)信号处理部分

数字有线电视前端系统的信号处理部分主要由复用加扰系统、条件接收系统和用户管理系统组成。

其中复用加扰系统将从数字有线前端输入的信号,根据码率进行节目、数据信息复用并完成加扰,形成若干个频道的码流。根据使用设备的不同,系统的结构也各不相同,有些复用器内置加扰模块,信号在复用器的内部可以完成加扰,有些复用器不具有加扰模块,需要外接独立加扰设备。多路复用器是整个系统的核心部分,相当于交通枢纽中心,把不同方向运载的货物经过复用器,根据用户的不同需求重新装到不同的车上从不同的路径运到不同的用户手中。

条件接收系统是通过对各项数字电视广播业务进行授权管理和接收控制来实现各项功能。该系统可以按不同情况对数字电视广播业务按时间、频道和节目进行管理控制。在用户端,未经授权的用户因不能对加扰节目进行解扰而无法收看节目,这也是现代信息加密技术在数字电视领域的具体应用。

用户管理系统与条件接收系统使用专用的接口进行连接,主要对网络中的信号进行商品化定义、对用户信息、用户设备信息、节目预定信息、用户授权信息、财务信息等进行处理、维护和管理,同时为其他子系统提供用户授权管理的基本数据库信息。

3)调制输出部分

数字信号的调制过程主要包括:基带接口与同步、SYNC1变换和随机化、RS编码器、卷积交织器、字节变换到M比特符号、差分编码、基带成形等环节。调制前的信号需分成两路,一路直接接QAM调制器,进入本地HFC网进行传输;另一路通过接口适配器复接到SDH网络上传送到分前端,在分前端使用网络接口适配器,将信号转换成TS流信号,再使用QAM调制器进行调制,然后混入本地的HFC网络。

(3)数字电视信号的传输

数字电视信号的传输可以通过卫星、同轴电缆、微波等多种方式来实现,因而,根据传输方式的不同,数字电视又有数字卫星视频广播、数字有线视频广播和数字地面视频广播之分。

目前全球数字电视广播领域有3种相对成熟的数字电视标准:美国的标准ATSC(Advanced Television System Committee,先进电视制式委员会)、欧洲的标准DVB(Digital Video Broadcasting,数字视频广播)、日本的标准ISDB(Integrated Services Digital Broadcasting,综合业务数字广播)。其中DVB(Digital Video Broadcasting,数字视频广播)是一套完整的、适用于不同媒介数字电视广播的标准。DVB技术采用MPEG-2作为音频和视频的编码压缩方式,经压缩后的MPEG-2码流再打包形成传输流,数字压缩技术可以清除原来传输过程中产生的重影和"雪花"干扰,大大提高了电视节目的品质。DVB还可以将图像、语音、文字及各种数据信息综合到一起播出,适用于无线广播、有线广播和卫星电视,是当前最为实用的一种数字视频广播。DVB分为DVB-S(Satellite)、DVB-C(Cable)和DVB-T(Terrestrial),其中DVB-S(Satellite)是采用11/12GHz卫星频段进行传输的DVB系统标准,DVB-C(Cable)是采用有线电视系统进行传输的DVB系统标准,DVB-T(Terrestrial)是采用地面广播进行传输的DVB系统标准。

(4)数字有线电视系统的用户端设备

数字有线电视系统的用户端设备可分为数字电视显示器、数字电视机顶盒和一体化数字电视接收机。

数字电视与现有模拟电视最大的差别在清晰度上,数字电视采用电脑显示器使用的逐行扫描技术,彻底根除了模拟电视普遍存在的大面积闪烁现象,其画面的清晰度和色彩的逼真性更趋完美,给人身临其境的感觉。数字电视分为数字高清晰度电视(High Definition Television,HDTV)、数字标准清晰度电视(Standard Definition Television,SDTV)两种,HDTV的图像水平清晰度大于800线,图像质量可达到或接近35mm宽银幕电影的水平;SDTV的图像水平清晰度大于500线,主要是对应现有电视的分辨率量级,其图像质量为演播室水平。

机顶盒按功能可分为上网机顶盒、数字卫星机顶盒、数字地面机顶盒以及有线电视数字机顶盒。

1)上网机顶盒

上网机顶盒利用电话网络作为传输介质,利用电视机作为显示平台,实现Internet接入功能,是一种非PC类的互联网接入设备。占用了用户家中电话线和电视机,却只能实现上网功能,其硬件及软件均不支持电视信号的视频显示。

2)数字卫星机顶盒

又称为综合业务接收机(IRD),用来接收数字卫星广播节目。许多卫视节目都是有线电视台通过专业的IRD从卫星接收下来,再通过有线电视网络送入用户家中的。该类机顶盒的主要功能是接收数字电视广播，同时也支持数据广播、图文电视等应用。但由于它的传输平台是卫星信道，支持交互式应用比较困难。目前，数字卫星机顶盒基本采用DVB-S标准，国内外都有相关产品。

3）数字地面机顶盒

数字地面机顶盒的功能与数字卫星机顶盒类似，所不同的只是传输介质由卫星信道变成了地面广播信道。该类机顶盒所使用频率与有线电视频率相同，但由于这种无线信道的情况比有线电视网络复杂，所以它的信号传输技术与数字有线电视机顶盒也有较大差别。数字地面机顶盒的关键技术是编码正交频分复用(CODFM)，该技术可有效地解决数字地面广播中所存在的多径接收、邻频干扰等问题。它将串行数据流划分为多个比特的码元，每个码元可有数千比特，然后用这些比特去调制被置于一个频段内间隔很小的数千个相互正交的载波。通过设置这些载波的保护间隔和边带能量的位置，使某一特定载波在邻近频道上的能量为零，从而提供较好的邻频抑制能力。

4）数字有线电视机顶盒

数字有线电视机顶盒的基本原理与数字卫星机顶盒、数字地面机顶盒相同，只是信号传输介质是有线电视广播所采用的全电缆网络或光纤-同轴混合网。由于有线电视网络较好的传输质量以及电缆调制解调器成熟的技术，使得该类机顶盒可以实现各种交互式应用，并被业界广泛看好。该类机顶盒可以支持几乎所有的广播和交互式多媒体应用，如数字电视广播接收、电子节目指南(EPG)、准视频点播(NVOD)、按次付费观看(PPV)、软件在线升级、数据广播、Internet接入、电子邮件、IP电话等。

5.3 卫星电视接收系统

5.3.1 卫星电视系统概述

卫星电视是利用位于赤道上空35 800km的同步卫星作为电视广播站，向地面转发电视信号。电视台广播的节目信号，经光纤线路或微波中继线路传送到上行发射站，经放大和频率调制后，变成14GHz的载波发射给卫星，卫星上的转发器接收到上行波束后，将其放大并转换成12GHz的载波信号，再通过卫星上的天线转变成覆盖一定地区的下行波束转发给地面接收站，卫星地面接收站通过高增益的接收天线收到12GHz的载波信号后，利用卫星电视接收机直接接收，经当地转播台或有线电视台播出。

卫星电视广播覆盖面积大，传输距离远，只需3颗间隔为120°的同步卫星就可以覆盖全球，在覆盖区内的任意两点，只要建立地面站，就可以通过卫星传送和交换节目；另外卫星电视因为传输环节少，信号的工作频率高，引入的干扰少，因此信噪比高，图像质量好；而且卫星电视频带宽、传输容量大，可满足数字电视和高清晰度电视等的信号带宽要求。

5.3.2 卫星电视接收系统的组成

卫星电视接收系统由接收天线(包括馈源)、高频头、功分器和卫星电视接收机等部分组成(图5-27)。

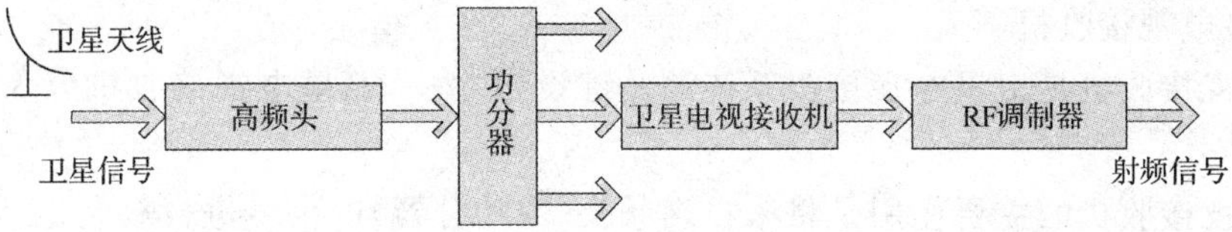

图 5-27　卫星电视接收系统结构图

(1)卫星天线

卫星广播电视的接收天线用于接收卫星下行电视信号,其形式有多种,常用的有前馈式抛物面天线和后馈式抛物面天线两种。

前馈式天线由抛物面反射体、馈源及其支撑杆、天线支架和仰角及方位角调整机构组成。馈源放置在旋转抛物面的前方焦点处(图 5-28a),其作用是收集卫星电视信号并馈送到高频头。天线支架分为上支架和下支架两部分。上支架主要作用是支撑抛物面,下支架主要作用是把天线安装在地面或建筑物上。仰角和方位角调节机构用于卫星天线的方向选择,以对准轨道上的卫星。

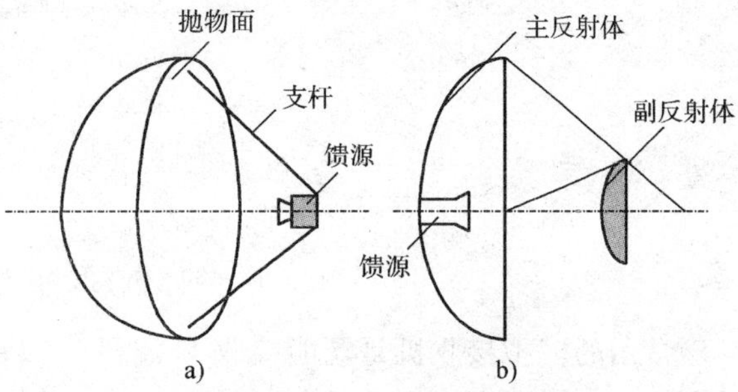

图 5-28　前馈天线与后馈天线的结构图

a)前馈天线;b)后馈(卡氏)天线

后馈式天线也称卡氏天线,它有两个反射面:抛物面主反射面和双曲面副反射面(图 5-28b),抛物面焦点与双曲面的虚焦点重合,而馈源则位于双曲面的实焦点之处,双曲面会聚抛物面反射波的能量,再辐射到抛物面射到抛物面后的馈源上。卡氏天线效率高、方向性强、噪声低、增益高,性能比前馈式抛物面天线好,大多数收发双工的地面通信兼电视接收站都采用这种天线。

(2)高频头

高频头的主要作用是将卫星天线收到的微弱信号放大并进行频率变换,其组成如图 5-29 所示。高频头将来自馈源的微弱信号,经过宽频带低噪声放大器后,送到混频器与本振信号混频后,输出宽频带的第一中频信号(频率为 0.95GHz～2.15GHz)。

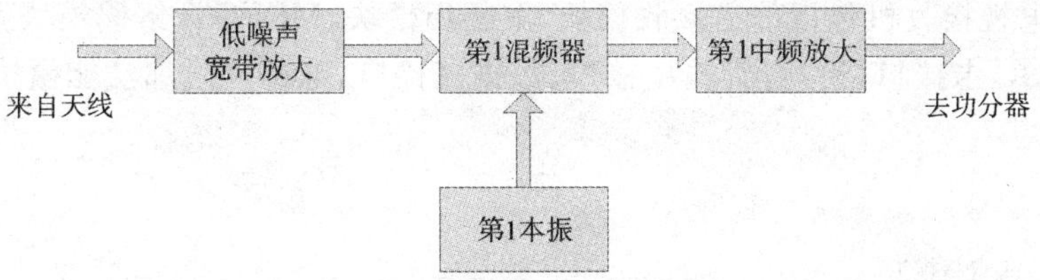

图 5-29　高频头组成框图

(3)功分器

功分器就是功率分配器,其作用是将高频头输出的第一中频信号均等地分成若干路以供多台卫星接收机收看多套电视节目。功分器按分配的路数有 2 功分器、4 功分器、8 功分器等。其主要技术参数有工作频率范围、分配损耗和隔离度。

(4)卫星电视接收机

卫星电视接收机是卫星电视接收系统的关键设备之一，卫星电视接收机分为模拟式和数字式两种。

模拟电视接收机的主要作用是将来自高频头(或功分器)的信号进行放大、变频(下变频为第 2 中频信号)和解调处理，输出视/音频信号，送至系统前端，或者送至电视调制器变为射频信号，直接提供给电视机。模拟卫星电视接收机的组成见图 5-30。

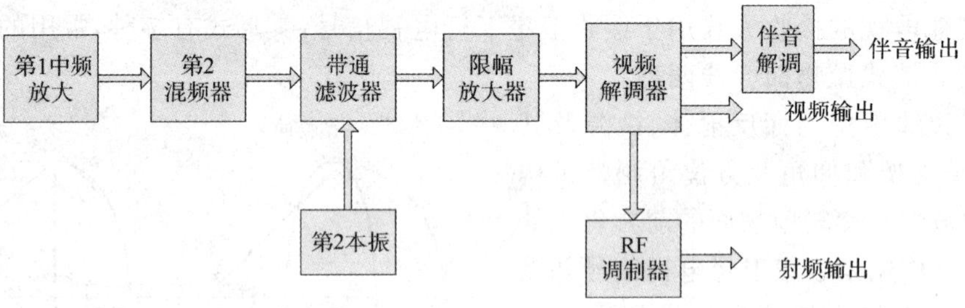

图 5-30　模拟卫星电视接收机组成框图

常用的模拟接收机是既能接收 C 波段(3.4GHz～4.2GHz，是当前用得最多的卫星下行工作频段)又能接收 Ku 波段(11.7GHz～12.2GHz，是当前各国发展卫星电视的主要频段，在这个频段可以采用小型地面接收天线，并便于家用接收)的 C/Ku 兼容卫星电视接收机，接收机的输入电平范围为(－45±15)dBmV，其输出通常有视频、音频和射频信号。视频和音频信号送至前端中的电视调制器，射频信号则送入小型有线电视系统或直接送入电视接收机收看。卫星电视接收机同时还是高频头的供电电源，接收机内有＋15－24V 的直流电源，从接收机输入端高频插座的芯线通过电缆向高频头馈电。

由于数字压缩编码技术的发展，卫星电视发展方向从模拟方式向数字方式过渡。采用数字压缩技术使现有模拟频道带宽内可容纳 5～10 套电视节目，并可安排其他业务，如传输话音、数据等。数字卫星电视易于加扰，而且安全可靠，有助于付费电视的推广。

卫星数字电视接收系统由接收天线(包括馈源)、高频头和卫星数字电视接收机 3 部分组成。

卫星数字电视接收机包括信道接收模块、解复用模块、MPEG-2 解码模块 3 个主要模块和条件接收模块、IC 卡接口、视/音频输出接口、数据流接口、电源等附加功能模块(图 5-31)。

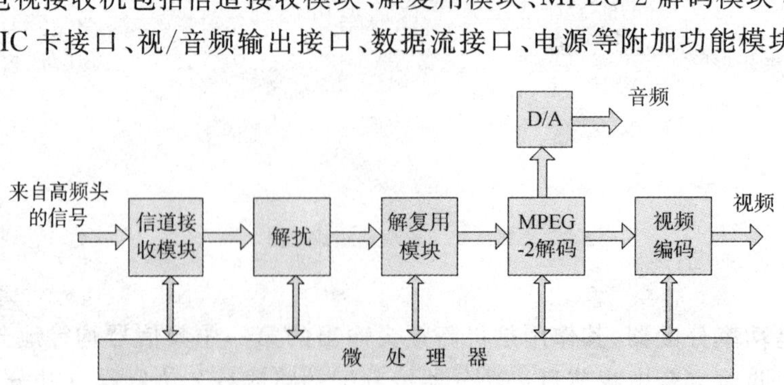

图 5-31　数字卫星电视接收机组成框图

我国的数字电视系统使用 CBTV 直播平台，启用下行中心频率分别为 12 380、12 440、12 500、12 560MHz 的 4 个 Ku 频段转发器，每个带宽 54MHz 的转发器各安排传输 8～12 套电视节目，共传输电视节目、广播节目各 40 多套。这些数字直播卫星节目的视频制式符合 MPEG-2/DVB-S 标准，采用有条件接收技术，用户必须使用带智能卡的 CBTV 专用卫星解码器(IRD, Integrated Receiver Decoder)，并经授权才能接收到平台的节目，个体接收天线口径约为 0.7～0.9m。

5.4　有线电视及卫星电视接收系统设计

5.4.1　技术方案设计

(1)设计原则

1)先进性和开放性：符合技术发展的方向，充分考虑未来数字电视传输的要求，满足国家及当地有线电视网的要求。

2)实用性和经济性：满足用户对节目数量、类别及其他使用要求，并具有良好的性价比。

3)可靠性和兼容性：系统运行安全可靠，并可根据技术发展，具有良好的可升级性。

(2)设计依据

1)《有线电视系统工程技术规范》(GB 50200—1994)

2)《有线电视广播技术规范》(GY/T 106—1999)

3)《30MHz～1GHz 声音和电视信号的电缆分配系统》(GB 1498—1994)

4)《工业企业公共天线电视系统设计规范》(GBJ 120—1988)

5)《工业企业通信接地设计规范》(GBJ 79—85)

6)《智能建筑设计标准》(GB/T 50314—2006)

7)《建筑物防雷设计规范》(GBJ 50057—1994)

(3)确定系统模式

根据系统的规模、功能及用户的投资能力等因素，确定系统的工作频率、网络结构、传输方式等。目前比较典型的系统设计方案为：宽带 860MHz 的光纤-电缆混合网，系统可扩展为双向网，其中上行信道为 5MHz～65MHz，下行信道可达到 860MHz。

(4)系统技术指标的设计与分配

根据系统的规模大小，合理地设计技术指标。比如对小系统，主要考虑 C/N(载噪比)、CM(交扰调制比)；对中、大型系统，主要考虑 C/N、CTB(组合三次差拍比)，有时也考虑 CM；对采用光缆的系统，需要考虑 C/N、CTB、CSO(组合二次失真比)等。此外，还要确定整个系统的总体技术指标。当总体指标确定后，根据系统各组成部分的规模大小合理地分配这些技术指标。

5.4.2　各子系统设计

按有线电视系统的组成，其设计可分为前端系统设计、主干系统设计和分配系统设计。

(1)前端系统设计

首先明确系统的传输方式，然后根据已知设计条件，即接收频道及各频道场强、自办节目和卫星频道接收数、预留频道数、传输距离及总用户数，进行前端设计。目前，有线电视系统普遍采用邻频传输技术，并开发利用增补频道作为系统内部扩展频道容量的新途径。对于卫星、微波、录像等输出的视频信号源，都要用调制器转换成射频信号，然后从前端输出。对于开路射频信号源，要先经过解调-调制方式的处理，使之成为符合邻频传输的射频信号后，再从前端输出。

设计步骤：

1)选择自办节目的频道调制器、变换器、频道处理器等设备。

2)按系统总体分配到前端的载噪比，计算天线最小输出电平，根据实际场强及天线最小输出电平，选择各频道天线。

其中，选择天线架设位置的主要依据是电波场强值。天线应架设在广播电视信号场强较强的地方，接收点场强值可以用下述公式估算，也可用表格法估算或用场强仪实测得到。

$$E=\frac{4.44\times10^{5}\sqrt{P}}{D}\sin\left(2\pi\times10^{-3}\times\frac{h_1h_2}{\lambda D}\right)(\mu\mathrm{V/m})$$

式中：P——发射台的有效辐射功率(kW)；

D——收发点之间的距离(km)；

λ——某频道电磁波的中心波长(m)；

h_1、h_2——发射天线和接收天线的高度(m)。

3)按前端输出电平要求及各天线实际输出电平，确定天线放大器、频道放大器和混合放大器的增益，并按载噪比的要求确定各放大器的型号。

天线输出电平的计算：

$$S_a=E+20\lg\lambda/\pi+G_a-L_f-L_m-6$$

式中：S_a——接收天线的输出电平(dBμV)；

G_a——接收天线的相对增益(dB)；

E——接收点场强(dBμV/m)；

$20\lg\lambda/\pi$——波长修正因子(dB)，其中 λ 为接收频道的中心波长，其数值见表 5-3；

L_f——馈线的损耗(dB)；

L_m——失配损耗、匹配损耗等，取 1dB；

6——安全系数。

波长修正因子 表 5-3

频道	1	2	3	4	5	6	7	8	9	10	11	12
20lgλ/π	+5.7	+4.4	+3.2	+1.8	+1.0	−4.9	−5.3	−5.7	−6.1	−6.4	−6.8	−7.1
频道	13	15	20	25	30	35	40	45	50	55	60	65
20lgλ/π	−13.9	−14.1	−14.9	−16.1	−16.6	−17.2	−17.6	−18.1	−18.6	−18.9	−19.45	−19.8

4)计算前端电平及载噪比，若不符合要求，改用其他型号放大器。

(2)干线系统设计

1)干线采用同轴电缆

在进行干线部分的设计时，根据干线传输的距离，首先要确定传输电缆和放大器的型号及实用增益(通常取 20～25dB)，这样就可以求出每条干线总的电长度[干线距离(km)×电缆损耗(dB/km)]、需要串接的放大器的台数[干线电长度(dB)/放大器实用增益(dB)]、放大器的间距[放大器使用增益(dB)/电缆损耗(dB/m)]等。其中放大器是干线传输部分的核心器件，干线部分指标的好坏主要取决于放大器自身的技术指标和放大器的工作状态。合理地选择放大器和合理地设计放大器的工作状态是传输部分设计的关键，而放大器工作状态的确定是依据系统分配给放大器要求满足的技术指标而定的。对于不同规模的系统，在进行总体技术设计时已经分配了一定的技术指标给干线部分，则在进行干线部分的设计时，需将此指标合理地分配给每台放大器。通常干线部分的放大器均为同型号、等间距设置(不等间隔设置时，也可按此方式分配)，每台放大器应满足的指标为：

$$C/N_i = C/N_{\text{干线}} - 10\lg(1/n)(\text{dB})$$

$$CM_i = CM_{\text{干线}} - 20\lg(1/n)(\text{dB})$$

$$CTB_i = CTB_{\text{干线}} - 20\lg(1/n)(\text{dB})$$

2)干线采用光缆

①传输光波长的选择

现在光纤有线电视传输网的工作波长有 1 310nm 和 1 550nm 两种，设计 CATV 光纤网时，传输光波长的选择主要考虑实际光节点的数目和光节点到发射机的距离。当光节点较多，且光节点距发射机距离较长时，宜选择 1 550nm 系统；当光节点较多，但光节点距发射机距离不是很远时，宜选 1 310nm 系统。有时，也可以采用 1 310nm 和 1 550nm 混合系统，其原则是使系统的性能价格比最优。

②确定光纤路由和光接收机的型号和数量，绘出主干线网络图

首先根据每个光节点所服务的用户数，确定光节点的位置，然后根据与有线前端的距离确定光分路器的分光比，进而画出诸干线的网络路由。

③计算光链路损耗并确定光发射机的输出功率

光链路损耗＝接头损耗＋光缆损耗＋光分路器损耗＋附加损耗

其中各类损耗可按下面的参考值予以计算：

活接头损耗：0.5dB/个；

单模光纤损耗：0.35dB/km；

光分路器损耗：－10lg(分光比)；

附加损耗：取 0.5dB。

发射机的输出功率 P＝光接收机输入光功率＋光链路损耗

其中光接收机的输入功率一般取－2～0dB，假设某条光链路的损耗是 14dB，要求光接收机的输入功率为－2dB，要补偿该链路中的光损耗，则光发射功率应为 12mW。

④确定光缆纤芯数

选择原则：每个光节点设置 4 芯光缆，1 芯下行，1 芯上行，2 芯备用(上行、下行各预留 1 芯)。

⑤光缆干线技术指标计算

光缆干线分配指标主要由采用的光发射/接收机所决定，通过查阅所选光发射/接收机的性能指标可得光缆干线的各项技术指标。表 5-4 和表 5-5 分别为某型号光发射/接收机的参数指标。下面介绍 C/N 的计算方法，CTB 与 CSO 的计算方法与其相同。

某光发射机光链路 C/N(59CH　PAL－D,C/CTB＝67dB,C/CSO＝62dB)　　表 5-4

发射机功率(mW)	光链路损耗(dB)　Optical Loss										输出功率范围(mW)
	7	8	9	10	11	12	13	14	15	16	
04	53.1	52.2	51.2	50.1	49.1						4～6
06		53.8	52.9	51.8	50.7	49.5					6～8
08			54.0	53.0	52.1	50.9	49.8				8～10
10				53.8	53.0	52.0	50.9	49.7			10～12
12					53.3	52.4	51.3	50.0	49.0		12～14
14					53.6	52.7	51.6	50.5	49.6		14～16
16						53.1	52.0	51.0	49.9	48.8	16～18
18						53.5	52.5	51.5	50.4	49.3	18～20
20							53.0	52.0	51.0	49.9	≥20

某光接收机光链路 C/N(59CH　PAL－D,C/CTB＝65dB,C/CSO＝60dB)　　表 5-5

光功率(dBm)	＋1	0	－1	－2	－3
C/N(dB)	54	53	52	51	50

设光链路损耗为 14dB,取光发射机的输出功率为 14mW,由表 5-4 查得其 C/N 为 50.5dB,光接收机的光功率为 14－14＝0dB,由表 5-5 查得其 C/N 为 53dB,则:

$$C/N_{干线}=C/N_{光发}+C/N_{光收}=-10\lg(10^{-50.5/10}+10^{-53/10})=48.6(\text{dB})$$

(3)分配系统设计

分配系统是 CATV 系统的最末端,是直接为用户服务的部分。分配系统设计的任务:一是根据分配系统应满足的指标要求,设计放大器的工作状态;二是根据用户的平面分布状况,确定分配网络的结构形式;三是根据用户对接收电平的要求,合理地选择无源器件,并计算用户电平。

用户端的电平又称为系统输出口电平,依据《有线电视广播系统技术规范》(GY—T 106—1999)要求,在 VHF 和 UHF 段,用户电平为 60～80dBμV,FM 段为 47～70dBμV,FM 信号电平比电视信号电平低 10dBμV 左右。用户电平过高、过低都会影响收视效果,当用户电平低于 60dBμV 时,在电视屏幕上会出现“雪花”噪波干扰;当用户电平高于 80dBμV 时,超过电视机的动态范围,从而产生非线性失真,出现“串台”、“网纹”等干扰。考虑到用户电平波动等因素,用户电平的设计值一般要留有较大的裕量,全频道系统用户电平通常取70±5dBμV 左右,邻频传输系统一般取 65±4dBμV。用户端除了信号电平必须满足规定的电平值外,还要求噪声电平低。

分配系统的组成形式是依据用户建筑物的平面布置情况而确定的,分配系统主要是为用户提供合适的系统输出口电平,每台放大器为了能够服务更多的用户,放大器的输入、输出电平都比较高,放大器的增益可达 30dB 以上。由于是高电平工作,为了满足一定的非线性失真指标,分配系统串接的放大器台数不能多,一般以不超过 3 台放大器为宜。根据分配系统中无源器件的组合方式不同,分配系统可分为如图 5-32 所示的 4 种不同方式。其中图 a)为分配-分配方式,该方式布线灵活,主要应用于支干线、分支干线、楼幢之间作分配用,使用中不用的输出端需接 75Ω 终端负载;图 b)为分配-分支方式,该方式主要优点是通过选择不同分支损耗的分支器,能保证用户电平基本一致,且布线灵活,便于管理,城市 CATV 分配系统一般均采用此方式；图 c)为分支-分支方式，该方式特点与分配-分支方式基本相同，也是城市 CATV 分配系统常用的方式；图 d)为串接单元方式，该方式严格讲也属于分配-分支方式(或分支-分支方式)，但此方式中的分支器为串接单元(又称串接分支器)，它是将用户终端和分支器合二为一，这种方式的优点是施工方便、造价低，但可靠性较差，目前基本已不采用。

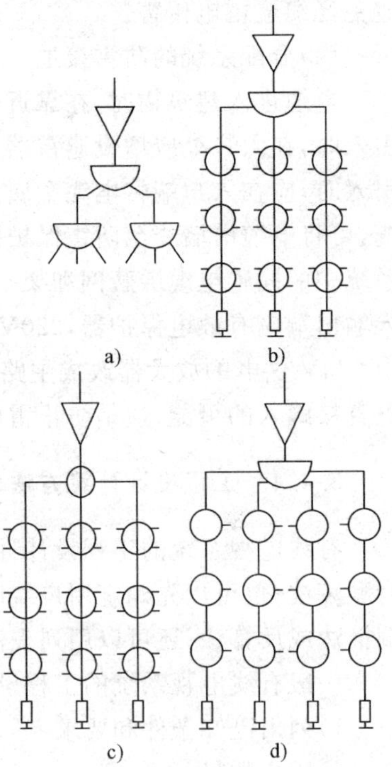

图 5-32　分配系统的组合方式

a)分配-分配方式；b)分配-分支方式；c)分支-分支方式；d)串接单元方式

5.4.3　有线电视系统的防雷设计

有线电视系统的防雷设计包括天线的防雷接地、前端设备的防雷接地、干线系统的防雷接地和分配系统的防雷接地。

(1)天线的防雷接地

有线电视的接收天线和竖杆一般架设在建筑物的顶端，应把所有的接收天线(包括卫星接收天线)的接地焊在一起。接天线的竖杆(架)上应装设避雷针，避雷针的高度应能满足对天线设施的保护。安装独立的避雷针时，由于单根避雷针的保护范围呈帐篷状，边界线呈双曲线，所以避雷针高于天线顶端的长度应大于天线的最大尺寸，避雷针与天线之间的最小水平间距应大于 3m。建筑物已有防雷接地系统时，避雷针和天线竖杆的接地应与建筑物的防雷接地系统共地连接，接地电阻小于 4Ω。

(2)前端设备的防雷接地

如果在前端附近发生雷击，则会在机房内的金属机箱和外壳上感应出高电压，危及设备及人身安全。前端设备的电源漏电也会危及人员的安全，因此，机房内的所有设备、输入/输出电缆的屏蔽层、金属管道等都需要接地，设备接地与房屋避雷针接地及交流供电系统的接地应在总接地处连接在一起，系统内的电气设备接地装置和埋地金属管道应与防雷接地装置相连，不相连时两者的距离应大于 3m，机房内接地母线表面应完整，绝缘线的老化层不应有老化龟裂现象。针对一些前端设备如调制器、接收机等没有过压保护，只有过流保护，一旦有雷击往往会出现电源烧坏而保险不断的情况，应在总电源处加装避雷器，以更好地保护前端设备。

(3)干线系统的防雷接地

敷设于空旷地区的地下电缆，当所在地区年雷雨天数大于 20 天及土壤电阻率大于 100Ω 时，电缆的屏蔽层或金属护套应每隔 2km 左右接地一次。以防止感应电的影响。架空电缆的屏蔽层及金属护套、钢绞线每隔 250m 左右接地一次，在电缆分线箱处的架空电缆金属护套、屏蔽层及钢绞线应与线杆拉线共用接地装置。另外光缆防雷也需重视，因为光缆在制造过程中，为了增加光缆的抗拉强度，在光缆中增加了钢丝。在设置接续盒时，一般只注意光缆的熔接，按通常的方法，将两段光缆的钢丝，分别固定在接续盒两端的支架上，自然形成一间隙，这样，当任意一段光缆中的钢丝感应了很高的雷电电压时，就会向另一端钢丝放电，放电过程中产生的巨大火花，使接续盒内光纤断裂损坏。为防止这种现象的发生，在光缆的施工过程中，应将接续盒内的光缆钢丝端头用导线连通，并用导线将其与吊挂光缆的钢绞线连通，可有效地避免光缆遭雷电侵害。

(4)分配系统的防雷接地

电缆进入建筑物时，在靠近建筑物的地方，应将电缆的外导电屏蔽层接地；架空电缆直接引入时，在入户处应增设避雷器，并将电缆外导体接到电气设备的接地装置上；电缆直接埋地引入时，应在入户端将电缆金属外皮与接地装置相连。不要直接在两建筑物屋顶之间敷设电缆，可将电缆沿墙降至防雷保护区以内，但不应妨碍车辆的通行，钢线应作接地处理。CATV系统中的同轴电缆屏蔽网和架空支撑电缆用的镀锌铁线都应有良好的接地。系统中设备的输入输出端应有放电保护器，220V供电的放大器的电源端应有过压保护装置，或者尽量将系统中220V供电的放大器改成主路60V集中供电，以保证有线网络的独立性和自给性，以减少雷电直接蹿入的可能，这是防止雷电形成的首要措施。

5.4.4 工程设计计算方法与步骤

有线电视系统的工程设计计算方法很多，可以从前端的输入端开始逐步计算到用户端，称为顺算法；也可以先确定用户端电平值，然后逐点从后往前推算得出前端的输入电平值，称为倒推法或反算法；还可以用列表法或图示法等来进行计算。

一般有线电视系统的工程设计计算步骤如下：

1)列出已知条件和要求

①用户数目。

②接收电视频道。

③场强或天线输出电平(计算或实测得)。

④建筑物的土建立面和平面图。

⑤要求的用户电平。

⑥各种器件的型号和性能。

⑦其他要求。

2)确定整个系统的结构组成方案

3)用倒推法计算分配网络的输入电平，即前端输出电平S_O：

$$S_O = S_n + \sum L_p + \sum L_x + \sum L_n - \sum G_f + L_z + L(\text{dB}\mu\text{V})$$

式中：S_n——用户端电平(dBμV)(初定)；

$\sum L_p$——总的分配损耗(dB)；

$\sum L$x——总的电缆线损耗(dB)；

$\sum L_n$——总的分支器插入损耗(dB)；

$\sum G_f$——放大器的总增益(dB)；

L_z——分支损耗(dB)；

L——衰减器的衰减量(dB)。

4)计算要求的前端增益和设计前端

前端增益为：

$$G = S_o - S_a$$

5)用顺算法精确计算各用户电平，并选择分配、分支元件。用户电平为S_n：

$$S_n = S_o - \sum L_p - \sum L_x - \sum L_n + \sum G_F - L_z - L(\text{dB}\mu\text{V})$$

6)列表或绘图，并进行成本核算。

将上述设计步骤绘成流程框图，如图 5-33 所示，如果计算结果不能满足需要，就要调整前端设备的输出电平，或者改变信号分配方式，以保证所需的用户电平。

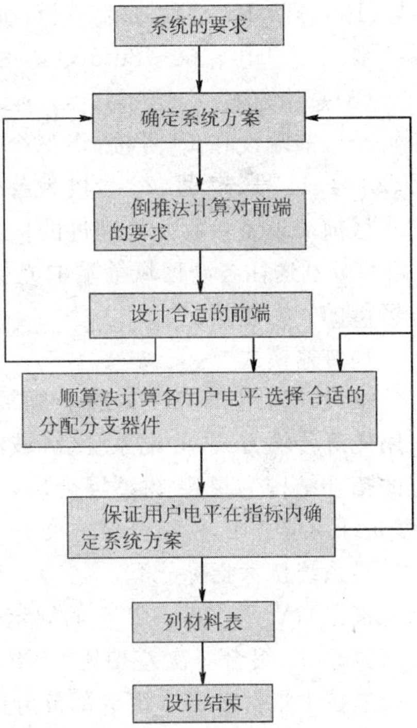

图 5-33　有线电视系统设计流程框图

在设计计算时，注意以下几点：

a. 前端输出电平一般应在 120dB 以下；用户电平如无特别要求，一般可取 70dB 计算；用顺算法计算各用户电平时要求各用户端的电平差应尽可能小，一般不应超过 10dB。

b. 计算时，首先选择线路距离最远、用户最多、条件最差的分配线路进行计算，因为这样可保证其他分配线路和用户也必然能满足要求。

c. 当系统传输全频道信号时，应将 UHF、VHF 频段电平分别计算。如果系统只传输 VHF 频段信号，可将最高频道（如 12 频道）和最低频道（如 1 频道）电平分别进行计算。

5.4.5　工程实例

某住宅小区双向 HFC 有线电视系统设计。

(1)工程背景

某大型住宅小区，共有高层建筑和多层建筑 24 栋，建筑层间高 3m，楼群分布见图 5-34。

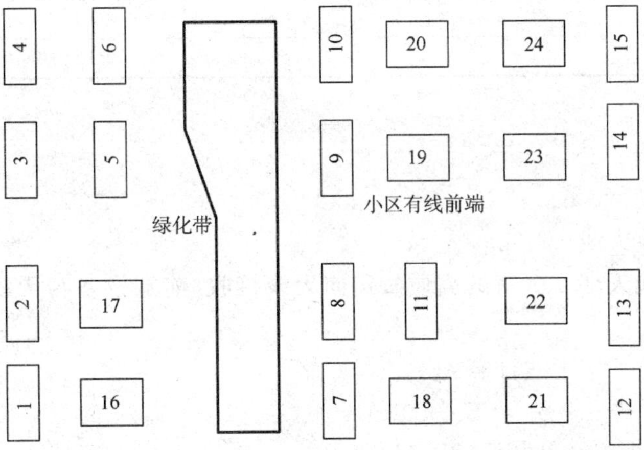

图 5-34　小区楼群位置图

(2)技术要求

设计双向 HFC 有线电视系统，前端系统除了接收来自城市有线光节点的信号外，还要求能使用独立的接收设备接收以下信号：①开路信号 8 套，要求用引向天线接收 4、8、10、16、19、23、35、40 频道，各个频道的接收场强分别为 $E_4=80\text{dB}\mu\text{V}$、$E_8=60\text{dB}\mu\text{V}$、$E_{10}=75\text{dB}\mu\text{V}$、$E_{16}=$

86dBμV、$E_{19}=93$dBμV、$E_{23}=90$dBμV、$E_{35}=95$dBμV、$E_{40}=98$dBμV。②卫星信号，要求用 2 副卫星天线分别接收亚太 1 号卫星(134°E,C 波段)6 套节目(CCTV1、2、7、10、11、12)和亚洲 1 号(100.5°E,Ku 波段)2 套节目(地方台)。

要求用户电平 60～80 dBμV，相邻频道电平差≤2 dBμV，任意频道电平差≤10 dBμV。

(3)总体方案

小区前端设在 19 号楼，将整个小区划分为 6 个区域(每个区域包括 4 栋建筑)，5 号、19 号、23 号、11 号、17 号、22 号楼为各个区域的"前端"。小区前端将来自有线电视光节点的信号和小区前端设备接收并处理过的信号混频后送入光发射机，输出的光信号经过光分路器分成 6 路后分别送往各个区域前端的光接收机，由其将光信号转换为电信号，然后用 4 分配器送往本区域的 4 栋建筑。

1)传输模式

本设计采用 550MHz 光纤-同轴电缆混合传输模式：干线传输系统(小区前端到区域前端)采用光纤传输方式，分配系统(区域前端到各栋建筑)则采用同轴电缆传输方式。干线传输系统的拓扑结构为星型-树型混合网，它结合了星型、树型两种网的优点，便于双向传输，可靠性高，光纤用量适中，网络升级方便。

2)系统技术指标分配

根据 GY/T 106—1999 的规定，CATV 系统射频 3 项主要指标应符合以下要求：载噪比 $C/N\geqslant 43$dB，组合三次差拍比 $CTB\geqslant 54$dB，组合二次失真比 $CSO\geqslant 54$dB。在本设计中，系统正向总技术指标及各个组成部分分配指标见表 5-6。

系统技术指标分配 表 5-6

指标(dB)	总指标(dB)	前端(dB)	光缆干线(dB)	分配系统(dB)
C/N	44	5/10 47	4/10 48	1/10 54
CTB	54		4/10 58	6/10 56.2
CSO	54		4/10 62	6/10 58.4

(4)前端设计

前端系统图见图 5-35。

1)前端设备选型

①开路信号接收天线

开路信号选用航天部 607 所的高质量定向天线接收，前端设备与天线间的连接使用同轴电缆 SYKV-75-9。

各天线的输出电平按下式计算：

$$S_a = E + 20\lg\lambda/\pi + G_a - L_f - L_m - 6$$

式中：S_a——接收天线的输出电平(dBμV)；

G_a——接收天线的相对增益(dB)；

E——接收点场强(dBμV/m)；

$20\lg\lambda/\pi$——波长修正因子(dB)；

L_f——馈线的损耗(dB)；

L_m——失配损耗、匹配损耗等，取 1dB；

6——安全系数。

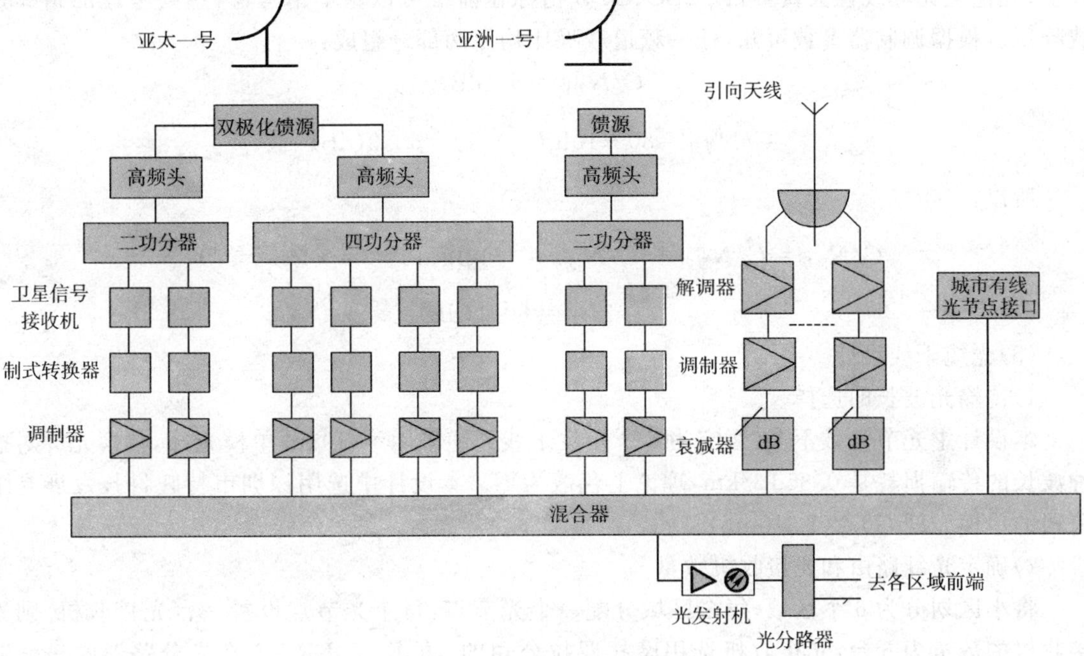

图 5-35 前端系统图

计算结果：

CH_4 S_a＝80＋1.8＋6.8－0.4－1－6＝81.2

CH_8 S_a＝ 60－5.7＋10.5－0.6－1－6＝57.2

CH_{10} S_a＝75－6.4＋11－0.6－1－6＝72

CH_{16} S_a＝86－14.3＋16－1.0－1－6＝79.7

CH_{19} S_a＝93－14.7＋11－1.0－1－6＝81.3

CH_{22} S_a＝90－15.4＋17－1.0－1－6＝83.6

CH_{35} S_a＝95－17.2＋11－1.2－1－6＝80.6

CH_{40} S_a＝98－17.6＋11－1.2－1－6＝83.2

②卫星信号接收设备

选用上海广播电视技术研究所的卫星电视接收天线接收卫星信号，其中 C 波段选用天线口径 4.5m 的高质量抛物面天线 SRA4500-4，Ku 波段选用天线口径 3m 的高质量抛物面天线 SRA4500-12。卫星天线室外高频头选用上海易特迅电子科技有限公司的 ETN-LNB105 和 ETN-LNB112。卫星信号接收机也选用上海广播电视技术研究所的产品：SP4S-3(C 波段)，SP12S-2(Ku 波段)。

③信号处理设备

本设计中对前端信号的处理采用解调-调制方式，选用美国杰洛德公司的相关产品，其中解调器选用 S890D-C，调制器选用 S550M-C。

2)前端技术指标计算

本前端设备绝大部分采用中频处理邻频前端传输频道型器件，带外抑制均可达到 60dB 以上，理论上无非线性失真，所以 *CSO*、*CTB* 指标在前端可以基本不考虑，主要考虑的指标是载噪比。根据调制器参数可知，任一频道载噪比均由两部分组成：

$$C/N_{带内}=64(\mathrm{dB})$$

$$C/N_{带外}=80-10\lg(59-1)=62.3(\mathrm{dB})$$

所以：

$$C/N_{前端}=C/N_{带内}+C/N_{带外}=-10\lg(10^{-64/10}+10^{-62.3/10})$$
$$=60.1(\mathrm{dB})$$

(5)光缆干线设计

1)传输光波长的选择

本设计中光节点数不多(暂定为 6 个)，故干线光缆采用 1 310nm 单模光纤，单模光纤对这种波长的传输损耗是 0.35dB/km，理论上色散为零。本设计中选用深圳市特旺科技发展有限公司的单模光纤 G652(1 310nm)。

2)确定光纤路由和光接收机数量

将小区划分为 6 个区域，每个区域分配一个光节点，每个光节点设置一台光接收机，则光接收机的数量为 6 台，光接收机选用摩托罗拉公司的 MOR-750DR-5。在光分路器的每路输出处安装光隔离器，采用无限光通讯(深圳)有限公司的 FRDMR 系列光隔离器。

3)计算光发射机的功率和台数

光链路损耗＝接头损耗＋光纤损耗＋光分路器损耗＋附加损耗

其中活接头损耗：0.5dB/个；模光纤损耗：0.35dB/km；分路器损耗：－10lg(分光比)；附加损耗：取 0.2＋0.3＝0.5dB

光发射机选用摩托罗拉公司的直接调制光发射机 MIC-OT-750II，输出光功率为 12mW，输出光波长为 1 310±20nm。

4)确定光缆纤芯数

下行一根，上行每个区域一根，上行、下行各预留一根。

5)光缆干线技术指标计算

光缆干线分配指标主要由两端光发射/接收机所决定，通过所选光发射/接收机的性能指标可得光缆干线的各项技术指标为：

$$C/N_{光发}=50(\mathrm{dB}),CTB_{光发}=67(\mathrm{dB}),CSO_{光发}=62(\mathrm{dB})$$

$$C/N_{光收}=50(\mathrm{dB}),CTB_{光收}=65(\mathrm{dB}),CSO_{光收}=60(\mathrm{dB})$$

$$C/N_{干线}=C/N_{光发}+C/N_{光收}=-10\lg(10^{-50/10}+10^{-50/10})=47.0(\mathrm{dB})$$

$$CTB_{干线}=CTB_{光发}+CTB_{光收}-20\lg(10^{-67/20}+10^{-65/20})=60.4(\mathrm{dB})$$

$$CSO_{干线}=CSO_{光发}+CSO_{光收}-10\lg(10^{-62/10}+10^{-60/10})=57.9(\mathrm{dB})$$

(6)分配系统设计

小区前端设在19号楼，将整个小区划分为6个区域(每个区域包括4栋建筑)，上述的5号、19号、23号、11号、17号、22号楼即成为各个区域的"前端"。小区前端发出的光信号经过光分路器分成6路后分别送往这些区域前端的光接收机，在区域前端将光信号转换为电信号，然后用分配器送往本区域的4栋建筑，分配器选用广东佛山无线电厂的产品。分配系统图见图5-36。

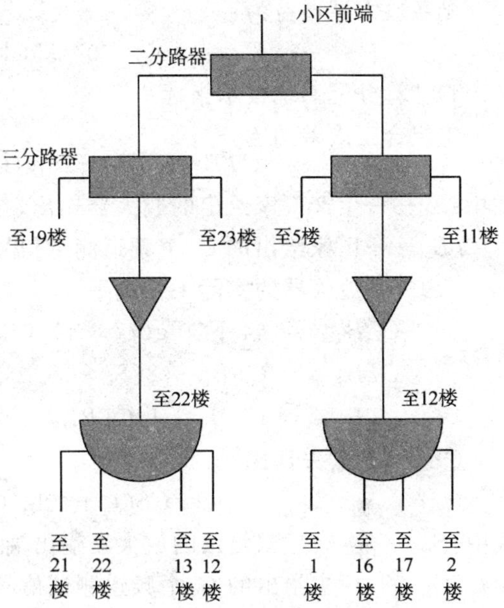

图5-36　分配系统图

1)放大器，电缆选型

线路延长放大器选用美国杰洛德公司的JLX-7-550P，楼层放大器选用深圳迈威MW-34E，当插入双向模块后，即可作双向传输。支干线电缆选用QR-540，敷设方式为架空明敷，其典型值为55MHz时衰减1.54dB/100m，550MHz时衰减5.18dB/100m。其余电缆选用SYKV-75-9、SYKV-75-7、SYKV-75-5。

2)对分配系统进行指标再分配

分配系统由延长放大器(延放)和楼层放大器(楼放)组成，指标分配见表5-7。

分配系统指标分配(dB)　　表5-7

指标名称	总指标	延放	楼放
C/N	54	1/2　57	1/2　57
CTB	56.2	1/2　62.2	1/2　62.2
CSO	58.4	1/2　61.4	1/2　61.4

3)设计放大器输入、输出电平值

①输入电平的计算

延放：

$$S_a \geqslant C/N_{延放} + N_f + 2.4 = 57 + 8 + 2.4 = 67.4$$

楼放：

$$S_a \geqslant C/N_{分放} + N_f + 2.4 = 57 + 8 + 2.4 = 67.4$$

取放大器输入电平均为70dB。

②根据CTB指标计算，有

延放：

$$\begin{aligned} S_{omax} &\leqslant S_{ot} - [CTB - CTB_{ot} - 20\lg(C_t - 1)/(C - 1)]/2 \\ &= 107 - [62.2 - 64 - 20\lg(77 - 1)/(59 - 1)]/2 \\ &= 109.1\text{，取 }105\text{dB。} \end{aligned}$$

楼放：

$$\begin{aligned} S_{omax} &\leqslant S_{ot} - [CTB - CTB_{ot} - 20\lg(C_t - 1)/(C - 1)]/2 \\ &= 108.5 - [62.2 - 64 - 20\lg(77 - 1)/(59 - 1)]/2 \\ &= 110.6\text{，取 }106\text{dB。} \end{aligned}$$

则各放大器增益为：

$$G_{延放}=105-70=35(\mathrm{dB}),G_{楼放}=106-70=36(\mathrm{dB})$$

4)计算分配系统技术指标

①组合三次差拍比

$$CTB=CTB_{ot}+20\lg(C_t-1)/(C-1)+2(S_{ot}-S_o)$$

式中：S_{ot}——生产厂家给出的放大器输出端某一测试电平值；

CTB_{ot}——厂家给出的 C_t 个频道测试信号同时输入时，输出为 S_{ot} 的组合三次差拍比；

S_o——放大器的实际工作电平。

$$CTB_{延放}=64+20\lg(77-1)/(59-1)+2(107-105)=70.3(\mathrm{dB})$$

$$CTB_{楼放}=CTB_{ot}+2(S_{ot}-S_o)=57+2(106-103)=63(\mathrm{dB})$$

$$CTB_{分配}=CTB_{延放}+CTB_{楼放}=-20\lg(10^{-70.3/20}+10^{-63/20})=60.0(\mathrm{dB})$$

②组合二次失真比

$$CSO=CSO_{ot}+20\lg(C_t-1)/C-1)+2(S_{ot}-S_o)$$

式中：S_{ot}——生产厂家给出的放大器输出端某一测试电平值；

CSO_{ot}——厂家给出的 C_t 个频道测试信号同时输入时，输出为 S_{ot} 的组合二次失真比；

S_o——放大器的实际工作电平。

$$CSO_{延放}=63+20\lg(77-1)/(59-1)+2(107-105)=69.3(\mathrm{dB})$$

$$CSO_{楼放}=CSO_{ot}+2(S_{ot}-S_o)=56+2(106-103)=62(\mathrm{dB})$$

$$CSO_{分配}=CSO_{延放}+CSO_{楼放}=-10\lg(10^{-69.3/10}+10^{-62/10})=61.3(\mathrm{dB})$$

③载噪比

$$C/N_{延放}=S_a-N_f-2.4=70-8-2.4=59.6(\mathrm{dB})$$

$$C/N_{楼放}=S_a-N_f-2.4=70-8-2.4=59.6(\mathrm{dB})$$

$$C/N_{分配}=C/N_{延放}+C/N_{楼放}=-10\lg(10^{-59.6/10}+10^{-59.6/10})=56.6(\mathrm{dB})$$

5)用户电平计算

以距离小区前端最远的 1 号楼为例计算用户电平，其无源分配系统图如图 5-37 所示。

分支器选用深圳迈威公司的 MW 系列产品。用户终端选用宁波晨光科技电子有限公司的双向系统屏蔽用户终端 GGP300A。采用顺算法，第 k 个用户端的电平(dBμV)为：

$$L_k=S_o-L_d-L_f$$

式中：S_o——放大器的输出电平(dBμV)；

L_d——分配器的分配损耗、分支器的接入损耗、分支损耗的总和(dB)；

L_f——电缆总损耗(dB)。

只计算最低和最高两个频率的用户电平，计算结果如下：

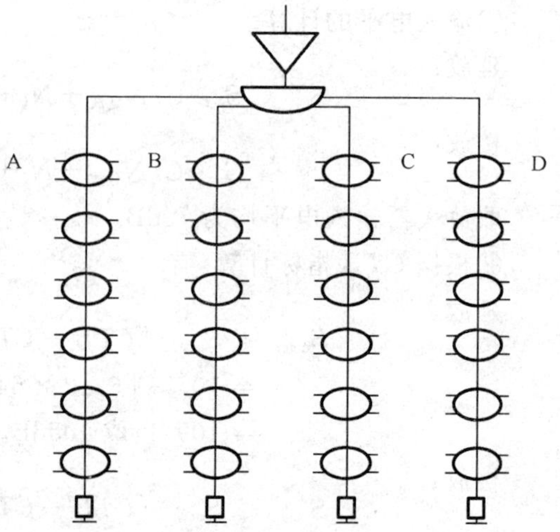

图 5-37　无源分配系统图

1 层入口电平为：

$$\frac{99.5-8-20\times0.028}{104.7-8-20\times0.097}=\frac{91.0}{94.8}(\text{dB}\mu\text{V})$$

1 层选用 MW-174-20 四分支器。

1 层用户电平为：

$$\frac{91.0-20-10\times0.05}{94.8-20-10\times0.178}=\frac{70.5}{73.0}(\text{dB}\mu\text{V})$$

2 层入口电平为：

$$\frac{91.0-1.5-3\times0.034}{94.8-1.5-3\times0.125}=\frac{89.4}{92.9}(\text{dB}\mu\text{V})$$

2 层选用 MW-174-18 四分支器。

2 层用户电平为：

$$\frac{89.4-18-10\times0.05}{92.9-18-10\times0.178}=\frac{70.9}{73.1}(\text{dB}\mu\text{V})$$

3 层入口电平为：

$$\frac{89.4-1.5-3\times0.034}{92.9-1.5-3\times0.125}=\frac{87.8}{91.0}(\text{dB}\mu\text{V})$$

3 层选用 MW-174-16 四分支器。

3 层用户电平为：

$$\frac{87.8-16-10\times0.05}{91.0-16-10\times0.178}=\frac{71.3}{73.2}(\text{dB}\mu\text{V})$$

4 层入口电平为：

$$\frac{87.8-2.0-3\times0.034}{91.0-2.0-3\times0.125}=\frac{85.7}{88.6}(\text{dB}\mu\text{V})$$

4 层选用 MW-174-14 四分支器。

4 层用户电平为：

$$\frac{85.7-14-10\times0.05}{88.6-14-10\times0.178}=\frac{71.2}{72.8}(\text{dB}\mu\text{V})$$

5 层入口电平为：

$$\frac{85.7-3.5-3\times0.034}{88.6-3.5-3\times0.125}=\frac{82.1}{84.7}(\text{dB}\mu\text{V})$$

5 层选用 MW-174-12 四分支器。

5 层用户电平为：

$$\frac{82.1-12-10\times0.05}{84.7-12-10\times0.178}=\frac{69.6}{70.9}(\text{dB}\mu\text{V})$$

6 层入口电平为：

$$\frac{82.1-4-3\times0.034}{84.7-4-3\times0.125}=\frac{78.0}{80.3}(\text{dB}\mu\text{V})$$

6 层选用 MW-174-10 四分支器。

6 层用户电平为：

$$\frac{78.0-10-10\times0.05}{80.3-10-10\times0.178}=\frac{67.5}{68.5}(\text{dB}\mu\text{V})$$

由于电路对称，B、C、D支路器件型号与A支路相同，B、C支路用户电平仅差20m SYKV-75-9电缆的损耗。

(7)系统总指标计算

$$
\begin{aligned}
C/N_{总} &= -10\lg(10^{-C/N_{前端}/10} + 10^{-C/N_{干线}/10} + 10^{-C/N_{分配}/10}) \\
&= -10\lg(10^{-60.1/10} + 10^{-47/10} + 10^{-56.6/10}) \\
&= 46.4(\text{dB}) \\
CTB_{总} &= -20\lg(10^{-CTB_{干线}/20} + 10^{-CTB_{分配}/20}) \\
&= -20\lg(10^{-60.4/20} + 10^{-60.0/20}) \\
&= 54.2(\text{dB}) \\
CSO_{总} &= -10\lg(10^{-CSO_{干线}/10} + 10^{-CSO_{分配}/10}) \\
&= -10\lg(10^{-57.9/10} + 10^{-61.3/10}) \\
&= 56.3(\text{dB})
\end{aligned}
$$

(8)反向通道设计

1)上行信号工作原理

小区前端配置反向光发射模块(选用深圳市赛网通实业发展有限公司ILT-1200R)。将CM(Cable Modem)发送的反向RF信号转换成光信号，并发送至总前端机房的反向光接收模块(选用深圳市赛网通实业发展有限公司ILR-1200R)，再转换成RF信号。通过独立回传/共享回传组网方式将各路回传信号(混频)接入CMTS(Cable Modem Termination System)的上行卡，从而完成上行信号的传输，反向通道系统图见图5-38。本设计采用Terayon公司基于S-CDMA的CMTS和CM产品，CMTS为TERAINK1000，CM为TERAPROS。

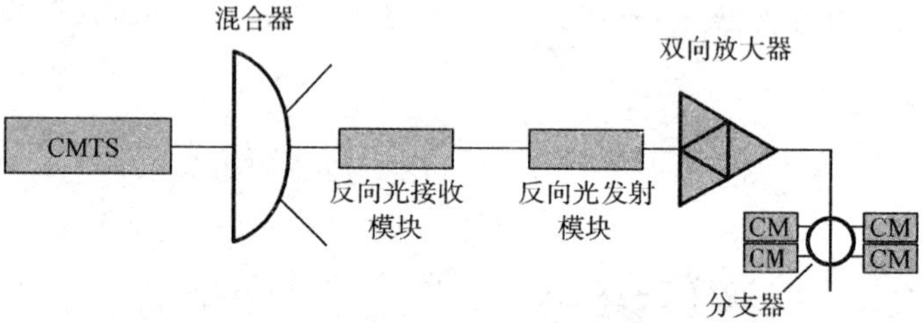

图5-38 反向通道系统图

其中数据上行通道：CM—分支器—双向放大器—光发射模块—光接收模块—混合器—CMTS。

2)反向技术指标计算

反向技术指标的计算与正向指标的计算不同：

①下行通道在计算C/N时，没有汇聚效应。而上行通道需考虑汇聚效应，因为在前端上行各光链路需叠加后，才达到CMTS输入点。

②下行通道由于频率高，屏蔽效果好，主要计算热噪声引起的C/N的劣变，比较规范，计算值与实际测量值比较接近。上行通道的C/N劣变主要由汇聚效应和入侵噪声两方面引起，

其中汇聚效应主要由热噪声引起，造成的 C/N 劣变是可以计算的。但入侵噪声的影响是难以定量计算的，与网络的结构、器件的质量、施工质量以及周围干扰波的强弱有关。

③下行带宽是固定的，而上行带宽是不同的和多样的，在计算 C/N 时必须在一定带宽前提下，否则是没有意义的，上行通道设计的主要技术指标是 C/N。CTB 和 CSO 对上行通道的影响较小，因为上行通道的带宽较窄（反向通道的频率范围为 5MHz～65MHz），故对于 CTB 和 CSO 可不做计算。

(9)设备清单，见表 5-8。

设 备 清 单　　表 5-8

名　　称	型　　号	单　　位	数　　量	生 产 厂 家
引向天线	V4LH5T	副	1	航天部 607 所
引向天线	V8LH12T	副	1	航天部 607 所
引向天线	V10LH12T	副	1	航天部 607 所
引向天线	U17LH17T	副	1	航天部 607 所
引向天线	UQLH14T	副	1	航天部 607 所
引向天线	U23LH20T	副	1	航天部 607 所
卫星天线	SRA4500-4	副	1	上海广播电视技术研究所
	SRA3000-12	副	1	上海广播电视技术研究所
卫星天线高频头	ETN-LNB105	个	2	上海易特迅电子科技有限公司
	ETN-LNB112	个	1	上海易特迅电子科技有限公司
功率分配器	FPD-2(2/4 路)	台	3	上海易特迅电子科技有限公司
卫星电视接收机	SP4S-3	台	6	上海易特迅电子科技有限公司
	SP12S-2	台	2	上海易特迅电子科技有限公司
解调器	S890D-C	台	8	美国杰洛德公司
调制器	S550M-C	台	24	美国杰洛德公司
二分支器	SSP-16	个	1	美国杰洛德公司
混合器	HF-8C	台	4	美国杰洛德公司
	LSP-2(分配器倒挂)	台	1	美国杰洛德公司
	LSP-3(分配器倒挂)	台	2	美国杰洛德公司
延长放大器	JLX-7-550P	台	5	美国杰洛德公司
光发射机	MIC-OT-750II	台	1	摩托罗拉公司
光接收机	MOR-750DR-5	台	6	摩托罗拉公司
光分路器	XDK-1310-1×3	台	2	讯达康公司
分配放大器	MW-34E	台	24	深圳迈威公司
分配器	2SP	个	1	广东佛山无线电厂
	3SP	个	2	广东佛山无线电厂
	4SP	个	6	广东佛山无线电厂

续上表

名　称	型　号	单　位	数　量	生产厂家
分支器	MW-174-10	个	132	广东佛山无线电厂
	MW-174-12	个	132	广东佛山无线电厂
	MW-174-14	个	132	广东佛山无线电厂
	MW-174-16	个	132	广东佛山无线电厂
	MW-174-18	个	132	广东佛山无线电厂
	MW-174-20	个	132	广东佛山无线电厂
均衡器	JH209	个	17	广东佛山无线电厂
	JH213	个	3	广东佛山无线电厂
	JH214	个	3	广东佛山无线电厂
匹配电阻		个	461	广东佛山无线电厂
CM	TERAPROS	台	1 044	Terayon 公司
CMTS	TERAINK1000	台	1	Terayon 公司
用户终端	GGP300A	个	1 908	宁波晨光科技电子有限公司
反向光发射模块	ILT-1200R	台	5	深圳市赛网通实业发展有限公司
反向光接收模块	ILR-1200R	台	1	深圳市赛网通实业发展有限公司
光纤混合器	H506W	台	1	成都银星无线电厂
电缆	SYKV-75-9	m		成都银星无线电厂
	SYKV-75-7	m		成都银星无线电厂
	SYKV-75-5	m		成都银星无线电厂
	QR-540	m		美国 Comm/Scope 公司
单模光纤	G652	m		深圳市特旺科技发展有限公司
光隔离器	FRDMR	个	6	无限光通讯(深圳)有限公司
主、负电源磁饱和供电器	ZY-ZFDW-60V	台	1	天津中域电子设备厂
CATV 干线防雷器（内供电）	CJB1.2-001XF	台	30	贵阳诚聚电子有限公司
避雷针	CJB1.2-001BL	个	4	贵阳诚聚电子有限公司
信号防雷器	WDUN-BNC/12-75	台	16	贵阳诚聚电子有限公司

思考题与习题

1. 有线电视系统由哪几部分组成？各部分的作用是什么？
2. 同轴电缆如何命名？试说明“SYWV-75-9”表示的意义。
3. 比较单模光纤和多模光纤的特点及应用。
4. 试比较实芯同轴电缆与藕芯同轴电缆、物理发泡同轴电缆、竹节电缆的不同。
5. 有线电视系统中的放大器如何划分？各自具有什么作用？
6. 放大器的主要技术指标都有哪些？
7. 比较分配器和分支器的异同并说明各自使用特点。

8. HFC 传输网络有什么特点？为何得到广泛应用？

9. 试说明 HFC 网络的结构及各部分的功能。

10. 双向传输网络由哪几个部分组成，各部分的作用是什么？

11. 双向传输有哪几种方式，各有什么特点？

12. 双向传输系统的前端设备和终端设备的组成及作用？

13. 什么叫视频点播系统，它有哪几种实现方案，各有什么特点？

14. 卫星电视地面接收系统由哪些器件组成，它们的作用是什么？

15. 如图 5-39 分支系统图所示，某住宅楼共 4 个单元，层高 3.2m，楼层放大器出口电平为 99/103dB，选择分配器及各楼层分支器，并计算用户电平。其中传输电缆在最低频率和最高频率的损耗（单位 dB/100m）分别为：SYKV-75-9 电缆损耗—2.8/9.7；SYKV-75-7 电缆损耗—3.4/12.5；SYKV-75-5 电缆损耗—5.0/17.8。

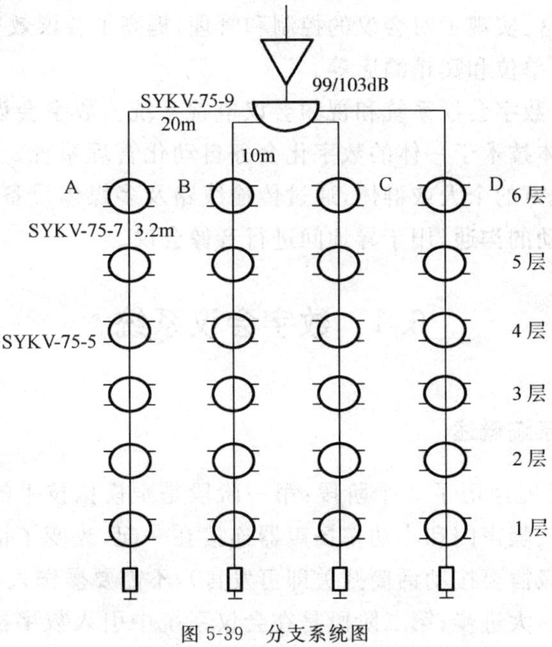

图 5-39　分支系统图

第六章 会议系统

随着当今科技的飞速发展，传统的会议形式已无法适应现代会议的要求，而现代化的会议系统形式多样，功能丰富，实现了对会议的控制和管理，提高了会议效率，目前已广泛用于会议中心、政府机关、企事业单位和宾馆酒店等。

会议系统主要包括数字会议系统和视频会议电视系统。数字会议系统是一种集计算机、通信、自动控制及多媒体技术于一体的数字化会务自动化管理系统。视频会议电视系统是指两个或两个以上不同地方的个人或群体，通过传输线路及多媒体设备，将声音、影像及文件资料互传，实现即时且互动的沟通，用于异地间进行音像会议。

6.1 数字会议系统

6.1.1 数字会议系统概述

数字会议系统的发展经历了3个阶段：第一阶段是全模拟技术的会议讨论系统，它采用“手拉手”的方式将话筒、噪声门和小功率扬声器连接在一起，改变了话筒引线多而乱的状况，而且操作简单（使用者只需要按动话筒开关即可发言），不需要操作人员控制，不需要使用调音台，是传统扩声系统的一大进步；第二阶段是在会议系统中引入数字控制技术，将会议系统的功能从单一的扩声扩展到会议签到、发言管理、投票表决、同声传译和视像跟踪等，提高了会议效率，但是音频传输仍然采用模拟方式；第三阶段是全数字会议系统，其核心是采用先进的数字音频传输技术，不仅改进了音质，也简化了安装和操作，提高了系统的可靠性，并从根本上解决了模拟音频传输存在的接地噪声、设备干扰、通道串音、长距离传输造成信号衰减等问题。为了适应不同会议层次的要求，数字会议系统采用模块化结构，将会议签到、发言、表决、扩声、照明、跟踪摄像、显示、网络接入等子系统根据需求有机地连接成一体，由会议设备总控系统根据会议议程协调各子系统工作，从而实现对各种大型的国际会议、学术报告会及远程会议的服务和管理。

6.1.2 数字会议系统组成结构

数字会议系统包括会议设备总控制系统、发言、表决系统、多媒体信息显示系统、扩声系统、会议签到系统、会议照明控制系统、同声传译系统、视频跟踪系统、监控报警系统和网络接入系统等，系统结构示意图如图 6-1 所示。根据不同层次会议的要求，可以选用其中部分子系统或全部子系统组成适应不同会议层次的会议系统。

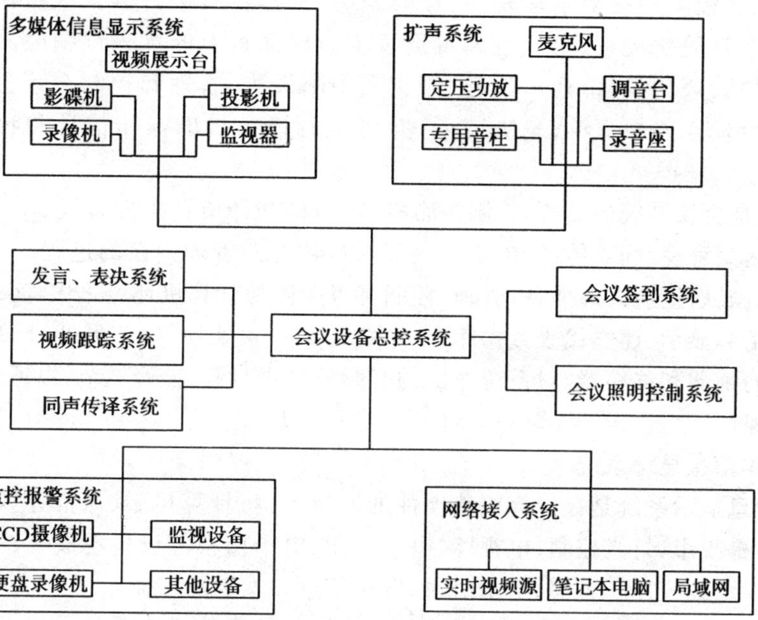

图 6-1　数字会议系统

6.1.3　各子系统的组成及功能

(1)发言、表决系统

发言系统是由主席机、控制主机和若干代表机组成，主席机和代表机采用链式连接并接到控制主机上，构成手拉手会议讨论系统(图 6-2)。

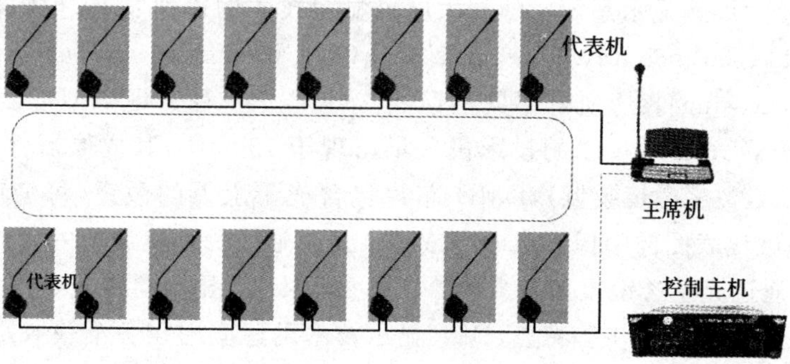

图 6-2　发言系统

最基本的主席机和代表机配置有折叠式带开关的话筒、内置式平板扬声器及耳机插口，扬声器可自由调节音量，当话筒打开时，内置的扬声器会自动关闭，防止声音回输而产生啸叫。更高配置的主席机和代表机还装备有投票按键、LCD 显示屏、语种通道选择器、软触键和代表身份认证卡读取器等，具有听、说、请求发言登记、接收屏幕显示资料、通过内部通信系统与其他代表交谈、参与电子表决、接收原发言语种的同声传译及代表身份认证等功能。开会时每位代表面前设置一个代表机，会议代表通过自己面前的话筒发言，通过操作代表机面板上的按键申请发言、参与表决、选择收听语种等。主席台位置设置主席机，主席机具有话筒优先权，会议主席可通过主席机面板上的优先键随时改变代表话筒的状态，中断其他代表的发言，还可发起、停止或中断表决，管理和控制会议进程。主席机上的 LCD 可显示发言人的资料、表决结果，并可查看译员机的操作信息和投票表决的操作信息等。

控制主机是会议系统的核心，控制主席机、代表机和译员台等发言设备，可以实现自动会议控制(实现话筒管理、同声传译、电子表决等基本功能)，管理会议的进程。也可以由机务员通过个人电脑操纵，把会议的准备、管理、控制都置于图像计算机环境之中，实现更复杂的管理(比如资料产生和显示、建立代表数据库、出席登记和音频处理等)。另外，控制主机一般还提供电源、内置均衡器和移频器，对系统输出的音频信号进行高、低音调节，以适应不同的听觉要求，有效抑制啸叫。

(2)多媒体信息显示系统

多媒体信息显示系统是在计算机软硬件的支持下，将计算机、录像机、电视机、收音机、音响、话筒、大屏幕投影、灯光控制、电视墙、电子地图、电子白板等设备集成在一起，实现可视会议功能，目前广泛地应用于讲演、学术研讨、发布信息和教学及培训等。

多媒体信息显示系统通过网络上的计算机和大屏幕的投影系统将数据库中的各类文件、数据、图形、图像、表格和动画等信息，以准确、清晰的视觉效果传递给会议出席者，实现信息的共享。彩色视频展示台技术通过摄像机对演讲者放置在展示台上的文字资料、胶片，以及实物模型进行拍摄，并通过监视器或大屏幕投影仪向与会者显示，不仅能提供彩色、三维的实物投影，还能投影幻灯片、普通照相底片等，为讲演者提供方便，提高会议的效果。

会议系统中常用的大屏幕投影显示系统主要有正投影大屏幕显示系统、背投影大屏幕显示系统和多屏拼接大屏幕显示系统。随着大屏幕显示技术的迅速发展，投影机根据采用的显示技术经历了 CRT(Cathode Ray Tube)投影机、LCD (Liquid Crystal Display)投影机和 DLP (Digital Light Processing)投影机等不同的阶段。DLP 是一种采用微型镜面反射、全数字化的显示技术。基于 DLP 显示技术的投影机最早出现于 1996 年，其成像器件是 DMD(Digital Micromirror Device，数字微镜装置)，DMD 芯片包含成千上万的微镜，每个镜子代表一个像素，开或关的状态就代表图像中像素点的亮或暗。光束通过一高速旋转的色轮(分色装置)，投射在 DMD 上，再通过光学透镜投射在大屏幕上。由于 DLP 显示器件具有可靠性高、寿命长、显示图像细腻、图像响应速度快等特点，DLP 显示技术迅速应用在各个领域，目前已成为投影机普遍采用的主流技术。

(3)扩声系统

扩声系统由信号拾取、信号放大、信号播放、信号处理、信号传输和扬声器等部分组成。信号拾取部分主要是包括演讲用的鹅颈式会议话筒和手持式或领夹式无线话筒，信号播放部分采用 AM/FM 调谐器、录音机、CD 机、VCD 和 DVD 影碟机作为音、视频节目源，信号处理与放大由调音台和前置放大器和功率放大器组成，扬声器包括音箱、喇叭等。

会议音频扩声以听清语言为主，为了保证会议系统的音频扩声达到良好效果，应满足以下性能指标的要求：

1）最大声压级：250～4 000Hz 范围内平均声压级≥90dB。

2）话筒扩声传输增益：250～4 000Hz 的平均值≥－12dB。

3）传输频率特性：以 250～4 000Hz 的平均声压级为 0dB，允许＋4dB～－6dB 幅度变化。

4）声场不均匀度：1 000～4 000Hz，≤8dB。

5）总噪声级（A）≤NR30。

（4）同声传译系统

随着国际交流与合作的日益频繁，国际性的会议越来越多，来自不同国家和地区的代表用自己熟悉的语言进行发言讨论，因而需要有一套同声传译系统（Simultaneous Interpreting）将发言的内容翻译成几种与会代表都能听懂的语言。

同声传译系统是一种为多语言国际会议提供翻译的语音会议系统，其工作原理是将发言者的语言（原语）送至会议扩声系统在会场放送，同时将发言者声音（原语）送至隔音的译员室，口译员一面通过译员机（图 6-3）所带的耳机收听原语发言人连续不断的讲话，一面几乎同步地对着译员机的话筒把讲话人所表达的全部信息内容准确、完整地传译成目的语，译语通过话筒输送，需要传译服务的与会者通过接收装置，选择自己所需的语言频道，从耳机中收听相应的译语输出。目前，同声传译系统已成为国际性会议厅的必备设施。同声传译系统的工作原理如图 6-4 所示。

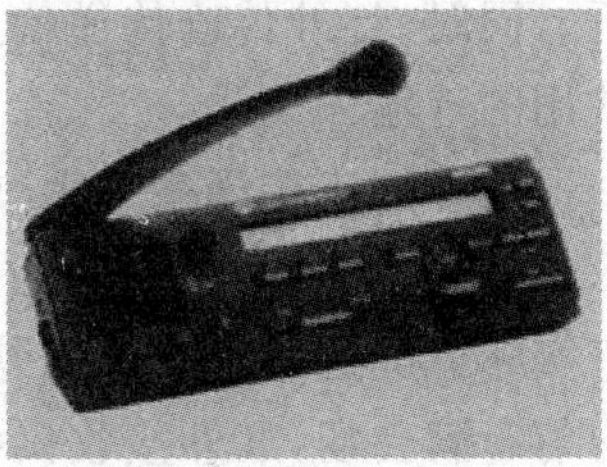

图 6-3　译员机

同声传译系统按信号传输方式的不同，可分为有线同声传译系统和无线同声传译系统，按语言和传译方式的不同，又分为直接传译和两次传译系统。

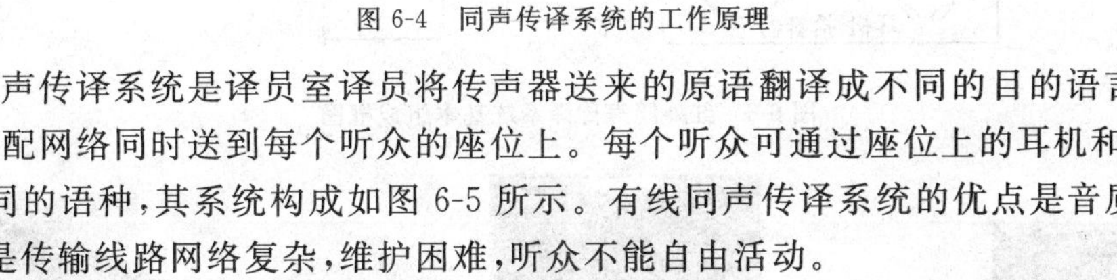

图 6-4　同声传译系统的工作原理

有线同声传译系统是译员室译员将传声器送来的原语翻译成不同的目的语言，分别经放大单元和分配网络同时送到每个听众的座位上。每个听众可通过座位上的耳机和语言选择开关，选听不同的语种，其系统构成如图 6-5 所示。有线同声传译系统的优点是音质清晰、没有干扰，缺点是传输线路网络复杂，维护困难，听众不能自由活动。

无线同声传译系统按信号发射方式可分为调频发射式、无线感应式和红外线辐射式。无线同声传译系统的优点是不需敷设线路，听众可以随意自由活动，但调频发射式及无线感应式

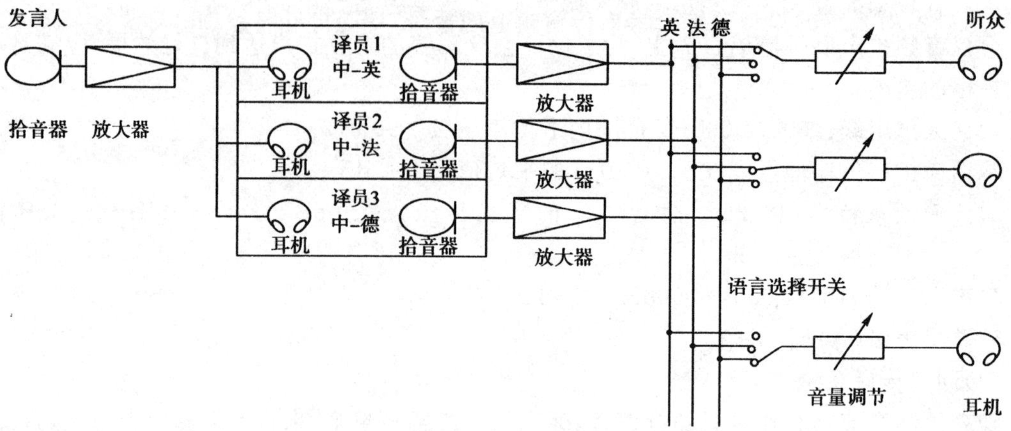

图 6-5　有线同声传译系统

传输存在音质及保密方面的缺点。红外线辐射式保密性好(红外光只有在同一室内传播，墙壁可阻断传播)，也不会受到空间电磁波频率和工业设备的干扰，从而杜绝了外来恶意干扰及窃听。同时，红外传输传递信息的带宽较宽，因而音质好，是目前市场上无线语言分配系统中最常用的传输方式。

红外同声传译系统由红外发射器、红外辐射器和红外接收机组成，其基本组成如图 6-6 所示。红外发射器(图 6-7)为每种语言通道产生一个载波，并推动红外辐射器(图 6-8)根据会议室实际情况选择和布放红外辐射器，通过安装在天花板或墙上的红外辐射器，使辐射的红外线均匀布满会场，红外接收机(图 6-9)位于听众席上，其作用是从接收到的已调红外光中解调出音频信号。红外接收机设有波道选择，以选择语言，由光电转换器检出调频信号，再经混频、中放、鉴频，还原成音频信号，由耳机传送给听众。会议参加者可在会场任何位置通过红外接收机和耳机，用按键选择任一通道(语种)收听会议的报告，各通道收听互不干扰，可自由调节音量大小，在红外线发射的有效范围内，接收单元数量的增加不受限制，参会人员在信号发射范围内可任意走动。

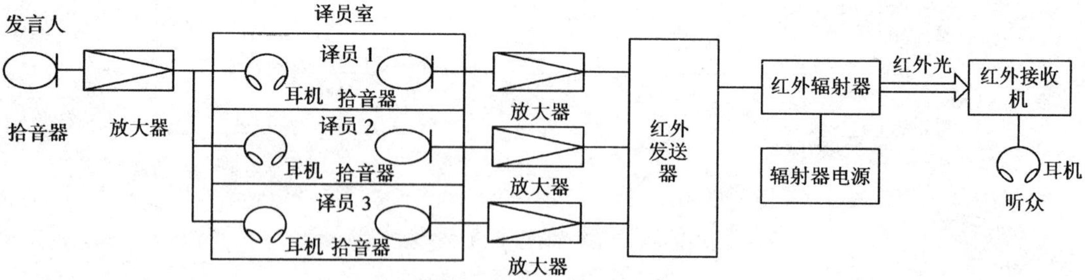

图 6-6　红外同声传译系统基本组成框图

图 6-7　红外线发射器

图 6-8　红外线辐射器

图 6-9　红外线接收机

红外发射系统的设计要综合考虑传输频道的数量、房间尺寸及规划红外区域的大小；应注意发射频道数量与射程及辐射区域面积的关系，红外辐射器的发射频道越多，其能覆盖的射程越短，辐射区域的面积也越小。

同声传译系统的翻译方式有直接翻译和二次翻译两种形式。直接翻译系统是由原语种直接翻译的工作方式，二次翻译系统应用于大家不熟悉的小语种的翻译，每个译员台都有一个发言原语种的输出，还有一个一次翻译的输出，供译员选择，二次翻译系统工作原理如图 6-10 所示。

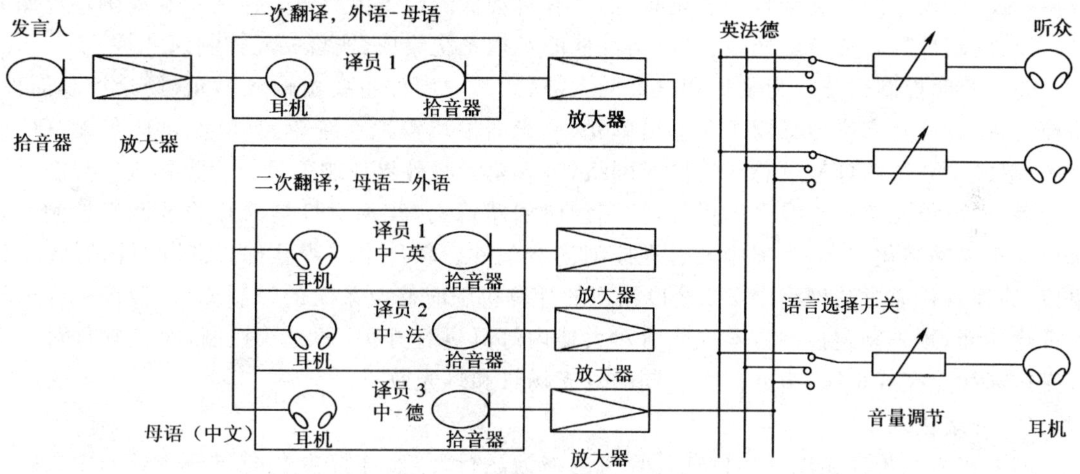

图 6-10　二次翻译系统工作原理

同声传译系统应设置专用的译员室，译员室的位置应保证译员可以从观察窗清楚地看到主席台和观众区的主要部分，以便译员能看清发言人的口型和发言的节奏变化以及发言者使用投影设备显示的内容。另外，译员室内应作隔声和消声处理，采用隔声门，观察窗应采用中间有空气层的双层玻璃隔声窗，译员室中还应设有译员工作指示灯和对外联络的信号设施（无声的信号灯或显示板）。如果有多个译员室，则应并排设置，相互之间设玻璃透明窗，以便相互联络。

(5)监控报警系统和视频跟踪系统

监控设备包括前端的摄像机、拾音设备和后端的监视器、硬盘录像机及视频切换台等。视频切换台用于将多组视频输入信号切换到视频输出通道中的任一通道上，视频信号输入端可以连接自动跟踪摄像机或者其他视频信号（如 VCD/DVD/录像机）及多组云台摄像机混合连接，视频输出端可以直接连接大屏幕显示器（或投影仪）及监视器。

监控系统可以对会场进行音、视频的采集和录制，一方面可以监视并记录会场实况，另一方面还可以把部分信号送到译员室，以提高译员翻译的准确性。会议监控系统要求具备视频跟踪的功能，即要求摄像机实现声像联动，自动追踪会场内正在被使用的会议话筒，将发言者摄入画面，从而满足实况转播及同声传译的需求。这种视频跟踪系统采用的自动跟踪摄像机内置 360°水平旋转，90°～180°垂直旋转的高速云台，可以在短时间内以较高的精度到达预先设置的位置上，通过中央处理器内置的软件设定麦克风 ID 地址，设置和保存麦克风-摄像机联动预置位。当与会代表开启话筒时，摄像机会自动调整到发言者所在的位置，并在视频显示设备显示摄像机所摄制到的图像，当话筒关闭时，摄像机可摄影任一预设目标（例如会场环境或主席台等）。视频跟踪系统主要应用于圆桌会议、大型论坛等场合。

(6)会议照明控制系统

会议室采用智能照明控制系统，可预先在控制面板中设置多种灯光场景，使会议室在准备、报告、研讨、休息等不同的使用场合都能有不同的灯光效果。同时会议室的灯光控制系统还可以和投影仪等各种演示设备相连，当需要播放投影时，会议室的灯能自动缓慢地调暗；关掉投影仪，会议室的灯又会自动地调亮，而且有自动探测设备能感测人体运动和周围环境照度等，自动控制灯的开关及调光，还可以与其他的自控系统集成，实现相互控制。

会议照明控制系统分为硬件和软件两大部分，其中硬件主要由输入单元（场景控制面板、遥控设备、红外及亮度传感器等）、输出单元（调光器模块等）、系统单元（电源供应单元、PC接口等）组成。系统硬件通过总线连接成网络，输入单元将外界控制信号转变为系统信号在总线上传播，输出单元接收总线上的信号，控制相应回路输出，实现对灯具的开关及调光控制。系统单元实现网络化连接，为集中及远程控制创造条件。软件由编程软件、监控软件、时控软件组成，编程软件通过与网络中PC接口相连的计算机随时修改系统的控制要求，监控软件通过可视化界面，预先制定控制方案或临时对大楼内灯具进行开关、调光等控制，时控软件可实现灯光按规律点亮或熄灭，由此产生不同的灯光场景和灯光效果。

(7)网络接入系统

网络接入系统就是以通信网或计算机网络为运行环境，连接主会场和分会场的中央控制设备，实现局部和广域范围里的多点数字会议功能，可以在开会期间支持电子白板对话，支持语音、数据和图像文件传送。

(8)会议签到系统

会议签到系统采用IC卡技术，实现会议签到数据采集、数据统计和信息查询过程自动化和会议管理自动化。与会人员在会议签到器的感应区内出示会议卡，便可完成会议签到操作，不仅方便了与会人员的出席签到和会议管理人员的统计和查询，而且可有效地掌握、管理与会人员出入和出席情况。

会议签到系统由会前预备子系统、会议卡发卡子系统、签到子系统、签到管理子系统组成，如图6-11所示。

1)会前预备模块

每次会议举行前，会议工作人员应提前将与会领导及各位需要参加此次会议的人员个人档案（姓名、身份证号、单位、职位等）输入管理计算机，以便为人员发卡。这些资料在第一次安装系统后一次性录入，再有人员增减时，可在系统维护时修改。

2)会议卡发卡模块

发卡子系统进行发卡操作时可分为预先发卡和即时发卡。预先发卡是在会前按照与会人员名单进行发卡，收到会议卡的与会人员到达会场后，直接在会议签到器前刷卡即可完成签到操作。由于特殊原因未收到卡片或计划外与会者可出示个人资料，会场工作人员依据资料进行补发卡或手工签到。经常与会的人员可保留会议签到卡，以后开会可以不用再发卡，也可由会议工作人员统一回收，供以后重复使用。

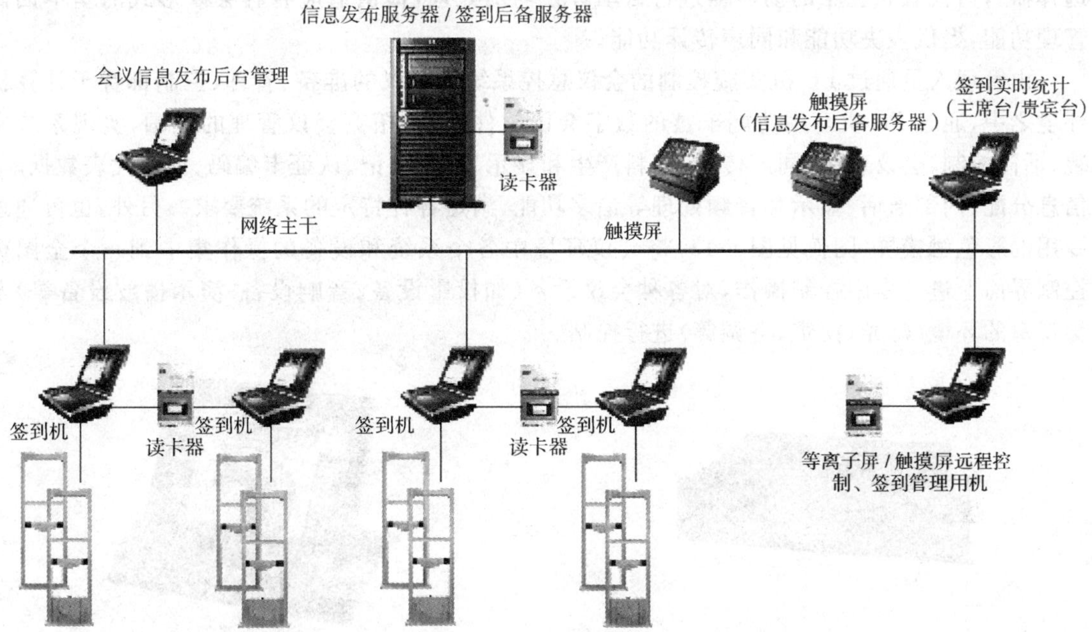

图 6-11 会议签到系统结构

3)签到模块

与会人员在签到器前出示签到卡，签到器将记录与会人员签到时间、姓名、职务等信息，会议签到器处于不联网状态也可直接签到。

4)出席统计模块

会议结束后，签到管理计算机可准确提供与会人员出席情况的报表(内容包括应出席、实出席、迟到、请假、缺席人数以及姓名、编号、单位等信息)、迟到人员明细报表(内容包括姓名、单位、打卡时间、类别等)、请假人员明细报表(内容包括姓名、单位、编号、类别等)、缺席人员明细报表(内容包括姓名、单位、编号、类别等)。

5)签到管理模块

会议期间，将各代表的与会签到的情况输入电脑，主席通过触摸屏工作站可以查询和统计发言代表的姓名、年龄、届别、单位、出席情况、出席时间等信息，并可以按任意内容进行分类统计、查询、打印。

(9)会议设备总控系统

会议设备总控系统是数字会议系统的核心，其控制方式根据产品的不同有不需操作人员的自动控制模式和由管理人员通过 PC 机或专用的触摸屏实施控制的模式。

采用自动控制模式的会议总控设备(图例见图 6-12)可以预编制设计组合操作菜单，制定各种自动控制模式，以适应各种特定演示环境，如预先设定好在会议演示过程中的灯光及各演示设备的开关调节程序；通过预告的批处理组态软件编程，使用户在演示报告时，只需一个按键操作，就可使各种设备按预选定义的顺序开启或关闭；在无人监管的条件下控制发言设备(包括代表机、主席机、译员台等)，控制分配设备(包括音频媒体接口器、数据分配卡、电子通道选择器)，为代表和主席的扬声器进行自动音频均衡处理，提供适应各种会议形式的基本话筒管理功能，提供表决功能和同声传译功能。

由管理人员通过PC机实施控制的会议总控系统把会议的准备、管理、控制都置于计算机环境之中，通过PC机享用功能丰富的数字会议软件模块，拓宽会议管理的范围，实现系统安装、话筒控制、会议表决、同声传译、资料产生和显示、出席登记、认证卡编码、创建代表数据库、信息分配、内部通话、显示和音频处理等诸多功能，满足各种特定的系统要求。另外，也可通过专用的彩色触摸屏(图例见图6-13)将会议环境中各个系统和设备的操作集中到一个全图标控制界面上进行集中控制操作，对各种会议设备(如投影设备、音响设备、演示播放设备等)及会议室的环境(灯光、窗帘、空调等)进行控制。

图6-12　中央控制器图例

图6-13　彩色触摸屏图例

6.1.4　数字会议系统设计实例

(1)工程概况

某新闻发布厅面积300m^2，主席台和记者共156席。

(2)功能要求

1)系统包括会议讨论/发言、摄像自动跟踪、同步数字硬盘录音、同声传译等功能。

2)系统具有DCS全数字音频技术设计，音频信号采用专用的高性能DSP进行处理。

3)系统具备“热插拔”功能，以防止会议过程中，因人为因素造成线缆断开而导致整个系统瘫痪。

4)系统具有报警信号接入口，当安防系统发出报警信号，本系统立刻收到信号，同时保证会场立刻听到报警广播。

5)PC与会议控制主机之间应采用先进的TCP/IP连接控制方式，可以实现会议系统的远程控制、远程诊断、远程升级，同时会议资料可以在网络服务器上备份。

6)会议系统采用先进数字技术，自动检测话筒地址码，锁定发言席，实现摄像系统的自动跟踪。

7)当召开会议的时候，通过会议系统主机的设置，可实现会议讨论、限位发言、发言申请、排队申请、声控等多种模式，同时，主席单元话筒具有优先功能，当按下主席单元上的优先按钮时，就可关闭或静音正在使用中的代表话筒，从而实现使用主席单元的人对会场的控制。

8)通过系统管理软件，可以设置每一台代表单元的权限，包括设置VIP单元(VIP单元没有主席单元的会议控制功能，但可以自由开启话筒)。

9)会议主机接入的话筒数量可扩展，主机具有级联扩充功能。

10)系统具有全中文管理软件模块。

11)会议单元具有集发言、64 通道有线同声传译等功能。

12)会议单元具有语言通道选择器和 LCD 语言通道显示器,具有同步数字录音录像功能。发言单元开启后,代表在会议中的发言将被自动地录制下来,并以WAV或MP3格式存储。录音文件可快速高效地分类和排序管理(根据会议名称、代表、开始时间和结束时间等)。

13)系统软件模块须包含话筒管理、代表信息管理、摄像自动跟踪、同步录音录像模块,可以对会议的全过程实行全面的管理、控制。

(3)设备选型要求

1)实用、先进:产品除了满足会议需求,兼顾其他相关的管理需求外,充分选用符合国际标准、代表未来发展主流方向的系统结构和管理平台来进行,使整个系统在相当一段时期内保持技术的先进性,以适应未来高服务质量及良好效果的需要。

2)安全、可靠:为保证各项业务应用,选用的系统及设备必须具有高可靠性,经过市场长期的检验。在网络设计和系统设计时,首先考虑选用稳定可靠的新产品和技术,在通信链路上采取相应的冗余措施,使系统具有必要的容错能力以提高整个系统的安全可靠性。

3)灵活、可扩展:会议系统必须具有良好的灵活性和可扩展性,不仅能够满足会议使用者的不同需要,同时兼容不断更新设备及技术的功能,具备支持多种通信媒体、多种物理接口的能力,提供技术升级、设备更新的灵活性。

4)开放、标准化:具备与多种影音、控制及计算机系统互联互通的特性,确保影音、控制、会议、信息编辑发布及会议指引系统的设施及设备的作用可以充分地发挥。

5)经济、易管理:以较高的性能价格比构建会议系统,以较低的成本、较少的人员投入来维持系统运转,提供高效能与高效益;采用智能化、可管理的设备,采用先进的会议系统智能管理软件,实现先进的分布式管理,并能与系统中央控制中心通信,实现行政中心良好影音、会议、信息编辑发布及会议指引系统的集中控制。

(4)系统设备配置

采用深圳市台电实业有限公司生产的 TAIDEN 全数字会议系统。

会议厅设置 6 个主席机,配置代表机 150 个,其中主席台 6 席采用桌面嵌入式会议单元,记者席 150 席采用座椅扶手嵌入式会议单元,4 间翻译室共采用了 8 台同声传译翻译单元,此外还有摄像机自动跟踪系统等设备。会议由主持人通过主席机话筒优先控制键控制会议,可以使其他代表的话筒暂时关断,并选择同声翻译语种。

1)会议发言系统

数字会议系统主机选用 HCS-4100MA/05,一台主机最多可连接 72 台会议单元,连接一台扩展主机(HCS-4100ME),6 路会议单元输出端口,每路可以支持 12 台会议单元,总计支持 72 台会议单元,根据要求有 156 席会议单元,所以选用 1 台 HCS-4100MA/05 和 3 台 HCS-4100ME。

会议单元选用嵌入式会议话筒 HCS-4365C 和 HCS-4365D,除了发言申请,配合摄像机、视频切换台,使用电脑预设后,可进行摄像机视频自动跟踪等功能外,还具有 64CH 同声传译功能。根据具体要求,主席单元(HCS-4365C)6 台,代表单元(HCS-4365D)150 台。

2)同声传译系统

选用8通道模拟音频输出器，它输出音频的效果接近CD音质，与会代表可以听到清晰流畅的语音，会议交流将更轻松愉快，选用1台HCS-4110M。选用翻译单元HCS-4385A，要求64种语言通道，按照甲方的要求，4间翻译室共采用了8台同声传译翻译单元，故选用8台HCS-4385A。HCS-4347D通道选择器，它有线传输64种语言通道，符合工程要求，选用150台。通道选择器配合多功能连接器(HCS-4340A)与主机进行连接，因此，选用150台多功能连接器。

3)视频控制系统

视频切换台选用1台HCS-4310M，使用HCS-4215/10视频控制软件模块可以很方便地对摄像机与会议单元之间进行设置。系统具有断电自动记忆功能，使用前只需通过电脑对会议单元进行预置位设置，使用过程中即使脱离电脑也同样可以实现自动跟踪。HCS-3313C高速云台摄像机4台。

4)系统配置设备清单(表6-1)

系统配置设备清单 表6-1

序　号	设备名称	型　号	数　量	单　位
会议发言系统				
1	数字会议系统主机	HCS-4100MA/05	1	台
2	扩展主机	HCS-4100ME	3	台
3	会议话筒主席单元(64通道同声传译)	HCS-4365C	6	台
4	会议话筒代表单元(64通道同声传译)	HCS-4365D	150	台
同声传译系统				
5	8通道模拟音频输出器	HCS-4110M	1	台
6	翻译单元(带话筒)	HCS-4385A	8	台
7	通道选择器	HCS-4347D	150	台
8	多功能连接器	HCS-4340A	150	台
视频控制系统				
9	视频切换台	HCS-4310M	1	台
10	高速云台摄像机	HCS-3313C	4	台
系统作软件模块				
11	基础设置软件	HCS-4210/10	1	套
12	高级会场设计器模块	HCS-4212/10	1	套
13	视频控制软件	HCS-4215/10	1	套
14	话筒管理软件	HCS-4213/10	1	套
15	同声传译软件模块	HCS-4216/10	1	套
16	同步录音软件模块	HCS-4219/10	1	套
17	会议专用录像软件模块	HCS-4220/10	1	套
系统配件				
18	视频显示卡(双路VGA输出)	HVS-100H	1	个
19	6芯20m延长线缆	CBL6PS	若干	米

(5)系统图(图 6-14)

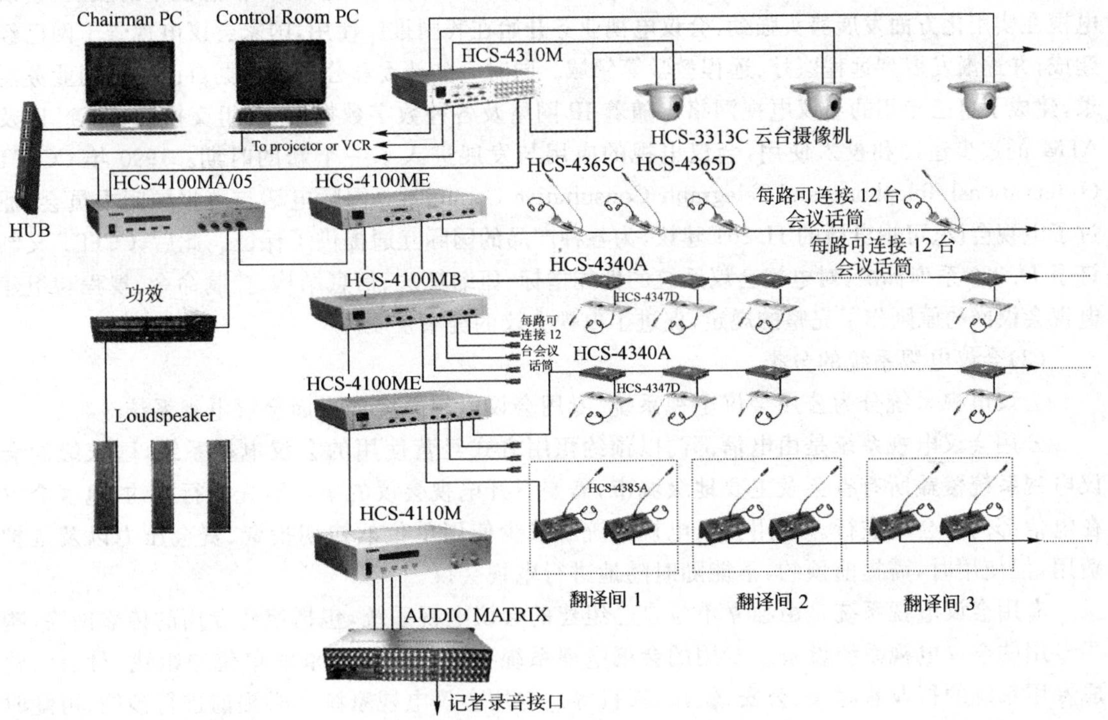

图 6-14 该新闻发布中心会议系统图

6.2 会议电视系统

6.2.1 概述

(1)会议电视系统

会议电视是一种交互式的多媒体信息业务,用于异地间进行音像会议,其特点是在同一传输媒介上传输图像、语音、数据等多种媒体信息,并在多个地点之间实现交互式的通信。会议电视系统(Video Conferencing System)利用摄像机和话筒将一个地点会场的发言人的声音、图像通过传输网络传送到另一地点会场,并通过图文摄像机出示实物、图纸、文件和实拍电视图像,实现与对方会场的与会人员面对面地进行研讨与磋商,拓展了会议的广泛性、真实性和便捷性,不仅节省时间,节省费用,减少交通压力及污染,而且对于紧急事件,可更快决策,更快地处理危机。

(2)会议电视的发展

会议电视起源于 20 世纪 60 年代,最早开发出来并投入商用的是模拟会议电视系统,80 年代末期,在压缩编码技术推动下,会议电视由模拟系统转向数字系统。80 年代初期,2Mbit/s 彩色数字会议电视系统问世,日本和美国形成非标准的国内会议电视网。80 年代中期,大规模集成电路技术和图像编解码技术的发展,为会议电视走向实用提供了良好的发展条件。80 年代末至今,随着计算机技术、通信网络技术、以数字视频压缩技术为主导的多媒体信息技术的发展,会议电视在实用化方面发展势头强劲,会议电视业务开始在我国推广使用,国家会议电视骨干网已经建成,并逐渐发展到远程医疗、远程教学等领域。同时一些部委和公司也根据自己的不同业务需求,建成了自己专用的会议电视网络。随着 IP 网络及各种数字数据网、分组交换网、ISDN 以及 ATM 的逐步建设和投入使用,会议电视的应用与发展进入了一个新的时期。1990 年 CCITT (International Telephone and Telegraph Consultative Committee,国际电话与电报顾问委员会)通过了电视会议、可视电话的 H. 261 建议,为各种产品的国际互通提供了保证。此后,CCITT 又制订了 H. 320 系列标准,对电视会议系统的性能指标、压缩算法、信息结构、控制命令、规程和组建电视会议网的原则作了完整的规定,促进了电视会议的健康发展。

(3)会议电视系统的分类

会议电视系统分为公用会议电视系统、专用会议电视系统和桌面会议电视系统 3 种。

公用会议电视系统是由电信部门以预约租用方式经营使用的会议电视系统,国家级的会议电视系统覆盖所有省会及主要地级城市,需要召开电视会议的单位事先进行预约,电视会议在电信部门的会场进行。公用会议电视系统可减少使用单位的初期投资、资金压力以及维护费用,但使用时,需提前预约,不能随时随地进行电视会议。

专用会议电视系统是由独立单位自己组建的会议电视系统,包括组建专用的传输网络,购买专用的会议电视系统设备。专用的会议电视系统主要在大型企事业单位中组建,目前已建成专用系统的行业有海关、公安、铁路、银行等。专用会议电视系统不必提前进行预约,可随时随地进行电视会议,但一次性投资比较大,且需专人进行维护。

桌面型会议电视系统(Desktop Video Conferring System,DVCS)基于计算机通信手段,投资少,见效快,使用方便、快捷,可以满足办公自动化数据通信和视频多媒体通信的要求。桌面型会议电视系统是在计算机上安装多媒体接口卡、图像卡、多媒体应用软件及输入/输出设备,将文本图像显示在屏幕上,双方有关人员可以在屏幕上共同修改文本图表,辅以传真机、书写电话等通信手段,及时地把文件资料传送给对方。桌面型会议电视系统不仅具备一般计算机(网络)通信的功能特点,而且具有动态的彩色视频图像、声音文字、数据资料实时双工双向同步传输及交互式通信的能力,可用于点对点或多点之间的视频会议、实时在线档案传输、同步传送传真文件和传送带有视频图像及声音的电子邮件等。

(4)会议电视系统的关键技术

会议电视技术是随着通信技术、计算机技术、芯片技术和信息处理技术的发展而发展起来的。会议电视系统的关键技术包括多媒体信息处理技术、宽带网络技术、分布式处理技术和芯片技术。

多媒体信息处理技术对各种媒体信息进行压缩和处理,对于视频业务而言,压缩技术更为重要,因为视频信号的数据量很大,要提高压缩效率,一方面通过图像质量的降级实现,但主要还是提高编码效率。

影响会议电视发展的另外一个重要因素是网络带宽。多媒体信息的特点是数据量大,即使通过压缩技术,要想获得高质量的视频图像,仍然需要较宽的带宽。近年来宽带技术得到了很大的发展,也为会议电视的发展奠定了良好的基础,网络带宽的增加有利于基于 IP 网络的会议电视的普及，也有利于更高质量会议电视系统的应用。

电视会议不单是点对点通信，更主要的是一点对多点、多点对多点的实时同步通信，要求不同媒体、不同位置的终端收发同步协调，在多点控制设备(Multipoint Control Unit，MCU)统一控制下，与会终端共享工作对象、工作结果、数据资料，有效协调各种媒体的同步，与分布式处理技术通信、合作、协调的要求一致。

会议电视的发展受到超大规模集成电路和图像压缩编码芯片发展的促进，高性能的视频、语音编解码芯片组是会议电视终端的基础。

(5)会议电视系统的应用

远程商务会议应用——适用于大型集团公司、外资企业利用会议电视方式组织部分商务谈判、业务管理和远程公司内部会议。

政府行政会议应用——我国幅员辽阔，各级政府会议频繁，会议电视系统是一种现代化召开会议的多快好省的方法，它可使上级文件内容即时下达，使与会者面对面地讨论和领会文件精神，使上级指示及时得到贯彻执行。

远程教育应用——利用会议电视开展教学活动，使更多、更大范围的学生能够聆听优秀教师的教学，在美国和欧洲许多大学建有其远程教育网络，数百万学生通过交互视频会议系统接受教育。另外，远程培训在各大企业也越来越受到关注。

远程医疗应用——利用会议电视系统实现国内大医院与基层医院就疑难病症进行会诊、指导治疗与护理、对基层医务人员的医学培训等等，且使医生、护士在不同地方同时协同工作成为可能。

项目协同工作应用——将地理上分开的工作组以更高的速率和灵活性组织起来，项目组成员能进行远程协作，是进行远程项目管理非常好的工具。国外许多的大公司与其分公司间通过数字链路，利用桌面视讯会议，实现整个公司的办公自动化，相关人员可以在屏幕上共同修改文本、图表等。

6.2.2 会议电视系统的相关标准

在 80 年代，国际电信联盟(ITU)专门成立了研究视频会议小组，建立了一系列的建议和标准，其中最著名的是 H.320 系列和 T.120 系列，H 系列是专门针对交互式电视会议业务而制定的，T 系列是针对其他媒体的管理功能作出规定，两种协议的结合使多媒体会议的通信有更完善的依据。会议电视系统中常见的标准如表 6-2 所示。

根据承载网络的不同，会议电视的标准主要分为基于 PSTN 电路交换的 H.320 和基于 IP 分组交换的 H.323，这两种协议都是由国际电信联盟 ITU-T 制定的框架性协议，其中涉及一系列的相关标准，例如网络协议、传输协议、呼叫信令、视频/音频压缩协议等。

(1)H.320 协议和 H.323 协议

H.320 标准给出了 PSTN/ISDN 网上的视频会议设备的技术要求，并规定通信数据率不超过 1 920kbit/s。其中涉及的标准主要有视频编码、音频编码、T.120、H.221、H.242 等。基于 H.320 协议的系统类似于传统广播电视系统，网络上传输的数据信号与视频信号严格按照时序进行，通常在电路交换型网络中实现。

会议电视系统相关标准 表 6-2

内　容	H.310	H.320	H.321	H.322	H.323	H.324
通信网络	B-ISDN(ATM)	N-ISDN	B-ISDN (ATM)	ISO-以太网	IP(Internet)	PSTN
视频标准	H.262(MPEG-2) H.261	H.261	H.261	H.261	H.261 H.263	H.261 H.263
音频标准	MPEG-1,G.711 G.722,G.728	G.711 G.722 G.728	G.711 G.722,G.728	G.711 G.722 G.728	G.711,G.722 G.728,G.723.1	G.723.1 G.729
数据标准	T.120	T.120	T.120	T.120	T.120	T.120
复用标准	H.220	H.221	H.221	H.221	H.225.0	H.223
控制标准	H.245	H.242	H.242	H.242	H.245	H.245
信令标准	Q.932.2	Q.931	Q.931	Q.931	Q.931	

H.320 协议的主要特点：利用电路交换网络组成系统，包括 DDN(Digital Data Network，数字数据网)、卫星电路、ISDN(Integrated Service Digital Network，综合业务数字网)等时延很小且稳定的电路类型；通信带宽通常为 384～2 048kbps；属于专用系统，系统技术成熟。

H.320 典型的组网方式如图 6-15 所示。

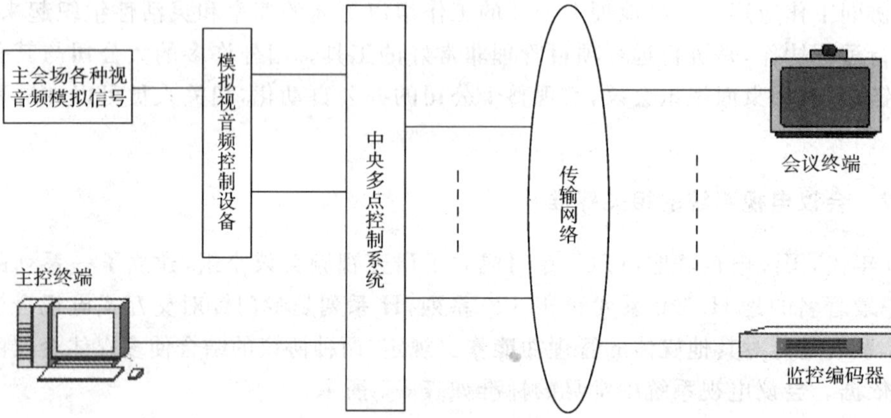

图 6-15　H.320 典型组网

H.323 是一个框架协议，是一系列协议的组合。其中视频编码和音频编码标准和 H.320 中类似，只是音频编码又增加了 G.723.1 和 G.729A 两个中低速率编码标准。

基于 H.323 协议的会议电视系统通常通过局域网络经 IP 网络进行通信，因此除上述支持 H.320 协议的网络可以使用外，还可以使用帧中继和 ATM 网络。图 6-16 为 H.323 典型的组网方式。

与 H.320 系统比较，H.323 系统有如下优点：

1)操作简便：用户可以自己组织会议，不需要专门的系统操作员来控制和维护。

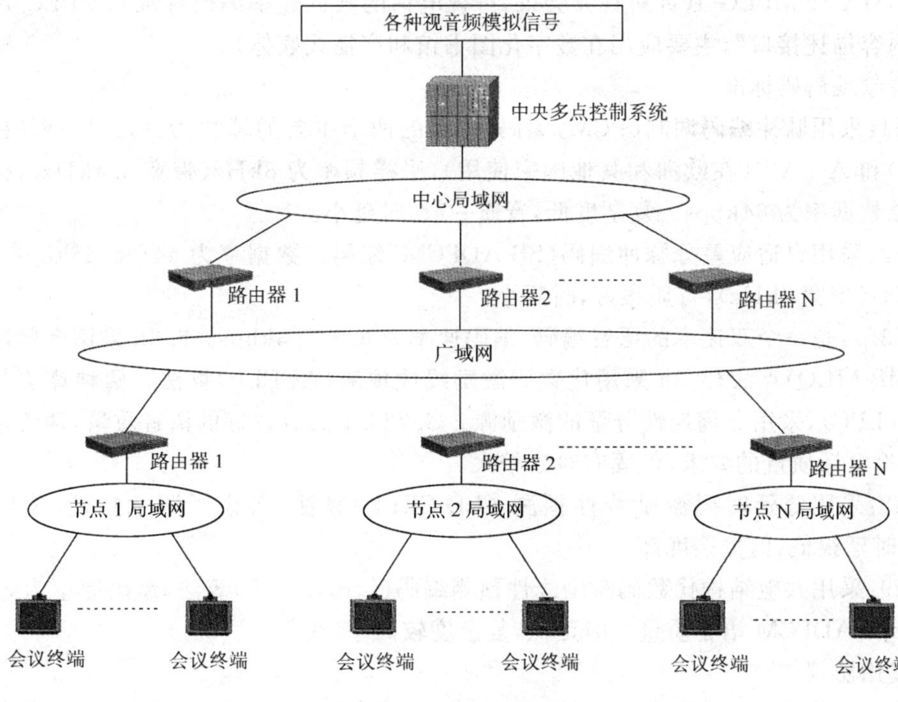

图 6-16　H.323 典型组网

2)节省带宽:与其他业务共享带宽,不召开会议时不占用带宽,速率为 128bit/s～2Mbit/s 可调。

3)节省投资:与企业 Intranet 相结合,实现音频、视频、数据同时传输,无需另建专用视频会议网,节省用户投资。

4)开放灵活:IP 从理论上保证了不同厂商的系统在不同类型网络之间互联互通。

(2)视频编解码标准

H.261:是 ISDN 会议电视实现视频编解码的 ITU 标准,是关于 P×64kbit/s 视听业务的视频编码器协议,它说明视频信号是如何编码与压缩的,它包含 CIF 和 QCIF 两种图像格式。CIF 格式使用 288 行逐行扫描方式,每行包含 352 个像素,帧速率可为 7.5、10、15、30 帧/S;QCIF 的画面为 CIF 的 1/4,即 144×176 像素。

H.262:是 ATM/宽带会议电视的视频编解码标准。

H.263:是基于 POTS 的甚低码率电视电话活动图像压缩的视频编码,视频使用 10kbps,语音编码使用 5.3kbps。H.263 在许多方面对 H.261 进行了改进和扩充,在编码算法复杂度增加很少的基础上,H.263 能提供更好的图像质量、更低的速率,适合于 IP 视频会议和可视电话应用,H.263 也是 IP 视频通信采用最多的一种编码方法,并已为许多多媒体通信终端标准所吸收,如 H.320(ISDN)、H.324(PSFN)、H.323(LAN、WAN、Internet)。

H.263+、H.263++:是 H.263 建议的后续版本,进一步提高了压缩编码性能,提供了更多和更强的功能。

MPEG:是国际标准化组织 ISO/IEC 下的一个制定动态视频压缩编码标准的组织,制定的标准包括:MPEG-1(针对 1.5Mbps 传输率的 CD-ROM)、MPEG-2(针对 6Mbps 以上传输速率的 HDTV)、MPEG-4(针对视频会议、可视电话的甚低速率编码标准)、MPEG-7(被称为"多媒体内容描述接口",主要应用在数字化图书馆和广播式媒体)。

(3)音频编解码标准

G. 711:采用脉冲编码调制(PCM)编码,定义的两个主要的算法为:MU-LAW(在北美和日本使用)和 A-LAW(在欧洲和其他国家使用),采样频率为 8kHz(带宽 3.4kHz),样本精度为 8 位,总数据率为 64kbps。复杂度低,音质一般,时延小。

G. 722:采用自适应差分脉冲编码(SB-ADPCM)编码。数据率为 64/56/48kbps。采样频率为 16kHz(带宽 7kHz),音质很好,时延小。

G. 723.1:是一个双速率的语音编码,编码速率为 6.3/5.3kbps。6.3k 采用多脉冲最大自然量化(MP-MLQ)算法,5.3k 采用代数码激励线性预测(ACELP)算法。两种算法都是基于线性预测(LPC),采用非周期性分量的激励源。G. 723.1 具有较好的语音质量,两者基本上均能达到长途电话质量的要求,但固有时延较大。

G. 728:采用低延时码激励线性预测 (LD-CELP)算法,考虑了听觉特性,编码速率为 16kbps。时延很低,但复杂度高。

G. 729:采用共轭结构代数码激励线性预测编码(CS-ACELP)算法,编码速率为 8kbps,能达到 32kbps ADPCM 语音质量。时延低,复杂度较高。

(4)复用协议

H. 221:定义了数据传输的帧结构,是"64k～1 920kbit/s"视听远程服务信道的帧结构标准,提供把音频、视频、数据和控制信息复用进单个比特流的标准。

H. 230:同步及控制建议。

(5)控制信令协议

H. 242:点对点通信协议,是关于建立使用 2Mbit/s 以下数字信道的视听终端间通信系统的协议,用于说明语音连接的建立和拆除。

H. 243:多点通信协议,是关于利用 2Mbit/s 信道在 2～3 个以上的视听终端建立通信方法的协议,也就是多个终端与多点控制单元 MCU 之间的互通规程。

H. 244:是采用 H. 221 的 LSD/HSD/MCP 信道的远端摄像机控制协议。通过 H. 281、H. 228 两个标准来实现电视会议终端的互控。

H. 231:MCU 框架结构,用于说明多点控制单元,可把多个站点的编码器桥接起来。

G. 703、G. 704:传输接口建议。

(6)其他一些标准

传输帧结构及接口标准(G. 703、G. 704 与 ISDN、SDH、PDH 等传输网络的接口标准)、视听业务加密标准(H. 233、H. 234、H. 235)、包括传输信道在内的误码性能测试标准(ITU-T N. 86 建议)、会议电视系统正式运营后误码性能指标(ITU-TN. 90 建议)。

6.2.3 会议电视系统组成

会议电视系统主要由会议电视终端设备、传输网络和相应的网络管理软件组成。其中终端设备、MCU、管理软件是会议电视系统所特有的部分,而通信网络是业已存在的各类通信网,会议电视的设备应服从网络的各项要求。图 6-17 为典型的会议电视系统结构图。

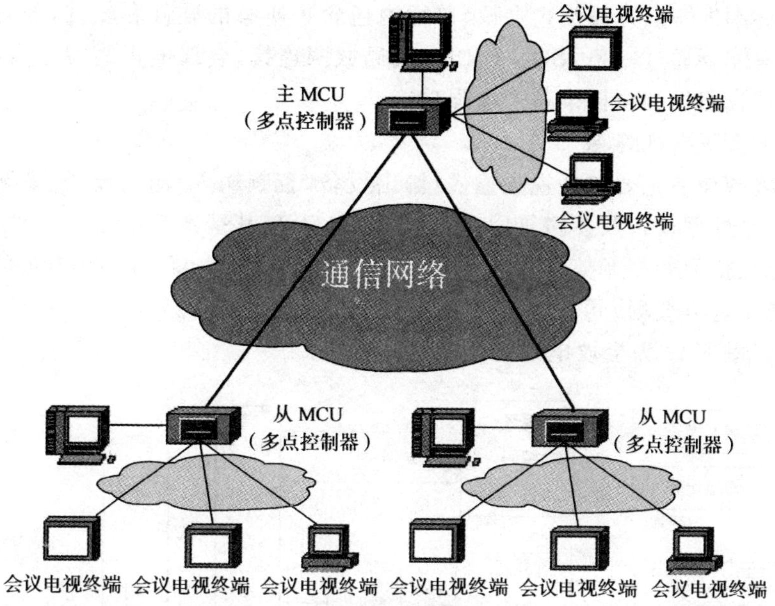

图 6-17 典型的会议电视系统结构图

(1)会议电视终端设备

会议电视终端设备有 3 种类型：桌面型会议电视终端、会议室型会议电视终端和便携式会议电视终端。

1)桌面型会议电视终端

桌面型会议电视终端又分为桌面型和机顶盒型两种。

桌面型将桌面型或者膝上型电脑与高质量的摄像机(内置或外置)、ISDN 卡或网卡和视频会议软件组合，可使在办公室或者在外出差工作的人加入到会议中，与参会者进行面对面的交流。虽然桌面型会议电视终端支持多点会议(例如会议包含 2 个以上会议站点)，但是它多数用于点对点会议(例如一人与另外一人的会议)。常见的桌面型会议电视系统如图 6-18 所示。

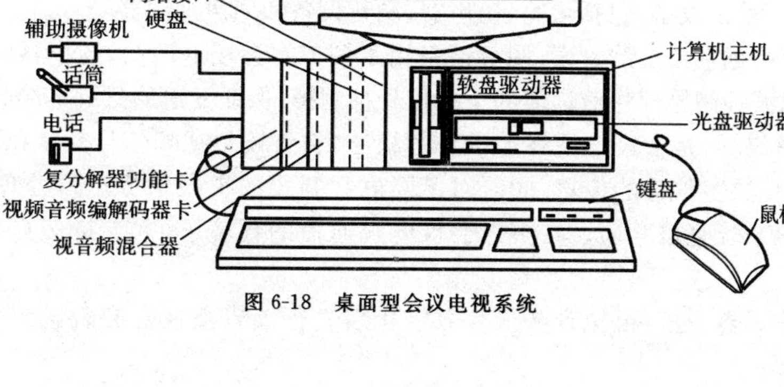

图 6-18 桌面型会议电视系统

机顶盒型终端的特点是简洁,在一个单元内包含了所有的硬件和软件,放置于电视机上,开通视频会议只需要通过一条 ISDN BRI 线或局域网连接,会议电视终端还可以加载一些外围设备例如文档投影仪和白板设备来增强功能。

2)会议室型会议电视终端

会议电视终端设备主要包括视频输入/输出设备、音频输入/输出设备、视频编解码器、音频编解码器、信息处理设备及多路复用/信号分线设备等,其基本功能是将本地摄像机拍摄的图像信号、麦克风拾取的声音信号进行压缩、编码,合成为 64kbps～1 920kbps 的数字信号,经过传输网络,传至远方会场,同时,接收远方会场传来的数字信号,经解码后,还原成模拟的图像和声音信号。图 6-19 为会议电视终端的组成结构。

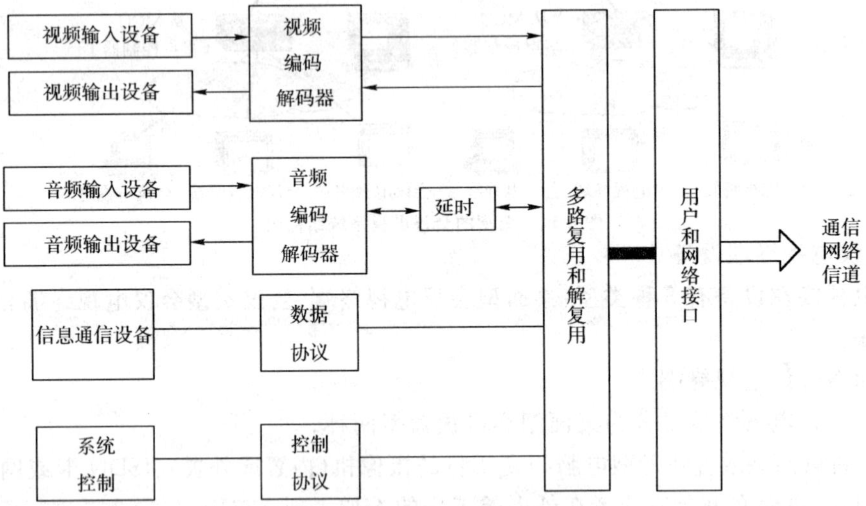

图 6-19　会议电视终端的组成结构

①视频输入设备:包括主摄像机、辅助摄像机、图文摄像机及录像机。工作人员通过控制器控制主摄像机上下左右转动及焦距的调节,摄取发言人的特写镜头。辅助摄像机主要用来摄取会场全景图像,或不同角度的部分场面镜头及电子白板上的内容。图文摄像机一般固定在某一位置,用来摄取文件、图表等。录像机可播放事先已录制好的活动和静止的图像。

②视频输出设备:包括监视器、投影机、电视墙、分画面处理器。监视器用于显示接收的图像,通过画中画(PIP)的方式可在监视器上既显示接收的图像,同时又显示本会场的画面。会场人数较多时,采用投影机或电视墙。

③音频输入/输出设备:包括话筒、扬声器、调音设备和回声抑制器等。话筒和扬声器用于与会者的发言和收听远端会场的发言;调音设备用于调节本会场的话筒、扬声器的音色和音量;回声抑制器应用回波抑制原理将对远端的干扰信号抑制掉,保证发送的只有本端会场的发言。

④视频编解码器:是会议电视终端设备的核心,它将模拟视频信号数字化后进行压缩编码处理,以适应窄带数字信道的传送,同时对不同电视制式的视频信号进行处理,以使不同电视制式的会议电视系统直接互通。在多点会议电视通信的环境下,它支持多点控制设备进行多点切换控制。

⑤音频编解码器:是对模拟音频信号数字化后进行编码。在音频编解码器中必须对编码

的音频信号增加适当的时延，以保证音频信号与译码器中的视频信号同步，否则会因为视频编解码器的时延，造成发言人的语言与口形动作不协调。

⑥信息处理设备：包括白板、书写电话、传真机等。白板供本会场发言者与对方会场人员讨论问题时书写图文使用，通过辅助摄像机将书写的图文输入编码器传送到对方会场的监视器上显示。书写电话为书本大小的电子写字板，发言者写在此板上的发言信息变换成电信号后输入到视频编解码器，再传送到对方会场，并显示在监视器上。

⑦多路复用/信号分线设备：该设备将视频、音频、数据信号组合为传输速率为 64～1 920kbps 的数据码流，成为用户/网络接口兼容的信号格式。

3)便携式会议电视终端

便携式会议电视终端将全套的会议电视系统设计成一个紧凑的公文包，非常适合在野外、机动和应急场合迅捷地召开会议。该终端支持 ISDN 和卫星网络，通过外接 PC 能够进行数据会议和登陆 Internet，可以外接麦克风和大屏幕电视扩展成大型会议电视系统。图 6-20 为一典型的便携式会议电视终端。

图 6-20 便携式会议电视终端

(2)多点控制单元(MCU)

多点控制单元(MCU，Multipoint Control Unit)是实现多点会议电视系统不可或缺的设备，其功能是实现多点呼叫和连接，实现视频广播、视频选择、音频混合、数据广播等功能，完成各终端信号的汇接与切换。

1)MCU 的原理和组成

MCU 的结构原理图如图 6-21 所示。MCU 的每个端口都连接着一个与呼叫控制相连的网络接口单元，在网络接口单元的 MCU 侧，数据流包含在按 H. 221 建议列出的传输率传输的一个或多个双向通道内。引入数据流进入解复用器内，解复用器将引入数据流分解成视频、音频、数据和控制等几种类型的信息并分别把它们传递到相应的处理器内。多路复用器则将各个处理器送出的数据流组合成一个引出数据流以供传输给会议终端。

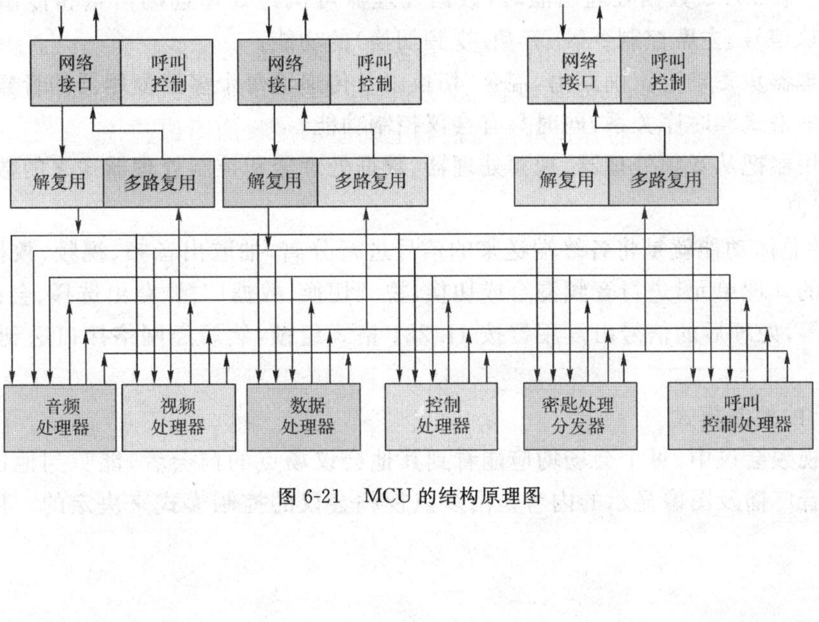

图 6-21 MCU 的结构原理图

网络接口单元分输入、输出方向，该单元校正输入数据流中由 H.221 建议定义的 FAS 信号和输出由 H.221、H.230 定义的 BAS 码，并按本系统的时钟定位输入的数据流。在接口模块的输出方向插入所需的 BAS 码和相关信令，形成信道帧，以便输出到数字信道。一个网络接口单元可支持多个逻辑端口。端口是一个可支持一个语音或视听终端的逻辑实体，它只与一对多路复用器/解复用器相连。

进入解复用器的信号是会议终端传送的完全符合 H.221 建议的数据流。解复用器的动作与会议终端接收方的动作类似，包括：帧恢复和帧定界；缓冲、同步及相关多个通道的定序；BAS 码的分解并把其中相应的某些信息送往控制处理器；加密码的分解及解密；分解音频信息并送往音频处理器；分解视频信息并送往视频处理器；分解数据信息并送往数据处理器；模式控制 BAS 码及相关的音频、视频和数据信息之间必须保持正确的时序关系。

音频处理器由语音代码转换器(ATC)和语音混合模块组成，用来完成语音的处理。ATC 从各个端口输入的数据流的帧结构中分离出各种语音信号，并进行译码，然后送入混合器进行线性叠加，最后送入到编码器，形成合适的编码形式，插入到输出的数据流中。混合器送往每个会议终端的信号都是所有其他与会会议终端的信号的和。随着音频信号个数的增加，回声和噪音也会累积，所以必须采取回声抑制和降低噪音的措施。如果只有两个终端参加会议，则音频处理器的语音混合功能由切换功能代替。考虑到视频信号的时延，在音频处理器内应对音频信号进行一定的延迟(不大于 30ms)。

类似于音频处理器，视频处理器对输入视频信号也有两种处理方式：一种是进行视频切换，以便插入信道帧后分配到各个会场，无需对视频信号进行处理；另一种是进行视频混合，当一个会场需同时看到多个会场的图像(在一个显示器上同时看到其他所有会场的图像或分屏显示)时，MCU 可对多路视频信号进行混合处理。这种混合是对多个图像以分屏形式空分复用一个组合图像。

数据处理器为可选单元，包括 H.243 建议的数据广播功能，以及按照 H.200/A270 系列建议的多层协议(MLP)，完成非话信息的处理。在数据广播功能时，任一时刻只能接收一路 LSD(低速数据)或一路 HSD(高速数据)，广播给由控制处理器按照接收这种数据的能力决定的相连终端。在 MLP 数据处理功能时，数据处理器可执行处理远端信息和传输会议控制信号(请求/确认信号、主席控制令牌、音频/视频切换)的功能。

控制处理器负责确定正确路由，混合/切换以及传递给每个多路复用器的音频、视频、数据及控制信号的格式和时序关系，同时具有会议控制功能。

多路复用器把从音频处理器、视频处理器、数据处理器和控制处理器送来的数据流组帧并插入 BAS 码值。

MCU 的总体功能就是将各终端送来的信号进行分离，抽取出音频、视频、数据和指令，分别送到相应的处理单元，进行音频混合或切换、视频切换、数据广播、路由选择、会议控制、定时和呼叫处理等，处理后的信号由复用器按 H.221 格式组帧，然后经网络接口送到相应的输出端口。

2)MCU 的控制模式

在多点视频会议中，每个会场均应能看到其他会议场点的与会者，能听到他们的讲话，而各会场的声音广播及图像显示的内容是由多点视频会议的控制模式来决定的。目前，常用的控制模式有语音控制模式、演讲人控制模式、主席控制模式、广播/自动扫描模式以及连续模式。

语音控制模式的使用极为普遍，是全自动工作模式，按照“谁发言显示谁”的原则，由声音信号控制图像的自动切换。多点会议进行过程中，一方发言，其他会议场点显示发言者的会议图像。当同时有多个会议场点要求发言时，MCU 从这些会议场点终端系统送来的数据流中抽取出音频信号，在语言处理器中进行电平比较，选出电平最高的音频信号，即与会者讲话声音最大的那个会议场点，将其图像与声音信号广播到其他的会议场点。为了防止由于咳嗽、噪声之类的短促干扰造成误切换，双方同时发言造成图像信息的重叠输出等问题，设置声音判决延迟电路，声音持续 1～3s 后，方能显示发言者的图像。无发言者时，输出主会场全景或其他图像。语音控制模式对项目组会议是十分理想的，与会者可以自由发言，但仅适于参加会议的会场数目不多的情况，一般控制在十几个会议场点之内，如果要比较的声音信号数目愈多，则背景噪声愈大，MCU 的语言处理器将很难选出最高电平的语言信号。

演讲人控制模式又称为强制显像控制模式，要发言的人(或称演讲人)通过编解码器向 MCU 请求发言(如按桌上的按钮，或触摸控制盘上相应的键)，若 MCU 认可便将他的图像、语音信号播放到所有与 MCU 相连接的会场终端，同时 MCU 给发言人一个已“播放”的指示 MIV(多点显像指示)，使发言人知道他的图像、语音信号已被其他参加会议的会场收到。该控制模式一般与语音控制模式混合使用，如果发言人讲话完毕，MCU 将自动恢复到语音控制模式。

主席控制模式将所有会议场点分为主会场(只有一个)和分会场两类，由主会场组织者(或称主席)行使会议的控制权，它根据会议进行情况和各分会场发言情况，决定在某个时刻人们会看到哪个会场，而不必考虑此刻是谁在发言。主席可点名某分会场发言，并与之对话，其他会场收听他们的发言，收看发言人图像。分会场发言需向主席申请，经主席认可后方可发言，此时申请发言的会议图像才被传送到其他各分会场。这种控制模式具有很大的主动性，控制效果比较好，避免了语音控制模式中频繁切换图像造成的混乱现象。

广播/自动扫描模式可以将画面设置为某个会场(这个会场被称为广播机构)，而这个会场中的代表则可定时、轮流地看到其他各个分会场。这种模式按照事先设定好的扫描间隔自动地切换广播机构的画面，而不论此刻是谁在发言。

连续模式是一种最新发展的控制模式。这种模式通过将屏幕分割成若干窗口，而使与会者可以同时看到多个分会场的情况。

3)MCU 的端口与连接

用 MCU 组成的多点会议系统的网络拓扑结构呈星状网，MCU 处在星形会议电视网的中心，它必须具备多个和终端相连接的端口，可接若干个会议电视终端(例如 8 个、16 个或更多个)。由于每个 MCU 的端口数是有限的，一个 MCU 无法连接所有终端。为了增加网点的容量，可以通过级联 MCU 的方式来实现，级联一般分为两级，处在最上面一层的是主 MCU，它处于网络的中心位置，在网中被赋予最高控制权限，在它下面一层的是各从 MCU，从 MCU 受控于主 MCU。会议电视终端通过各种通信网络连接到 MCU 上。图 6-22 为 MCU 专线组网的结构图。从理论上说 MCU 的级联可以不受限制，但网络在达到 3 级时就不能满足会议最小时延、同步的要求，因此在应用中一般只采用单 MCU 星型组网和两级 MCU 组网(主从)两种。

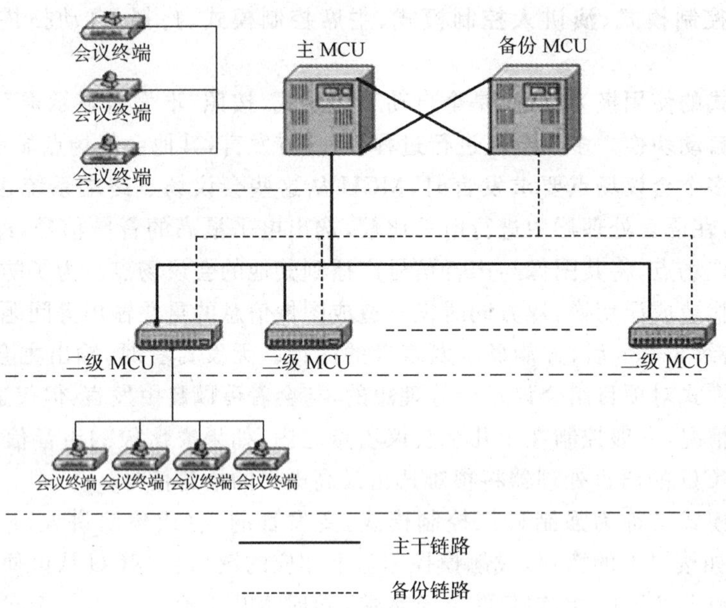

图 6-22　MCU 专线组网结构图

(3)传输网络

视频会议的传输可以采用光纤、电缆、微波及卫星等各种信道,采用数字传输方式,将会议电视信号由模拟信号转换为数字信号,数字化后的信号经过压缩编码处理,去掉一些与视觉相关性不大的信息,压缩为低码率信号,经济实用,占用频带窄,应用普遍。目前采用的数字传输网络主要分为支持 H.320 协议的网络和支持 H.323 协议的网络两大类。提供电路交换形式的网络均可支持 H.320 协议,基于 H.323 协议的会议电视系统通过局域网络经 IP(路由器)网络进行通信,因此除上述支持 H.320 协议的网络可以使用外,还可以使用帧中继和 ATM 网络。

6.2.4　会议电视系统会议的组网方式

(1)利用数字线路的组网方式

目前采用 E1 接口(数字传输通道)的数字传输线路组网是最常见的一种方式,国家骨干网以及大部分省网都采用这种方式。MCU、终端的接口均采用 E1 接口。图 6-23 为数字线路组网实例。

在图 6-23 中,根据终端与 MCU 之间走线距离的远近,MCU 与终端之间有 3 种不同的连接方式。第一种方式是直接用同轴电缆相连,应用于终端与 MCU 之间走线距离小于 300m,如终端设备 B 和 C;第二种方式是采用 HDSL(High-bit-rate Digital Subscriber Line,高速率数字用户线)传输设备担任远距离传输任务,应用于终端与 MCU 之间的走线距离大于 300m、小于几千米,并且终端与 MCU 之间不存在 E1 接口(即没有数字传输通道),只有普通用户铜线,如传输设备 A;第三种方式是经过传输网的数字线路连接,应用于终端与 MCU 之间的走线距离大于数千米,并且终端与 MCU 之间存在 E1 接口,图中的会议电视终端 D 和 E 即是通过数字通信网络的 E1 接口和数字通信网相连,然后在距 MCU 较近的地方再通过 E1 接口和

MCU 相连。

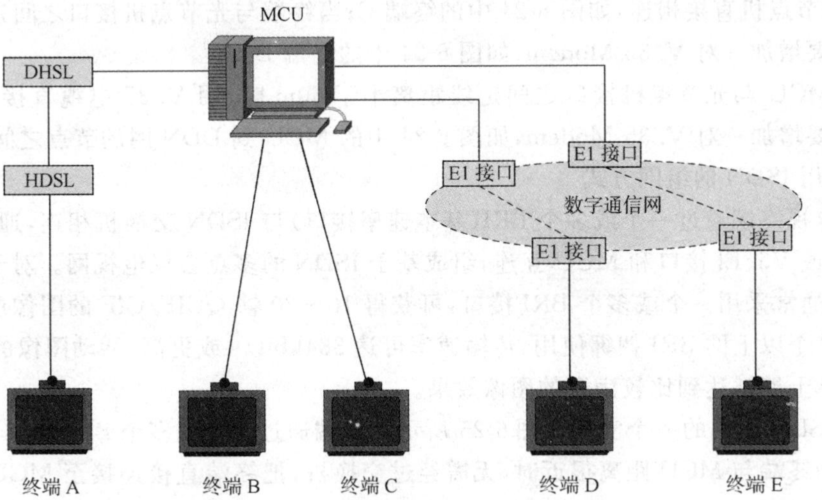

图 6-23 数字线路的组网实例

(2)利用 DDN 的组网方式

数字数据网(Digital Data Network,DDN)可以提供 P×64kbit/s(P=1～30)的传输速率,因此用它组网是一种灵活、经济的方式,一般对于会议电视系统,采用 384kbit/s 就可以得到较满意的图像质量。图 6-24 就是采用 DDN 网的一个联网实例。

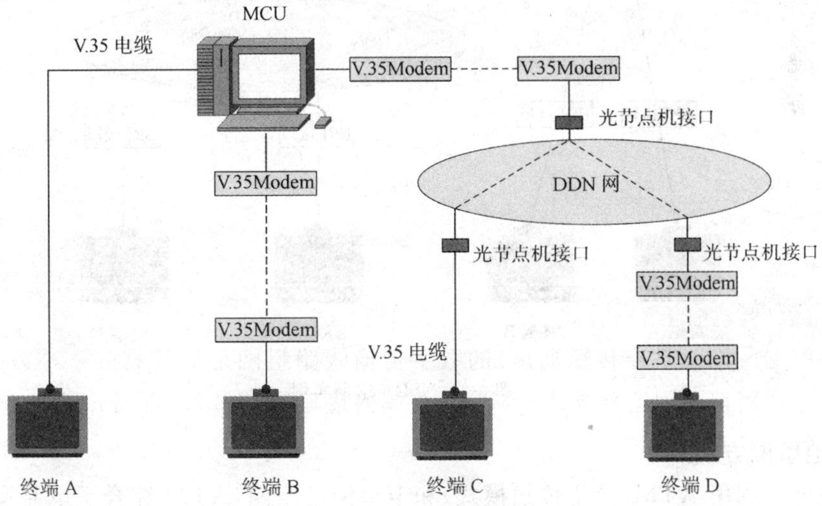

图 6-24 利用 DDN 组网实例

在图 6-24 中 MCU 与终端、终端与光节点机以及 MCU 与光节点机之间的连接方式有以下几种:

1)当终端与 MCU 之间走线距离小于 60m 时,直接用 V. 35 电缆相连,如图 6-24 中终端 A。

2)当终端与 MCU 之间走线距离大于 60m,小于 1. 5km 时,用 V. 35 Modem 通过专线连接,延长两者之间的通信距离,如图 6-24 中的终端 B。

3)当终端与 MCU 之间走线距离大于 1. 5km,并且终端与 MCU 之间存在 DDN 传输网时，通过 DDN 传输网相连。当终端与光节点机接口之间走线距离小于 60m 时，用 V.35 电缆和 DDN 网节点机直接相连，如图 6-24 中的终端 C；当终端与光节点机接口之间走线距离大于 60m，则需要增加一对 V.35 Modem，如图 6-24 中的终端 D。

4）当 MCU 与光节点机接口之间走线距离小于 60m 时，用 V.35 电缆直接连接，若大于 60m，则需要增加一对 V.35 Modem，如图 6-24 中的 MCU 到 DDN 网的节点之间的连接。

（3）利用 ISDN 的组网方式

会议电视终端通过一个或多个 BRI（基本速率接口）与 ISDN 交换机相连，通过 PRI（基群速率接口）或 V5、El 接口和 MCU 互连，组成基于 ISDN 的多点会议电视网。对于桌面型会议电视系统，通常采用一个或多个 BRI 接口，可获得 10～20 帧 QCIF/CIF 的图像质量。还可以将 2 个或 2 个以上的 BRI 捆绑使用，传输速率可达 384kbit/s 或更高，活动图像的帧频可达 30 帧/秒，基本上能够达到比较满意的图像效果。

利用 ISDN 组网的一个实例如图 6-25 所示。终端通过 1 个或多个 BRI 接口与 ISDN 交换机连接。当终端与 MCU 距离很近时，无需经过交换机，把终端直接连接至 MCU 的 ISDN 仿真接口即可，如图中的终端 A 和 B；终端 C 和 D 是和标准的 ISDN 的 BRI 相连接。

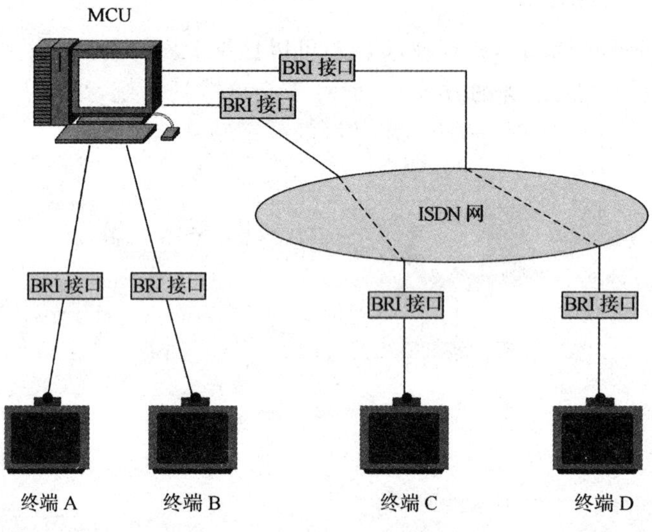

图 6-25　ISDN 组网实例

（4）其他组网方式

另外还可以利用 ATM（异步传送模式）和卫星网络组网，ATM 综合了电路交换和分组交换的优点，可以传送任意速率的宽带信号，可传输话音、数据、图像和视频业务，使用该技术的特点是图像质量很好，组网方便（不需把所有电视会议终端线路都连到 MCU），可靠性高，但设备费用高，且需有 ATM 网络可供接入。卫星网络在中远距离的视频会议方面具有地面网络无法比拟的性能优势，可以覆盖到海上、高山等偏远地带，传输速率高、安全性好，而且会场建设及搬迁灵活、方便，“卫星宽带视频会议系统”支持多路会议视频、文件及数据的综合传送广播，缺点是价格昂贵，除租用卫星的信道费用外，还有每个卫星地面站的建设费用，而且，卫星通信时延大，不适合实时性要求高的视频会议系统。

6.2.5　基于IP网的会议电视系统

(1)IP会议电视系统概述

基于IP网的会议电视系统是在Internet网络通信的基础结构上，采用多媒体技术实现分布式会议功能的交流和协作工具，具有分布性、实时性和协作性等特征。IP会议电视系统采用开放技术和通用设备实现音/视频信号的获取、编码、传输、解码和回放，利用已建成的计算机通信网络来实现多媒体信息的传输，系统不必使用ISDN专线，也不必购买专用会议电视室中复杂的编解码器等有关设备，而只需在H.323视频会议用户的微机上安装客户端软件、压缩卡及摄像头，并登陆因特网，向Gatekeeper(关守)注册后，就可以通过MCU(多点控制单元)随时随地召开会议，不仅具有灵活、方便、费用低廉的特点，而且可充分利用通用平台上丰富的资源，较好地支持电子白板和应用过程共享等协作应用，方便实现会议文档的生成、管理等。另外，由于H.320协议与H.323协议(IP视频会议系统协议)在视频、音频上的压缩协议基本相同，所以在相同带宽情况下，H.323视频会议(IP视频会议系统)与H.320视频会议质量基本相同。而从覆盖地域范围的意义上来说，IP会议电视系统是真正可以替代传统会议的远程会议系统，因此已经成为视频会议系统的发展趋势。

(2)IP视频会议系统的组成

IP视频会议系统由会议终端(Terminal)、网关(GateWay)、网闸(GateKeeper，GK)、IP网络、多点控制设备(MCU) 以及应用服务器组成(图6-26)。

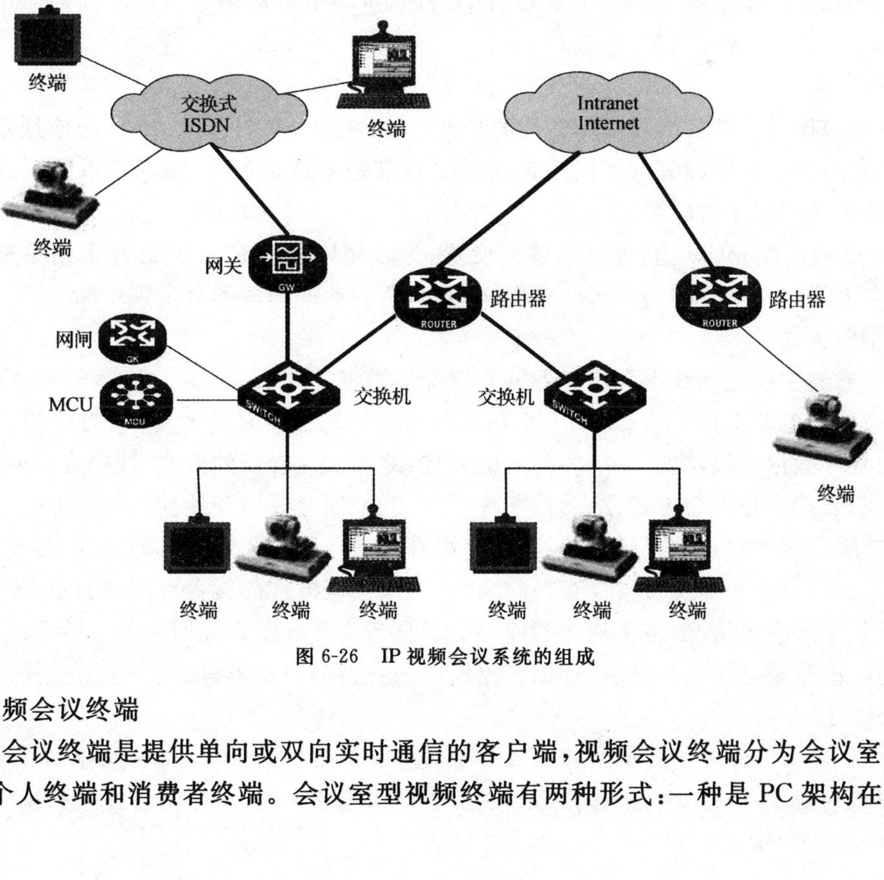

图6-26　IP视频会议系统的组成

1)视频会议终端

视频会议终端是提供单向或双向实时通信的客户端，视频会议终端分为会议室型视频终端、企业个人终端和消费者终端。会议室型视频终端有两种形式：一种是PC架构在视频会议系统的基础上，使用户在召开视频会议时，能够同时运行办公软件；另一种是将视音频编解码器、视频输入设备、音频输入设备和网络接口集成在一起的视频会议一体化终端（图6-27），使用时只需接入相应的视频输出设备、音频输出设备、电子白板等，也可外接视音频输入设备。企业个人终端通常称为桌面产品，大多数是PC硬件系统，即在个人电脑上增添功能的硬件设备。消费者终端主要有PC摄像头和具有视频会议功能的捆绑软件。

图6-27　视频会议一体化终端

视频会议终端可以通过各种接入方式接入到视讯交换层，可以通过LAN、ADSL、WLAN等方式接入到城域网，再由城域网接入到视讯交换层。也可以通过E1、DDN、MSTP等专线方式直接接入到视讯交换层。

2）MCU

前面已作介绍，这里不再赘述。

3）网关

网关（GateWay）又称网间连接器或协议转换器，用于实现与非H.323终端的连接。网关在传输层上实现网络互联，用于两个高层协议不同的网络互联，可以用于广域网互联，也可以用于局域网互联。

目前视频会议系统的网关主要有H.323/H.320网关、VoIP（Voice over Internet Protocol）网关、公私网互通网关等，随着互通业务的增加，逻辑上可能还会出现不同的应用网关，物理上可能演变为一个综合网关。

4）网闸

网闸（GK）执行保护数据网络完整性的功能，主要包括MCU、GW、终端的地址解析、接入控制、带宽管理和区域管理等。当网络扩展需要与其他省或地区的H.323系统互通时，只需要GK与其他的GK互通即可。

GK可以内置在MCU里，也可以单独设置，为方便以后扩充，GK最好采用单独设置，并且采用主备方式或负荷分担的方式。在倒换期间，所有业务功能不会出现中断。

5）应用服务器

应用服务器主要包括数据会议服务器和流媒体服务器。

数据会议服务器支持ITU-T T.120系列标准，能实现应用程序共享、文件传送、文字聊天、电子白板等数据会议功能；支持多种入会方式，终端加入会议的方式、数据会议服务器召开会议的方式；支持多种退会方式，终端挂断呼叫方式、数据会议服务器挂断呼叫方式。

流媒体编解码器通过视音频压缩编码，将视音频信号压缩成媒体流的格式，存储在流媒体服务器中。流媒体服务器支持会议直播的功能，增加会议电视的覆盖范围，用户可通过访问流媒体服务器，了解会议情况，但不能与其他与会者进行交互。流媒体服务器支持会议点播的功能，可以对一些重要会议进行录制，存储在流媒体服务器的目录里，供用户进行点播观看。

6）IP网络

随着人们对Internet的需求增加以及对于信息交流的更高要求，高速IP网络得到快速发展，用户可以获得100M甚至更高的接入带宽，可以充分支持会议电视业务。利用VLAN交换机代替集线器、支持 IGMP 路由器、通过帧中继和 ATM 网络传输图像、保证带宽等措施可以较好地保证会议电视的传输质量。

在视讯交换层的设备中，MCU、GK 是必须要设置的，MCU、GK 配置容量的原则应在实际需求量的基础上，适当的增加冗余量来进行配置；网关和应用服务器的设置应视各地实际情况、用户的需求等综合因素，也可以不设置网关和应用服务器。

在逻辑上 IP 视讯会议系统主要由用户接入层、视讯交换层及运营支撑层三大部分组成(图 6-28)。

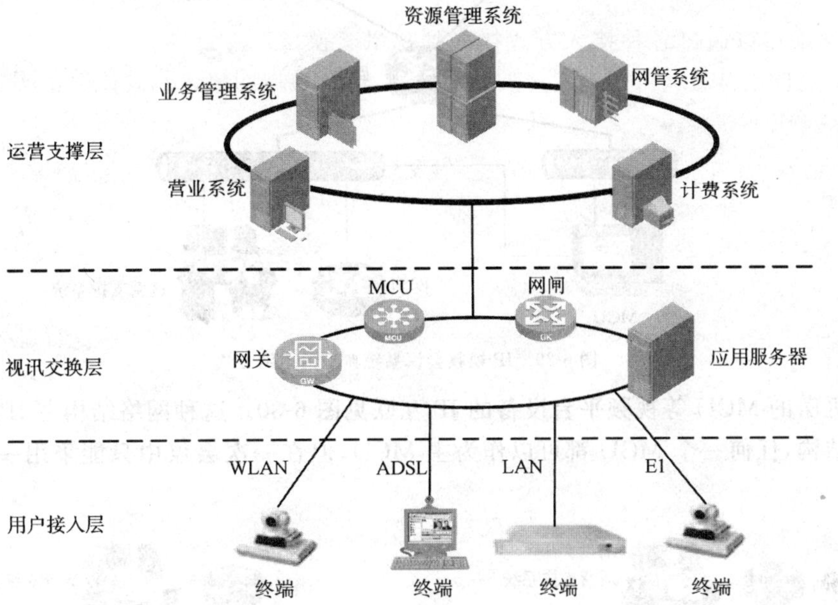

图 6-28 IP 视频会议系统的逻辑组成

用户接入层由视频会议终端、各种 IP 接入方式及其相关传输、数据设备组成。用户接入层将各种视频会议终端设备通过各种宽窄带接入网络接入到视讯交换层。

视讯交换层由 MCU、GK(GateKeeper，网闸)、H. 323/H. 320 网关、VoIP 网关、数据会议服务器、流媒体服务器以及其他网关和应用服务器组成。视讯交换层设备为视讯终端设备实现视频、音频以及数据的交互。

运营支撑层由业务和资源管理系统、计费系统、营业系统和网络管理系统组成。运营支撑层通过与视讯交换层设备的交互，实现视讯资源的合理配置以及视讯业务的灵活开展。

图 6-29 为 IP 视讯会议系统典型的组网方式。在图中，视频终端通过各种 IP 接入网与视讯交换层进行通信，视频平台与 IP 接入网之间设置防火墙保证系统的安全性，将 MCU 和 GK 等分在不同的子网内，MCU 分在 LAN1，GK、业务和资源管理系统、网管系统、计费营业系统等分在 LAN2，MCU 通过其配置的管理控制口与 GK 等所在的 LAN2 进行通信，交互管理控制信息。路由器将视频终端产生的媒体流信息和呼叫控制信息，根据目的 IP 地址分别路由到 MCU 或 GK 上。路由器将 MCU 产生的媒体流信息和控制信息，根据目的 IP 地址分别路由到视频终端或通过 IP 承载网连接到其他 MCU 上。

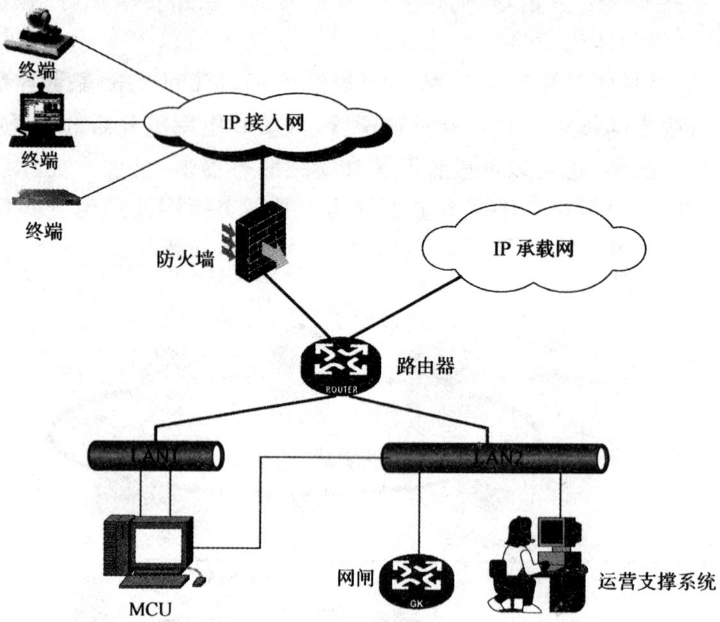

图 6-29　IP 视频会议系统典型的组网方式

不同机房的 MCU 等视频平台设备的 IP 互联见图 6-30。这种网络结构在 IP 层面可以是全网状网结构，任何一个 MCU 都可以作为主 MCU，但在一次会议中只能采用一种星型连接方式。

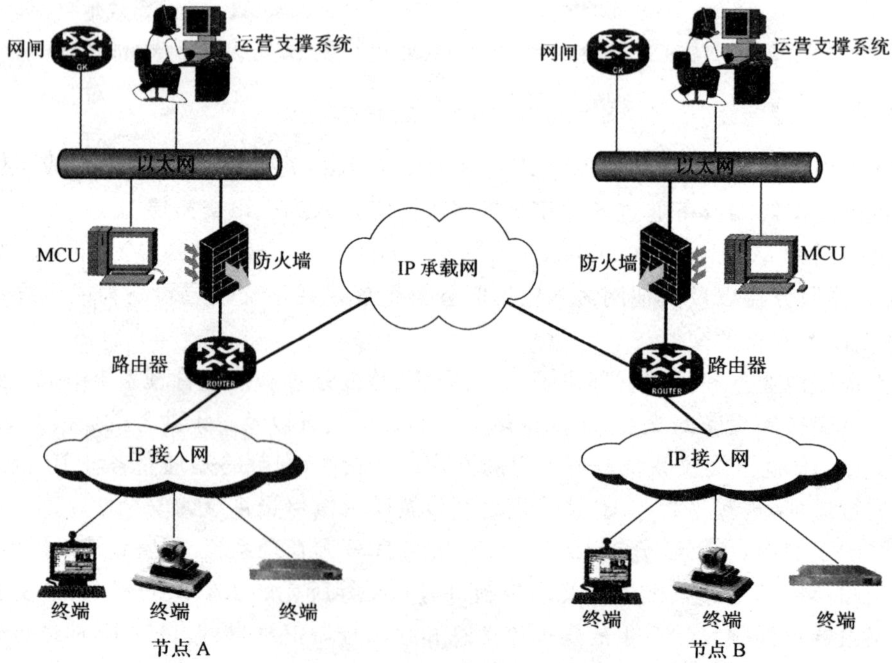

图 6-30　不同机房的 MCU 等视讯平台设备的 IP 互联

(3)IP 视频会议系统的关键技术

视频流在 IP 网络上实时可靠的传输是视频会议系统质量的保证。实时视频流的传输在带宽、时延、包丢失方面有着特殊的需求,为了得到一定的视频质量,视频流需要得到最小的带宽保证;由于视频流具有连续性,每个视频包的到达时延都要在一定的范围内,否则,接受端视频的播放就会停止;另外,由于传输的视频流经过高度的压缩,对包丢失异常敏感,因此,丢包率应限制在一定范围内,来满足视频传输的需求。因而用于 IP 视频会议系统的视频压缩算法、合适的多媒体数据的传输机制、系统的管理、控制机制和差错控制成为视频会议系统的关键技术。

1)视频编码

视频编码是整个系统功能实现的基础。目前 ITU-T 和 ISO 推出的 MPEG-X 系列和 H. 26X 系列等若干视频编码标准得到广泛的应用。MPEG-1、MPEG-2 质量比较好,但比特率高。MPEG-4 对交互式多媒体的多种应用提供支持,既要求有高效的压缩编码方法,又要求有独立于网络的基于视频、音频对象的交互性。2000 年推出的 MPEG-7 标准,被称为"多媒体内容描述器",这种标准化的描述可以加载到任何类型的媒体信息上 ,可按属性、自由文本 (Freetext)、N 维时空结构、内容、统计信息或综合信息检索媒体对象。因此 MPEG-7 主要应用于数字化的图书馆和广播式媒体。H. 261、H. 263、H. 263＋等属于低比特率的视频编码标准,图像质量较低。对于 IP 视频会议系统,如果强调实时性,H. 263 是较为理想的视频编码标准。

2)传输机制

IP 视频会议系统可以采用单播 (Unicast)或多播(Multicast)方式传输多媒体数据。单播即发送端和接收端之间建立点对点连接。多播是指单个发送端和多个接收端之间建立一点对多点的连接,所有接收端都能同时收到多播发送方每次发送的数据包,高效地使用网络的带宽资源。目前我国的 Internet 尚不支持多播通信,但可以通过某些路由器间的隧道功能构造多播网络或通过 RTP(实时传输协议)的转换器来模拟多播功能。RTP 是针对多点会议而设计的多媒体实时传输协议,它提供了端到端的实时媒体传输服务,如负载类型标识、序列号、时间戳、传输监控等。RTP 遵循"应用层分帧,集成层处理"的思想,是一个面向应用的协议。

3)控制与管理

真正的视频会议不是点对点通信,而是一点对多点、多点对多点的实时同步通信。视频会议系统要求具有发言权控制功能和不同位置终端的视频语音同步播映的功能。在集中式视频会议系统中需要多点控制单元 MCU(Multipoint Control Unit)来管理和完成这些功能,如图 6-31 中 a)所示。在集中式视频会议通信中,每个与会方首先将媒体流发往 MCU,MCU 处理、控制、选择并将选择的媒体流发往相应的与会方。MCU 有效地统一控制,使与会终端数据共享,共享工作对象、工作结果、数据资料,有效协调各种媒体的同步。因为视频数据量大,音频数据量小,为了减少传输的数据量,该模式中 MCU 只选择一路或几路视频数据发送 ,这样不是每一个终端都能看到其他所有终端的视频,而声音则是经 MCU 混合后全部发往每一个终端的。传输哪一路视频由一定的判断准则决定,如根据各终端声音能量的大小来决定,这种方式容易引起视频的频繁切换,影响视频的质量。也可以由会议主持来选择当前的发言者。当与会方增加时,可以将这种集中式的模式扩展为多个 MCU 的级联来满足需求,如图 6-31 中 b)所示。

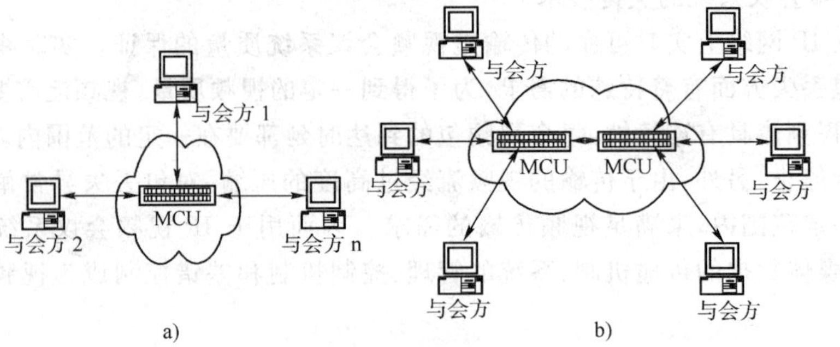

a)　　　　b)

图 6-31　集中式视频会议系统

4)拥塞控制

分组交换网的优点是所有的源结点共享网络资源,有效地利用网络带宽。但当源数目增加时会加重网络业务流的不可预测性和突发性,在瓶颈处引起网络拥塞。拥塞发生时,网络资源处于饱和状态,信息传送的时延变长,丢失率上升,系统的吞吐率急剧下降,严重的可能导致网络崩溃。因此,拥塞控制是视频会议系统必须面对的问题。人们提出了多种拥塞控制方法,如"窗口式流控制"、"源抑制"、"慢启动"、"二元反馈"、"基于速率的控制"及"自适应拥塞控制"等,其中部分控制机制已成功地运行在网络中。视频会议系统中的拥塞控制的机制包括速率控制、自适应速率视频编码、速率整形。

5)差错控制

尽管拥塞控制机制使得业务流的带宽需求同网络的传输能力动态匹配,可大幅度地减少丢包率,但并不能完全避免丢包的发生。由于压缩后的视频数据对差错非常敏感,视频会议系统还需要有差错控制机制来减少由于丢包引起的视频质量的急剧下降。

传统的恢复丢失包的方法有两种:前向纠错(FEC)、重发(ARQ)。但对于实时性强的视频数据,仅仅使用传统的方法是不能满足要求的。具体用于视频的差错控制方法有:前向纠错、重发、抗误码、误码掩盖、防误码扩散。

由于 IP 网的使用方便、价格低廉等优点,其发展速度很快,随着 PC 桌面系统的普及、网络 QoS 的改造、H. 323 建议的进一步完善必将使 IP 网成为多媒体会议电视的主流应用。

6.2.6　会议电视系统的设计

(1)功能要求

1)在网内任意节点都可设置为主会场,便于召开现场会议。

2)全部会场应可以显示同一画面,亦可显示本地画面。

3)主会场可遥控操作参加会议的全部受控摄像机的动作,调整画面的内容和清晰度。应保证摄像机摆动、倾斜、变焦、聚焦等动作要求。

4)全部会场的画面可依次显示或任选其一,由主会场进行操作,主会场应能任意选择以下 4 种切换方式:主席控制方式(会议主席在指定时间内可以选择广播任一会场的画面)、导演控制方式(导演可以通过 CMMS 监控管理工作站,选择广播任一会场的画面)、声音控制方式(MCU 组网情况下,可根据与会者发言的声音强度和持续时间,选择其中最符合条件的发言者，将其画面广播给其他会场）、演讲人控制方式（适用于教育或作报告，各个远离教育中心或报告厅的会场可以看到教师或演讲人，教师或演讲人可以选择观看任意一个会场的画面）。

5)除主会场与发言会场可以进行对话外，还允许1～2个会场进行插话。

6)任何会场均有权请求发言，申请发言的信号应在主会场的特设显示屏上显示，该显示屏应放在会议主席容易观察的位置。

7)主会场应能实现对全部会场的音量调节和静音功能。

8)根据需要，系统能实现字幕功能，并能实时修改、叠加混合。

9)MCU组网方式应能实现当某一会场需要长时间发言时，主会场可任意切换其他会场的画面进行轮换广播，而不中断发言会场的声音；会议进行中，能实现某一会场的实时加入；应能支持T.120数据会议。

(2)设备选型

1)设备选型标准

- 国际电信联盟ITU-T H.320标准。
- TZ-20-95《64～1 920 kbit/s会议电视网路技术体制》的规定。
- YD/T 847—1996《视听电信业务中64～1 920kbit/s信道的帧结构》(等效ITU-T H.221:1993)的规定。
- YD/T 846—1996《视听系统中帧同步的控制与指示信号》(等效ITU-T H.230:1993)的规定。
- YD/T 848—1996《使用2Mbit/s以内的数字信道在视听终端间建立通信系统》等效ITU-T H.242:1993)的规定。
- 2Mbit/s以上更高速率码流传送的相关规定。

2)设备选型要求

- 满足会议电视的功能要求和主要设备的技术要求。
- 符合技术先进、安全可靠、经济实用的原则。
- 有利于今后系统扩容及设备扩展的能力。
- 视频设备必须满足PAL-D制式。
- 满足2Mbit/s以上更高速率的码流传送要求。

(3)组网方式及传输信道选择

根据不同的需求可选择使用MCU组网方式和音、视频切换矩阵组网方式。MCU组网方式是各会场会议电视系统终端设备通过传输信道连接到MCU上，通过MCU实现切换；音、视频切换矩阵组网方式是各会场会议电视系统终端设备通过传输信道连接到音、视频切换矩阵，通过音、视频切换矩阵进行切换。

会议电视传输信道包括专线式传输信道和交换式传输信道。音、视频切换矩阵组网方式应采用专线式传输信道，MCU组网方式既可采用专线式传输信道，也可采用交换式传输信道。

专线式传输信道应符合下列要求：应采用数字信道，DDN以及FR等；应便于组织视频、音频信号的传输，便于组织会议电视管理监控信息的传输；应采用G.703接口。

交换式传输信道应符合下列要求：在交换机提供 ISDN 2B ＋D 接口时，传输信道采用经由网路终端设备的市话对绞电缆；在交换机提供 ISDN 30B＋D 或 6B＋D 等 P×64k bit/s 接口时，传输信道采用光缆数字复用信道或电缆 PCM 复用信道；每一会议电视终端设备和 MCU 的端口均应分别给定电话号码，用以呼叫建立会议电视传输信道之用；会议电视所需的 Px64kbit/s 传输信道，应根据需要在会议电视终端设备与交换机的 ISDN 用户接口之间接入反向复用器，将多个 B 信道组成会议电视所需的传输信道。

(4)会议室及设备用房要求

1)房间要求

会议室的面积应按参加会议的总人数确定，平均每人按 2.2m^2 计算。一般应设置大、小两个会议室，供不同场合选用。控制室一般应设置不小于 30m^2 的单独房间。如果设备较多，还应按实际需要增加面积。另外还可根据需要设置传输室、值班休息室及库房。

2)环境要求

温度 18～25℃；相对湿度 60％～80％；室内新鲜空气换气量每人每时不应小于 18m^3；室内空调气体流速不宜大于 1.5 m/s；会议电视设备室应采用通信设备专用的灭火器。

3)建筑要求

会议电视系统对建筑的要求应符合表 6-3 的规定。

会议电视系统对建筑的要求　　表 6-3

序号	房间名称	室内最低净高(m)	楼、地面等效均布活荷载(N/m^2)	地面类型	室内墙处理	室内顶棚处理	窗地面积比	门	外窗
1	会议室	3.5(注)	3 000	水泥地，加防静电地毯	结合吸音材料选用和布置	同左		双扇外开门，宽度不小于 1.5m，满足隔音要求	满足隔音要求
2	控制室	3.0	6 000	防静电地板	水泥地灰砂浆水，表面涂白色或浅色油漆	同左	1/6	单扇外开门，宽度不小于 1m	良好防尘
3	传输室	3.0	6 000	水磨石地	同上	同上	1/6	同上	良好防尘

注：会议室最低净高一般为 3.5m，当会议室较大时，应按最佳的容积比来确定。

(5)设备配置

1)终端设备配置

每一会场应配置一台会议电视终端设备，重要会场备用一台，并满足：

•视频编解码器应以全公共中间格式(CIF)或 1/4 公共中间格式(QCIF)的方式处理图像。在特定条件下，也可采用 CTX 或 CTX PLUS 等其他编解码方式，但必须与 CIF、QCIF 兼容，便于按不同用户的要求选用合适的编解码方式。

•音频编解码器应具备对音频信号进行 PCM、ADPCM 或 LD-CELP 编解码的能力。

•视/音频输入、输出设备应满足多路输入和输出，以及分画面和消除回声等功能要求。

•多路复用和信号分离设备应能将视频、音频、数据、信令等各种数字信号组合到

64～1 920kbit/s数字码流内，或从码流中分离出相应的各种信号，成为与用户和网路接口兼容的信号格式。

• 用户和网路的接口应符合 G. 703 或 ISDN 6B＋D、30B＋D 等接口标准，并应符合 GB 7611—87《脉冲编码调制通信系统网路数字接口参数》国家标准中规定的数字接口参数要求，其时隙配置应符合 2 048kbit/s 传输信道的规定。帧结构应符合TZ-20-95《64～1 920kbit/s 会议电视网路技术体制》的相关规定。

• 会场的操作控制和显示应采用菜单式触摸屏和汉化显示终端，全部会场 CODEC，MCU 和级联端口的状态信息，应在工作站的显示屏幕上一次全部显出，菜单触摸屏的会场地址表格中，应只对完好的会场信息作出操作响应，用以保证播送的画面质量。

2)摄像机和话筒的配置要求

会议电视的每一会场至少配备一台带云台的受控摄像机、一台辅助摄像机和一台图文摄像机。面积较大的会议室，宜适当增加辅助摄像机，以保证从各个角度摄取会场全景或局部特写镜头。

会议电视会场应根据用户要求参与发言的人数确定话筒的配置数量。话筒不宜设置过多，其数量不宜超过 10 个。

3)图像显示设备的配置

在小会议室或在大会议室中的某一局部区域，选用监视器。应按监视器屏幕底边 6 倍的最佳视距，水平视角不大于±57°、垂直视角不大于±10°选择监视器的尺寸；在大会议室且环境照度较强的情况下，宜选用内投式投影机；在大会议室且屏幕区的环境照度小于 80lx 时，可选用投影机，其屏幕尺寸可比内投式投影机适当加大。

4)编辑导演设备和调音台设备的配置

编辑导演设备的配置：由多个摄像机组成的会场，应采用编辑导演设备对数个画面进行预处理，该设备应能与摄像机操作人员进行电话联系，以便及时调整所摄取的画面；单一摄像机的会场可不设编辑导演设备，由会议操作人直接操作控制摄取所需的画面。

调音台设备的配置：声音系统的质量取决于参与电视会议的全部会场的声音质量，每一会场必须按规定的声音电平进行调整，才能保证全系统有较好的声音效果。由多个话筒组成的会场，应采用多路调音台对发言话筒进行音质和音量的控制，以保证话音清晰，并防止回声干扰；单一话筒的会场可不设调音台。

5)会场扩声的配置

扬声器的布置应使会议室得到均匀的声场，且能防止声音回授；扩声系统的功率放大器应采用数个小容量功率放大器集中设置在同一机房的方式，用合理的布线和切换系统，保证会议室在损坏一台功放时不造成会场扩声中断；声音信号输入功率放大器之前，应采用均衡器和扬声器控制器进行处理，以提高声音信号的质量。

6)多点控制设备(MCU)的配置

多点控制设备的数量应根据组网方式确定，并满足下列基本要求：

多点控制设备应能组织多个终端设备的全体或分组会议，对某一终端设备送来的视频、音频、数据、信令等多种数字信号广播或转送至相关的终端设备，且不得劣化信号的质量；多点控制设备的传输信道端口数量，在 2 048kbit/s 的速率时，不应少于 12 个；同一个多点控制设备应能同时召开不同传输速率的电视会议；多点控制设备应采用嵌入式系统，应能进行 2～3 级级联组网和控制。

7)设备布置要求

话筒和扬声器的布置应尽量使话筒置于各扬声器的辐射角之外，扬声器宜分散布置。

摄像机的布置应使被摄人物都收入视角范围之内，并宜从几个方位摄取画面，方便地获得会场全景或局部特写镜头。

监视器或大屏幕背投影机的布置，应尽量使与会者处在较好的视距和视角范围之内。

机房设备布置应保证适当的维护间距，机面与墙的净距离不应小于 1 500mm；当设备按列布置时，列间净距不应小于 1 000mm。

会议室桌椅布置应保证每个与会者有适当的空间，一般不应小于 1 500mm×700mm，主席台还应适当加宽至 1 500mm×900mm。

(6)会议室供电系统

为了保证会议室供电系统的安全可靠，以减少经电源途径带来的电气串扰，应采用 3 套供电系统。一套供电系统作为会议室照明用电；第二套供电系统作为整个终端设备、控制室设备的供电，并采用不间断电源系统(UPS)；第三套供电系统用于空调设备的供电。

1)电源和接地

交流电源应按一级负荷供电。电压波动超过交流用电设备正常工作范围时，应采用交流稳压或调压设备。重要会场的 MCU、CODEC、保密机应采用不间断电源。

摄像机、监视器、编辑导演设备等视频设备应采用同相电源。在电视会议室、控制室、传输室应设置专用分路配电盘，每路容量宜为 15～25A。在摄像机、监视器、内投式大屏幕投影电视机等设施附近均应设置 220V 三芯电源插座，每个插座的容量不小于 2kW。

交流电源的杂音干扰电压不应大于 100mV。

保护地线必须采用三相五线制中的第五根线，与交流电源的零线必须严格分开，防止零线不平衡电流对会议电视产生严重的干扰影响；保护地线的接地电阻值，单独设置接地体时，不应大于 4Ω；采用联合接地体时，不应大于 0.5Ω；保护地线的杂音干扰电压不应大于 25mV。

接地系统应采用单点接地的方式。信号地、机壳地、电源告警地、防静电地等均应分别用导线经接地排，一点接至接地体。

2)照明和插座

电视会议室不应采用自然光，室内的照明光源应采用色温为 3 200lx 的三基色灯。主席区的平均照度不应低于 800lx；一般区的平均照度不应低于 500lx。水平工作面计算距地高度为 0.8m。投影电视屏幕区照度不应高于 80lx。各种照度应均匀可调，保证会议室按各种功能要求调节灯光。

控制室、传输室的照明光源宜采用日光灯。机架设备区的平均照度不应低于 100lx。垂直工作面计算距地高度为 1.2m。座席设备区的平均照度不应低于 100lx。水平工作面计算距地高度为 0.8m。

电视会议室、控制室、传输室等房间的周围墙上或地面上应每隔 3～5 m 安装一个 220V 三芯电源插座。

6.2.7　会议电视系统工程实例

实例一：某市银行中心支行会议电视系统

(1)设计要求

中心支行会议电视系统是总行会议电视骨干系统的延伸与扩充，必须保证子系统与骨干系统顺利联结，让分行能通过骨干系统控制子系统设备；系统要既能参加总行、分行召开的会议，也能根据需要，召开辖区会议或者点对点会议，还可以在必要时实现扩展到桌面的需求。

(2)方案选择

1)会议电视系统技术的选择。本工程选择基于 H. 323 协议技术标准，组建会议电视系统。因为 H. 323 协议基于 IP 网络，便于充分利用中心支行现有的 LAN 网络骨架，且因技术发展日益成熟，支持多点广播、以太网、DDN、帧中继等，便于系统扩展，代表技术的发展方向。

2)系统组网方式的选择。本系统采用分布式的组网方式，这种组网方式提高会议电视系统的可靠性、稳定性。在网络上 MCU 就类似于一台视频服务器，把服务器的各种资源分布在不同地方，其冗错性和安全性比星型方式有极大的提高；MCU 可多级级联，便于将来扩容。

3)通信平台及多点控制器(MCU)之间的互连选择。本中心支行已建成上至分行，下至县(市)支行的内联网，内联网基于 TCP/IP 协议，可为会议电视系统提供网络通信平台。中心支行与分行之间采用一条 384k 帧中继连接，中心支行与辖内 6 个县(市)支行之间采用一条 384k 帧中继连接。选用以色列 Vcon 公司基于 H. 323 协议的会议电视系统产品，其中，分行配置一台会议室型会议终端 Vcon Mc8003，以及一套会议电视管理工具 GateKeeper(网闸)，中心支行配置一台会议室型会议终端 Vcon Mc8001，辖内 6 个县(市)支行参照中心支行配置。若 MCU 端口已满，可通过 MCU 之间级联方式实现。

4)会议电视管理软件的选择。为了便于管理会议电视复杂的电子设备，市中心支行选用 Windows NT 3. 32 操作系统以及 MeetingPoint 4. 0 会议管理软件。在安装 NT 后，首先配置 Vcon Mc8001 卡的参数，如：索尼 D31 摄像机、音频设备，以及本端、远端的 IP 地址配置等。为了简化操作人员的工作量，应将会议用户的 IP 地址，做成一个通讯目录，用户仅需输入其他用户的名字或代号，即可以通过 LAN 拨叫到 H. 323 多点控制器(MCU)，以控制会议电视呼叫的网络带宽，开始多点视频会议。

(3)会议室环境设计

市中心支行的会议电视室应定位于专用型会议室，规模按 60 人会议计算，会议室大厅应具备 $100m^2$ 面积，净高大于 3m，长宽比例为 3∶2。控制室面积 $20m^2$。会议室大厅布局为课堂形式，桌椅以弧形排放，纵向正前方安放视频头和监视器，视频头的前方设主席台，横向两侧安放辅助视频头和监视器，选用 100 英寸的背投或等离子电视机作为监视器。会议室温度控制在 10～22℃，湿度保持在 60%～80%，空气新鲜度大于 18 立方米/人/小时。控制室主要陈设终端模型、功率放大器、视频矩阵器、计算机帧中继接口、UPS、空调等。

(4)会议室声、光、电设计

摄像区的照度控制在 750～12 500lx 之间，非摄像区的照度应小于 80lX。为保证产生均匀的照明效果，用深色窗帘遮挡窗户，光源安放在被照物的前上方 45°；为保证摄像机自动彩色均衡器正常工作，会议室只能采用一种光源，选用冷光源，比如三基色灯。

对于会议室的声学处理，主要考虑频率特性控制、回声控制及噪声控制。频率和回声控制，通过控制室的调音台，用增设的优质功率放大器，控制高音、中低音。扬声器环绕放置会场四周，使与会者有身临其境的感觉。噪音控制主要是隔音与吸音效果控制，隔音措施是选用双层窗户隔离外界噪音，电子设备主要部件安装在控制室，避免电感性电气设备噪音；吸音措施是在室内铺地毯，吊天花板，四周墙壁应装有隔音毯并用墙布软包，保证室内噪音小于40dB。

为保证会议室供电系统可靠、安全，减少电气串扰，采用多套供电系统（第一套作为会议室、控制室照明供电；第二套作为控制室设备供电，采用不间断电源系统，2kV/2小时；第三套供电系统用于空调、湿度机、负氧离子发生器等设备供电）和多种接地系统（包括交流接地、保护接地、直流接地）。接地电阻严格控制在0.15～0.3Ω。保护接地采用三相五线制中的第五根线并与交流电源的零线严格分开。控制室要求铺静电地板，以便穿线使用。图6-32为控制室的布局图。

控制室的信号系统，可以看作是中心支行局域网的延伸部分。在控制室中留有2根帧中继信号接口，帧中继信号线避免多级连接，以防信号衰减，影响视频效果，延时时间不得大于80ms。一路信号用于接收分行主会场转播的图像，一路用于本地会场作主会场向辖内传送信息。终端模型(MCU)与各设备连接，系统设备连接结构图见图6-33。

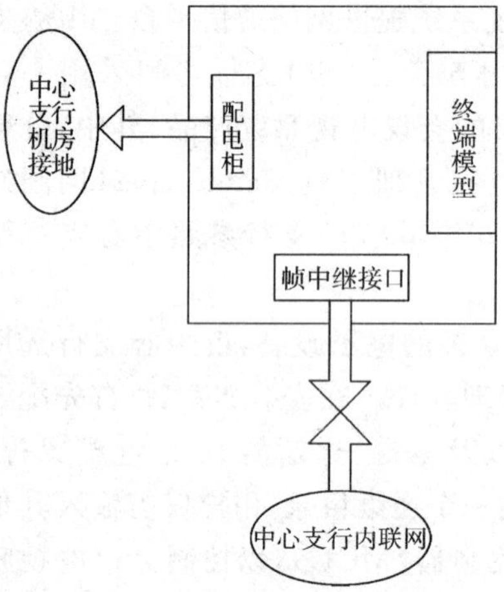

图6-32　控制室的布局图

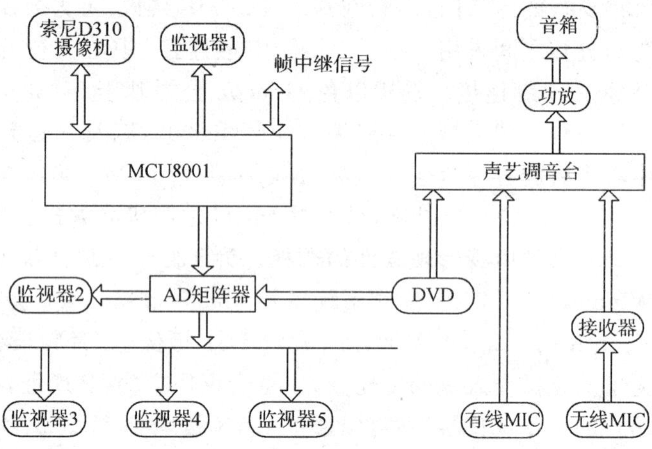

图6-33　会议电视系统设备连接结构图

(5)系统实施中的问题及解决方法

系统在使用中发现，视频图像存在马赛克现象，解决办法是提高帧中继线路的传输速率，增大带宽。另外，为了减少帧中继信号衰减和延时，帧中继接入线不能经过本行局域网的交换机，而直接接入MCU8001。

在收看会议电视时发现，声音与唇形不同步，这通过软件来克服，在启动了MeetingPoint 4.0会议管理软件的唇音同步程序之后，较好地纠正了这一现象。

视频会议系统刚建成时，操作人员在控制室切换本地、远端的视频图像很不方便，通过使用加拿大产的AD视频矩阵器，成功地解决了视频图像的切换问题。后来，在收看会议电视时发现，主会场与分会场之间的声音信号中，回音、混音太大。通过使用美国产的带有回声抑制功能的声艺12路调音台，对各路声音信号进行抑制和平衡控制，达到了预期效果。

实例二：某供电公司变电站所会议电视及视频监控系统

该供电公司变电站所网络视频会议系统图如图 6-34 所示。

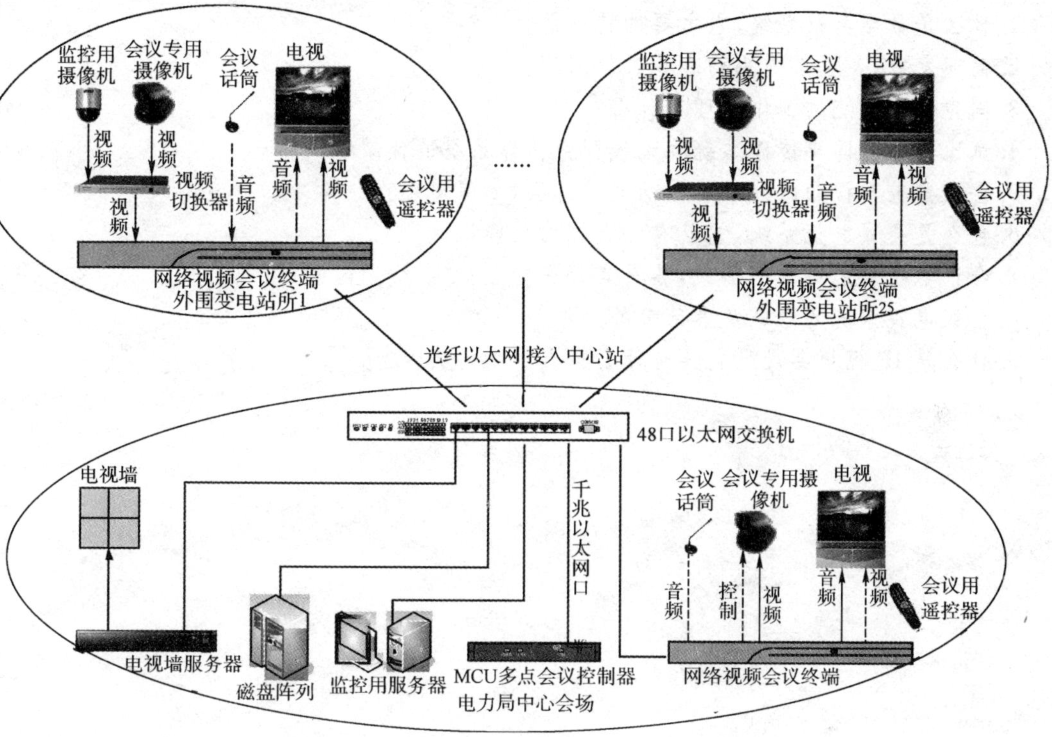

图 6-34　某供电公司变电站所网络视频会议系统图

外围变电站所会议室网络视频会议设备：使用一个全向云台控制的会议摄像机，可以实现变焦变倍的功能，满足观察整个会议室情况的要求；使用一个麦克风，采集会场的话音；使用一个网络视频会议终端，功能集网络视频编码、网络视频解码、视频切换、网络交换为一体，实现会议电视的所有功能；使用一台球形云台摄像机，22 倍光学、10 倍电子放大、480 线、自动光圈、焦距，并可以 360°云台旋转，实现远端监控。

电力局中心会场网络视频会议设备：配置相应摄像机和麦克风；使用一个网络视频会议终端，功能集网络视频编码、网络视频解码、视频切换、网络交换为一体，实现会议电视的所有功能；从各外围变电站过来的会议电视信号接到一台带 3 层交换的以太网交换机上，在中心站局域网的服务器上安装一套网络视频会议管理软件，完成 MCU 的全部功能；在中心站配置一台 4 路电视墙服务器，实现各个外围会场图像的轮询切换显示；配置视频切换矩阵和调音台，保证电力局中心会场的音视频信号、从外围变电站过来的音视频信号和从上级会场的会议电视系统过来的音视频信号实现顺利的切换；在中心站的 3 层交换机上带一台网络视频监控服务器，对外围站营业室的视频监控信号进行管理。并且安装一台磁盘阵列对视频信号进行录像。

在开会的时候，运行会议电视 MCU 系统，会议视频流可以设置成 MPEG2 格式、3Mbps 码流，可以得到 DVD 效果的视频会议效果；在不开会的时候，运行网络视频监控系统，监控视频流可以设置成 MPEG4 的 1Mbps 码流，同时磁盘阵列进行录像存储。

思考题与习题

1.什么是数字会议系统,它主要的特点是什么?

2.简述发言、表决系统的构成和工作原理。

3.同声传译系统的工作原理是什么?

4.试比较有线同声传译系统和无线同声传译系统的优缺点。

5.会议监控及视频跟踪系统的功能是什么,如何实现?

6.什么是会议电视系统,它具有什么样的功能?

7.会议电视系统有哪些形式,各具有什么特点?

8.会议电视系统的组成及各部分的功能?

9.什么是IP视频会议?它具有什么特点?如何实现?

第七章 公共广播系统

广播系统分为公共广播系统、厅堂扩声系统和面向会议室、报告厅等的广播音响系统。

公共广播系统用于公众区的语音广播，其中也包括面向宾馆客房的广播音响系统，平时播放业务性广播或背景音乐，在出现灾害或紧急情况时，自动切换为紧急广播；面向会议室、报告厅等的广播音响系统，因其特殊性，通常在会议室和报告厅单独设置，对要求较高或国际会议厅，还需另行设计诸如同声传译系统、会议表决系统以及大屏幕投影电视等的专用视听系统，有关会议系统的详细内容见本书第四章；厅堂扩声系统用于礼堂、剧场、体育馆等，是专业性较强的扩声系统，它不仅要考虑电声技术问题，还要涉及建筑声学问题。这类广播系统往往有综合性多用途的要求，不仅可供会场语言扩声使用，还用于文艺演出等，在系统的配置和器材选用方面有一定的要求，要求使用专业音响设备。本章主要介绍公共广播系统。

7.1 公共广播系统的概念

公共广播系统(Public Address system，PAS)属于扩声音响系统中的一个分支，作为传播信息的一种工具，通常设置在社区、机关、部队、企业、学校、大厦及各种场馆之内，用于发布事务性广播、提供背景音乐以及用于寻呼和强行插入灾害性事故紧急广播等等，是城乡及现代都市中各种公共场所不可或缺的组成部分。

公共广播系统历史悠久，早期的公共广播系统主要用于转播中央及各级政府的新闻，发布通知及作息信号。随着经济的发展和技术的进步，现代信息发布的渠道越来越多，公共广播网用于发布一般新闻和政令的功能逐渐淡化，简单的、集中的、统一的、追求共性的公共广播网，逐渐发展为个性化、多样化和多功能化的独立系统，并向智能化和网络化方向发展。智能化是指采用计算机对公共广播系统进行管理，改变传统人工广播方式，实现曲目编程、自动播放控制和任意插入/删除/修改等功能，监控整个系统的正常运行；网络化是指把传统的公共广播网变成一个数据网，把播发终端、点播终端、音源采集/寻呼终端、远程控制终端等各种终端联网，实现资源共享，并可根据用户需要实现分控及远程控制播放功能。

7.2 公共广播系统的功能

公共广播系统按广播的内容可分为业务性广播、服务性广播和紧急广播。业务性广播是以业务及行政管理为主的语言广播，主要应用于院校、车站、客运码头及航空港等场所。服务性广播以欣赏性音乐类广播为主，主要用于宾馆客房的节目广播及大型公共场所的背景音乐。紧急广播是以火灾事故广播为主，用于火灾时引导人员疏散。在实际使用中，通常是将业务性广播或背景音乐和紧急广播在设备上有机结合起来，通过在需要设置业务性广播或背景音乐的公共场所装设的组合式声柱或分散式扬声器箱，平时播放事务性广播或背景音乐，当发生紧急事件时，强切为紧急广播，指挥疏散人群。

背景音乐(Back Ground Music ,BGM)的主要作用是掩盖环境噪声并创造一种轻松和谐的气氛，广泛应用于宾馆、酒店、餐厅、商场、医院、办公楼等。背景音乐一般采用单声道播放，不同于立体声要求能分辨出声源方位并有纵深感，背景音乐要使人感觉不出声源的位置，而且音量较轻，以不影响人面对面交谈为原则。由于各服务区内的环境噪声不同，因而对各区背景音乐的声压级要求也应不同，为此在各服务区一般设有音量控制器，以方便调节。另外因为不同区域需播放不同的节目内容，在客房中需要有多套节目供有不同爱好的宾客自由选择，因此背景音乐的节目一般设有多套可同时放送。

紧急广播用于火灾等紧急事件发生时引导人员疏散，通常与背景音乐系统合并使用。对于合并使用的系统，首先应满足紧急广播系统的要求，即消防报警信号应在系统中具有最高优先权，对背景音乐和业务性广播具有强制切换功能，而且无论当时正在播放背景音乐的各扬声器处于何种状态(小音量状态或关闭状态)，紧急广播时，各扬声器的输入状态都将转为最大全音量状态，实现音量强制切换。另外，消防广播应具有选区广播的功能，当大楼发生火灾报警时，为了防止混乱，只向火灾区及其相邻的区域广播，指挥撤离和组织求救等事宜，在交流电断电的情况下也要保证报警广播实施。因而公共广播系统应具有选区广播与全呼广播、强制切换和优先广播等功能。

7.3 公共广播系统的组成

公共广播系统由节目源设备、信号放大处理设备、传输线路和扬声器系统等 4 部分组成。如图 7-1 所示。

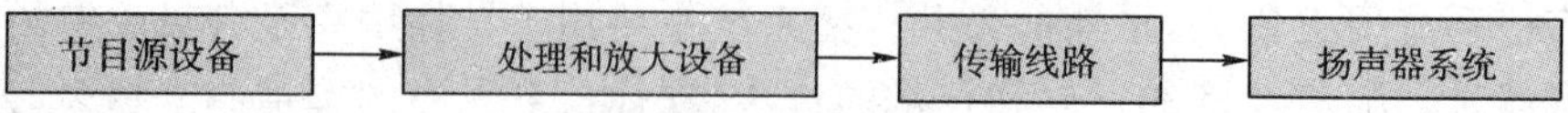

图 7-1 公共广播系统的组成

7.3.1 节目源设备

节目源设备通常包括多媒体计算机、CD 唱机、录音卡座、AM/FM 调谐器、传声器等，节目源以多媒体背景节目(按预先安排的多种不同的节目表自动播放 MP3 或其他格式音乐文件)为主，备用节目(播放 CD 唱片或卡式磁带)以及传声器广播信号通过音频矩阵切换器和节目源切换器与多媒体信号相互切换播出。

7.3.2 信号放大和处理设备

信号放大和处理设备包括前置放大器、调音台和功率放大器等，前置放大器的功能是将输入的微弱音频信号进行放大，以满足功率放大对输入电平的要求。功率放大器的作用是将前置放大器或调音台送来的信号进行功率放大，再通过传输线去推动扬声器放声。调音台又称调音控制台，它将多路输入信号进行放大、混合、分配、音质修饰和音响效果加工，它包括了前置放大器的功能，但还具有对音量和音响效果进行各种调整和控制的功能。

7.3.3　传输线路

公共广播系统的传输方式分为音频传输和载波传输（调频信号传输系统）两类，而音频传输方式又分为高电平传输系统（定压式）和低电平传输系统（有源终端式）两种。

(1)高电平信号传输系统

高电平信号传输系统中的音源设备的放大器等都集中放置在中央广播控制室内，由中央广播音响控制系统中送出的信号电平为 70～120V（定压输出），每个终端由线间变压器降压并与扬声器匹配，其应用图例见图 7-2。

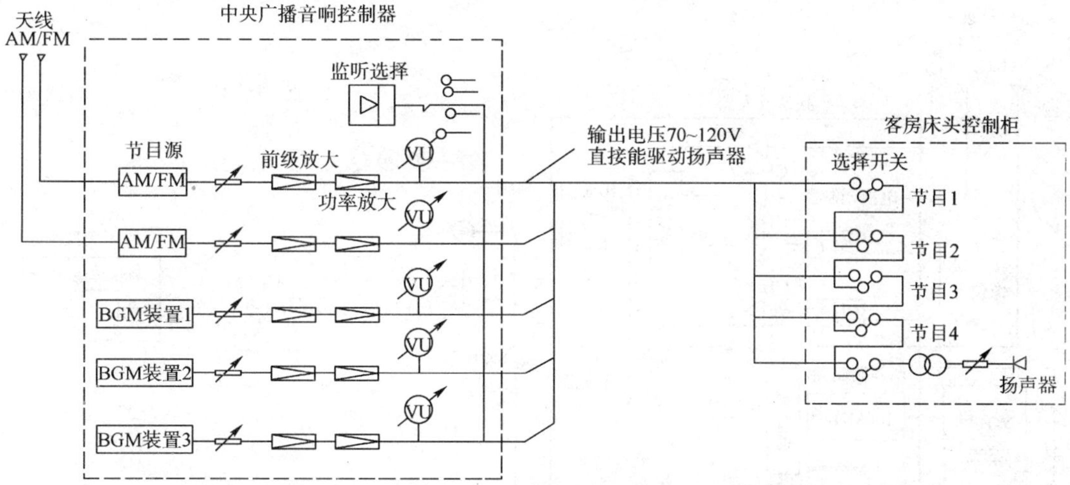

图 7-2　高电平信号传输系统应用图例

高电平传输方式，传输电流小，传输损耗小，传输距离长，服务区域广，由于在终端不需设置收音放大设备，故障小，设备器材配套容易，比低电平信号传输系统费用低，应用广泛。但当传输线路很长时，线路上损失的电平不能忽视，高频响应损失需通过均衡补偿，才能确保音响效果。

(2)低电平信号传输系统

低电平信号传输系统的功率放大器输出设备放置在用户群终端，低阻抗功率放大器将中央广播控制室送来的低电平节目信号进行放大，其系统分配方式如图 7-3 所示。

由于采用低阻抗传输，线路上的串音得到抑制，但在每个终端需使用接收放大设备，造价费用较高。

(3)调频传输系统

调频传输系统将节目源的音频信号经调制器（将音频调制到射频）变成被调制的高频载波，通过 CATV 同轴电缆传送至用户终端，并解调成声音信号。其应用图例见图 7-4。

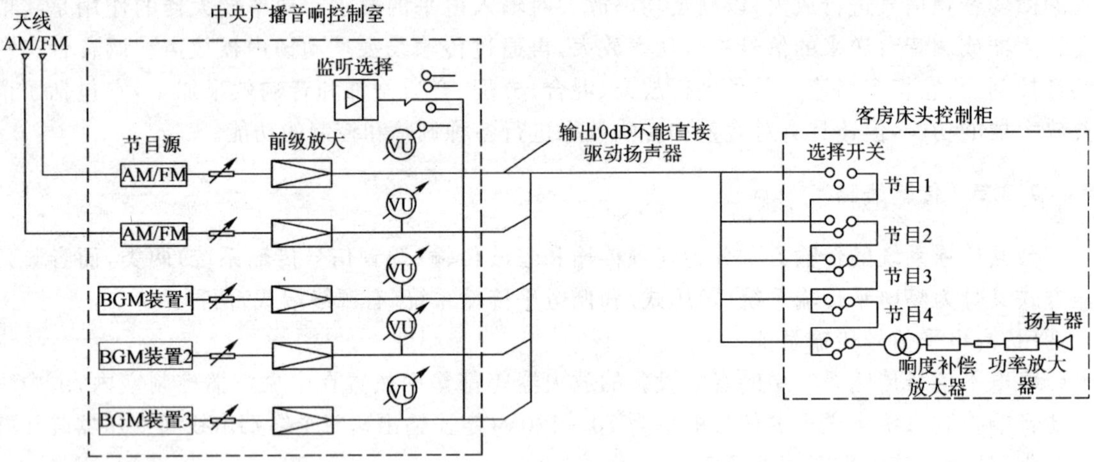

图 7-3　低电平信号传输系统应用举例

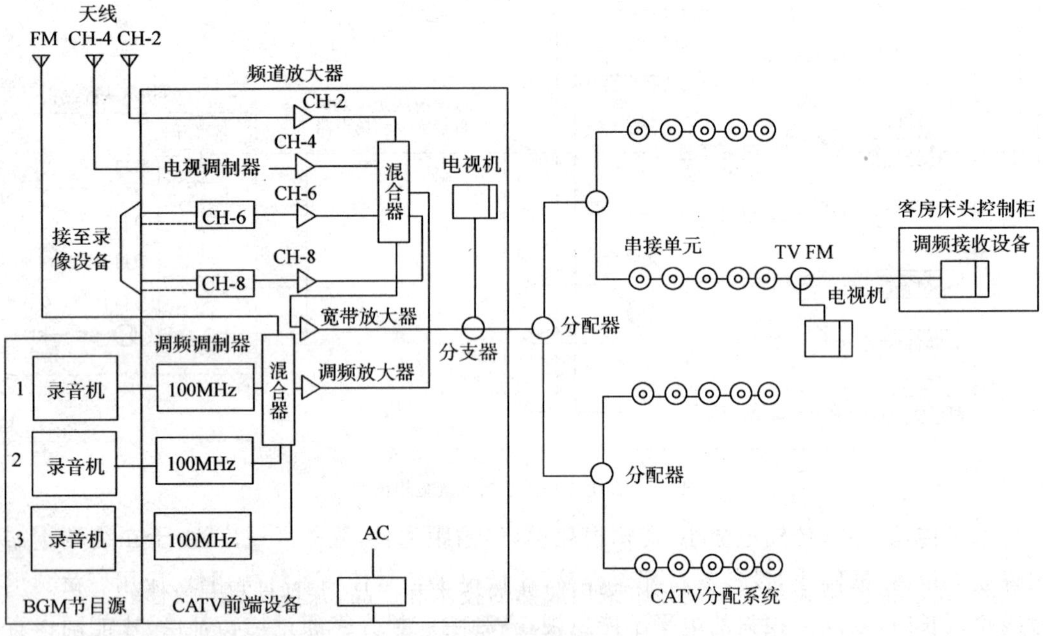

图 7-4　调频传输系统应用图例

调频传输系统在系统中安装一副 FM 接收天线，可以接收当地广播电台的调频广播，由于广播线路与天线电视系统线路共用，因而节省了广播线路的费用，施工简单，维修方便。但在每个终端需安放一台解调器(调频接收设备)，最初工程造价较高，维修技术要求高。另外在系统设计中，CATV 前端设备的输出电平，应与每个电视频道及闭路电视等电平，即使各信号电平在集中点的电平尽可能接近。

7.3.4　扬声器系统

扬声器又称喇叭，是一种将音频电流转变为声音信号并向空间辐射声波的电声器件。扬声器有多种分类方式，按换能器类型分类，可分为电动式、电磁式、静电式、压电式、气流调制式和离子式扬声器等；按振膜结构分类，可分为单纸盆、复合纸盆、复合号筒、同轴扬声器等；按振膜开头可分为锥盆式、球顶式、平板式、带式扬声器等；按振膜材料可分纸质和非纸质扬声器等。

电动式扬声器应用最广，它利用音圈与恒定磁场之间的相互作用力使振膜振动而发声。电动式的低音扬声器以锥盆式居多，中音扬声器多为锥盆式或球顶式，高音扬声器则以球顶式和带式、号筒式为常用。锥盆式扬声器的结构简单，能量转换效率较高。它使用的振膜材料以纸浆材料为主，或掺入羊毛、蚕丝、碳纤维等材料，以增加其刚性、内阻尼及防水等性能。新一代电动式锥盆扬声器使用了非纸质振膜材料，如聚丙烯、云母碳化聚丙烯、碳纤维纺织、防弹布、硬质铝箔、CD波纹、玻璃纤维等复合材料，性能进一步提高。球顶式扬声器有软球顶和硬球顶之分，软球顶扬声器的振膜采用蚕丝、丝绢、浸渍酚醛树脂的棉布、化纤及复合材料，其特点是重放音质柔美；硬球顶扬声器的振膜采用铝合金、钛合金及铍合金等材料，其特点是重放音质清脆。号筒式扬声器电声转换及辐射效率较高、距离远、失真小，但重放频带及指向性较窄。带式扬声器的音圈直接制作在整个振膜(铝合金聚酰亚胺薄膜等)上，音圈与振膜间直接耦合，音圈生产的交变磁场与恒磁场相互作用，使带式振膜振动而辐射出声波，特点是响应速度快、失真小，重放音质细腻、层次感好。

7.4　公共广播系统的设计

7.4.1　设计要求及步骤

(1)设计依据

中华人民共和国行业标准《民用建筑电气设计规范》

中华人民共和国国家标准《火灾自动报警系统设计规范》

(2)设计原则

1)公共广播系统设计应严格按照国家有关的标准和规范，保证系统设计的科学性和标准化。

2)在设备选型和系统的设计中采用成熟的技术和产品，并且具有开放性。

3)选用设备的性能和价格之比达到最佳，保证系统配置的经济性和实用性。

4)现代信息技术的发展，新产品、新技术层出不穷，公共广播系统设计应充分利用现代最新技术，以使系统在尽可能长的时间内与社会发展相适应，并考虑今后的发展需要，设计方案应具有前瞻性和可扩展性。

(3)设计要求

1)广播网要求

①公共建筑的有线广播网一般应采用单环路馈送功率的方式，广播线路较长的有线广播网应采用双环路式。

②公共建筑应设广播控制室，当建筑物中的公共活动场所(如多功能厅、咖啡厅等)需单独设置扩声系统时，应设扩声控制室，广播控制室与扩声控制室间应设中继线联络或采取用户线

路转换措施，以实现全系统联播。

③公共广播的用户分路应根据用户类别、播音控制、火灾事故广播控制和广播线路路由等因素确定。当与火灾事故广播合并时，应按火灾事故广播要求确定。

2)技术指标

①清晰度：>90%

②最大声压级：>90dB

④声场不均匀度：≤5dB

⑤传声增益：≤-8dB

⑥系统失真度：<5%

⑦频率范围：100Hz～16kHz，-3dB

(4)设计步骤

公共广播系统设计通常是从声场(即扬声器的放置位置)开始，然后向后推至功率放大器、声处理系统、调音台，直至话筒和其他音源。因为声场设计是满足系统功能和音响效果的基础，它涉及扬声器系统的选型，供声方案和信号途径等。只有确定扬声器系统才能进行功率放大器驱动功率的计算和驱动信号途径的确定，然后再根据驱动功率的分配方案进一步确定信号处理方案和调音台的选型等。

设计公共广播系统的具体步骤如下：

1)根据系统要求的广播区域进行分区，确定扬声器的数量、型号、所需电功率，进而确定功率放大器的型号和数量。

2)选定节目源设备及相关的前级放大器或信号切换放大装置。

3)画出系统方框图，考虑信号流的安排、切换、优先权安排等。

4)根据设备组成情况，选择安装设备的机架及控制台。

5)确定控制中心的位置，估算各种设备所需电源的容量，提出机房的电源容量、位置以及信号接地和安全接地设计建议，绘制控制室设备的位置布局图。

6)确定管线走向、型号以及有关的接线箱和接线盒，绘制管线图。

7)列出设备、材料清单和工程预算表。

7.4.2 设备的选择与设置

(1)扬声器

扬声器的主要性能指标有标称功率、额定阻抗、频率响应、灵敏度、指向性以及失真度等。

标称功率是扬声器可以长期工作时的功率，单位为W或VA，在扬声器的商标、技术说明书上标注的功率即为标称功率值。最大功率是指扬声器在某一瞬间所能承受的峰值功率。为保证扬声器工作的可靠性，要求扬声器的最大功率为标称功率的2～3倍。

扬声器的阻抗一般和频率有关。额定阻抗是指音频为400Hz时，从扬声器输入端测得的阻抗。它一般是音圈直流电阻的1.2～1.5倍。一般动圈式扬声器常见的阻抗有4Ω、8Ω、16Ω等几种。

输入不同频率的规定电压时，扬声器发出的声压或声强会产生变化。一般中音频时产生的声压较大，而低音频和高音频时产生的声压较小。当声压下降为中音频的某一数值时的高、低音频率范围，叫该扬声器的频率响应特性。理想的扬声器频率响应特性应为 20Hz～20kHz，这样就能把全部音频均匀地重放出来，事实上每一只扬声器只能较好地重放音频的某一部分。

扬声器不能把原来的声音逼真地重放出来的现象叫失真。失真有两种：频率失真和非线性失真。频率失真是由于对某些频率的信号放音较强，而对另一些频率的信号放音较弱造成的，失真破坏了原来高低音响度的比例，改变了原声音色。而非线性失真是由于扬声器振动系统的振动和信号的波动不够完全一致造成的，在输出的声波中增加一新的频率成分。

扬声器发声时空间各占声压级声音辐射方向的关系特性，称为辐射指向性，纸盆式扬声器的指向特性与频率有关，频率越高，指向性越强，而小于 250～300Hz 指向性就不明显了。

扬声器的选择主要应满足播放效果的要求，在满足灵敏度、频率响应、指向性等特性及播放效果的前提下，要考虑功率的大小，按照我国《民用建筑电气规范》的规定，办公室、生活间、客房等，可采用 1～2W 的扬声器箱；走廊、门厅及公共活动场所的背景音乐、业务广播等扬声器箱宜采用 3～5W 的扬声器箱；在建筑装饰和室内净高允许的情况下，对大空间的场所宜采用声柱(或组合音箱)；在噪声高、潮湿的场所设置扬声器时，应采用号筒式扬声器，其声压级应比环境噪声大 10～15dB；室外扬声器应采用防潮保护型。

定电压传输的公共广播系统，各扬声器负载一般都采用并联连接，而接于同一个功率放大器上的各终端(线间变压器和扬声器)的总阻抗应大于或等于功率放大器的额定负载阻抗值，即：

$$Z_o \leqslant \frac{Z_L}{n}$$

式中：Z_o——功放额定负载阻抗；

Z_L——各终端扬声器的阻抗；

n——终端个数。

若功率放大器的额定输出功率为 P，定压输出的额定电压为 U，则 Z_o 可由下式求得：

$$Z_o = \frac{U^2}{P}$$

(2)功放设备

功放设备的输出有定阻抗式和定电压式两种。定阻抗式是早期的产品，其输出电压会随负载阻抗的变化而变化，因而对负载阻抗有严格要求，要求实现阻抗匹配，负载变化时需要连接假负载以保持平衡，使用不方便，但价格较低，在使用变化不大的中小型扩声系统中较多采用。定电压式输出电压不随负载阻抗变化而变化，由于采用了深负反馈，输出电阻小，输出电压十分稳定，在额定功率范围内所接负载多少对放大器的输出电压影响很小，因而可容许负载在一定的范围内增减，以便于扬声器的连接。因此，选择功放设备时应选用定电压输出。当功放设备容量小或广播范围小时，亦可根据情况选用定阻输出。

公共广播系统的功率放大器应配置备份，备用功率放大器的数量应根据重要广播负载的容量确定。备用功率放大器在工作功率放大器发生故障时能自动或手动投入使用。用于重要广播的功率放大器(如火灾事故广播的功率放大器)的备用功率放大器，应能在工作功率放大器发生故障时立即自动投入使用。

功放设备容量计算：

$$P=K_1\times K_2\times\sum P_0$$

式中：P——功率放大器输出总电功率(W)；

K_1——线路衰耗补偿系数：

线路衰耗 1dB 时取 1.26；

线路衰耗 2dB 时取 1.58；

K_2——老化系数，一般取 1.2～1.4；

P_0——$K_i\times P_i$，每分路同时广播时最大电功率(W)：

其中 P_i 为第 i 分路的用户设备额定容量；

K_i 为第 i 分路的同时需要系数(有线广播的用户和广播分路虽较多，但不一定同时使用，而选择应功放时应按同时需要广播的用户功率计算)：

服务性广播时，客房节目每套 K_i 取 0.2～0.4；

背景音乐系统 K_i 取 0.5～0.6；

业务性广播时，K_i取 0.7～0.8；

火灾事故广播时，K_i取 1.0(同时广播范围应符合消防广播有关规定)。

功放设备布置时要求柜前净距不小于 1.5m，柜侧与墙、柜背与墙的净距不小于 0.8m，柜侧需要维护时，柜间距离不小于 1 m，在地震区，应对设备采取抗震加固措施。

(3)传声器

传声器又称话筒或麦克风，是将声音信号转换成相应的电信号的电声换能器件。传声器有多种分类方式，按换能原理划分，可分为电动式传声器、电容式传声器、压电式传声器；按传声器的输出阻抗划分，可分为高阻式传声器和低阻式传声器；按传声器受声波作用力划分，可分为压强式传声器、压差式传声器、抛物面反射式传声器；按指向性划分，可分为无指向性传声器、双向传声器、心形传声器、超心形传声器、超指向传声器；按使用场合划分，可分为普通传声器、立体传声器、近讲传声器、佩带式传声器、无线传声器和测量用传声器；按结构划分，可分为动圈式、晶体式、炭粒式、铝带式和电容式等(动圈式和电容式常用，前者耐用、便宜，后者娇贵价高，但特性优良)。

传声器的性能指标是评价传声器质量好坏的客观参数，也是选用传声器的依据。传声器的性能指标主要有灵敏度、频率特性、输出阻抗、指向性等。

灵敏度是指传声器在单位声压的作用下输出电信号的幅度，单位用 mV/μBar(毫伏/微巴)表示。灵敏度高，表示传声器的声—电转换效率高，对微弱的声音信号反应灵敏。如某传声器的灵敏度为 1mV/μBar，即表示该传声器在 1μBar 声压作用下输出的信号电压为 1mV。

传声器在不同频率的声波作用下的灵敏度是不同的。一般在中音频(如 1kHz)时灵敏度高，而在低音频(如几十赫)或高音频(十几千赫)时灵敏度降低。传声器的频率特性是以中音频的灵敏度为基准，将灵敏度下降为某一规定值的频率范围叫做传声器的频率特性。频率特性范围宽，表示该传声器对较宽频带的声音具有较高的灵敏度，扩音效果就好。理想的传声器频率特性应为 20Hz～20kHz。

传声器的输出阻抗是指传声器的交流内阻，通常在频率为 1kHz 声压约为 1Pa 时测得。传声器根据输出阻抗大小可分为低阻(如 50Ω、150Ω、200Ω、250Ω、600Ω 等)和高阻(如 10kΩ、

20kΩ、50kΩ)两类。高阻抗传声器输出电压高,可直接和放大器相接,而低阻抗要经过变压器匹配后,才能和放大器相接。

方向性表示传声器的灵敏度随声波入射方向而变化的特性。如单方向性表示只对某一方向来的声波反应灵敏,而对其他方向来的声波基本无输出。无方向性则表示对各个方向来的相同声压的声波都能有近似相同的输出。

选择传声器,应根据使用的场合和对声音质量的要求,结合各种传声器的特点,综合考虑选用。例如,高质量的录音和播音,主要要求音质好,应选用电容式传声器、铝带传声器或高级动圈式传声器;作一般扩音时,选用普通动圈式即可。另外使用传声器时还要注意阻抗匹配,传声器的输出阻抗与放大器的输入阻抗相同是最佳的匹配,如果失配比在 3∶1 以上,则会影响传输效果。

7.4.3　连接器材的选择与设置

(1)传输线缆

由于公共广播系统服务区域广,距离长,为了减少传输线路引起的损耗,往往采用高压传输方式。对于服务性广播由于节目套数较多,所以多采用线对扭绞的电缆,其他处所的广播线则宜采用绞合线,以减弱节目分路通过导线间的分布电容而造成的串音影响。不同分路的导线采用不同颜色的绝缘线区别。火灾事故广播线路应采用阻燃型铜芯电缆或耐火型铜芯电线电缆。

从功放设备的输出端至线路上最远的用户扬声器间的线路衰耗要求:

1)业务性广播不大于 2dB(1 000Hz 时)。

2)服务性广播不大于 1dB(1 000Hz 时)。

广播线路采用穿钢管或线槽铺设,不应与照明、电力线同线槽敷设。室外广播线路的敷设一般采用埋地敷设为主,埋设路由应避开预留用地或规划未定的场所,避开易使电缆损伤的场所,减少与其他管路的交叉跨越。直埋电缆应敷设在绿化地带下,当穿越道路时,对穿越段应穿钢管保护。

(2)线间变压器

定阻抗输出的功放与扬声器连接时,常在功放与扬声器之间接入线间变压器(输送变压器),以便功放能在较高的阻抗输出端输出。定电压输出的功放与扬声器连接时,为了电压配合,也常在功放与扬声器之间接入线间变压器。因而线间变压器有定电压式线间变压器和定阻抗式线间变压器之分。定电压式线间变压器的初级和次级一般都有几个线圈,每个线圈中间又有若干抽头,使用时可以将线圈加以串、并联和变换抽头来获得不同的输入、输出电压。定阻抗式线间变压器都标明了标称功率 P(W)、初级阻抗 Z_1(Ω)和次级阻抗 Z_2(Ω),根据 $P=\frac{U^2}{Z}$,可求出变压器各个抽头上的相应工作电压 U_1(初级)(V)和 U_2(次级)(V):

$$U_1=\sqrt{P\times Z_1}$$

$$U_2=\sqrt{P\times Z_2}$$

7.4.4 公共广播系统设备的配接

(1)广播系统前端的配接

广播系统前端的配接是指信号源与前级放大器之间的配接,一是阻抗匹配(信号源的输出阻抗接近于但不高于前级放大器的输入阻抗);二是电平匹配(信号源输入时应按其输出电平等级接入前级放大器的相应输入端,如果输入电压过低则音量不足,过高则严重过载失真)。

(2)扬声器配接

1)定阻抗式配接

定阻抗输出的功放设备要求与负载阻抗匹配,即扬声器的总阻抗等于功放设备的输出总阻抗。负载阻抗偏低,会出现重载失配,失真明显,严重者可能损坏器件;负载阻抗偏高,将出现轻载失配,功放设备的输出电压增高,失真加大,功放设备的实际输出功率降低;一般认为阻抗相差不大于10%时,不致产生明显的不良影响,可视为配接正常。如果扬声设备的阻抗难以实现正常配接,可选用一定阻值的假负载电阻,使得总负载阻抗实现匹配。另外还要求功率匹配,即扬声器的额定功率总和应大于功放设备的输出功率,每个扬声器得到的实际功率应小于或等于每个扬声器额定功能的80%。

一般定阻输出端为32Ω及以下的功放设备称为低阻抗输出,定阻输出端在100Ω及以上的功放设备称为高阻抗输出。低阻抗输出一般适用于输出导线长度不超过50m的场合,由于不必配接输送变压器,失真小,效率高;由于线路不长,高频损失小。如果传送线路过长,线路阻抗增大,将可能影响传输性能。另外,由于阻值范围较小,特别是当扬声器组需要按要求分配不同功率时,就很难凑合到所需的匹配阻抗。因此,在实用中,为了减小线路阻抗的影响和便于匹配,常常改在功放的高阻抗端输出,而在功放与扬声器之间接入相应的线间变压器。线间变压器的一次与二次都各有若干不同的阻抗抽头,可以比较灵活方便地实现阻抗匹配。

例:有一台80W定阻抗式功放,要配接4只25W、16Ω的扬声器。若采用低阻抗输出,则如图7-5a)、b)所示。图7-5c)为高阻抗输出。3种配接方式功放与扬声设备之间的阻抗是完全匹配的,接法对等,每只扬声器的实得功率均为80W/4=20W,功率配接合适。

2)定电压式配接

定电压式功放都标明输出电压和输出功率。小功率功放输出电压较低,一般可直接与扬声器连接。大功率功放输出电压较高(如120V/240V),与扬声器连接时须加输送变压器。定电压输送变压器都标明电压和功率,而扬声器则大部分标明阻抗和功率,因此,需要把扬声器的标称阻抗 Z_y(Ω)和标称功率 P_y(W)换算成扬声器的额定工作电压 U_y(V),换算公式为:

$$U_y = \sqrt{P_y Z_y}$$

扬声器与定电压式功放配接时,扬声器的输入电压(功放的输出电压或线间变压器的次级电压)不得高于扬声器的换算额定电压。

7.4.5 电源与接地

公共广播系统对交流电源的基本要求是供电可靠。对于有一路交流电源供电的工程,应由照明配电箱专路供电。当功放设备容量在250W及以上时,应在广播控制室设电源配电箱;对于有二路交流电源供电的工程,应采用二回路电源在广播控制室互投供电,小容量的广播站

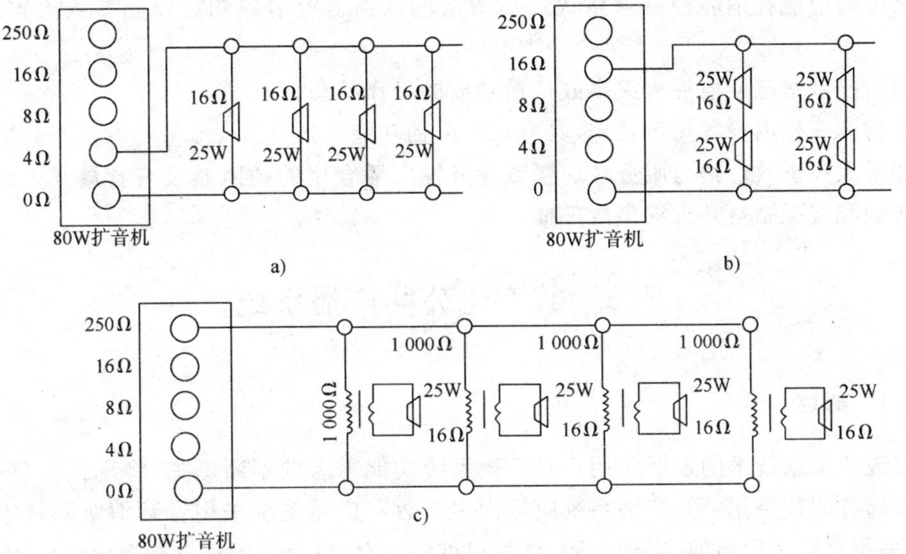

图 7-5 定阻抗式配接举例

可由插座直接供电；容量在 500W 以上时，设置广播控制室，其供电可由就近的电源控制器专线供电。交流电压偏移值一般不大于±10%，当电压偏移不能满足设备的限制要求时，应在设备的附近装自动稳压装置。广播用交流电源容量一般为规划终期的最大广播设备需要的交流电耗容量的 1.5～2 倍。火灾事故广播设备应采用消防电源。

广播系统的接地有保护接地和工作接地(一点接地)两种。控制室应设置保护接地和工作接地，原则为：单独设置专用接地装置，接地电阻不应大于 4Ω；接至共同接地网，接地电阻不应大于 1Ω；工作接地应构成系统一点接地。

7.4.6 紧急广播系统设计要求

(1)扬声器的设置

1)紧急广播扬声器设置在走道、大厅、餐厅等公共场所，其数量应能保证从本楼层任何部位到最近一个扬声器的步行距离不超过 25m。在走道交叉处、拐弯处均应设置扬声器。走道末端最后一个扬声器距墙不大于 12m。每个扬声器额定功率不应小于 3W。

2)客房内扬声器功率不应小于 1W。

3)设在空调机房、通风机房、洗衣房、文娱场所和停车库等处有背景噪声的扬声器，在其播放范围内最远的播放声压级应高于背景噪声 15dB，并以此确定扬声器的功率。

(2)广播馈线及输出分路要求

1)火灾事故广播馈线电压不宜大于 100V。各楼层设置馈线隔离变压器以保证当任一分路有故障时，不影响其他分路的正常广播。

2)火灾事故广播输出分路应按疏散顺序控制，播放疏散指令的楼层控制程序如下：n 层及 n 层以上楼层发生火灾，应先接通火灾层及其相邻的上、下层；首层发生火灾，应先接通本层、2 层及地下各层；地下室发生火灾，应先接通地下各层及首层。

(3)与服务性广播或业务性广播合用时的要求

1)火灾时应能在消防控制室将火灾疏散层的扬声器及对应功放强制转入火灾事故广播状态。

2)消防控制室应能监控火灾事故广播功放的工作状态。

3)客房床头柜内设置扬声器,应具有火灾广播功能。

4)如果火灾事故广播与服务性广播或业务性广播合用的扬声器设有音量开关时,系统应采用三线制配线强制打开火灾事故广播。

7.5 数字化公共广播系统

7.5.1 概述

随着现代信息技术的发展和用户对广播系统功能需求的不断增加,将现代信息技术与广播系统相结合的数字化公共广播系统应运而生。数字广播系统采用音频编解码技术,以网络为媒介,采用全数字化传输,实现广播、计算机网络融合,以全新的理念构造出可应用于网络之上的广播系统,不仅丰富了传统广播的功能,也充分发挥了已建设好的网络平台的应用潜力,避免重复架设线路,有网络接口的地方就可以接数字广播终端,真正实现广播、计算机网络的多网合一,已成为当今广播发展的趋势。

IP(Internet Protocol)是TCP/IP中的网络层协议,它提供了统一的IP数据包格式,以消除各通信子网的差异,用来给各种不同的通信子网或局域网提供一个互联平台。IP网络广播系统将数字编码后的广播信号以IP数据包形式发送到网络上,在网络任意端由广播终端将IP数据包解码还原为音频信号,通过音箱播放。在IP网络广播系统,仅在语音源和音箱喇叭两侧采用模拟技术,而在系统内一切音源资料都转化为数字语音文件而存储于硬盘等存储介质上,实现了资源的充分共享,保证音源的播放多样性。由于采用全数字化传输,与模拟信号传输相比,失真更小,信噪比高,音源传输质量高。数字IP网络广播系统充分利用互联网络的资源优势,随时随地获取网络上的音频资源,跨越了局域网和广域网,实现了多网合一。

7.5.2 IP广播系统的组成

IP网络广播系统的组成如图7-6所示,主要包括采播工作站、系统服务器、客户端采播工作站(分控工作站)、网络广播终端、前置放大器、功放、音箱、话筒、卡座、CD机、调谐器,以及集线器(HUB)、交换机等网络设备。整个系统的传输平台基于IP网络,每个网络广播终端都具有独立的IP地址,可以单独或任意分组接收服务器的个性化定时播放节目。

系统音频服务器是数字广播系统的核心,具有计划任务处理、终端管理和权限管理等功能,管理节目库资源,为所有语音终端提供定时播放和实时点播服务,响应各播控器的播放请求,提供音频流点播服务,为各工作站提供数据接口服务。

采播工作站通过调音台,接入卡座、DVD、收音机、MP3播放器、话筒等音频信号,实时采集、压缩后直播到各网络音频终端,还可以将接收的网上电台节目,面向网络语音终端实时播放。

客户端采播工作站(分控工作站)可选择多种不同的音源节目通过本机播放,可以直接在网上选择和屏蔽播放区域，也可向主机提出节目点播请求，播放来自主机的广播节目。

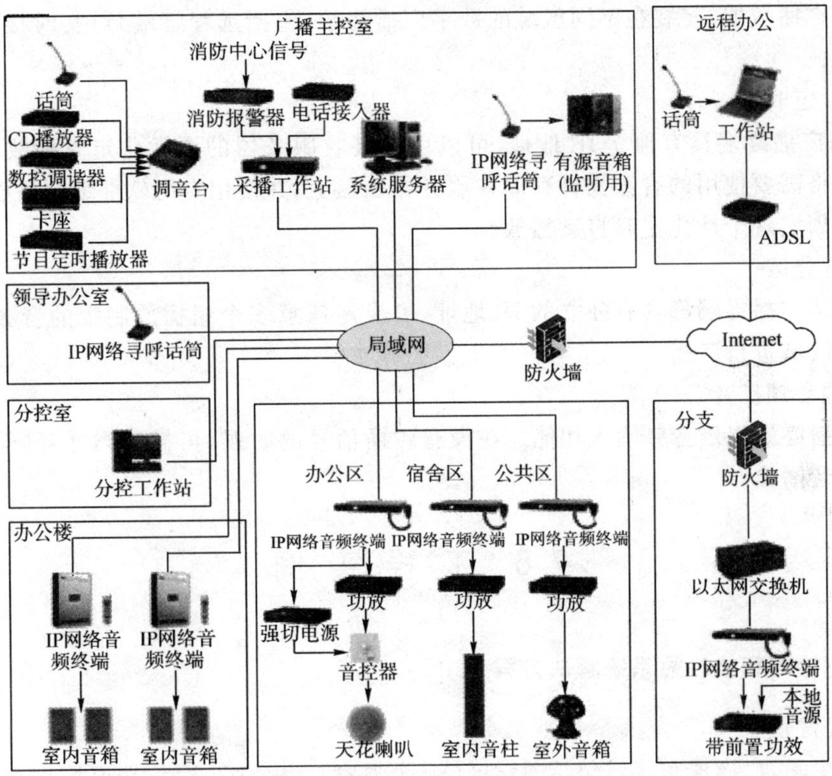

图 7-6　IP 网络广播系统的组成

网络广播终端完成网络音频流的同步接收及音频解压，保证解码还原的音频信号的音质，并可以任意点播节目。根据应用场合网络广播终端分为自带功放和外接功放两种，前者多用于室内，后者多用于室外分区。

7.5.3　IP 网络广播系统的功能

IP 网络广播系统涵盖了传统广播系统所有的功能，并实现了客户端采播、任意分区、自由点播、远程广播等新的功能。

(1)客户端采播

在 IP 网络广播系统可设置客户采播工作站(分控工作站)，网络上任意一台计算机经过授权，均可实现节目库远程管理(上传、下载)、定时节目远程管理、实时采播等功能。接上话筒，即能实现广播讲话(指定全体广播或局部广播)，接上其他音源(比如教学课件)，也可选择性地指定接收终端或终端群进行广播。

(2)自由点播

IP 网络音频终端一般配备小型液晶屏(显示状态信息及点播目录)及红外遥控器，用户通过遥控器和液晶屏显示的菜单，可实现对音频服务器中数据库的任意点播，并具有播放控制、快速定位、音量控制等功能。

(3)远程广播

将外接音频(卡座、CD、收音机、话筒等)接入采播工作站实时压缩成高音质数据流,并通过网络发送广播数据,安装在不同区域的数字广播终端(包括远程终端)可实时接收并通过音箱进行播放。

(4)个性定时播音

IP网络广播终端具有独立IP地址,可以单独接收服务器的个性化定时播放节目。每个终端用户可将需要使用的音频文件存储在服务器硬盘上,并使用专门软件编制播放计划,系统将按任务计划实现个性化定时自动播放。

(5)任意分区

每个网络广播终端都具有独立的IP地址,可设定任意多个组播放制定的音频节目,或对任意指定的区域进行广播。

(6)终端音频扩音

数字广播终端提供音频输入功能。在没有广播信号的时候,可接入当地音频输入经数字广播终端扩音播出。

7.6 工程实例

实例一:校园智能广播系统解决方案

(1)工程背景

某高级中学,广播覆盖区域包括教学区(80个教室)、办公区(3层,楼道长80m)、宿舍区(5层2栋,楼道长100m)、操场(200m×100m)、图书馆(3层,500m^2/层)、食堂(800m^2)。

(2)广播系统要求

1)教学区共80个教室要实现6套节目同时播放,以保证6个年级在同一时刻可收听各自的广播内容。

2)广播室可对任一个教室进行广播。

3)任何一位英语教师可在同一节课为自己所教的几个班同时进行听力训练或考试。

4)无论教室怎样变化都可实现对每个年级进行分区广播,实现听力考试,开家长会等。

5)办公区、宿舍区、操场、图书馆、食堂都需要有广播,且可单独广播。

6)广播室要求当有紧急情况时,如火灾、重大事故、停电等,可进行紧急广播。

7)在校长室需建设一个副控系统,当有紧急情况或校长对全校讲话时,校长在办公室就可实现对广播系统的控制。

(3)设计方案

1)根据教学区要求6套节目同时播放的需求,教室设计采用调频广播方式,前端节目源易扩展,当学校想扩展同时播放的节目时,不需重新布线,只需添置前端设备即可,能够满足学校不断增加的语音教学的需求。本系统按需求设计为6套节目源(3套数字音源和3套模拟音源)。

2)广播室可对任一个教室进行广播,要求广播系统具有可寻址功能,采用金迈视讯公司GMTD-FM可寻址调频广播系统,该系统具有多通道播放、可寻址播放、自动播放、全频道接收、全功能遥控等功能，其系统图如图 7-7 所示。教学区 80 个教室每个教室安装一只 GMTD-FM 可寻址调频音箱，同时也就实现了自由分组广播。

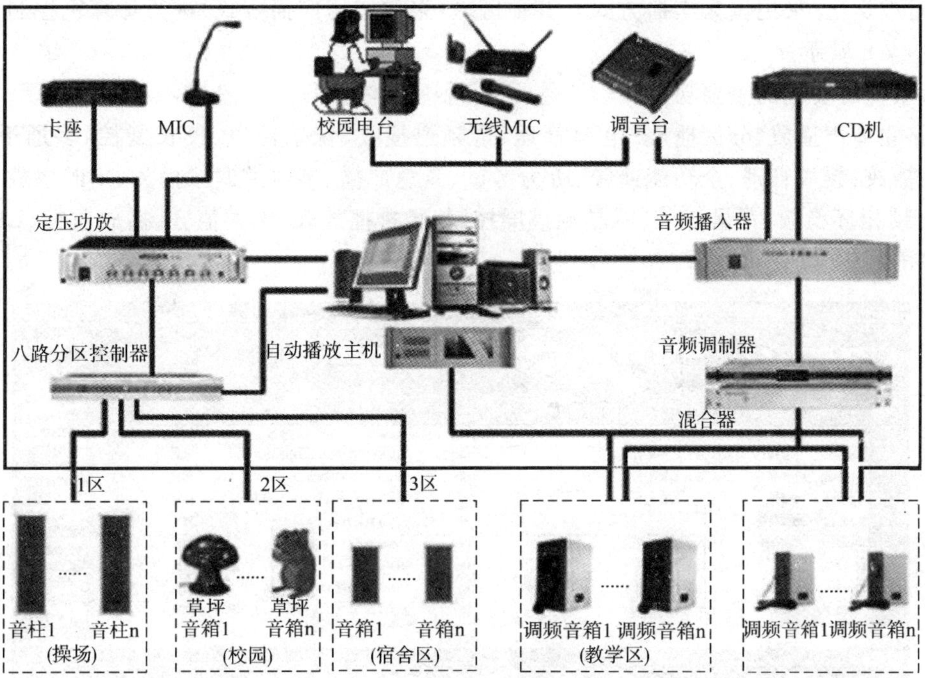

图 7-7　GMTD-FM 可寻址调频广播系统图

3）办公区、宿舍区、操场、图书馆、食堂也需要有广播，且可单独广播，设计采用金迈视讯智能分区定压广播系统，将办公区、宿舍区、操场、图书馆和食堂分别划分为 1～5 区。

4）音箱设置

①每个教室内部一只 GMTD-FM 可寻址调频音箱，共 80 只。

②一区办公楼区楼道内配壁挂式无源音箱，在楼道长 1/3 和 2/3 处各安装一只 3～10W 音箱，每层楼挂 2 只，3 层共 6 只，办公区所需总功率为 60W。

③二区宿舍区楼道内配壁挂式无源音箱，在楼道长 1/3 和 2/3 处各安装一只 3～10W 音箱，每层楼需挂 2 只，共 2 栋 5 层 20 只，宿舍区总功率为 200W。

④标准操场为 200m×100m，沿两边每隔 60m 安装 1 只 60W 的室外音柱，1 条长边挂 3 只，两条短边各挂 1 只，操场区功率为 300W。

⑤图书馆采用吸顶式天花喇叭，每层安装 3W 吸顶喇叭 9 只，3 层共 27 只，总功率 81W。

⑥食堂为 800m^2，安装 6W 吸顶喇叭 12 只，总功率 72W。

5）广播室要求可进行紧急广播，广播室的控制主机可随时进行手动切换，以播放紧急广播和临时广播，教室端调频广播部分配备音频插入器，当发生紧急情况时，通过插播器将紧急广播信号强插到所有频道，同时校长副控系统也可在主控室无人值守的情况下，随时切换进行紧急广播，在广播室和校长室各配备一台 UPS 电源，延时半小时，以保证在断电的紧急情况下能进行紧急广播。

6）校长副控系统设计为用液晶触摸屏控制的一个校长讲话和紧急广播系统，配备一个前置放大器，一只会议话筒，一个液晶触摸屏控制器，一台 UPS 电源。

7)主控系统采用多通道数字播出控制主机，系统同时可输出 3 路数字音频广播，同时可根据要求对教学区(采用调频广播方式)、其他区域(采用定压广播方式)进行计算机控制，其操作界面如图 7-8 所示。

(4)系统可实现的主要功能

多路立体声播放、分区播放、电源管理、全频道接收、音乐铃声、校长副控、多通道数字播放、定点播放、授权管理、全功能遥控、听力考试、紧急广播、多通道调频播放、定时播放、共缆传输、PLL 锁相环稳频、背景音乐、液晶触摸屏控制、预排播放表、无人值守、播放监控、LED 频率显示、多语种教学、音频插播。

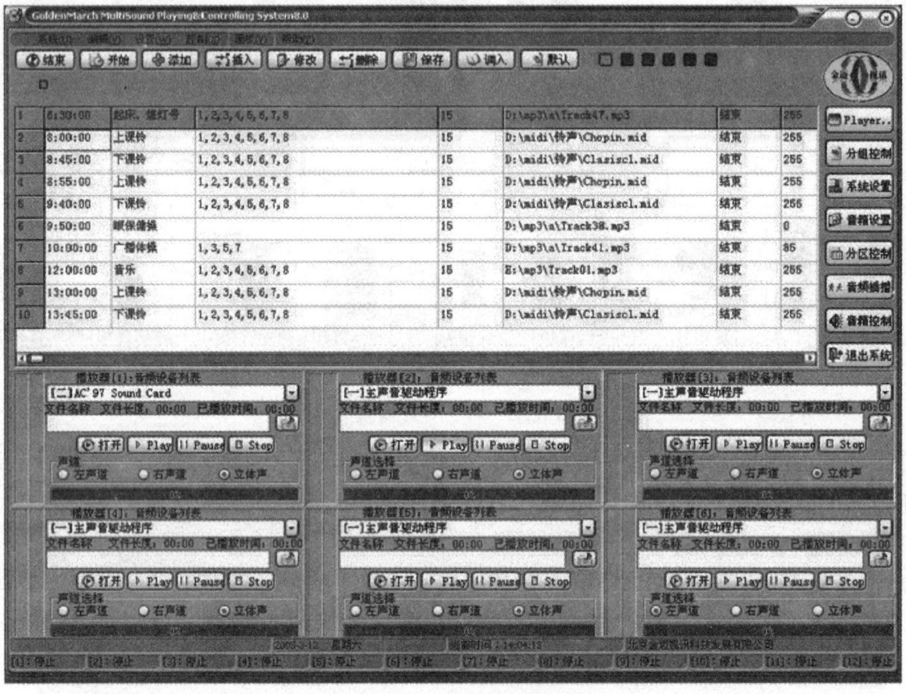

图 7-8　公共广播系统操作界面

(5)系统拓扑图及设备清单

该广播系统拓扑图如图 7-9 所示，设备清单见表 7-1。

设 备 清 单　　表 7-1

项　目	规　　格	数　量
主控制系统	GMTD 广播播放控制主机，6 路专业声卡，通讯控制卡，自动播放软件，分区控制软件	1
分区控制器	GMTD-8DV(8 路分区，手动/自动)	1
音频插入器	NES2000-A16	1
定压功放	PA2025II(250W)(办公区、图书馆、食堂共用一台，宿舍用一台)	2
定压功放	PA2035II(350W)(操场用)	1
音频调制器	美国 PBI-3000FM	6
混合器	美国 PBI-4016C	1
音频分配器	四分十六	2

续上表

项　目	规　格	数　量
广播机柜	1.8m、19″钢制	1
话筒	EC-200(3 个功放各配一个,校长副控配一个)	4
UPS 电源	3 000VA 可延时 30min	1
UPS 电源	500VA 可延时 30min	1
前置放大器	PA-2181P(校长副控配)	1
液晶触摸屏	GMTD-GBS 液晶触摸屏控制器(校长副控配)	1
音频节目源	卡座、CD 机、DVD 机、AM/FM 调谐器等,用户根据实际需要选购	3
可寻址调频音箱	GMTD-FM(全频道接收,遥控控制)	80
无源音箱	WL-356(3W、6W、10W 选择,塑壳壁挂式)	26
无源音箱	WA-111(3W/6W,吸顶天花喇叭)	39
室外音柱	WS-484(30W/60W)	5
线缆线材	网络线缆、音频线、接插件等	

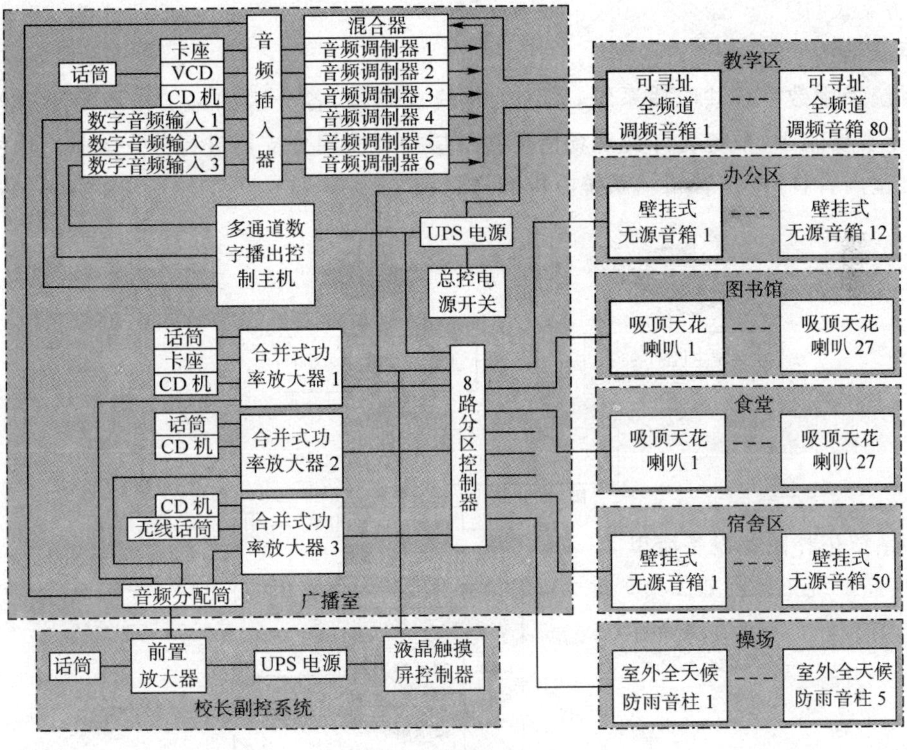

图 7-9　系统拓扑图

实例二:某中学校园数码网络公共广播系统

(1)广播系统要求

1)各区域(包括每间教室)都可以同时播放 4 套不同的节目内容,以方便学校不同的年级同时进行英语听力考试。

2)每间教室可组成一个独立的扩音小系统,以方便老师可以使用麦克风和线路输入进行授课.并且可以和整个大系统联动。

3)将操场、校园干道分别设为两个分控点,采用定压广播的方式,每个功能区具有自己独立的广播控制,既可以进行独立广播,又可以受广播中心的控制,与广播中心联动。

4)分区号(即终端地址)可随时任意更改,以方便学校重新调整班级教室时,不用更改布线和设备。

5)可以进行全体广播呼叫,分区广播和分组广播。

6)可以实现自动定时播放音乐的功能,可灵活地选择每天播放的内容。

7)可以通过电脑软件实现无人化管理,可自动或手动管理。

8)电脑软件可支持4套节目同时播出(可支持四声卡输出)。

9)可以实现对点广播,即针对某个区域进行定点呼叫或音乐广播,而其他区域不能听到。

10)可以实现紧急广播、消防联动。

(2)方案设计

1)系统结构

本系统采用数字公共广播系统,系统为总线式结构,各分区如每层楼均使用这条总线布线,为便于现场施工,系统允许视现场情况在每层楼处使用分支器进行分支。教室内根据现场情况选配室内音柱/壁挂音箱。系统方框图详见图7-10。

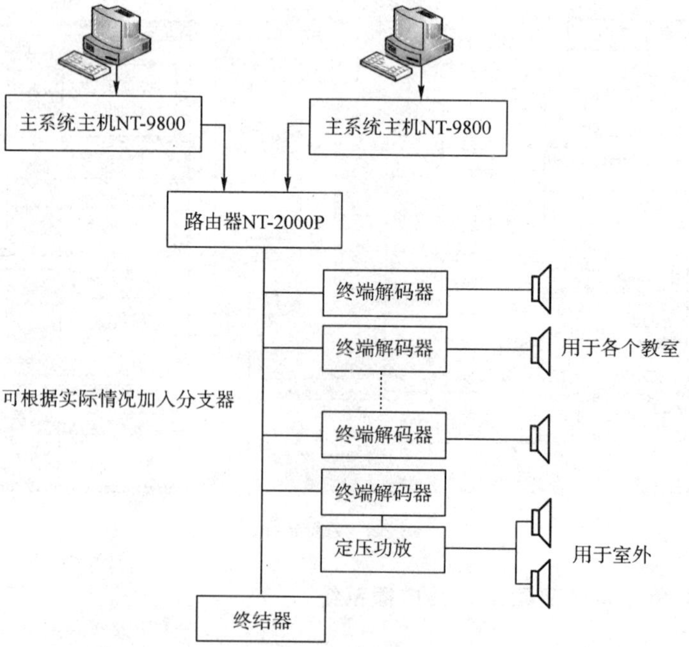

图7-10　总线式数字公共广播系统框图

2)系统分区

本系统为总线式结构,分区工作为软件进行,可任意分区,重复分区,也可根据学校要求随时调整。故在前期可不需考虑分区问题,而在实际使用时根据需要随时调整。以相同功能部分作为同一个区的原则,在本方案内共分 102 个区,室内为 100 个区,操场为一个区,校园干道为一个区。

3)系统配置

校园广播控制中心配备 NT-9800 数码网络公共广播控制主机一台作为主控点,卡座、DVD、话筒作为音源,由于 NT-9800 内置自动定时 MP3 播放器和调谐器,故无需再配定时器。另外由于配备的控制软件具备四声卡自动定时播出功能,故可将学校常用的歌曲全部存入电脑,进行编程即可。广播中心另配一个 NT-1025P 终端解码器,可以非常方便地对控制主机送出的 4 套节目进行监听。

操场、篮球场、草地以及楼间场地统一设为一个分控点,配备一台 NT-1025P 终端解码器(受控于校园广播控制中心,具有线路输出口)和一台定压功放。该广播线路平时直接与校园广播系统连接,只有在该区域直接组织活动时,如比赛、运动会等,才可以利用自己的设备来组成独立的广播系统,增强现场控制能力。该区广播可由广播软件进行管理和操作。

根据要求,在学校的另一区域设立一个副控点,即在副控中心再配备一台 NT-9800 主机作为控制中心。其功能以及操作等同于主控广播中心主机设备。

每间教室配备一个教室专用单声道终端解码器 NT-1025P(受控于校园广播控制中心),该解码器内置 25W 数字功放,可以匹配 2 只定阻式音箱,具有一路麦克风和一路线路输入,并且有音量和高低音控制功能,还可手动或自动选择收听控制中心送出的 4 套节目中的任意一套。

整个系统为网络寻址广播,控制中心可对任意一个教室进行点对点广播,也可对多个教室进行分组广播,还可实现定时自动广播。教室内广播可由广播软件进行管理和操作。

所有的广播功能均可由该软件实现,主要是对各寻址广播点和各个广播区域进行分组、节目编排、定时控制、音源切换、歌曲管理等。

4)设备清单(表 7-2)

该校园数码网络公共广播系统设备清单　　表 7-2

序号	名　称	型　号	数　量	单　位	备　注
1	卡座				可自配
2	收音器	内置		台	
3	MP3 播放器(USB)	内置		台	
4	DVD				可自配
5	话筒			只	带前后奏一只:自配
6	数码网络公共广播系统控制主机	NT-9800	2	台	
7	单声道终端解码器	NT-1025P	151	个	每间教室各一个,操场一个
8	路由器	NT-2000P	1	个	
9	分支器	NT-1 000P	5	个	
10	控制电脑(四声卡输出)		1	台	RS232 或转 485
11	485 转接器		1	台	
12	多媒体控制软件		1	套	

续上表

序号	名　称	型　号	数 量	单　位	备　注
13	室外音柱 45W	VER3.0	20	只	用于操场,楼间场地
14	室内音箱 10W	DS-45W	180	只	用于教室,每间教室各 2 只
15	草坪音响 25W	ES 系列	20	只	用于草地
16	终结器	NT-1	6	只	免费
17	纯后级定压功放	SE-1500	1	台	
18	前置放大器	ME-6801	1	台	
19	数据线(八芯网线)		实算	米	可自配
20	电源线		实算	米	可自配
21	机柜			台	可自配
22	其他音源			台	可自配
	合计				

注:1. 分区可以随时更改,终端配置不受功率限制。
2. 系统音源设备可自行购置。

实例三:某国际机场工程公共广播工程

(1)功能需求

1)消防广播及紧急广播有最高优先权。

2)背景音乐作全区广播。

3)当有消防广播及紧急广播时,背景音乐及其他广播必须完全停止。

4)当有一般性广播时,背景音乐必须自动调低。当一般性广播完成后,背景音乐必须恢复原设定水平。

5)遥控 Mic 作人工广播用途。遥控 Mic 有 4 个按钮:一个作全区广播,一个作国内全区广播,一个作国际全区广播,最后一个作备用。

6)8 个输入端的预录一般性信息广播必须同时针对所广播的不同区域进行交叉性定时定区广播,且完全自动化,无需人监守。

(2)选用设备

选用美国 ICON 的 MZ-E48L×24L(48 入和 24 出)矩阵系统,该矩阵可以完成接收信号到动作的全部过程,方便管理。

其广播 3 种优先级别满足了所有的需求:

1)Program:优先级最低,设置为背景音乐,在输入端增加几个定时的背景音乐音源,自动在各个广播区域播放背景音乐。

2)Normal Page:优先级为第二,设置为航班信息广播,将航班信息预先录制好,使用定时定区播放软件,将任何一个信息分配到任何一个区域去广播,同时在广播时自动将背景音乐降低到预先设定的数值,当 Normal Page 过后,背景音乐又回复正常状态,并且可以设定衰减和回复的时间,让乘客们感觉不到明显的变化。

3)Priority Page:拥有最高优先权,设置为紧急情况或者消防广播。当紧急广播需要时(比如:登机时间快结束时,需要作全区广播,寻找并通知未检票的乘客),所有的 Normal Page 和 Program 都会被完全静音,这个衰减时间和回复时间也是可预设的。

在本系统中所有的广播可以同时交叉进行,矩阵可以在人几乎感觉不到的动作时间内完成动作，将声音调到指定区域。矩阵的 24 个输出口定义为 24 个最小的区域，但这 24 个小区域又可以任意组合成更大的区域，这个任组分区最大可以达到 128 个。紧急遥控话筒出来有音频线和控制线，音频线进入矩阵的 Input，控制线进入矩阵的 485 接口，预先将话筒的 4 个区域呼叫选择按钮，设成相应需要寻呼的区域，为 24 个小区或者任意组合的大区。这样就实现了分区人工紧急广播功能。

系统采用的多通道声卡技术，在 Windows 下实现多音源（输出到不同的声卡通道）同时播放，用定做的播放器定时播放预录的信息广播；定区功能是通过定时发送指令来控制矩阵的播放区域。自动数字语音处理系统受航显系统自动广播服务器控制，自动进行语音合成处理，把合成后的广播语句传输给音频矩阵，播放航班信息广播等。系统具有自检功能，发生故障时，可把信息传输给系统管理计算机，被记录。在相同时间里，输出 4 路不同的语音合成的广播内容。系统广播语种是中文普通话、英语、闽南语和日语。

(3)系统结构

该国际机场工程公共广播系统图见图 7-11。

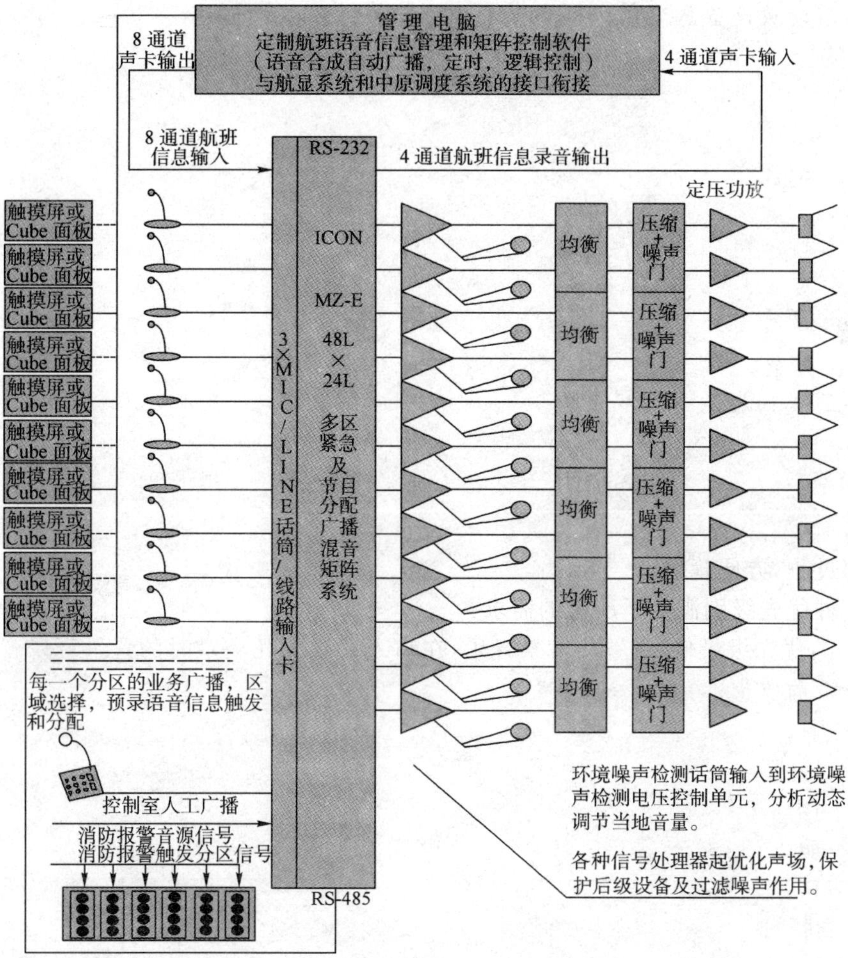

图 7-11　该国际机场工程公共广播系统图

思考题与习题

1. 公共广播系统由哪几个部分组成，各部分具有什么功能？

2. 高电平传输系统与低电平传输系统主要区别是什么，各有什么特点？

3. 试说明调频传输系统的工作原理。

4. 扬声器主要性能指标有哪些？设计时应考虑哪些因素？

5. 传声器的主要性能指标有哪些？设计时应考虑哪些因素？

6. 定阻抗式和定电压式功放设备的主要区别，使用时应注意的问题是什么？

7. 线间变压器的分类及应用。

8. 紧急广播系统的设计有哪些要求？

9. IP 广播系统的组成及功能？

10. 某酒店共 15 层，其中一层为大厅，广播设备容量为 60W；二、三层为餐厅，每层广播设备容量为 100W；4 至 15 层为客房，每层广播设备容量为 80W。该广播系统线路损耗为 1dB。试计算该酒店功放设备总容量。

第八章　其他信息设施系统

本章的内容包括智能建筑信息设施系统中的卫星通信系统、室内移动通信覆盖系统、信息导引及发布系统和时钟系统。

8.1　卫星通信系统

8.1.1　概述

卫星通信是微波中继技术与空间技术相结合而产生的一种通信手段，它利用地球同步卫星上所设的微波转发器（中继站），将设在地球上的若干个终端站（地球站）构成通信网，实现长距离、大容量的区域通信乃至全球通信。

卫星通信系统是智能建筑信息设施系统之一，通过在建筑物上配置的卫星通信系统天线接收来自卫星的信号，为智能建筑提供与外部通信的一条链路，使大楼内的通信系统更完善、更全面，满足建筑的使用业务对语音、数据、图像和多媒体等信息的通信。

卫星通信系统由地球同步卫星和各种卫星地球站组成。卫星起中继作用，转发或发射无线电信号，在两个或多个地球站之间进行通信。地球站是卫星系统与地面公众网的接口，地面用户通过地球站接入卫星系统，形成连接电路。地球站的基本作用是接收来自卫星的微弱微波信号并将其放大成为地面用户可用的信号，另一方面将地面用户传送的信号加以放大，使其具有足够的功率，并将其发射到卫星。

8.1.2　卫星通信地球站的组成

通信地球站由天线馈电设备、发射设备、接收设备、信道终端设备等组成，其组成结构如图 8-1 所示。

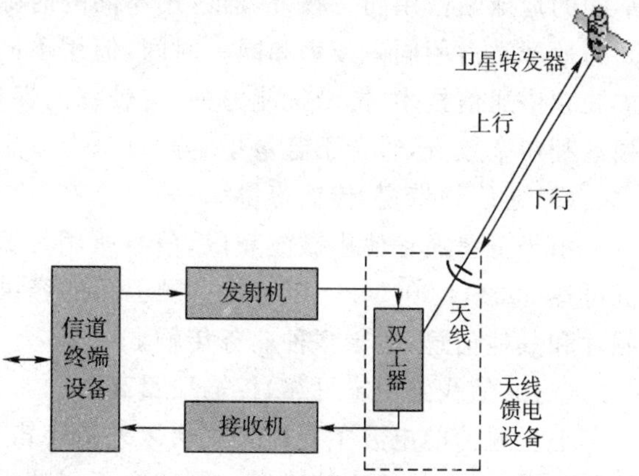

图 8-1　地球站结构图

其中天线馈电设备中的天线是一种定向辐射和接收电磁波的装置。它把发射机输出的信号辐射给卫星,同时把卫星发来的电磁波收集起来送到接收设备。馈电设备中的双工器用来分离收发支路。

发射设备将信道终端设备输出的中频信号变换成射频信号,并将此信号的功率放大到一定值。功率放大器可以单载波工作,也可以多载波工作,输出功率可以从数瓦到数千瓦。

接收设备的任务是把接收到的极其微弱的卫星转发信号首先进行放大,然后变频为中频信号供信道终端设备解调并做其他处理。

信道终端设备对发送支路来讲,其基本任务是将用户设备(电话、电话交换机、计算机、传真机等)通过传输线接口输入的信号加以处理,使之变成适合卫星信道传输的信号形式。对接收支路来讲,信道终端设备的作用是将接收设备送来的信号恢复成用户的信号,对用户信号的处理可包括模拟信号数字化、信源编码/解码、信道编码/解码、中频信号的调制/解调等。

8.1.3 卫星通信系统的特点

(1)通信距离远,费用与通信距离无关

利用静止卫星最大通信距离可达 18 000km,且建站费用和运行费用不因通信站之间的距离远近及两站之间地面上的自然地理条件的不同而变化。卫星通信链路的成本与传输距离无关,这使得卫星通信比地面微波中继、电缆、光缆、短波通信等其他通信方式更具优势。

(2)覆盖面积大,可进行多址通信

卫星覆盖区域很大,一颗地球静止卫星覆盖地球总面积的 40%,3 颗地球静止卫星就可以基本实现全球的覆盖(两极地区除外)。目前卫星通信仍然是远距离越洋通信的主要手段,在国内或区域通信中,卫星通信也是边远城市、农村和交通、经济不发达的地区有效的现代通信手段。

卫星通信与其他类型的通信手段只能实现点对点通信不同,它可进行多址通信,即在卫星天线波束覆盖的整个区域内的任何一点都可设置地球站,而且这些地球站可共用一颗通信卫星来实现双边或多边通信。目前卫星通信多采用频分多址技术,即不同的地球站占用不同的频率,这种方式对于点对点大容量的通信比较适合。近年来,时分多址技术逐渐得到应用,即不同的地球站占用同一频带,但占用不同的时隙。另一种多址技术是码分多址(CDMA),即不同的地球站占用同一频率和同一时间,但用不同的随机码来区分不同的地址。码分多址采用扩展频谱通信技术,抗干扰能力强,有较好的保密通信能力,可灵活调度话路等优点。缺点是频谱利用率较低,适合于容量小、分布广、有一定保密要求的系统使用。

(3)通信频带宽、传输容量大

由于卫星通信使用微波频段,信号所用带宽和传输容量比其他频段大得多。目前,卫星带宽可达 500~1 000MHz 以上。一颗卫星的容量可达数千路以至上万路,可以传输高分辨率的照片和其他信息,适于多种业务传输。

(4)通信线路稳定可靠,传输质量高

卫星通信的电波主要在大气层以外的宇宙空间传输。宇宙空间接近真空状态,可看作是均匀介质,电波传播比较稳定。同时它不受地形、地物等自然条件影响,且不易受自然或人为干扰以及通信距离变化的影响。当收发端地球站处于同一覆盖区域内时,本站可以自发自收进行监测，即可收到自己发出的信号，从而监视本站所发消息是否正确传输以及传输质量的优劣。

(5)通信电路灵活，机动性好

地面微波通信要考虑地势情况，要避开高空遮挡，在高空中、海洋上都不能实现通信。而卫星通信相当于在全国铺设了可以通过任何一点的无形的电路，不仅能作为大型地球站之间的远距离通信干线，而且可以为车载、船载、地面小型机动终端以及个人终端提供通信，能够根据需要迅速建立同各个方向的通信联络。

由于卫星通信具有上述优点，其应用范围日益广泛，不仅用于传输话音、电报、数据等，而且因其所具有的广播特性，也特别适用于广播电视节目的传送。

8.1.4　VSAT 通信系统

VSAT(Very Small Aperture Terminal)是指具有甚小口径(小于 2.5m)天线的智能化小型地球站，这类地球站安装使用方便，在智能建筑中应用卫星通信，就是在大楼上配备由小口径天线、室外单元(ODU)和室内单元(IDU)组成的小型地球站(VSAT)，室外单元安装在天线反射面焦点处，起功放、变频、耦合的作用，室内单元由调制解调器和微处理器组成，安置在智能建筑内用户终端设备处，完成数据信息的发送和接收。

VSAT 系统由同步通信卫星、枢纽站(主站)和若干个智能化小型地球站组成，其系统结构图如图 8-2 所示。空中的同步通信卫星上装有转发器，在系统中起中继作用；VSAT 智能化小型地球站建立地面用户与卫星系统的联结，它一方面接收来自遥远的卫星的极其微弱的微波信号，并将其放大成为地面用户可用的合格的信号，另一方面将地面用户需传送的信号加以放大，使其具有足够的功率发射到卫星，保证卫星能收到地面的合格信号；枢纽站配有大型天线和高功率放大器，负责对全网进行监测、管理、控制和维护，并实时监测、诊断各站自身的工作状况，测试通信质量、负责信道分配、统计、计费等，保证系统正常运行。

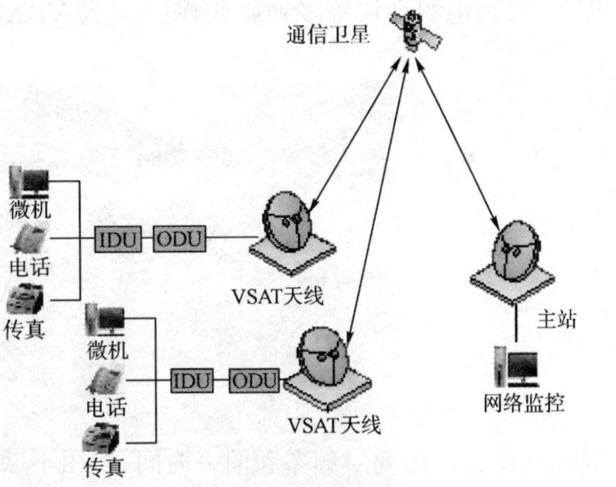

图 8-2　VSAT 系统结构图

VSAT 系统根据其网络与设备的功能不同可分为单向系统或双向系统。单向系统中 VSAT 只具有单向发送或单向接收数据的功能。双向系统中 VSAT 与主站或 VSAT 与 VSAT 之间可进行交互式通信，既可以发送又可以接收。

VSAT 卫星通信网的网络结构有星型、网型和混合型 3 种。星型网是目前 VSAT 网中应用最广泛的一种网络形式。网中的各 VSAT 小站与主站之间建立有双向交互型通信信道，可满足智能建筑内用户传递和处理大量数据信息的需求。但在星型网中，各 VSAT 小站之间不能直接通过卫星相互通信，而是要首先经过主站再经卫星发生联系，即以主站为网络中心，形成星形网，见图 8-3a)；网形网是一种无中心的、分散的网络结构，即各 VSAT 小站相互之间经卫星直接沟通，不需要主站的转接，而且网中的各小站均具有双向传输功能，如图 8-3b)所示；混合网综合了星形网结构与网形网结构的特点，从而形成的一种混合型网络结构，如图 8-3c)所示。在混合网中也有主站，但各 VSAT 小站相互之间的通信不需要经过主站转接，主站在网中主要负责控制各 VSAT 小站的信道分配、网络监控、管理等。

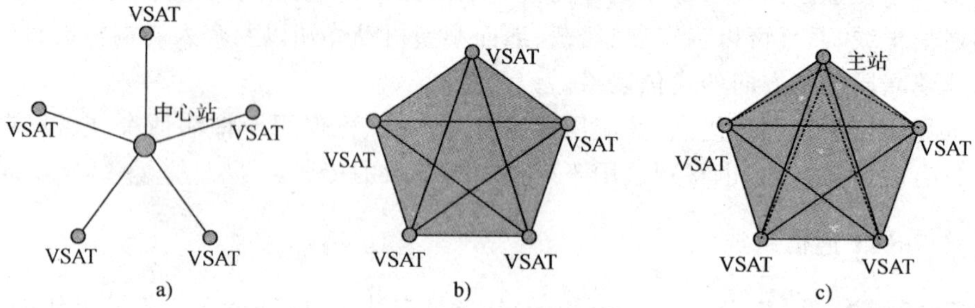

图 8-3 VSAT 的网络结构

a)星型结构；b)网型结构；c)混合型结构

VSAT 网络具有一点对多点、多址接入、覆盖面大、组网方便灵活和可靠传输数据等特点，利用 VSAT 系统，商业、服务业、医疗、金融业、教育、交通能源、政府、新闻、科研等部门都能方便地组成自己独立的卫星网，支持话音、数据、传真、LAN 互联、会议电话、可视电话、低速图像、可视电视会议等多种业务，图 8-4 为 VSAT 网应用举例。

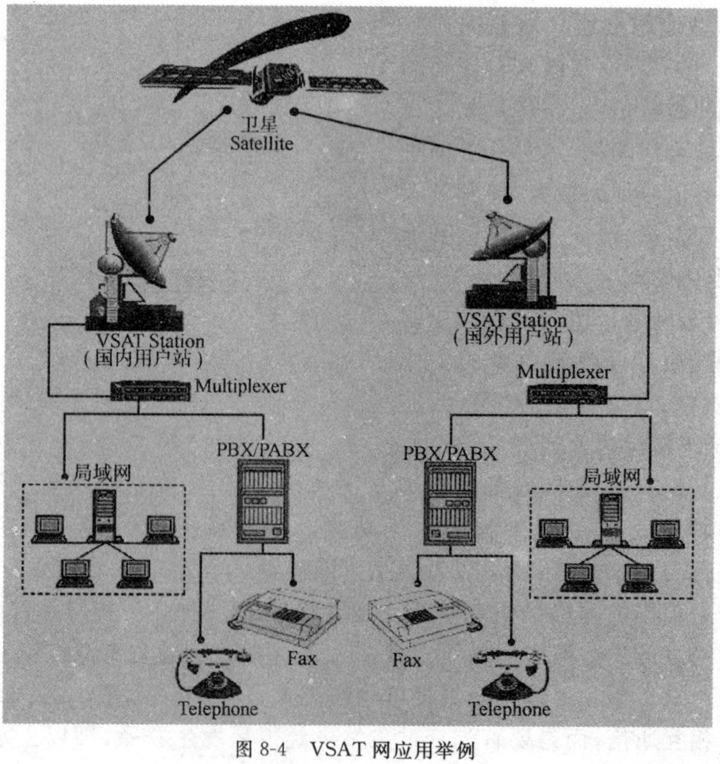

图 8-4 VSAT 网应用举例

8.1.5　卫星移动通信系统

卫星移动通信是指利用卫星实现移动用户与固定用户之间或移动用户间的相互通信，主要为行进中的车辆、船舶、飞机、人员等移动物体提供话音、数据、定位和寻呼等多种业务的通信。卫星移动通信利用卫星通信系统覆盖范围大的优势，弥补地面固定通信网和移动通信网的不足，可为没有通信设施的地方提供通信业务的手段，为没有移动通信设施的地方提供移动通信系统，为移动通信系统覆盖的地方提供备用或应急通信系统。移动卫星通信系统同地面各种通信方式相结合，已成为通信发展的新热点。

卫星移动通信系统主要由卫星转发器、地面主站、地面基站、地面网络协调站和众多的远程移动站等组成，其系统组成如图8-5所示。卫星转发器用于转发地面、空中、海上固定站或移动站的信息(也称为中继站)；地面主站担负公用电话交换网和卫星移动通信网之间的转接，为远端移动站和固定站用户提供话音和数据传输通道，是卫星移动通信系统的核心；地面基站是小容量的固定地球站，主要完成远程移动终端与地面专用通信系统(或蜂窝通信网)之间的转接，其接口、协议和信令须与相应的地面网制式兼容；地面网络协调站负责某覆盖区内的信道分配和网络管理，协调站也可由其覆盖区内的基站兼任；远程移动站可以是车、船、飞机或步行的人等，它的设备包括天线、射频单元和终端。终端分为无线电终端、电话终端、数据终端等，在终端设备上配置有单片机，具有DAMA处理功能，通过信令信道接收网络控制中心的指令，并自动调整业务信道。

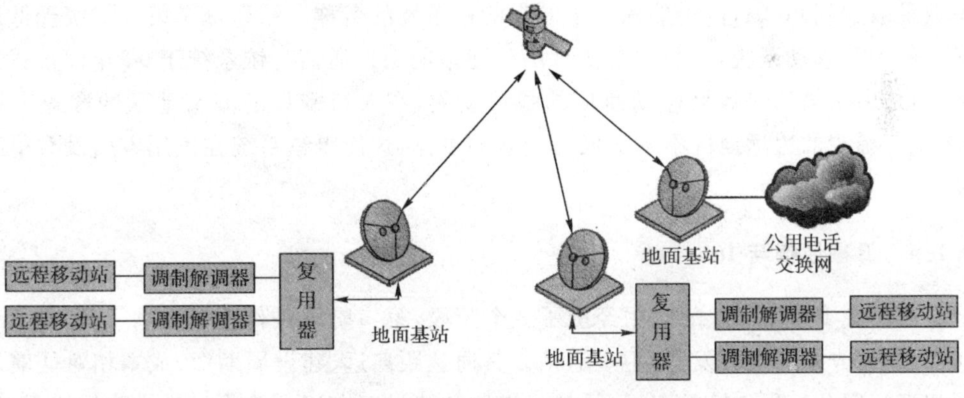

图8-5　卫星移动通信系统组成

卫星移动通信系统按属性的不同，有不同的分类方法。按业务分类，可分为海事卫星移动通信系统(为海上船舶提供通信和无线电定位服务，使用广泛)、航空卫星移动通信系统(为飞机上的机组人员和乘客提供各种通信业务，是发达国家常用的通信手段，其大型民航客机中大多装备了这种系统的移动终端设备)、陆地卫星移动通信系统(为陆上使用卫星移动终端的移动用户提供各种通信业务，探险队大多装备这种通信终端)；按卫星轨道分类，可分为静止轨道卫星通信系统(利用地球同步卫星实现移动通信的系统，卫星位于赤道上方35 000km附近的地球同步轨道上)、中轨道卫星通信系统(卫星离地面10 000～15 000km)和低轨道卫星移动通信系统(卫星离地面500km～2 000km)。由于静止轨道高，传输路径长，信号时延和衰减都非常大，所以多用于船舶、飞机、车辆等移动体，但实现个人通信困难，适用于国内或区域性的移动通信业务。而低轨道移动卫星通信系统的轨道低，因而信号的路径衰耗小，信号时延短，可实现更小的蜂窝小区，更好的频率复用，适于实现全球个人通信，是目前移动卫星通信发展的热点。中轨道移动卫星通信系统兼有静止轨道和低轨道的优点，并能克服相应轨道的不足。发展中、低轨道的卫星移动通信系统，并与静止轨道(GEO)卫星通信系统、地面通信网络相结合，形成较为完备的空间通信体系，可满足地域广泛性、数据信息快速增长、信息传输实时性与高可靠性、用户终端小型化与可移动性、业务功能多样性、保持行业部门内无缝联结等要求。

世界上商业应用的卫星移动通信系统很多，其中使用时间最长的是静止地球轨道(GEO)卫星系统，技术最为先进的是铱(Iridium，Ir)系统。静止地球轨道卫星系统，就是目前的海事卫星系统(INMARSAT)，已经过 3 代革新，原来专为航运服务，现在已可为陆地运输提供服务。海事卫星系统由空间段通信卫星、通信网操作控制中心、卫星控制中心、跟踪遥测指令站，以及岸站、通信网络控制站和大量移动站(装在船舶和大型车辆中)等组成。现有 12 颗静止轨道卫星，应用其中的 4 颗第 3 代卫星，分别覆盖太平洋洋区、印度洋洋区、大西洋东洋区和西洋区，其余 8 颗作为备用，全球共有 30 多个关口站与地面骨干网络接口。系统主要提供电话、电报和低速数据业务，数据速率是 24kbit/s，电话信道采用频分多址方式，整个系统有 339 对频率可供使用。海事卫星系统投入运行后，由于覆盖面广、通信质量高且稳定，因此赢得用户的欢迎。由 66 颗低轨卫星组成的铱(Iridium，Ir)系统诞生于 1998 年，最初设计是 77 颗在轨卫星，其结构正好和金属元素铱的结构相同，因而得名铱系统。虽然后来设计中将铱系统整个星系卫星数量减少到 66 颗，但仍然保留了原来的铱系统的名称。铱系统是第一个实现低地球轨道(LEO)的卫星移动系统，其目标是实现随时随地的个人通信。铱系统于 90 年代正式投入商业运营，但是由于第二代蜂窝移动通信的强势发展，在人口密集的城市地区的覆盖率提高很快，而在人口稀少的边远地区不可能成为消费的主体，这使得铱系统在民用方面没有得到充分的发展。

8.1.6 卫星通信与 Internet

卫星通信在 Internet 上的应用经历了 3 个阶段，第一阶段是作为传输骨干网，在 Internet 发展初期，地面光缆网很不发达，卫星通信以其通达距离远、建设周期短、成本相对低廉的优势占领了相当一部分远程传输的市场，虽然光缆网的建设正在逐步替代卫星线路的使用，但目前国际的 Internet 数据传输还是有很大一部分是由卫星来承担的；第二阶段是作为接入网，卫星宽带接入以其覆盖面广、不受地域限制、信道利用率高、宽带到户等优势受到关注，我国幅员辽阔、地理条件复杂、电信基础设施相对薄弱，卫星宽带接入是现阶段我国大多数地区一个很好的选择；第三个阶段是卫星多播网，卫星通信的广播特性和无缝覆盖特性是地面网络所无法替代的，广播特性带来信息发布的成本优势，无缝覆盖确保了信息受众的普遍性。

随着 Internet 的飞速发展，Internet 使用的基本协议 IP 由于其简便性和易扩展性，也越来越被肯定和推广，向 IP 靠拢已成为通信网络发展的趋势，卫星 Internet 就是以卫星线路为物理传输介质的 IP 网络系统，即“IP over Satellite”。与普通的 Internet 相比，卫星 Internet 具有传输不受陆地电路的影响、经济高效、可作为多信道广播业务的平台等一系列优点。

卫星 Internet 的典型结构如图 8-6 所示，主要包括一个专用的数据中心和一个星状的 VSAT 卫星网。

数据中心的功能是信息处理和系统管理，即信息内容的获取、接收、封装、发布和用户管理、用户认证、网络管理、计费等。卫星网的功能是实现双向通信、单向通信和交互，为远程用户提供 Internet 接入服务；提供数据广播、多播和投送；通过地面网实现交互。

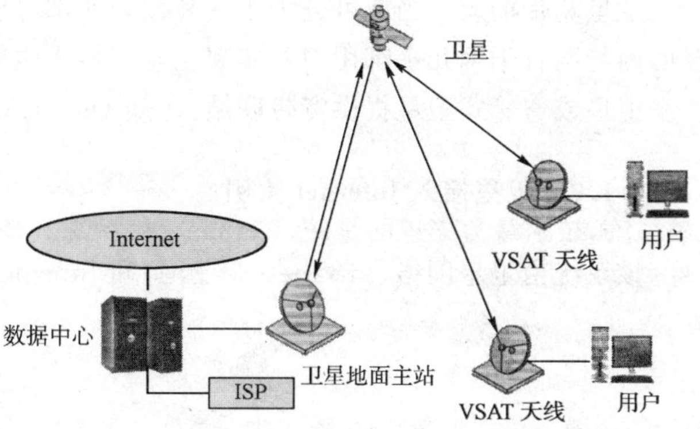

图 8-6　卫星 Internet 的典型结构图

Internet 上的信息通过数据中心进行一系列处理后，进入卫星地面站，由地面主站发往卫星。远端的用户通过卫星信道获取所要的信息内容；另一方面卫星也可以为用户提供所需的信息服务，这一切也可以通过卫星 Internet 的运营商来完成。根据用户和业务的需要，卫星 Internet 可以通过增加上行载波数、卫星数、上行站数来保证网络的可扩展性。此时的卫星 Internet 可以作为一个开放、宽带、具有实时广播功能的网络平台，可以提供更广泛的服务。

VSAT 把卫星高速宽带广播的特点扩展到 Internet 的应用中，为众多新应用提供有效的解决方案，形成以 VSAT 系统为基础的新构架，称为 Direct to PC 或 PC-VSAT，卫星通过点到多点连接方式将 ISP 服务器直接连到用户计算机。即用户通过拨号方式访问数据库或网络，然后通过卫星接收天线和专用接收设备，用高达数百 kb/s 乃至数 Mb/s 的高速率接收、下载数据库或网上的信息。这种方式充分发挥了现有电话线的接入功能和卫星通信的广播功能。它具有易于安装、避免网络阻塞、价格便宜、下载通道容量大，以及具有与光纤近似的服务等级和 IP 广播服务等优点，因而成为发展的重点。

卫星连到计算机业务的终端产品有：配有 Modem 的 PC，卫星接收适配卡，小型卫星接收天线（口径只有 60～90cm），系统软件等。

卫星宽带是适应 Internet 应用而发展起来的，其实现有两种途径，一是研制、发射专用的宽带卫星，用其运行宽带业务；二是利用通信或广播卫星现成的透明转发器，靠地球站宽带终端来实现宽带网络业务。前者是专门的宽带卫星系统，后者是利用现有空间资源开展卫星宽带服务，即开发适合卫星宽带服务的技术、技术产品（系统设备），用它建设卫星宽带网络。目前卫星宽带的主流技术是 TCP/IP、DVB（Digital Video Broadcasting，数字电视广播）、CA（Conditional Access，条件接收）和 Streaming Media（流媒体的流量、拥塞控制等）。TCP/IP 协议原是为地面网络设计的，用到卫星信道上需解决时延长、差错率较高（10^{-7}～10^{-5}，且时有突发性）、非对称的前/返向信道等问题。为了解决 TCP/IP 在卫星信道运行的困难，一种方式是在协议上改进；另一种方式是在卫星链路起始端设置网关（Gate Way）。DVB 标准在宽带卫星网络中也常被采用，形成 DVB-IP 体制，将卫星电视与卫星数据通信结合为统一平台，适合于传送活动图像为主的业务，在视频流的空档中往往插入 IP 数据流，不但提供多种业务，还提高了信道利用率。条件接收(CA)是一项加密控制接收的技术,涉及卫星直播电视、卫星远程教育、培训等的申请、接入、付费和特别节目的临时快速申请/开通、频道控制、防假冒/克隆等,还涉及卡技术、芯片、卡操作系统(COS)等。

卫星宽带的应用当前可分为干线和接入两部分。干线是作为因特网信息的传送。我国主要的因特网骨干网几乎都用卫星实现互联。接入也就是专门在用户和Internet之间通过传统转发卫星或弯管式卫星提供宽带联结,比如DirectPC就是卫星宽带接入。

8.1.7 卫星接入Internet实例

该系统由卫星网络、Intranet(企业网)和Internet构成环网,系统结构如图8-7所示。

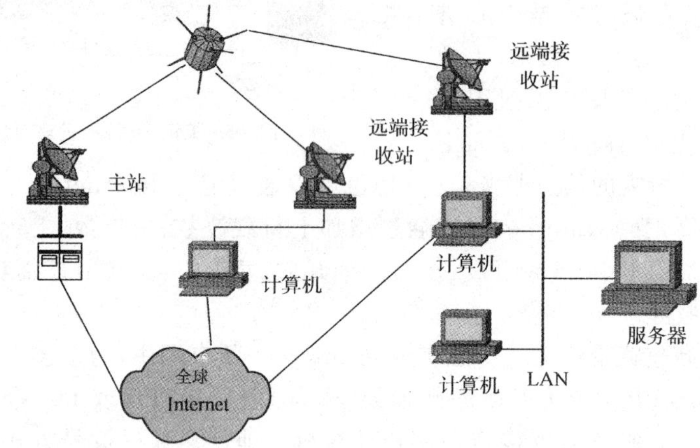

图8-7 系统结构图

卫星网络(VSAT网络)主要由网络主站和大量远端小站组成。网络主站由网络管理系统(NMS)、主站传输服务器(HTS,基于Windows NT平台)和卫星调制器3部分组成。VSAT主站采用冗余的网络结构,从中心路由到卫星天线有两条互为备份的线路,每一条线路都有独自的Hub、传输服务器和卫星调制器,当其中一条线路出现故障时,在网络管理系统(NMS)的控制下会切换到另一条线路,这种设计保证了整个系统的高可用性。各远端小站只需一个卫星接收天线和一块卫星接收卡。远端PC或LAN服务器通过PSTN(Public Switched Telephone Network,公共交换电话网络),进行呼叫信息请求,并由主站进行路由选择,通过其中一个载波下载到卫星接收卡。

VSAT系统采取全网状结构,按需求分配信道方式,因而能最佳地利用空间和地面的设备资源,使信息网络的业务扩展到边远地区,可为费用较高的地区提供优质价廉的解决办法,能够在单一平台上提供多种服务,连接到网络上的远端用户能实现诸如高质量电话、视频会议、高速传真、快速下载海量数据等多种业务。VSAT系统的应用有宽带Internet接入、交互式商业电视和公司培训、多点广播服务、企业网(Intranet)连接、数据信息传送等。

Intranet网络按中型用户需求设计,网络结构图见图8-8。

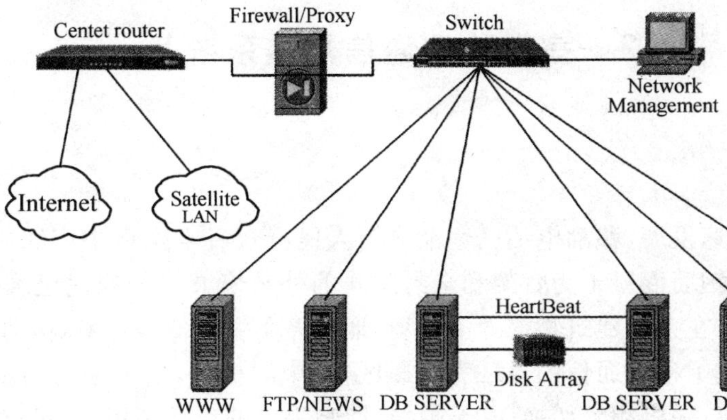

图 8-8　Intranet 网络结构图

其中用来连接卫星网络、Internet 和 Intranet 的中心路由器(Center Router)选用 Cisco 4000 系列路由器。Cisco 4000 系列路由器是中档模块化访问路由器,具有很强的灵活性、模块性、高性能和投资保护性,它能支持 3 个 LAN 或 WAN 连接。服务器选择融合了内置单路/多路 Fast Wist SCSI、PCI Bridge、Fast Ethernet 同时支持 1～8 个 CPU、256kB～2GB 超大规模的 ECC 内存、内置热更换硬盘及多路容错电源供给等许多技术的 Intel Pentium III 服务器,并根据需要可进一步将其配置成双机、多机负载均衡、主从备份 Cluster 结构。

网络中心的 Internet 接入采用 DDN 专线接入、ISDN 接入、X. 25 接入、PSTN 拨号接入等多种方式。

客户端通过使用浏览器在统一的交互界面下,通过一般 Internet 访问方式(拨号 ISDN、专线、帧中继等)跨平台地向 Web 站点服务器提交自己的查询请求。Web 站点服务器根据用户提交的请求通过局域网访问到数据库,并将查询到的数据经 LAN 传输到传输服务器(HTS),传输服务器将数据通过信号发射站发送给卫星,卫星以广播方式将信号传到所覆盖区域的同一接收频段的所有接收站,接收站上的接收卡通过判断信号包含的 IP 地址接收传过来的数据信息,并通过 Browser 显示给用户,其应用模式如图 8-9 所示。

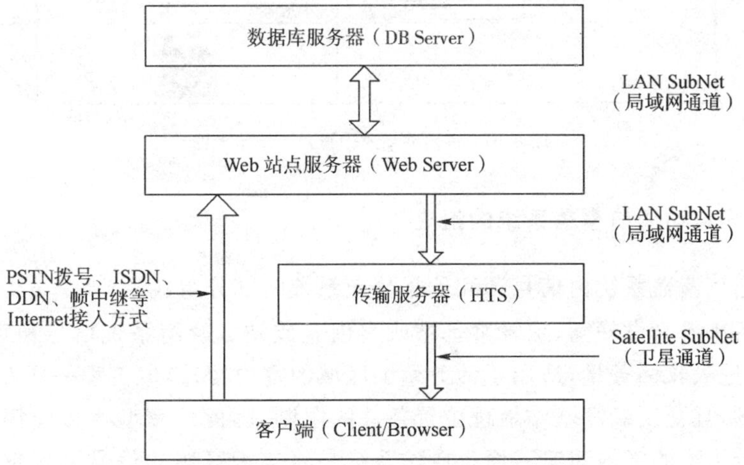

图 8-9　卫星接入 Internet 系统应用模式

8.2 室内移动通信覆盖系统

8.2.1 概述

随着移动通信的快速发展，移动电话已逐渐成为人民群众日常生活中广泛使用的一种现代化通信工具。而采用钢筋混凝土为骨架和全封闭式的外装修方式的现代建筑，对移动电话信号有很强的屏蔽作用，在大型建筑物的地下商场、地下停车场等低层环境，移动通信信号弱，手机无法正常使用，形成了移动通信的盲区和阴影区；在中间楼层，由于来自周围不同基站信号的重叠，产生乒乓效应，手机频繁切换，甚至掉线，影响手机的正常使用；在建筑物的高层，由于受基站天线的高度限制，无法正常覆盖，也是移动通信的盲区。另外，在有些建筑物内，虽然手机能够正常通话，但是用户密度大，话务密集，基站信道拥挤，手机上线困难。为改善建筑物内移动通信环境，解决室内覆盖，提高网络的通信质量，室内移动通信覆盖系统应运而生。

室内移动通信覆盖系统的工作原理是将基站的信号通过有线方式直接引入到室内的每一个区域，再通过小型天线将基站信号发送出去，同时也将接收到的室内信号放大后送到基站，从而消除室内覆盖盲区，保证室内区域拥有理想的信号覆盖，为楼内的移动通信用户提供稳定、可靠的室内信号，改善建筑物内的通话质量，从整体上提高移动网络的服务水平。室内移动通信覆盖系统示意图如图 8-10 所示。

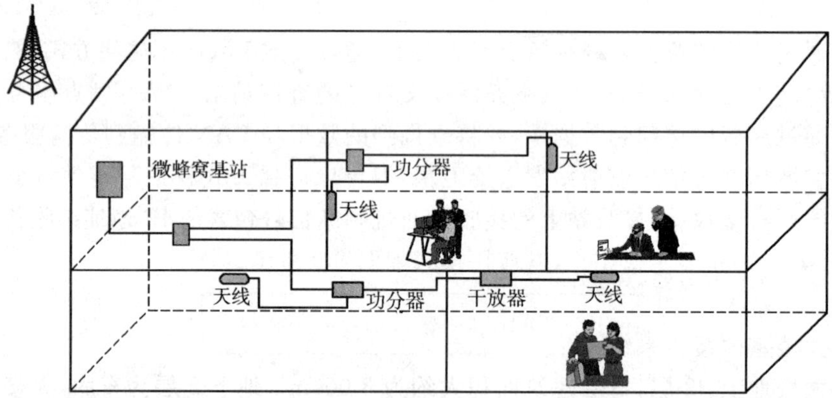

图 8-10　室内移动通信覆盖系统示意图

8.2.2 室内移动通信覆盖系统的组成

室内移动通信覆盖系统由信号源和信号分布系统两部分组成。

信号源设备主要为微蜂窝、宏蜂窝基站或室内直放站。蜂窝系统信号稳定、可靠，通信质量好，可以有效地吸收话务量，适用于话务繁忙区域的室内覆盖，但工程一次性投资大，要解决传输线路等问题，且受宏蜂窝基站地理位置条件的限制，因此蜂窝型大多应用于星级酒店、高级写字楼等比较大型的室内建筑。而直放站系统是将空闲区域的信号引到室内，实现话务分担，投资省、安装方便快捷，可以很快解决信号弱和盲区问题，但需要进行预先频率规划，系统的话音质量相对蜂窝系统较差，易造成对其他基站的干扰，因此直放站系统大多应用于小型酒店、小型娱乐场所等规模较小的室内建筑。

信号分布系统主要由同轴电缆、光缆、泄漏电缆、电端机、光端机、干线放大器、功分器、耦合器、室内天线等设备组成。

同轴电缆是最常用的材料，性能稳定、造价便宜但线路损耗大。大型同轴电缆分布系统通常需要多个干线放大器作信号放大接力。光纤线路损耗小，不加干线放大器也可将信号送到多个区域，保证足够的信号强度，性能稳定可靠，但在近端和远端都需要增加光电转换设备，系统造价高，适合质量要求高的大型场所。泄漏电缆系统不需要室内天线，通过电缆外导体的一系列开口，在外导体上产生表面电流，从而在电缆开口处横截面上形成电磁场，这些开口就相当于一系列的天线起到信号的发射和接收作用，在电缆通过的地方，信号即可泄漏出来，完成覆盖。泄漏电缆室内分布系统安装方便，但系统造价高，对电缆的性能要求高，适用于隧道、地铁、长廊等地形。

按采用设备的不同，室内覆盖系统可以分为无源系统和有源系统。无源系统主要由无源器件组成，设备性能稳定、安全性高、维护简单。而有源系统通过有源器件（有源集线器、有源放大器、有源功分器、有源天线等）和馈线进行信号放大和分配，到达末端时可以被放大器放大，达到理想的强度和覆盖效果。

目前采用较多的为无源天馈分布系统，即通过无源器件和天线、馈线，将信号传送和分配到室内所需的环境，以得到良好的信号覆盖，无源天馈分布系统的结构图如图 8-11 所示。在无源天馈分布系统中，信号源通过耦合器、功分器等无源器件进行分路，经由馈线将信号尽可能平均地分配到每一副分散安装在建筑物各个区域的低功率天线上，从而实现室内信号的均匀分布，解决室内信号覆盖差的问题。无源天馈分布系统造价较低，成本主要为功分器、耦合器及馈线，当覆盖范围比较大、馈线传输距离比较远时，需增加干线放大器补偿信号损耗。无源天馈分布系统能有效地将无线射频信号引入室内以及其他宏蜂窝所不能覆盖的地方，提供无缝的射频覆盖，从而解决盲点、热点以及由于频繁切换引起的掉话等问题。

8.2.3 室内移动通信覆盖系统应用实例

某商业大楼室内覆盖系统

该商业大楼地上 32 层，每层建筑面积大约为 3 000m^2，地下 2 层为车库，大楼内有 4 部电梯，是集商业、公寓、办公为一体的综合型建筑。

室外信号在大厦高层及低层内部覆盖很不均匀，由于附近多个基站信号同时进入大楼内部，导致信号非常杂乱，手机在大楼房间内频频进行小区重选，通话过程中切换频繁，通话质量较差，容易产生掉话。因而室内覆盖系统的室内站建设方案以改善信号及吸收话务量为主要目的，针对各楼层结构大体相同的特点，每层皆用全向天线呈星形均匀覆盖，设计边沿区域场强为－65dBm 至－79dBm 之间。4 部电梯每部采用 3 副八木天线覆盖，设计电梯内信号可达到－50dBm 至－63dBm，其组网方式见图 8-12。方案均采用 1/2″电缆，室内天线的输出功率在 5～15dBm 之间。在 30cm 处的电磁强度为 0.04～0.05Wb/m^2，远低于国家卫生部 0.4 Wb/m^{2}的安全标准。室内覆盖天线系统的信号源由楼内（地下一层微蜂窝机房）新建微蜂窝系统提供，其中 GSM/CDMA 信号源配置为 3/2 个载频。

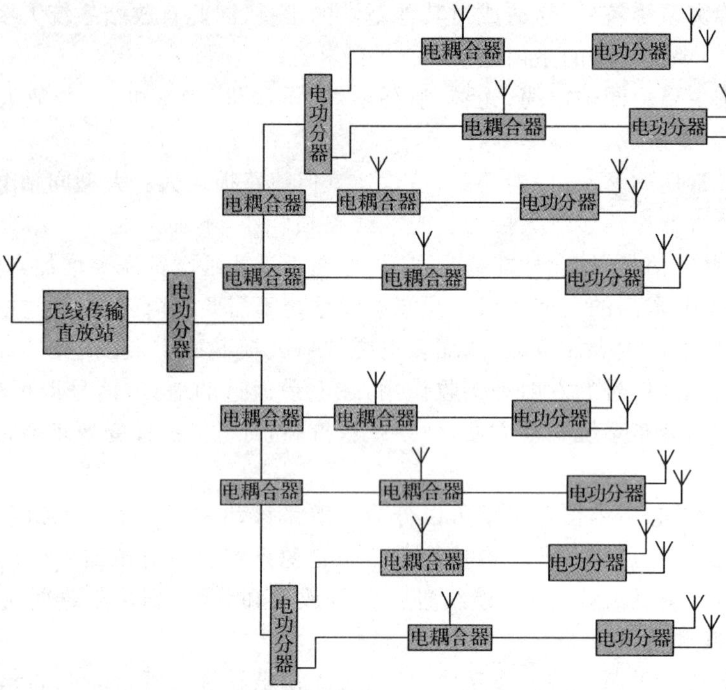

图 8-11　无源天馈分布系统结构图

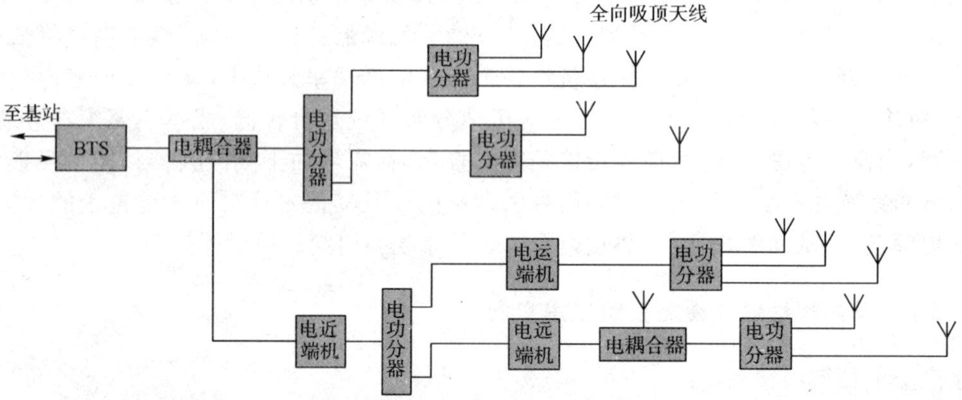

图 8-12　某商业大楼室内覆盖系统组网方式

为了让手机无论在空闲还是通话状态下都尽量占用室内基站的信号，方案采用修改参数的方式进行优化，除了定义必需的相邻小区以外，将参数设为 10dB，小区切出 LEVEL(信号电平)设为－85dBm，小区切入 GSM 网设为－6dB，CDMA 网设为－7dB。经过以上设置，较好地保证了手机用户在室内正常的通信服务。

8.3　信息导引及发布系统

8.3.1　概述

智能建筑中的信息导引及发布系统为公众或来访者提供告知、信息发布和查询等功能，满足人们对信息传播直观、迅速、生动、醒目的要求。信息导引及发布系统主要包括大屏幕信息发布系统与触摸屏信息导览系统。大屏幕信息发布系统和触摸屏信息导览系统通过管理网络连接到信息导引及发布系统服务器和控制器，对信息采集系统收集的信息进行编辑以及播放控制。信息导引及发布系统的组成见图 8-13。

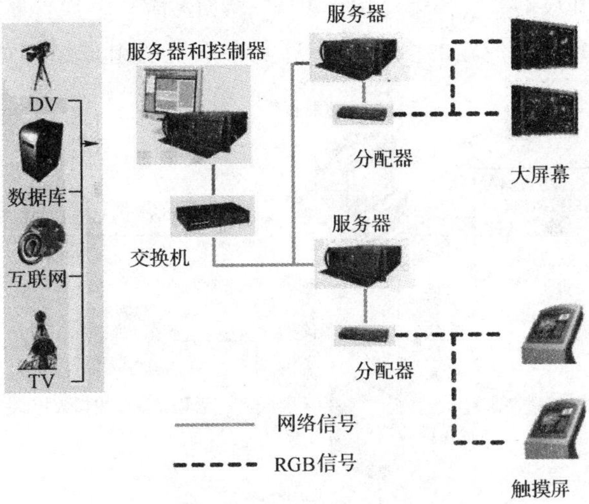

图 8-13 信息导引及发布系统的组成

8.3.2 大屏幕信息发布系统

大屏幕信息发布系统应用于会议中心、会展中心、金融机构、政府办公楼、汽车站、火车站、体育场馆、医院、机场、综合楼宇、办公大楼等场所，在其公共区域显要位置设置高清晰度显示屏用以显示各种新闻时事、通知、企业宣传等视频信息，以及二、三维动画和图文广告信息等，以满足现代人高速生活节奏对于信息社会资讯、新闻等信息获取更加方便的需求。大屏幕信息发布系统主要由通讯卡、播出机、控制卡、视频卡、屏体等部分组成，其组成结构见图 8-14。通讯卡是 VGA（Video Graphic Array，显示绘图阵列）显示卡到大屏幕之间的接口卡，用以实时地将 VGA 监视器的数据向大屏幕传送；视频卡的作用是在视频显示状态将视频信号源的模拟信号转换为数字信号，同时在 VGA 监视器上显示。播出机一般为包含通讯卡、VGA 显示卡、视频卡的 PC 机。播出机一方面负责收集播出内容信息，并按大屏幕显示的特定格式和一定的播出顺序在 VGA 监视器上显示；另一方面将 VGA 监视器的画面通过通讯卡向控制卡发送，实时地将数据向大屏幕传送。

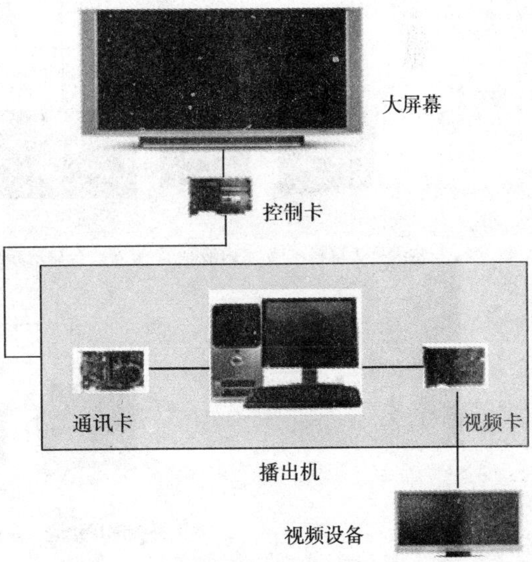

图 8-14 大屏幕信息发布系统组成图

随着计算机、Internet 及平板显示的飞速发展，催生了多媒体信息发布系统的兴起与发展。多媒体信息并不局限于简单的视频媒体播放，而是支持多种形式的媒体，支持目前各种文件格式，例如文档资料（Word 等）、动画（Flash 等）、幻灯（PowerPoint）、图片（Jpg、Bmp、Gif 等）、视频（MPEG-1、MPEG-2、MPEG-4 等）、音频（MP3、WAV 、WMA 等）、电视直播或录播。

基于计算机网络 IP 数字传输的多媒体信息发布系统的组成结构如图 8-15 所示，可满足

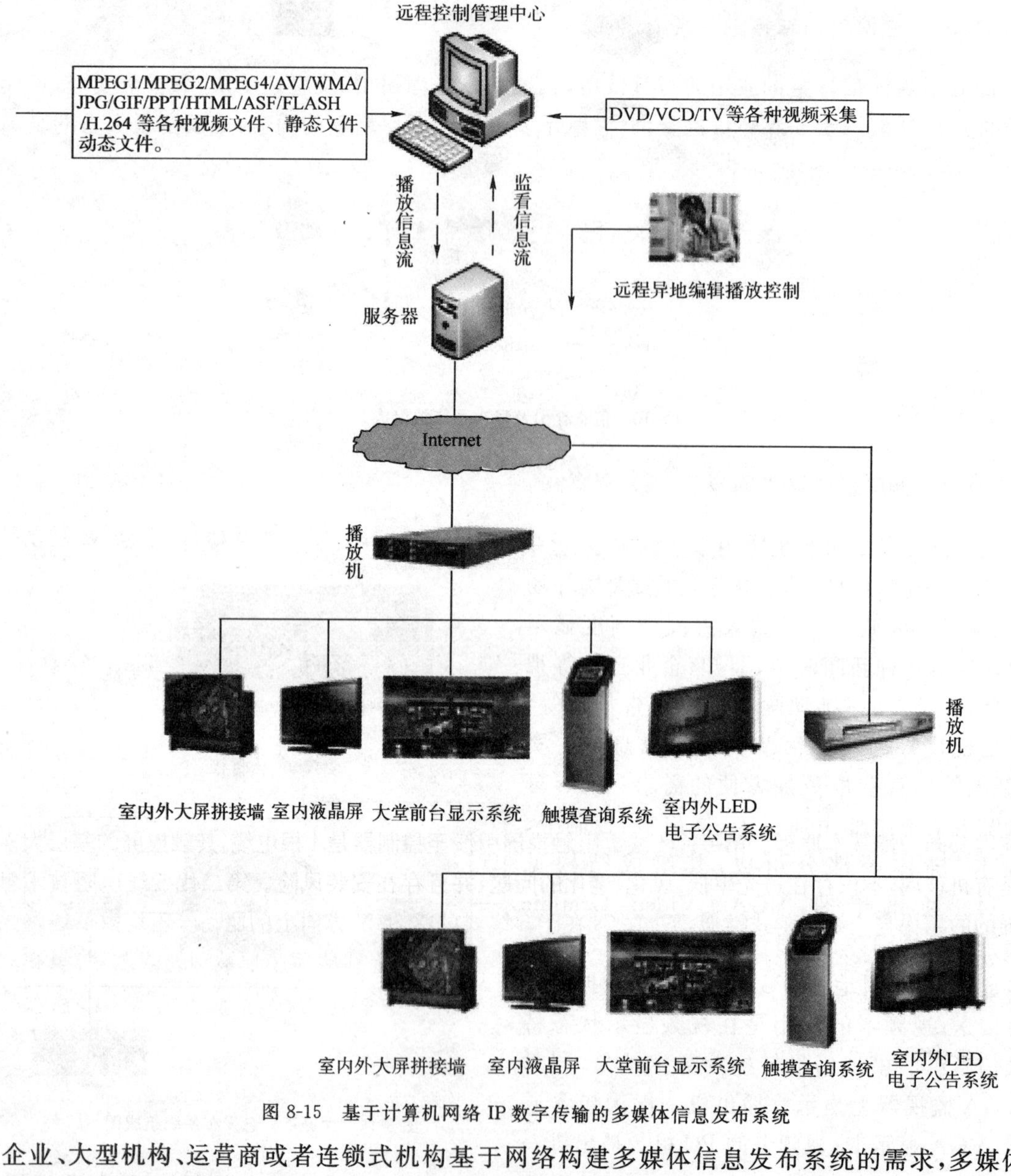

图 8-15　基于计算机网络 IP 数字传输的多媒体信息发布系统

企业、大型机构、运营商或者连锁式机构基于网络构建多媒体信息发布系统的需求，多媒体信息发布系统在控制中心编辑好任务表、节目表后通过网络将任务表和节目表分发到指定的显示终端设备上，显示终端将按编辑好的节目表进行播放。在有特殊的节目需要插播时，可以随时插播文字信息、图像信息、动态信息、视频信息等等。多媒体信息发布系统的显示终端设备可以是

阴极射线管(CRT)显示屏、等离子体(PDP)显示屏、液晶(LCD)显示屏、发光二极管(LED)大型显示屏、电致发光或场致发光(ELD、FED)显示屏等。系统可实现远程对所有设备、信息的有效管理,能对所有显示终端设备进行电源管理、IP管理、时间校对管理、显示终端分组管理,控制主机可对显示屏播放情况进行实时监控,并可根据需要向任意播出服务器插播紧急节目,或即时加插水平面或垂直滚动的字幕。播出服务器在播出紧急节目后继续播出原来节目。

8.3.3　触摸屏信息导览系统

随着多媒体信息查询应用的与日俱增,触摸屏以坚固耐用、反应速度快、节省空间、易于交流等优点广泛应用于多媒体信息查询,它赋予多媒体系统以崭新的面貌,是极富吸引力的全新多媒体交互设备。

触摸屏信息导览系统对信息进行收集、加工、整合并双向式传播,具有友好的人机界面,操作简单方便,用触摸屏代替鼠标或键盘,根据手指触摸的图标或菜单位置来定位选择信息输入。触摸屏由触摸检测部件和触摸屏控制器组成;触摸检测部件安装在显示器屏幕前面,用于检测用户触摸位置,接受后送触摸屏控制器,然后把接受的信息送主机。使用者仅需用手指触摸显示器屏幕,即可查询信息,用以查询大楼的概况、物业管理、服务和其他公众信息。一般将触摸屏、多媒体组件、控制板与主机组装在一个结构化机柜里,构成触控一体机(图8-16)。触摸屏信息导览系统通过已有的计算机网络系统硬件,配备适当的服务器和一定数量的触控一体机,并开发相应的信息导引系统软件实现。

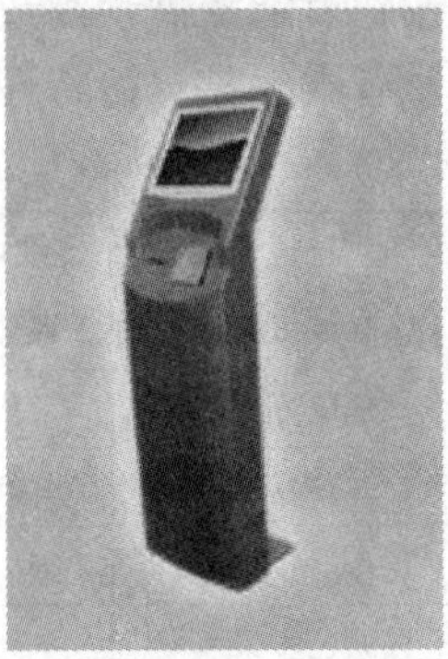

图8-16　触控一体机

触摸屏按技术原理可分为:电阻技术触摸屏、电容技术触摸屏、表面声波技术触摸屏、红外线扫描技术触摸屏、矢量压力传感技术触摸屏5类。

电阻触摸屏的结构由下线路(玻璃或薄膜材料)导电ITO(Indium Tin Oxide)层和上线路(薄膜材料)导电ITO层组成。中间有细微绝缘点隔开,当触摸屏表面无压力时,上下线路成开路状态。一旦有压力施加到触摸屏上,上下线路导通,控制器侦测到这个接通并计算出X、Y轴的位置,这就是所有电阻技术触摸屏共同的最基本原理。第一代4线电阻触摸屏引线至控制器是4根电缆,其触摸屏的基层大多数是有机玻璃,不仅存在透光率低、风化、老化的问题,并且存在安装风险。第二代5线电阻技术触摸屏的的结构与4线电阻式类似,不同之处在于5线式的X和Y方向上的驱动电压均由下线路的ITO层产生,而上线路层仅仅扮演侦测电压探针的作用,即使上线路薄膜层被刮伤或损坏,触摸屏也能正常工作,所以5线电阻式与4线电阻式相比,使用寿命更长,透光率和清晰度更高。8线电阻式触摸屏是在4线电阻式的基础上产生的,它在4线式的每条引出线上又增加了一条参考引出线,增加4条引出线的功能是读取由驱动电压产生的实际电压,控制器就能自动修正在长时间疲劳使用或在恶劣环境下使用而产生的漂移,减少再定位次数。

电容式触摸屏采取的是两面都布有透明传导材料的全玻璃结构。在屏的四周分布着低电压,形成一个交流电场。当用户触摸屏幕时,由于人体电场,用户手指和工作面形成一个耦合电容,四边电极发出的电流会流向触点,电流的强弱与手指到电极的距离成正比。位于触摸屏后的控制器便会根据电流的比例及强弱,准确计算出触点的(X,Y)位置,并把结果传给电脑。

电容触摸屏的透光率和清晰度优于4线电阻屏，但与表面声波屏和5线电阻屏相比，电容屏反光严重，而且，电容技术的4层复合触摸屏对各波长光的透光率不均匀，存在色彩失真的问题，由于光线在各层间的反射，还造成图像字符的模糊。电容屏更主要的缺点是漂移：当环境温度、湿度改变时，环境电场发生改变时，都会引起电容屏的漂移，造成不准确。

红外触摸屏是利用 X、Y 方向上密布的红外线矩阵来检测并定位用户的触摸。通常红外触摸屏在显示器的前面安装一个外框，靠藏在外框中的电路板在屏幕四边排布红外发射管和红外接收管，一一对应形成横竖交叉的红外线矩阵。用户在触摸屏幕时，手指就会挡住经过该位置的横竖两条红外线，因而可以判断出触摸点在屏幕的位置。

表面声波是一种沿介质表面传播的机械波，表面声波触摸屏由触摸屏、声波发生器、反射器和声波接收器组成，其工作原理是利用声波发射及接收，在屏幕上有 X、Y 轴方向发射器及接收器，它们实现电信号与声波之间的转换，声波发生器发送一种高频声波跨越屏幕表面，当手指触及屏幕时，触点上的声波即被阻止，由此确定坐标位置。表面声波触摸屏不受温度、湿度等环境因素影响，分辨率高，防刮性好，寿命长，透光率高，没有漂移，只需安装时一次校正；有第3轴(即压力轴)响应这个功能，每个触摸点就不仅仅是有触摸和无触摸的两个数字开关状态，而是成为能感知力的一个模拟量值的开关了，此功能在多媒体信息查询软件中，通过一个按钮就能控制动画或者影像的播放速度。

各类触摸屏的特性比较见表8-1。

各类触摸屏的特性比较　　表8-1

特性	5线电阻触摸屏	第3代新型电阻屏	一般电阻触摸屏	表面声波触摸屏	电容触摸屏
触控媒介	手或任何介质皆可	手或任何介质皆可	手或任何介质皆可	仅限手或软介质	仅限手指
感应方式	侦测电压	侦测电压	侦测电压	侦测声波	侦测电流
清晰度	4 096×4 096	4 096×4 096	1 024×1 024	4 096×4 096	1 024×1 024
透光率	95%	90%	80%	95%	98%
有无色彩失真	无	无	无	无	有
漂移	无	无	无	无	有
防刮擦	最佳	较好	一般，怕锐器	一般，怕锐器	较好
防水防尘性	佳	佳	佳	系统动作延迟	差
野蛮使用	好，但怕锐器	好，但怕锐器	好，但怕锐器	怕重压	一般
反应速度	10ms	10ms	10～12ms	10～14ms	8～15ms
材料差异	强化玻璃底材，薄膜表层超硬化处理，耐磨耐刮	强化玻璃底材，薄膜表层超硬化处理，耐磨耐刮	一般玻璃材质底材，表面易磨损、不耐刮	整体一般玻璃材质	整体一般玻璃材质
多点触摸	中心点	中心点	中心点	智能判断	中心点
干扰情况	不受任何干扰	不受任何干扰	不受任何干扰	灰尘干扰	受电磁、灰尘干扰
外观	不平整	不影响	不影响	不影响	不影响
点击寿命	3 800万次以上	3 500万次以上	3 500万次以上	5 000万次以上	2 000万次以上
安装及运输风险	无	无	无	传感器易损 玻璃易碎	玻璃易碎
价格	昂贵	最经济、实惠	一般	偏高	昂贵

8.3.4　信息导引及发布系统应用实例

(1)某大楼信息导引及发布系统

在大楼中庭安装一块 2.4m×1.8m 双基色视频屏，利用文字图片、动化效果和视频图像宣传播放各种新闻时事、通知、企业宣传、动态信息、实时信息和广告等内容。系统可实现显示屏与计算机的 CRT 同步，通过设定，可显示 CRT 上指定的文字及图像或信息查询系统所显示的内容；系统具有视频信号输入接口，能同步显示和播放电视、录像、影碟、摄像机等视频节目；在 CRT 上预显将输入到显示屏的内容，通过计算机操作，对显示屏的色彩和亮度作一定范围的调整；可选择定格、换幅、展开、移动、上下、空间转换和画面叠加等编辑方式，显示时间可任意调节，画面可循环显示；具备 NTSC、PAL 两种制式。

触摸屏系统由触摸屏、多媒体电脑、防暴钢性外壳组成。其关键部件是能够感应声波的触摸屏，该触摸屏使用先进的声波触摸技术替代传统的键盘及鼠标操作，输入信息十分简单、方便、迅捷，与其他多媒体技术配合运用，使用者就可以通过丰富多彩的触摸界面进行人机交互；多媒体电脑中存储有供用户查询的图、文、声、像、动画等多媒体信息，信息量大而全，且检索信息速度快，能满足不同用户的各种信息查询需求。本系统共设计有 8 台触摸屏，分别安装在醒目位置，以图像、文字、声音、视频等多媒体方式展示大楼及业主信息、建筑内部功能区分布、主要部门联系电话等，还可以根据今后的实际需要添加内容，如提供广告或其他服务信息等，也可根据客户需要与内部网络、数据库等系统挂接，实现数据共享、实时操作。

该触摸屏系统实现以下功能：为使用者提供及时、迅捷的交流渠道，按需所取，解决其需求；海量存取能力，信息量不受限制；综合图文，声色俱全，丰富多彩的表现能力；友好的用户界面以方便用户查询；界面设计充分运用三维动画、动态视频、虚拟现实等多媒体技术，体现多媒体的多姿多彩性，而不是简单的图文加声音；顾客投诉、顾客表扬、顾客投票及管理统计功能；广告滚动播出及管理功能；所有前端显示信息可以在后台统一管理，广告显示可以按终端分别设置；提供与建筑设备管理系统(BMS)的接口。

系统软件满足操作简便要求，并能实现以下功能：基本的导航、浏览、查询等功能；界面优美精致，图、文、声并茂，具有良好的交互性；提供文件替换接口，自行更新查询内容；查询内容与内部网络挂接，可从内部网络微机上直接调阅；提供解说声音或背景音乐，导引用户轻松操作。声音或背景音乐有开关控制；允许用户将查询结果在网络打印机或专用微机上打印出来；系统设置定时恢复缺省界面(如主界面)显示状态，方便新的用户进入；对用户使用权限的部分限制，用户不能任意更改系统或进入其他系统操作。

(2)某国际会议中心电子公告和多媒体查询系统

该会议中心包括由主体 B、C、D 栋建筑构成的会议区和由两座配套用房 A、E 栋建筑构成的配套用房区。

1)会议区电子公告和多媒体查询系统的组成及功能

由播放主机以及播放软件、显示终端以及所支持的计算机专网 B 组成，系统设置内容编辑服务器一台，显示查询服务器一台，配置专门为会议中心开发的播放软件，通过内容编辑服务器提供系统的节目源，各类 LCD 显示器、LCD 触摸屏和一体化触摸屏查询机通过播放终端(独立配置的工控机)进行播放。系统的播放服务器设在数据中心，播放终端设在大厅、会议厅

(室)入口处和其他建筑物内的公共场所。系统设置19英寸和24英寸LCD嵌入式显示终端,24英寸一体化LCD触摸显示终端,42英寸嵌入式触摸显示终端等4种显示终端技术。总计配置各类显示终端106个。各播放终端通过会议区专网与播放主机联网,配套用房A栋和E栋的电子公告查询系统可通过专网与本系统联网。

电子公告系统功能:系统可以划分多个窗口同时播放不同信息,如:播放各种形象宣传片断、广告片断、公益广告、会议议题片断、会议中心介绍,可以通过RSS数据连接形式发布天气预报、市内交通信息、航班信息、股票信息、各种新闻(国际、国内时事新闻,体育新闻,娱乐新闻)等公共信息,让会议期间与会议相关人员及时了解外界新闻,同时可以了解各种出行信息等;在会议区除了播放以上各种公共信息之外,系统可以与会务管理系统通过网络相结合及时自动地发布各种会议信息,如:欢迎词、会议通知、会议安排、会议主题、会议主持、会议背景等会议相关信息,在相关会议室前的信息点除了播放以上所讲会议信息之外同时播放显示本会议室的名称,会议进行情况;在会议召开之前或期间,其他公共区域的信息点将根据信息点位置播放提供到达相关会议主题会议室的最佳路线图,让与会相关人员可以最快到达现场。

多媒体查询系统功能:在会议区可与会务管理系统通过网络相结合,当与会人员点击显示屏时,系统将自动进行多媒体互动查询界面,并且与会人员可以根据会议主题查询会议的相关信息,如:会议时间安排、会议地点、会议主持、会议背景等相关信息,并且与会人员可以根据自身会议代表证特定代码查询参加各个会议的时间安排情况,并根据所在查询点的位置指引与会人员到会议室的最佳路线,并指引所在会议室的位置。与会人员同时可以从被动获得日常信息变为互动查询浏览各种日常信息,如:会议中心整体布局、功能分区、天气预报、市内交通信息、航班信息、股票信息、各种新闻(国际、国内时事新闻,体育新闻,娱乐新闻)等公共信息。

2)配套用房区电子公告和多媒体查询系统的组成及功能

系统由播放主机以及播放软件、显示终端以及所支持的配套用房区专网A等组成。该系统设置内容编辑服务器一台,显示查询服务器一台,配置专门为酒店开发的播放软件,通过内容编辑服务器提供系统的节目源,各类显示设备和一体化触摸屏查询机利用其播放终端(独立配置的工控机)进行播放。大堂光线比较充足,选用等离子屏,而在其他地方则选用分辨率更高的液晶显示器或液晶电视。

会议区和配套用房区采用同一品牌的产品,在两区之间可设定查询和播放的不同级别。

电子公告系统功能:除了播放各种公共信息之外,系统可以与酒店管理系统相结合及时自动发布各种会议信息,如播放各种欢迎信息、酒店入住率、房间价、宴会信息、酒店服务设备介绍等信息发布内容。同时客户可通过屏幕直接点击查询各种菜式的详细说明。

多媒体查询功能:与会人员可以根据自身代表证的特定代码查询入住房间的房号、位置,并根据所在查询点的位置指引与会人员到达相应房间的最佳路线,同时也可查询其他相关信息,如:会议中心整体布局、功能分区、天气预报、市内交通信息、航班信息、股票信息、各种新闻(国际、国内时事新闻,体育新闻,娱乐新闻)等公共信息以及酒店入住率、房间价、宴会信息、酒店服务设备、餐厅及菜式等酒店信息,同时可以查询会议区的会议时间安排、会议地点、会议主持、会议背景等相关信息。

所有等离子显示器采用嵌入式安装方式,其余采用壁挂方式,保证终端安装的安全、可靠和美观。

8.4 时钟系统

时钟系统为有时基要求的系统提供同步校时信号，如对大楼内的计算机网络提供标准的NTP(Network Time Protocol)时间服务。NTP是用来使计算机时间同步化的一种协议，它可以使计算机对其服务器或时钟源做同步化，可以提供高精准度的时间校正。

8.4.1 时钟系统的组成

时钟系统由母钟、时间服务器、时钟网管系统、子钟等构成，时钟系统组成如图8-17所示。

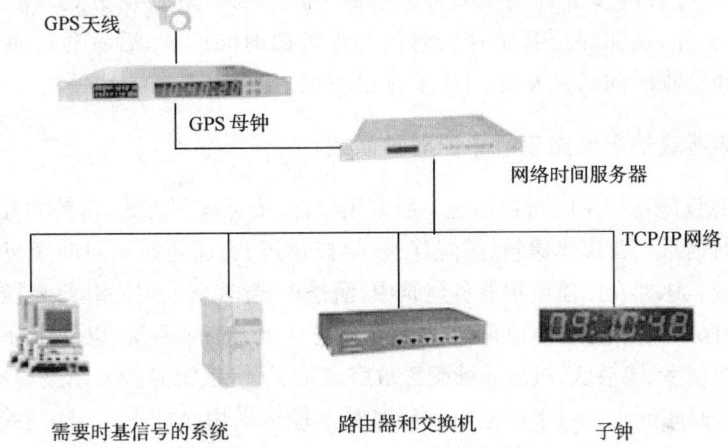

图8-17　时钟系统组成图

GPS(Global Positioning System)是目前校时的最佳方案。GPS是由美国国防部研制的导航卫星测距与授时、定位和导航系统，由21颗工作卫星和3颗在轨备用卫星组成，这24颗卫星等间隔分布在6个互成60°的轨道面上，这样的卫星配置基本上保证了地球任何位置均能同时观测到至少4颗GPS卫星。GPS向全球范围内提供定时和定位的功能，全球任何地点的GPS用户通过低成本的GPS接收机接收卫星发出的信号，获取准确的空间位置信息、同步时标及标准时间。GPS校时的工作过程是由GPS网络校时母钟的GPS接收模块从GPS卫星接收精确的时间信息，经编码处理后向服务器提供时间信息和秒脉冲信号，该时间同步信号同步于世界时UTC(Universal Time Coordinated)，UTC的来源可以是原子钟、天文台、卫星，也可以从Internet上获取，天文测时所依赖的是地球自转，而地球自转的不均匀性使得天文方法所得到的时间(世界时)精度只能达到10^{-9}，“原子钟”是一种更为精确和稳定的时间标准(铯原子Cs^{133}基态的两个超精细能级跃迁辐射振荡9 192 631 770周所持续的时间为1s)，目前世界各国都采用原子钟来产生和保持标准时间。

对于大区域时钟系统，可以利用现有的计算机网络系统构建局域网时钟系统，需要时基信号的系统则从计算机网络中由二级母钟提取时钟信号与控制信号，即完全借助计算机网络系统传递时间。

时间服务器采用Broadcast/Multicast、Client/Server、Symmetric 3种方式与其他服务器

对时。Broadcast/Multicast 方式主要适用于局域网的环境，时间服务器周期性地以广播的方式，将时间信息传送给其他网路中的时间服务器，其时间仅会有少许的延迟，而且配置非常的简单。但是此方式的精确度并不高，通常在对时间精确度要求不是很高的情况下可以采用。Symmetric 方式要求一台服务器可以从远端时间服务器获取时钟，如果需要也可提供时间信息给远端的时间服务器。此种方式适用于配置冗余的时间服务器，可以提供更高的精确度给主机。Client/Server 方式与 Symmetric 方式比较相似，只是不提供给其他时间服务器时间信息，此方式适用于一台时间服务器接收上层时间服务器的时间信息，并提供时间信息给下层的用户。

使用子母钟的目的是让在此系统中的所有时钟的时间一致，为达到此目的使用母钟同步所有子钟的时间。母钟同步子钟的主要方式有脉冲同步方式和通信方式。前者母钟输出驱动脉冲直接驱动各子钟，从而保证各子钟的时间与母钟的时间同步；后者通过通信方式由母钟发布时间信息，子钟接收时间信息从而同步子钟的时间。

8.4.2 智能建筑信息设施系统中的时钟系统

智能建筑信息设施系统中的时钟系统一般采用母钟、子钟组网方式，母钟向其他有时基要求的系统提供同步校时信号。在媒体建筑、医院建筑、学校建筑、交通建筑等对时间有严格要求的建筑中应配置时钟系统。比如在广播电视业务建筑中，演播区、导控室、音控室、灯光控制室及机房等时间应严格同步，为保证演播效果，应以母钟、子钟组网方式设置时钟系统，以母钟为基准信号，在导控室、音控室、灯光控制室、演播区、机房等处配置数字显示子钟，系统时钟显示器显示标准时间、正计时、倒计时，以保证时间同步。对于空港航站楼时钟系统可采用全球卫星定位系统校时，主机采用一主一备的热备份方式，组网方式采用母钟、二级母钟、子钟三级组网，母钟和二级母钟应向其他有时基要求的系统提供同步校时信号，航站楼内值机大厅、候机大厅、到达大厅、到达行李提取大厅应安装同步校时的子钟，航站楼内贵宾休息室、商场、餐厅和娱乐等处宜安装同步校时的子钟。

8.4.3 时钟系统应用实例

(1)某体育场馆主计时时钟系统

该时钟系统从体育场馆实际出发，结合时钟系统集中供电的要求，采用电力线载波通信技术实现时钟系统内部通信，为体育馆内重要区域提供可靠、经济、有效、统一、标准的全场时间，其系统组成见图 8-18。

(2)某企业局域网时间同步方案

该企业局域网时间同步系统由 GPS 时钟、网络时间服务器软件、时间同步客户端软件组成，系统组成示意图见图 8-19。系统采用 SNTP 协议实现整个网络的时间同步，同步精度达到 50ms 级。只需在局域网内选用一台计算机(一般可选 Web 服务器或其他主机)作为服务器，通过串口连接一个 GPS 时钟，通过软件使系统时钟同步到 GPS 时间(UTC 基准)，并安装一个 SNTP(Simple Network Time Protocol)服务器软件，响应其他客户端的时间同步器请求，建立企业内部自己的时间服务器。

局域网内的其他计算机安装 SNTP 客户端软件，定期向内部时间服务器主机发送时间同步请求，借助 LAN 局域网从时间服务器那里获得时间信息，计算并校正本地时间。在同步周

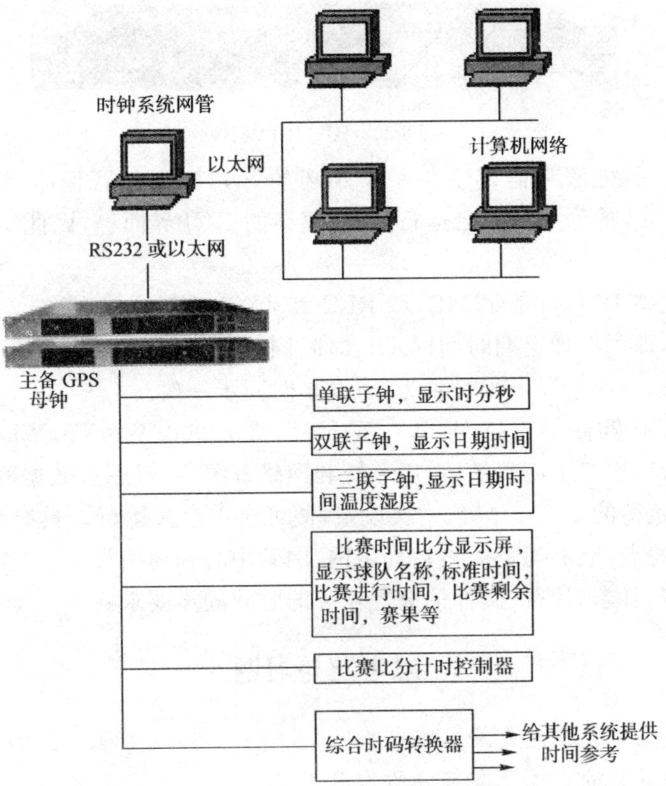

图 8-18　某体育场馆主计时时钟系统组成图

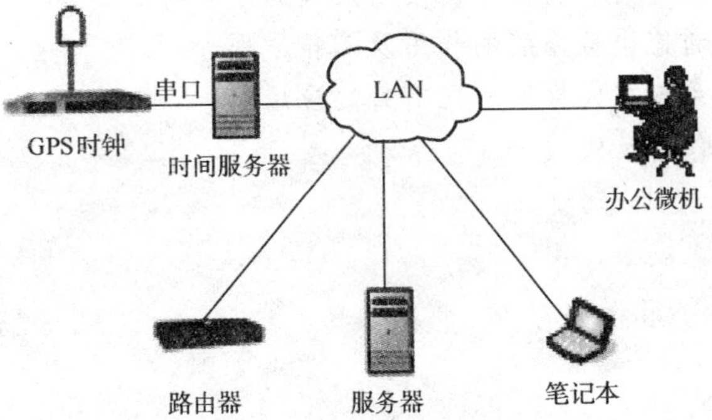

图 8-19　某企业局域网时间同步方案示意图

期之间，利用计算机内部时钟守时，从而实现整个局域网络的时间同步。

GPS 时间标准源采用 HJ201GPS 时钟(图 8-20)，该时钟内置 12 通道高精度授时型 GPS 接收机，采用集成化电路和标准机箱设计，便于用户安装配置，可满足各种低端的授时应用需求。

服务器端同步软件通过微机 RS232 串口读取 GPS 时钟输出的时间和 1pps 信息，采用高精度的 1pps 脉冲信号(与 UTC 同步精度＜100ns)同步服务器的内部时钟，因此能够得到比其他只读取时间信息同步的产品更高的准确度。该同步软件可设置 GPS 同步周期，显示 GPS

图 8-20　HJ201GPS时钟

卫星观测信息等。另外服务器端安装一个小巧的 SNTP 服务器程序，该程序小巧高效，以 Windows NT Service 的形式在后台运行，没有复杂的 GUI 界面等，因此不会占用太多网络和系统资源。

客户端软件支持 RFC-868(TIME)和 RFC-2030(SNTP)协议，只需要设置好局域网时间服务器的 IP 地址，即可实现定期时间同步。时间同步周期可任意设定，若需要较高的同步精度应设置小的数值，一般情况下可设置为 1～6 小时同步一次。

本方案中的所有软件都支持 Win9x，WinNT，Win2000，WinXP，Windows2003Server 等各种 Windows 平台，程序小巧高效，占用系统和网络资源小，对原有数据网负荷不会有多少影响(一般不超过总负荷的 2%)。只需一次设定，便可自主永久运行。具有投资成本低、安装维护方便、精度高等特点，能够满足大多数局域网、网管中心和通信设备(工作站、服务器、维护终端、交换机)对报警、日志、计费、文件记录等业务的时间同步要求。

思考题与习题

1. 简述卫星通信系统的组成及其特点。
2. 卫星通信地球站的组成及各部分的作用。
3. VSAT 通信系统的构成及工作原理。
4. 试画出卫星 Internet 的结构图并说明各组成部分的功能。
5. 试说明室内移动通信覆盖系统的作用及工作原理。
6. 信息导引及发布系统在大楼及小区有哪些应用？
7. 简述时钟系统的作用及组成。

第九章 通信接入系统

通信接入系统是智能建筑信息设施系统中的重要内容，其作用是将建筑物外部的公用通信网或专用通信网的接入系统引入建筑物内，满足建筑物内用户各类信息通信业务的需求。

9.1 通信接入系统概述

按照电信网的概念，公用通信网可以划分为长途网、中继网和接入网3部分，目前，长途网和中继网已合并为核心网，相对于核心网的其他部分为接入网，接入网的主要作用是将所有用户接入到核心网。电信网的基本组成如图9-1所示，其中UNI(User Network Interface)表示用户网络接口、SNI(Services Node Interface)表示业务节点接口、CPN(Customer Premises Network)表示用户驻地网。电信网络接入网定义为业务节点与用户驻地网之间的实体部分，具体定界如图9-2所示，Q表示国际通用的管理接口。

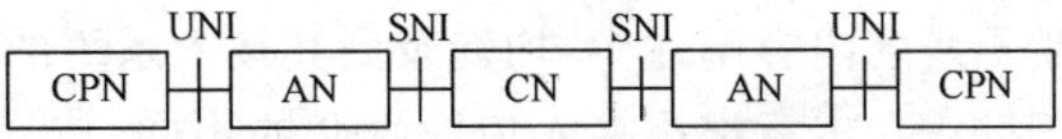

图9-1 电信网的基本组成

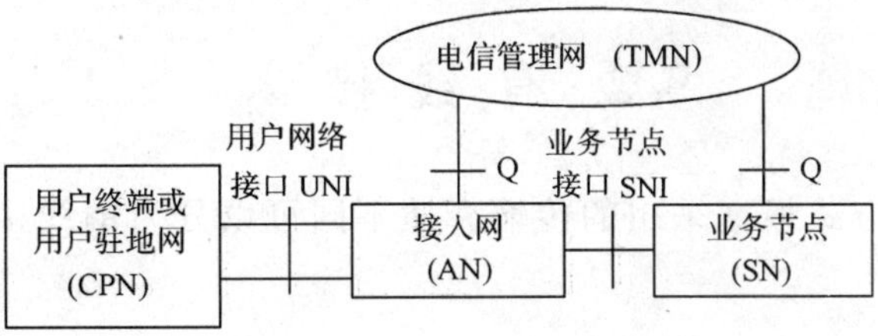

图9-2 电信接入网的定界

接入网最早仅提供语音业务，随着人们对信息需求的日益增长以及网络技术的发展，传统的语音业务逐渐向非语音业务发展，模拟业务向数字业务过渡，特别是随着Internet的发展和IP技术的普及，人们对远程教学、远程办公、远程医疗、视频会议、交互游戏、VOD点播、电子商务、WWW浏览等多媒体应用的需求大幅度增加，对网络的带宽及速率提出了更高的要求，网络由低速向高速、由共享到交换、由窄带向宽带方向迅速发展，各种宽带组网技术在迅速发展中日臻成熟和完善，采用先进的宽带接入是必然和必要的步骤和措施，通信信息接入网建设已成为世界通信信息技术发展的焦点和热点。

通信信息网中的接入网定义不同于电信网中的接入网，通常将由业务节点接口（SNI）和相关用户网络接口（UNI）之间的一系列传送实体（线路设施、传输设施等）所组成的实施系统定义为接入系统，如图 9-3 所示。

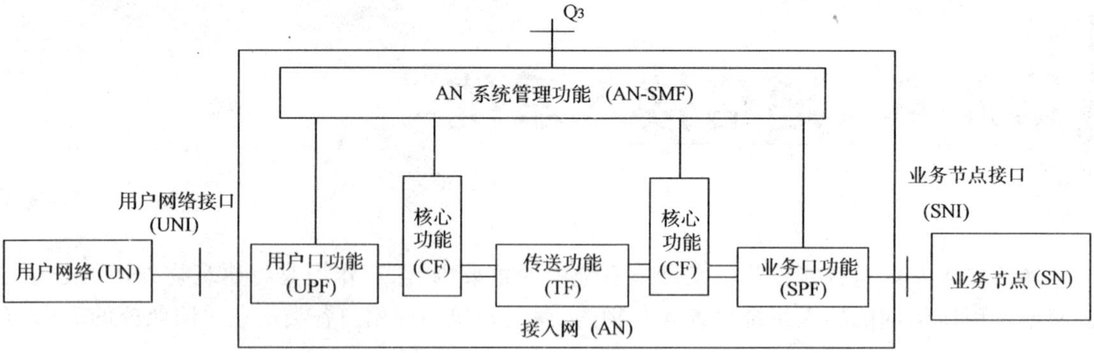

图 9-3 接入网功能结构

图中，业务节点（SN）可以是交换设备、前端机或数据库；用户网络（UN）包括各种终端设备；业务口功能（SPF）将特定的（SNI）规定的要求与公共承载通路相适配，以供核心功能块处理，并将相关信息送至（AN）系统管理功能中进行处理；用户口功能（UPF）将特定的（UNI）要求与核心功能和管理功能相适配；核心功能（CF）负责将个别用户口承载通路或业务口承载通路的要求与公用承载通路相适配；传送功能（TF）为 AN 不同站点之间公用承载通路提供通道，也为公共传输媒介提供适配功能；接入网系统管理功能 SMF 协调 AN 内 UPF、SPF、CF 和 TF 的供给、操作、维护，同时负责用户终端（经 UNI）和业务节点（经 SNI）的操作功能。

通信接入系统利用接入网，提供电话（一般电话、会议电话、可视电话）、数据、图形图像等业务。在本书前面章节各子系统内容阐述中，均涉及到其接入系统的内容，其接入所用的传输媒介有铜缆、光纤、微波、卫星等，本章根据接入传输媒介的不同，按有线接入和无线接入来概括介绍常用的通信接入方式。

9.2 有线接入

有线接入网的接入方式根据采用的传输介质不同可以分为铜线接入、光纤接入和混合接入。

9.2.1 铜线接入

铜线接入目前主要以 xDSL 技术和 HomePNA 为主。

(1) xDSL

xDSL 是数字用户线路 DSL(Digital Subscriber Line)的统称，它是以电话线为传输介质的点对点传输技术。DSL 技术在传统电话网络的用户环路上支持对称和非对称传输模式，可充分利用现有的铜缆资源，通过铜质双绞线实现高速接入。

xDSL 中，“x”代表着不同种类的数字用户线路技术，各种数字用户线路技术的不同，主要体现在信号传输速率、传输距离的不同和上/下行速率对称性的区别上。DSL 技术按上/下行速率是否一致分为对称和非对称两大类。

1)对称 DSL 技术

对称 DSL 技术主要用于替代传统 T1/E1 接入技术,与传统的 T1/E1 接入技术相比,DSL 技术对线路质量要求低、安装调试简便,而且通过复用技术,还可提供语音、视频与数据多路传送等服务。目前,对称 DSL 技术主要有 HDSL、SDSL、MVL 及 IDSL 等几种。

HDSL(High-data-rate Digital Subscriber Line,高速率数字用户线路)是 xDSL 技术中最成熟的一种,它采用先进的编码技术,利用现有电话网中使用的普通铜线实现高速率、全双工数字信号传输,可以在两对或三对铜线双绞线对上传送 1.544Mb/s 或 2.048Mb/s 的高速率数据,提供对称传输速率,为上行和下行通信提供相等的带宽,传输速率可达到 T1/E1,有效传输距离 5km,目前已经得到了较为广泛的应用。HDSL 提供标准的 E1 接口,能满足数字中继线接入、ISDN 基群速率、数字环路载波传输的需要,是光纤线路的高质量替代品,是在现有线路条件下实现高速宽带通信的有效技术。HDSL 的缺点是用户需要第二条电话线。

SDSL(Single-line DSL,单对线路/对称数字用户线路)是 HDSL 的单线版本,它只使用一条电话线(即一对铜线)进行全双工通信,可以提供双向高速可变比特率连接,支持传输速率达到 T1/E1 对称的上行和下行信道,同时传输距离可达到 3km,SDSL 技术的特性基本与 HDSL 相同。

MVL(Multiple Virtual Line,多路虚拟数字用户线路)是 Paradyne 公司开发的低成本 DSL 传输技术,它利用一对双绞线实现高速数据接入,支持语音传输,在用户端无需语音分离器,在同一条线路上同时连接多至 8 个 MVL 用户设备,动态分配带宽,上/下行共享速率可达 768kbps,安装简便、价格低廉、功耗相对较低、可进行高密度安装,有效传输距离可达 7km。

IDSL(ISDN-based Digital Subscriber Line,基于 ISDN 数字用户线路)是 ISDN 技术的一种扩充,它通过在用户端使用 ISDN 终端适配器和在双绞线的另一端使用与 ISDN 兼容的接口卡,为用户提供基本速率 BR(128kbps)的 ISDN 业务,其有效传输距离为 5km,主要适用于远程通信和远程办公室连接。

2)非对称 DSL 技术

非对称 DSL 技术适用于对双向带宽要求不一致的应用,诸如 Web 浏览、多媒体点播及信息发布等,非对称 DSL 技术主要有 ADSL、RADSL 及 VDSL 等。

非对称数字用户线路(Asymmetrical Digital Subscriber Loop,ADSL)是一种上行和下行传输速率不对称的技术,在一条电话线上,从电信供应商到用户的下行速率可以达到 1.5Mbps～8Mbps,而反方向的上行速率仅为 16kbps～640kbps。ADSL 最大传输距离为 5.5km,主要适用于用户远程通信等,ADSL 系统结构如图 9-4 所示。由图可见,ADSL 设备分为用户端设备和服务提供端设备。用户端设备包括 POTS(Plain Old Telephone Service)分流器和 ADSL 调制解调器(Modem),POTS 分流器用于将话音和数据传输分开,将话音传向电话机,将数据送到 ADSL Modem,实现话音和数据的同时传输,ADSL Modem 用于将需接收和发送的数据转换成相应的传输码,以获得高速率和远距离传输,它应与网络服务接入端的 Modem 兼容。服务提供端设备主要有 DSL 访问多路复用器 DSLAM 等设备,DSLAM 设备由中心网点 ADSL Modem 和服务访问多路复用器 SAM 组成,其主要功能是将许多用户的

ADSL线路集聚在一起，向PSTN重定向话音和向高速线路传输数据。由于xDSL都是以电话线为传输介质的点对点传输技术，所以其他xDSL技术与ADSL接入方式大致相同。

由于对于大部分Internet和Intranet用户而言，用户下载的数据量远大于上载量，ADSL技术已成为网上冲浪(Net Surfing)、视频点播(VOD)和远程局域网(Remote LAN)的理想选择。ADSL的技术优势在于可直接利用现有用户双绞电话线，无需更改和添加线路，语音信号和数字信号可以并行传输，可同时"上网"和"通话"，能为用户提供上、下行不对称的传输带宽，采用点对点的拓扑结构，用户可独享高带宽，广泛用于视频业务及高速Internet等数据接入。ADSL主要的承载业务包括高速数据接入、视频点播、网络互联业务、家庭办公、远程教学、远程医疗。随着ADSL技术的不断发展，各ADSL设备制造商都已开始提供基于ADSL2/2+标准的新版本产品，相对普通ADSL而言，ADSL2+的传送速度增加了一倍，近距离时速率超过26Mbps，可轻松承载视频等高带宽业务，ADSL2+的最远传送距离增加了一千米左右，有效解决了超长距离用户的覆盖问题。

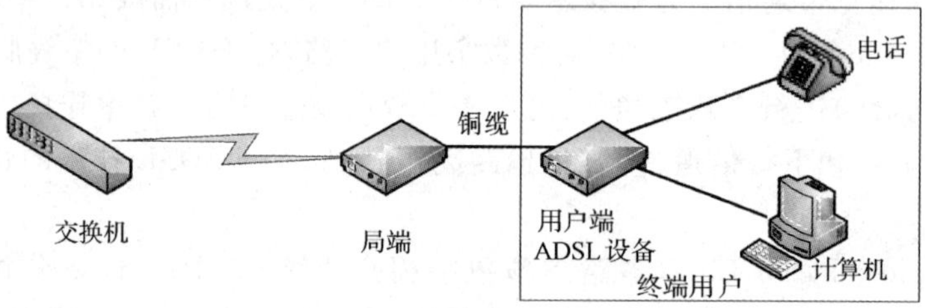

图9-4　ADSL系统结构示意图

VDSL(Very High Bit Rate DSL，甚高速数字用户线路)与ADSL一样，可利用普通电话铜缆在不影响窄带话音业务(POTS、ISDN)的情况下，传送高速数据业务。VDSL与ADSL一样采用上行和下行传输速率不对称的技术，使用一条电话线，获得下行传输速率可达到13Mbps～52Mbps，上行速率为1.5Mbps～2.3Mbps，传输距离不超过1.5km，主要用于视频和多媒体等相关场合。VDSL的优点是成本低，用户投资少，安装方便快捷，独享高速带宽，安全可靠，支持以固定IP地址永久接入或动态分配IP地址拨号接入、支持VOD、远程教育、网络互联、家庭办公、流媒体、交互式网络游戏、视频通信、EMAIL等应用业务。相对ADSL而言，VDSL能够提供更高的传输速率，能够更灵活地为不同的业务需求提供不同的传送能力。

RADSL(Rate-Adaptive Digital Subscriber Line，速率自适应数字用户线路)提供的传输速率及距离范围和ADSL基本相同，其主要特点是能够根据双绞铜线质量的好坏和传输距离的远近动态地调节用户的访问速率，使用户可以用不同的速率将不同的铜线连接起来，最大限度地利用现有的通信资源。

(2)HomePNA

HomePNA(Home Phoneline Network Alliance，家庭电话线网络联盟)是利用电话线的高频部分进行数据传输的一种宽带接入方式，它采用频分复用通信传输技术，在发送端，将来自不同信号源的信号调制到不同的传输频率段，然后在同一线路上进行传输，在接收端，对收到的调制信号进行解调，还原为原始信号，从而实现电话语音信号和计算机网络数据信号在同一线路上的同时传输，HomePNA使用的频段如图9-5所示。

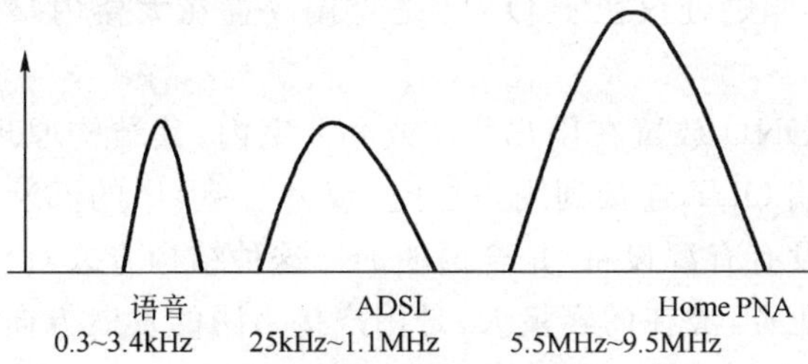

图 9-5　HomePNA 使用的频段

HomePNA 技术使用电话线路作为传输媒体，实现组建内部局域网和宽带接入，与传统以太网技术相比，具有整体成本低廉、施工简便的优点，但又与一般电话线网络技术如 MODEM、ISDN、ADSL 等众多点对点技术不同，HomePNA 良好地继承了以太网络的网络结构和管理模式，严格遵守 IEEE802.3 载波侦测多路访问/冲突检测 CSMA/CD 技术规范，可以直接使用基于以太网的软件、应用程序和硬件产品，因而组网和维护管理极为便利。HomePNA 与 ADSL、DDN、ATM、光纤接入、微波等多种宽带接入技术相结合，为用户提供经济高速的宽带接入，广泛应用于企业办公楼、商务酒店和校园网的网络接入，还可组建单独的社区网络，实现 VOD、网络教育、网络游戏等多种增值服务。

9.2.2　光纤接入

光纤接入是指本地交换机模块与用户之间全部或部分采用光纤作为传输媒介。光纤具有损耗低、频带宽、不受电磁干扰、传输距离远、信号传输质量高等优点，作为接入网可以满足用户对电话、电视、高速网络接入、家庭办公、视频点播、远程医疗诊断、远程教学以及高清晰度电视(HDTV)等业务的需求。

光纤接入网在传输系统的两端(局端和用户端)之间以光纤作为传输媒介，由于目前接入网的用户设备均属于电气设备(如电话、传真、电视、计算机等)，因而必须先在发送端将各种电信号转换为光信号在光纤上进行传输，到达接收端后再将光信号恢复为电信号，这种用于光电转换的设备在局端通常称为光线路终端(Optical Line Teminal，OLT)，在用户端通常称为光网络单元(Optical Network Unit，ONU)。根据用户端光网络单元 ONU 放设的位置不同，光纤接入方式可分为光纤到路边(FTTC)、光纤到大楼(FTTB)、光纤到家(FTTH)或光纤到办公室(FTTO)等。

其中 FTTC 的工作原理如图 9-6 所示，光网络单元 ONU 设置在靠近用户群的路边设备(人孔或分线盒)处，在 ONU 中经过光电转换后引出的电信号，用铜双绞线或同轴电缆分别把电话、数据、图像信号送至用户。

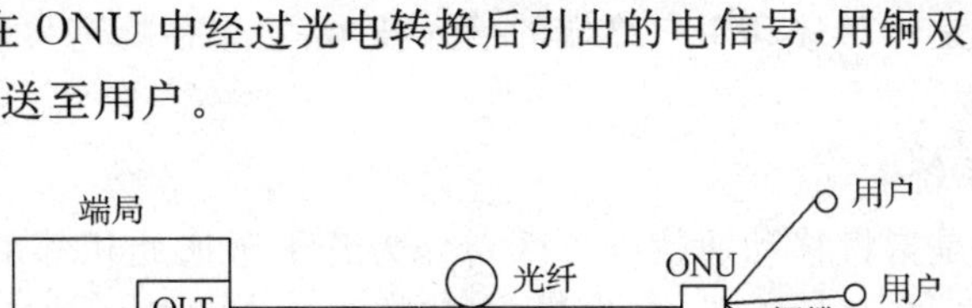

图 9-6　FTTC 系统结构示意图

FTTB与FTTC的不同之处仅在于ONU是直接放置在大楼内，然后从ONU以铜线引出，接至大楼内的用户。

FTTH或FTTO将ONU放置在用户住宅或办公室内，其结构原理图如图9-7所示。由图可见，从端局光线路终端OLT连接到用户住宅（或办公室）中的ONU全程都是采用光纤，中间不介入任何铜线，也没有有源设备，是全透明的。这种结构方式对任何一种传输制式都没有限制，很适用于引入新业务，潜在的容量大，是用户接入网的发展方向。

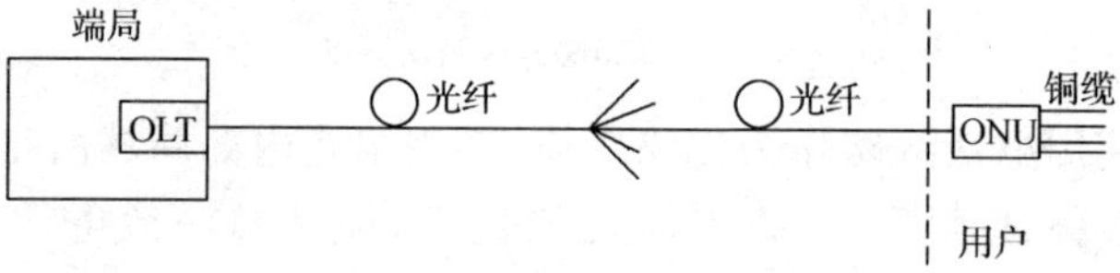

图9-7　FTTH系统结构示意图

9.2.3　光纤同轴混合接入

光纤同轴混合接入（Hybrid Fiber Coaxial，HFC）是基于有线电视网络发展起来的一种新型宽带网络，它综合了模拟/数字传输技术、光纤/同轴电缆技术，可提供CATV业务、语音、数据和其他交互型业务。HFC能够利用现有的有线电视网络，具有成本低，支持交互式业务，实现数据、语言、视频业务的宽带接入、动态带宽分配和易实现双向等优点。

有关HFC网络的详细内容见本书第五章。

9.3　无线接入

无线接入技术是指在终端用户和局端间的接入网部分全部或部分采用无线传输方式，利用卫星、微波等传输手段，在端局与用户之间建立连接，为用户提供固定或移动接入服务的技术。与有线接入方式相比，无线接入投资少、覆盖范围广、系统规划简单、扩容方便、建设周期短、提供服务快，在发展业务上具备很大灵活性，可解决边远地区、自然灾害严重地区、难于架线地区的信息传输问题，是当前发展最快的接入网之一。

无线接入技术根据用户终端移动与否，分为移动无线接入和固定无线接入两大类。

9.3.1　移动无线接入

移动无线接入技术是针对移动用户终端的接入技术，它包括蜂窝移动通信系统、卫星移动通信系统等。

(1)蜂窝移动通信系统

蜂窝移动通信系统是指将移动通信服务区划分为若干个彼此相邻的小区，由于每个小区呈正六边形，又彼此邻接，从整体上看，形似蜂窝，故称为蜂窝移动通信系统。

蜂窝移动通信系统的组成结构如图9-8所示，每个小区由一个基站（BS）和若干移动台（MC）组成，移动台与基站通信，基站连至移动业务交换中心（MSC），移动业务交换中心（MSC）控制呼叫信令和处理、协调不同蜂窝区间的越区切换，如果被叫用户是移动终端，则

MSC直接与被叫用户相连，如果被叫用户是固定公用电话网终端，则MSC通过中继线与公话网(PSTN)相连，再接入被叫用户，MSC也可以与其他公用数据网相连，提供数据业务。

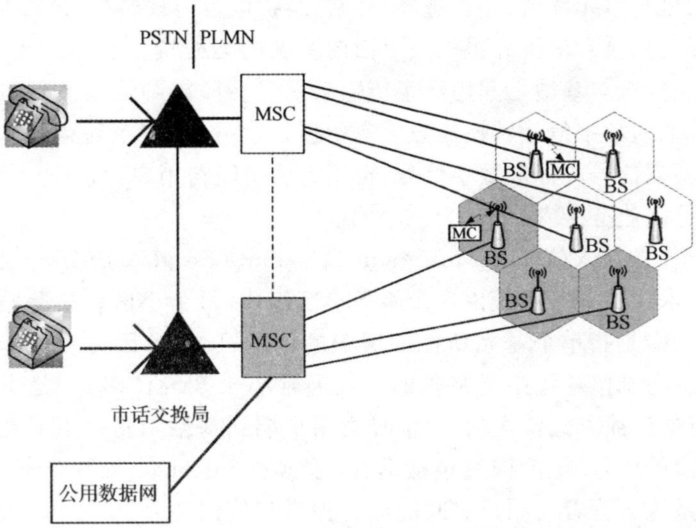

图9-8　蜂窝移动通信系统的组成

(2)卫星移动通信系统

卫星移动通信系统在通信系统的发展中起着越来越重要的作用，它为用户提供全球性的覆盖，使用户在任何地方都可以进行通信，卫星移动通信接入网是指从卫星至用户部分。有关卫星移动通信系统的详细内容见本书第八章。

9.3.2　固定无线接入

固定无线接入是指从交换节点到固定用户终端采用无线接入，也就是PSTN/ISDN的无线延伸。目前，宽带固定无线接入技术主要有无线本地环路(WLL)、本地多点分配业务(LMDS)、直播卫星系统(DBS)和VSAT卫星通信系统。

(1)无线本地环路

无线本地环路(Wireless Local Loop，WLL)利用无线方式代替传统的有线用户接入，利用无线方式把固定用户接入到固定电话网。无线本地环路由无线基站和用户单元组成，结构如图9-9所示。无线基站包括基站收发信机、基站控制器，它提供一个面向程控交换机的标准网

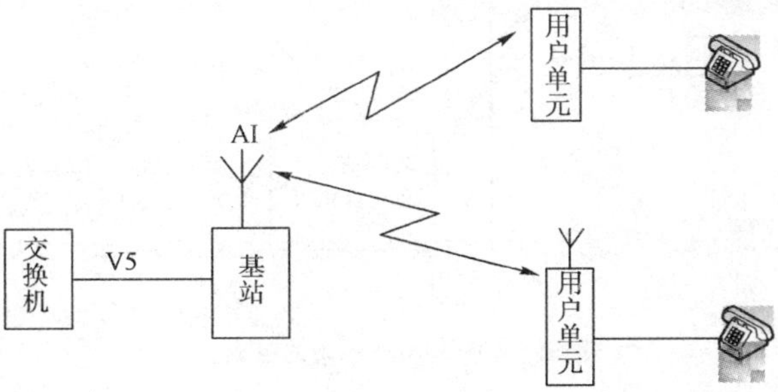

图9-9　无线本地网络的组成

络接口——V5 接口(是 ITU-T 于 1994 年专为接入网定义的本地交换机与接入网之间的数字接口)和面向用户侧的空中接口(是连接用户单元的专用接口),并完成无线接口的认证和保密、无线资源管理、用户单元登记、路由选择、计费、维护以及协议转换、语言与数字的代码转换等功能。用户单元包括收发信机并提供一个面向基站的无线接口和面向用户的传统接口(如 RJ11、RJ45 等)。交换机与基站之间用数字传输系统(光纤、电缆或微波)相连,基站把网络侧进来的符合网络标准的数字信号转换成数字空中接口信号,用户单元接收基站送来的无线信号,并将其转换成模拟信号或标准数字信号,再用有线手段与用户设备(电话机等)相连。

(2)本地多点分配业务接入

本地多点分配业务接入(Local Multipoint Distribute Service,LMDS)是近年来兴起的一种宽带无线接入技术。LMDS 系统由多个服务小区组成,每个小区包括基站系统和用户端设备,LMDS 中的"本地"是指单个基站所能够覆盖的范围,LMDS 因为受工作频率电波传播特性的限制,单个基站在城市环境中所覆盖的半径通常小于 5km;"多点"是指信号由基站到用户端是以点对多点的广播方式传送的,而信号由用户端到基站则是以点对点的方式传送;"分配"是指基站将发出的信号(可能同时包括话音、数据及 Internet、视频业务)分别分配至各个用户;"业务"是指系统运营者与用户之间的业务提供与使用关系。LMDS 基站设备包括与基础骨干网络(包括 PSTN、Internet、ATM、帧中继、ISDN 等)相连的接口模块、调制与解调模块及通常置于楼顶或塔顶的微波收发模块,基站系统的功能是实现信号在基础骨干网络与无线传输之间的转换及用户端的覆盖。用户端设备一般包括室外单元(含定向天线、微波收发设备)与室内单元(含调制与解调模块以及与用户室内设备相连的网络接口模块),LMDS 的组成图见图 9-10。

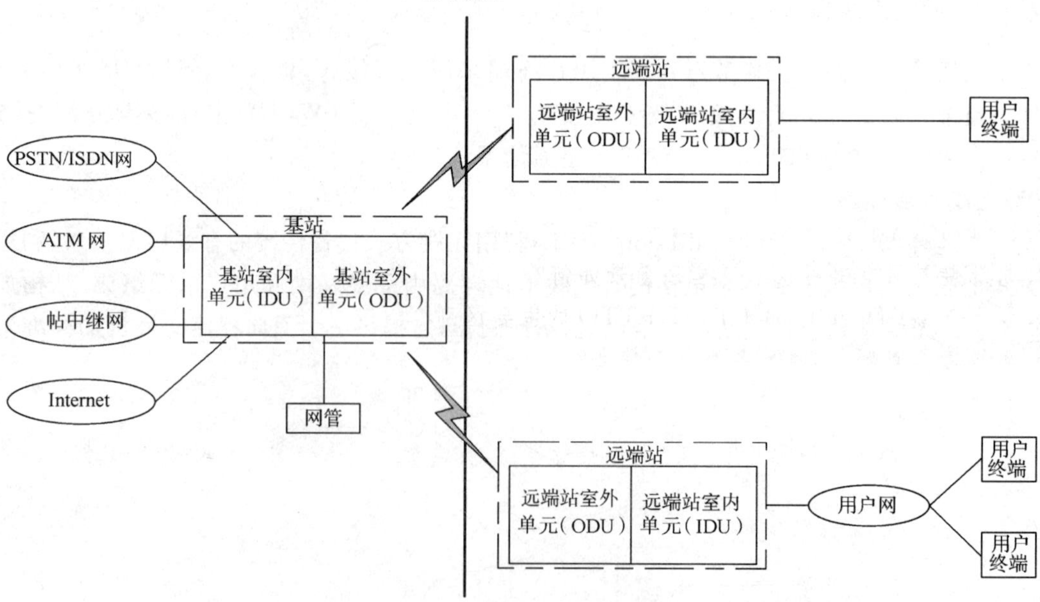

图 9-10　LMDS 系统的组成

LMDS最突出的特点是其宽带特性，LMDS工作在24～38GHz频段，一般在毫米波的波段附近，可用频谱往往达到1GHz以上，支持双向话音、数据及视频图像业务，能够实现从64kbps到2Mbps，甚至高达155Mbps的用户接入速率，可靠性高，被称为是“无线光纤”技术。

LMDS覆盖区可相互重叠，每个蜂窝的覆盖区又可以划分为多个扇区，可以根据需要在该扇区提供特定业务或服务。如通过采用多扇区、先进的调制方式、不同极化等途径，可以进一步增加频谱利用率、提高网络容量。LMDS系统特别适于在高密度用户地区使用，如繁华的城市商贸区、技术开发区、写字楼群、城市居民小区等。但由于LMDS服务区覆盖范围较小，不适合远程用户使用，另外由于工作频率高，通信质量受雨、雪等天气影响较大，而且基站设备相对比较复杂，价格较贵，所以在用户少时，平均每个用户成本较高。但总的来说LMDS系统对于宽带业务的经营者和用户双方都是一种多用途的具有良好成本效益的选择方案。

(3)基于卫星通信的接入系统

基于卫星通信的接入系统有数字直播卫星接入和VSAT卫星通信系统。

数字直播卫星接入(Direct Broadcast Satellite，DBS)系统将大量的数据通过频分或时分调制后利用卫星主站的高速上行通道和卫星转发器进行广播，用户通过卫星天线和卫星接收Modem接收数据。DBS通信距离远，费用与距离无关，适用于多业务传输，可为全球用户提供大跨度、大范围、远距离的漫游和机动灵活的移动通信服务等。

甚小口径终端VSAT(Very Small Aperture Terminal)是具有甚小口径天线的智能化小型或微型地球站，可以方便地安装在用户处，目前，VSAT的典型应用包括提供ISDN业务、LAN互联业务以及个人通信业务。有关VSAT卫星通信网的详细内容见本书第八章。

卫星通信覆盖面积大，不受地理限制，通信频带宽，传输容量大，适于多种传输业务，可进行多址通信。通信线路稳定可靠、通信质量高、可为固定终端提供通信，又可为车载、船载、机载移动终端以及个人终端提供通信。利用卫星通信来构建接入网已成为新的发展方向。

思考题与习题

1. 什么是通信网接入系统，其作用是什么？
2. 对称DSL技术及非对称DSL技术的主要区别及适用场合？
3. HomePNA技术具有什么特点？
4. 光纤接入网有哪些优点？应用前景如何？
5. 试比较FTTC、FTTB、FTTH、FTTO的主要区别。
6. 无线接入有哪些方式，各有什么特点？

参考文献

[1] 智能建筑设计标准 GB/T 50314—2006. 北京：中国计划出版社，2006

[2] 综合布线系统工程设计规范 GB 50311—2007. 北京：中国计划出版社，2007

[3] 综合布线系统工程验收规范 GB 50312—2007. 北京：中国计划出版社，2007

[4] 会议电视系统工程设计规范 YD/T 5032—2005. 北京：北京邮电大学出版社，2005

[5] 会议电视系统工程验收规范 YD/T 5033—2005. 北京：北京邮电大学出版社，2005

[6] 王娜，王俭，段晨东. 智能建筑概论. 北京：人民交通出版社，2002

[7] 张瑞武. 智能建筑. 北京：清华大学出版社，1996

[8] 秦兆海，周鑫华. 智能楼宇技术设计与施工. 北京：北方交通大学出版社，2003

[9] 潘瑜青，孙晓荣. 智能建筑综合布线. 北京：中国电力出版社，2005

[10] 韩宁，刘国林. 综合布线. 北京：人民交通出版社，2000

[11] 刘国林等. 综合布线. 北京：机械工业出版社，2005

[12] 向忠宏. 综合布线产品与案例. 北京：人民邮电出版社，2003

[13] 杨涛. 综合布线实用教程. 北京：电子工业出版社，2005

[14] 雷锐生，潘汉民，程国卿. 综合布线系统方案设计. 西安：西安电子科技大学，2004

[15] 梁裕. 综合布线设计与施工技术. 北京：科学出版社，2005

[16] 程控，金文光. 综合布线系统工程. 北京：清华大学出版社，2005

[17] 刘国林. 综合布线系统工程设计. 北京：电子工业出版社，1998

[18] 国际综合布线标准 EIA/TIA568

[19] Fluke DTX1200 Link Ware 说明书

[20] 邓亦仁主编. 建筑电话工程. 北京，中国建筑工业出版社，1997

[21] 刘军民主编. 弱电系统集成. 北京：科学出版社，2005

[22] 桂海源主编. 现代交换原理. 北京：人民邮电出版社，2002

[23] 景晓军主编. 现代交换原理与应用. 北京：国防工业出版社，2005

[24] 李正吉主编. 交换技术与设备. 北京：机械工业出版社，2005

[25] 张卫钢主编. 通信原理与通信技术. 西安：西安电子科技大学出版社，2003

[26] 何忠龙，陈萱华，曹迎槐主编. 多媒体通信技术. 北京：中国林业出版社，2006

[27] 李小平，刘玉树等主编. 多媒体通信技术. 北京：北京航空航天大学出版社，2004

[28] 潘瑜青. 智能建筑计算机网络. 北京：中国电力出版社，2005

[29] 吴成东. 智能建筑计算机网络系统设计. 北京：中国电力出版社，2004

[30] 马海武. 智能建筑通信系统与网络. 北京：人民交通出版社，2002

[31] 谢希仁. 计算机网络教程. 北京：人民邮电出版社，2002

[32] 付宝川，班建民. 智能建筑计算机网络. 北京：人民邮电出版社，2004

[33] 相万让主编. 计算机网络应用基础. 北京：人民邮电出版社，2006

[34] 黄永峰，李星. 计算机网络教程. 北京：清华大学出版社，2006

[35] 刘云主编. 计算机网络实用教程. 北京：清华大学出版社，2001

[36] 陈龙主编.智能建筑楼宇控制与系统集成技术.北京:中国建筑工业出版社,2004
[37] 杨育红.Lon网络控制技术与应用.西安:西安电子科技大学出版社,1999
[38] BACnet楼宇自动控制网络数据通信协议.广东经济出版社,2000
[39] BACnet协会网站.http://www.bacnet.org/
[40] 美国埃施朗网站.http://www.echelon.com/
[41] 北电网络.http://www.nortel.com/corporate/global/asia/china/index_ch.html
[42] 河海大学园区网方案.南京普天通信股份有限公司
[43] 叶选,丁玉林,刘玮.有线电视及广播.北京:人民交通出版社,2001
[44] 叶选,丁玉林.电缆电视系统.北京:中国建筑工业出版社,1997
[45] 徐威主编.电视节目传输与广播.北京:中国电视广播出版社,2006
[46] 王秉钧,王少勇,田宝玉,等编著.现代卫星通信系统.北京:电子工业出版社,2004
[47] 孙强,周虚编著.光纤通信系统及其应用.北京:清华大学出版社、北方交通大学出版社 2004
[48] 易培林.有线电视技术.北京:机械工业出版社,2002
[49] 刘剑波.有线电视网络.北京:中国广播电视出版社,2003
[50] 赵坚勇.电视原理与系统.西安:西安电子科技大学出版社,2004
[51] 章云,许锦标.建筑智能化系统.北京:清华大学出版社,2007
[52] 朱秀昌,刘峰.会议电视系统及应用技术.北京:人民邮电出版社,1999
[53] 陶智勇,廖云霞.视频会议系统及其应用.北京:北京邮电学院出版社,2001
[54] 谭伟贤.高清晰会议电视系统及应用技术.北京:科学出版社,2004
[55] 杨绍胤.智能建筑实用技术.北京:机械工业出版社,2002
[56] 梁华,梁晨.建筑智能化系统工程设计手册.北京:中国建筑工业出版社,2003
[57] 杨付正.IP视频会议系统及其关键技术的发展[J].西安邮电学院学报.2003年1月第8卷第1期:16~20
[58] 陈柏生,郑建德,施华.IP视频会议系统及其关键技术[J].厦门大学学报(自然科学版).第43卷增刊2004年8月:318~321
[59] 王文杰等.现代电子技术.中国学术期刊全文数据库,2003
[60] 中国计划出版社编,电气标准规范汇编.北京:中国计划出版社,1999
[61] 储钟圻主编.数字卫星通信.北京:机械工业出版社,2005
[62] 林晓焕,徐进.现代通信技术.西安:西安交通大学出版社,2007
[63] 北京泰福特电子科技有限公司技术资料
[64] 烟台开发区远大恒宇科技有限公司技术资料
[65] 北京创想京典科技发展有限公司技术资料
[66] 鸿合盛视数字媒体技术有限公司技术资料
[67] 移动通信在线技术资料
[68] 中国公共安全网技术资料
[69] 千家网案例分析技术资料
[70] 王秉钧,王少毅.接入网技术.北京:机械工业出版社,2005

[71] 王秉钧.用户接入网技术.北京:中国铁道出版社,2000
[72] 张中荃.接入网技术.北京:人民邮电出版社,2003
[73] 雷维礼.接入网技术.北京:清华大学出版社,2007
[74] 韦平乐.接入网.北京:人民邮电出版社,1998
[75] 郭志刚.远程接入网络.北京:人民邮电出版社,2000
[76] 刘元安.宽带无线接入和无线局域网.北京:北京邮电大学出版社,2000
[77] 高文龙,刘力.固定宽带无线接入技术.北京:电子工业出版社,2001
[78] 韩玲,曾志民.XDSL宽带接入技术.北京:北京邮电大学出版社,2002
[79] 钱宗珏,区惟煦,寿国础.光接入网技术及其应用.北京:人民邮电出版社,1999
[80] 梁华编著.实用建筑弱电工程设计资料集.北京:中国建筑工业出版社,1999